Ungedruckte

ANGLO-NORMANNISCHE GESCHICHTSQUELLEN

HERAUSGEGEBEN

VON

F. LIEBERMANN.

STRASSBURG.

VERLAG VON KARL J. TRÜBNER.

LONDON: TRÜBNER & Co.

1879.

Vorwort.

Vorarbeiten für die Sammlung der das Deutsche Mittelalter betreffenden Theile Englischer Chroniken veranlassten den Herausgeber, im Sommer 1877 und 78 sich in Englischen Bibliotheken mit einigen ungedruckten Jahrbüchern zu beschäftigen, z. Th. um neue Thatsachen aus ihnen zu lernen, z. Th. bloss um die Kritik anderer längst bekannter Denkmäler zu fördern, so besonders den vielverschlungenen Knoten der Beziehungen zwischen den Südenglischen Annalisten des XIII. Jahrhunderts zu lösen. Zur Darlegung abweichender Ansichten, die sich dabei ergaben, war eine theilweise Veröffentlichung unumgänglich.

Der zweite Abschnitt dieses Buches (XV—XVII) entsprang anderweitigen Forschungen in Anglo-Normannischer Geschichte.

Den Character solcher zufälligen Entstehung verleugnet die Sammlung nicht: eine — übrigens zweifellos Erfolg versprechende — systematische Auswahl kleinerer, des Druckes würdiger Chroniken aus jener Periode lag nicht in der Absicht und auch nicht in den Kräften des Herausgebers. Er meinte gerade nur von den Schriften einige an's Licht ziehen zu sollen, deren Vorführung von den Chronicles and Memorials, published under the . . Master of the Rolls so bald nicht zu erwarten stand. Eine druckfertige Abschrift der Inedita des Heinrich von Huntingdon ward deshalb zurückgelegt, sobald die Hoffnung Gestalt gewann, diesen Schriftsteller dort publicirt zu sehen. Denn freilich mit jenem Unternehmen, das, meist in mustergültiger Weise, die Historien der eigenen Vorzeit darbietet, zu wetteifern, wäre für den Fremden vermessen gewesen: nur durch Ergänzungen dazu möchte er sich für die Freundlichkeit Englischer Bibliotheken erkenntlich erweisen.

Sollte ein glücklicherer Nachfolger, hoffentlich mit mehr handschriftlichem Materiale, die im ersten Abschnitte (Annales) gestellte Aufgabe lösen oder sich zur Publication ähnlicher kleiner Local- und Heiligengeschichten durch die folgenden Historiae angeregt fühlen, so möge er die Fehler dieser Arbeit mit der Milde beurtheilen, die einer Ersten Ausgabe gebührt! Zu beträchtlichen inneren Schwierigkeiten kam die Ausarbeitung fern von London und der Mangel namentlich localgeschichtlicher Litteratur.

Manche Klippen zu vermeiden gelang nur durch die aufopfernde Gefälligkeit des Herrn Edmund Bishop in London. Nach mühevoller Fahrt diesem treuen Lootsen warmen Dank zuzurufen hält für seine angenehmste Pflicht

der Herausgeber.

Berlin, October 1878.

Inhalt.

I. Annales Anglosaxonici breves auctt. monachis ecclesiae Christi Cantuariensis; cum continuatione Latina

a. 925—1202.

Was neuere Forschung für die Geschichte des Englischen Staates nachgewiesen hat, dass erst mit den Anjou-Königen Reste Alt-Englands verschwanden, die man früher vom Sturme der Eroberung plötzlich hinweggefegt gewähnt hatte, das gilt auch von der Sprache der historischen Litteratur.

Schon Earle [1]) *betont, wie erst nach Lanfranc's Erhebung zum Erzbisthum in der Canterbury'schen Parker-Handschrift der Angelsächsischen Annalen eine dürftige Fortsetzung von a. 1005—70 angefügt wurde. Doch auch noch nicht mit Anselm's Nachfolge begannen die Mönche der Cathedrale ihre Muttersprache zu verachten. Als man kurz vor dem Ende des eilften Jahrhunderts eine Ostertafel für die Jahre 988—1193 anlegte, liess man die halbe rechte Seite für historische Notizen frei. Ein Mönch schrieb dann die Eintragungen bis 1058 in Einem Zuge und später bis 1076, ein zweiter 1085 und 1087, ein dritter, aber nicht mit Einem Male, 1089—1109. Auch das spätere Stück rührt von verschiedenen Händen gleichzeitigen Schriftcharacters her. Die erste Lateinische Notiz begegnet 1110, die letzte Angelsächsische 1130. So hört auch hier die Englische Annalistik erst mit demselben ersten nicht-normannischen Könige auf, unter welchem auch der weit bedeutendere Fortsetzer in Peterborough (Hds. Laud E) verstummte.*

---

[1]) *Two of the Saxon Chronicles parallel, p. XXIII.*

Die Ostertabelle beginnt mit der Rückseite von Blatt 132 des Cotton'schen Bandes Caligula AXV. Sie war mit den übrigen angelsächsischen Stücken zur Astronomie und Chronologie nicht ursprünglich vereinigt. Im Anfange des XIII. Jh. hat auf fol. 138 v. und 139 r. Eine Hand die Jahreszahlen bis 1267 und auf fol. 138 v. auch die Osterdaten angefügt, während Indictionen, Epacten u. s. w. von 1194 an und Osterdaten von 1231 an erst nach etwa a. 1300 hinzugesetzt wurden. Die zuletzt citirte Fortsetzung findet sich in dem MS. nicht.

Nachfolgend sind von der Tabelle nur die Jahreszahlen, zu denen sich historische Bemerkungen finden, gedruckt. Für den Angelsächsischen Theil sind die Typen für g und w dem Lateinischen Alphabet entnommen und für sämmtliche ergänzten Buchstaben, wo die Hds. abkürzt, cursiv. Diese Ergänzung befolgt überall die Schreibart der Hds. für dasselbe Wort an anderer Stelle. Der Uebelstand, dass so im Drucke Consequenz in Orthographie und Vocalismus erscheint, wo Handschriften jener Zeit Zerrüttung zu zeigen pflegen, liess sich nicht vermeiden.

Der Inhalt [2]) dieser Annalen ist zum Theil wörtlich aus der Fortsetzung der Parker-Handschrift copirt, zum Theil sind die erzählten Facten auch sonst bekannt. — Doch begegnet 1028 ein Decan von Christ Church, der in der Aufzählung dieser Beamten zweifelhafter Stellung bei Stubbs [3]) fehlt. Für Christ Church ist das Datum der Weihe 1073, für Lanfranc's Gregorius-Hospital die Ueberführung der Eadburg interessant. Und die Untersuchung der Reliquien des Märtyrers Aelfeah 1105, also in Anselm's Abwesenheit ist ein Nachspiel zu Lanfranc's, von Anselm beschwichtigten Zweifeln an der Heiligkeit des Englischen Erzbischofs. Genauere Daten

---

[2]) Stücke zur Deutschen Geschichte druckt Pertz, Mon. Germaniae XVI p. 480. [3]) Memorials of S. Dunstan p. XV. (Dass Aegelnoth Decan gewesen, sagt nicht bloss erst eine Autorität des XII Jh. Es steht wie in der ags. Chronik, so auch hier a. 1020). Möglicher Weise kannte Wharton, Anglia Sacra I, 135 unsere Stelle. Er nennt einen Decan Aegelwin unter Erzbischof Ceolnot; letzteres vielleicht ein Irrthum für Ethelnot. S. auch unten Stück IX a. 830.

zu bekannten Thatsachen bieten die Jahre 1122, 1173, 1194, 1202. — Das Jahr wird hier mit Ostern begonnen.

---

925 [a]) On þison geare wæs s*anct*e Dunstan geboren. [1]) *and* he leofode. LXIII. geare. *and* on þ*am* LXIIII. geare he forðferde. XIIII. kl. Jun.
988 Her forðferde s*anct*e Dunstan arceb*iscop* [2]).
990 Her Siric b*iscop* [3]) for to Rome [3a]).
996 Her [4]) Siric ar*cebiscop* [3]) forðferde.
997 Her Ælfric b*iscop* [3]) for to Rome [5]).
1005 Her forðferde Ælfric b*iscop* [3]) [6]).
1006 Her Ælfeh b*iscop* [3]) for to Rome [7]).
1011 Her wæs Cantwarabyrig gewunnan [7a]).
1012 Her wæs s*anct*e Ælfeh [3]) gemartyrod.
1016 Her forðferde Ægelred kyng [8]).
1017 Her wæs Cnut gecoran to kynge [9]).
1020 Her forðferde Lyfing arceb*iscop* [3]) *and* Ægelnoð decanus [3]) feng to þan b*iscop*rice [10]).
1022 Her for Ægelnoþ b*iscop* to Rome [11]).
1023 Her wæs s*anct*e *Ælfeh* gefered of Lundene to Cr*ist*es [b]) cyrc*ian* [12]).
1028 Her forðferde Ægelwine decanus [13]).
1035 Her forðferde Cnut [c]) kyng [14]).
1038 Her forðferde Ægelnoð arceb*iscop*. *and* Eadsige b*iscop* feng to b*iscop*rice [3]) [15]).
Ann. Ags. MS. Parker. 1040 Her Eadsige b*iscop* for to Rome. *and* Harold kyng forðferde.
,, 1042 Her forðferde Harðacnut kyng.

---

a) *Diese Eintragung steht über dem Schema.* b) Xpes *cod.* c) Cunt *cod.*

[1]) *Diese Stelle benutzt Stubbs, Memorials of St. Dunstan p. LXXIV.* [2]) *Saxon Chronicles ed. Earle p. 131.* [3]) *von Canterbury.* [3a]) *cf. MS. F. (Domitian) bei Thorpe, The Anglo-Saxon Chronicle s. a.* [4]) 994 *Earle p. 134.* [5]) *ib. p. 134.* [6]) *ib. p. 138.* [7]) *ib. p. 141, N. 1.* [7a]) *durch die Dänen ib. p. 145.* [8]) *ib. p. 155.* [9]) *ib. p. 160 fast wörtlich.* [10]) *ib. p. 161.* [11]) *ib. p. 160.* [12]) *ib. p. 162.* [13]) *Vermuthlich von Christ Church.* [14]) *ib. p. 164.* [15]) *ib. p. 167.*

Ags. Parker. 1043 Her wæs Eaweard gehalgod to kynge.

" 1050 Her forðferde Eadsige ar*cebiscop and* Rodb*ert* feng to b*iscop*rice [3]).

" 1053 Her forðferde Godwine eorl.

1058 Her Benedict*us* papa sende Stigande þone pallium [16]).

1061 Her [19]) forðferde Godwine b*iscop* [17]) *and* Wulfric abbo*d.* [18])

1066 Her forðferde Eadward kyng [d]). and her co*m* Willelm [19])

1067 Her on þison geare barn Cr*istes* [b]) cyrc*e* [20]).

1070 On þison geare co*m* Landfranc abbo*d* [21]) *and* hine man halgode to bisceope to Cr*istes* [b]) cyrc*ian* [23]).

1073 Her Landfranc ar*cebiscop* staðolede Cr*istes* [b]) cyrc*ian* V. id. Apl.

1076 On þison geare man sloh Wælþeof. IIe. k. Jun. [24]).

1085 On ðisan gære. L*andfranc* arceb*iscop* let niman s*ancte* Eadburgan on Liminge. *and* bryngan æt s*ancte* Gregor' [25]).

1087 On þisan gære forðferde Willelm cing. *and* his sunu Willelm fing to rice.

1089 On þison gære forðferde Landfranc arceb*iscop.*

1094 On ðison gære me bletsede Ansealme to b*iscope* II. ñ. Decemb. [26]) *and* on ðisan ilcan gære me scloch Malculm cing [27]).

1096 Her ferde þ*æt* Cr*is*tene [e]) folc. to gewinnene þ*æt* hæðene [28]).

1097 On þyson gære ferde Anselm to Roma. VIII. kl. Novemb. [29]).

---

d) *Die folgenden vier Worte von etwas späterer Hand.* e) Xpene *cod.*

[16]) *ib. p. 193.* [17]) *von St. Martin's, Canterbury.* [18]) *von St. Austin's Canterbury.* [19]) *ib. p. 193.* [20]) *Ms. Parker a. 1066.* [21]) *von Caen.* [23]) *ib. p. 206.* [24]) *Richtiges Datum nach Freeman, nicht* 1075. [25]) *Ueber Liming, Kent s. Monasticon Anglicanum I, 452. — Gregor dem Gr. weihte Lanfranc 1084 eine Canoniker-Priorei zu Canterbury, ib. VI, 614. — Diese h. Eadburg ist die Tochter Aethelbert's von Kent; ihre hier erwähnte Uebertragung scheint auch dem Verf. der Hardy, Descr. Catal. of Materials I, 475 erwähnten Vita bekannt zu sein.* [26]) *4 Dec. 1093.* [27]) *von Schottland durch Mowbray, Nov. 1093.* [28]) *wie Ags. Peterborough Ann. ib. p. 233.* [29]) *Wol das Datum des Fortganges aus Canterbury: nach Eadmer, Hist. Novorum fuhr Anselm* quindecim diebus *später über den Canal (Ed. Migne CLIX, 401), Anfang Novemb.*

1100 On þyson gære wearð Will*elm* cyng ofslagen. IIII. n. Aug. *and* Henri his broþer fing to þan rice. *and* Ansælm ærcebiscop com fram p*er*egrinatione.

1105 On þison gære man sceawede s*anct*e Ælfeh *and* me hine funde his lichamen eall ansund [e]) *and* þæt geseagen ægðer gehadede *and* [f])

1109 Her forþferde Anselm ærceb*iscop*.

1110 Hoc anno Henricus rex Anglorum dedit filiam suam Henrico imperatori in conjugem.

1114 Hic Radulfus Rofensis episcopus suscepit archiepiscopatum Cantuarię. VI. kal. Mai [30]).

1115 Pascalis papa, susceptis legatis Radulfi, misit ei pallium per legatum suum [30a]).

1122 Hic Radulfus archiepiscopus obiit 13 kl. Nov.

[1123] Willelmus suscepit; et consecratus est 12 kl. Mar. et Romam vadit 3 Jd. Mar. [31])

1123 Willelmus archiepiscopus redit a Roma cum pallio.

1130 On ðisan gære me halgode Cr*ist*cs [g]) circian. IIII. non Mai [32]).

1133 4 N. Aug. sol fere defecit meridie.

1135 Hic obiit Henricus rex Anglorum k. Decemb. Cui successit Stephanus nepos ejus et unctus est in regem 10 kal. Januarii [33]).

1136 Hic obiit Willelmus archiepiscopus 11 k. Decemb.

1138 Hic Theodbaldus suscepit archiepiscopatum Cantuariensem et sacratus est 6 idus Jan. ab Alberico Ostiensi episcopo apostolicę sedis legato.

1139 Hoc anno venit filia Henrici regis, que fuit imperatrix in Anglia[*m*] et Robertus frater ejus. Eodem anno facta est eclipsis solis 13 kal. Aprilis hora nona.

---

e) *Der letzte Buchstabe am Rande verwischt.* f) *Hier scheint nichts weiter gestanden zu haben.* g) Xpes *cod.*

30) *Datum der Wahl. Eadmer Hist. Novorum ib. 490.* 30a) *Anselm, Neffe des Erzbischofs Anselm.* 31) in þe lenten *Saxon Chr. ed. Earle p. 250.* 32) *ib. p. 258.* 33) *Der Tag der Krönung Stephan's schwankt — von ungenauen Autoren abgesehen — zwischen dem 21. und 22 Dec. Der hier gegebene 23. begegnet sonst nicht.*

1140 Hoc anno factum est prelium inter Stephanum regem [*1141*] et Robertum comitem et captus est rex 4 No. Feb.

1141 Aug. combusta est civitas Wintonie et pene omnes ęcclesie infra et extra civitatem, et magna et famosa crux [34]) Sancti Petri de Hida combusta est, in cujus ruina [h]) tonitruum auditum est, et combusta est ęcclesia Werwellensis [34b]) ab exercitu episcopi. Et Stephanus rex, qui tenebatur a comite Rodberto, liberatus est alter pro altero in festivitate Omnium Sanctorum.

1144 Hoc anno kal. Oct. horrida tempestas, et e vestigio subsecuta terribilis aquarum inundatio e[o]tenus inaudita habitantes in terra conturbavit et eodem anno ventus seculis inau[ditus] f[uit].

1147 Hoc anno imperator Alemannie et rex Francie duxerunt innumerabilem exercitum Jerosol[i]mis contra paganos. Obiit Rodbertus comes Gloecestrie.

1154 Hic obiit Stephanus rex. Cui continuo successit Henricus II Matildis imperatricis filius.

1160 [35]) Obiit Theobaldus archiepiscopus 14 kl. Maji.

1162 Consecratus est beatus Thomas 3 Non. Junii.

1166 Terremotus fuit in Anglia media nocte Conversionis sancti Pauli.

1170 4 kl. Jan. feria quarta [36]) sanctus Thomas archiepiscopus in ecclesia sua martirio consummatus est.

1173 Ricardus electus 17 kal. Julii [37]) Romam profectus est ibique consecratus.

1174 Non. Sept. [38]), feria quinta ecclesia Christi Cantuariensis incendio succubuit jam secundo.

1178 Id. Septembris, luna 28, apparuit sol bicornis hora tercia ad quantitatem lune prime ab oriente accense, et post fere duarum horarum spacium totum orbem exhibuit.

---

h) ruine *cod., später in* ruina *geändert.*

[34]) *cf. Edwards zum Liber de Hyda (Rolls Series) p. XLVIII sqq.* [34b]) *Wherwell, Hampshire, Nonnenkloster verbrannt von Wilhelm von Ypern, s. Malmesbury ed. Hardy p.* 752. [35]) *18. April 1161.* [36]) *Vielmehr Dinstag.* [37]) *Zu diesem Datum cf. Diceto ed. Stubbs I, 368.* [38]) *Diceto I, 391 und Gervasius' besonderes Werk über Brand und Neubau (ed. Twysden c. 1289).*

1179 14 kal. Septemb. luna incipiens esse 14, eclipsim passa est generalem. — 11 kal. ejusdem mensis venit serenissimus rex Frantie Lodowicus Cantuariam ad sanctum Thomam orandi gratia [38aa]).

1184 14 kal. Martii obiit Ricardus archiepiscopus; electus est Baldewinus 17 kal. Januarii. Obiit Henricus III^us rex [*1183*] junior 3 idus Junii.

1185 14 kl. Junii [38a]) Baldewinus Cisterciensis monachus, Wigorniensis episcopus, suscepto pallio, Cantuarie intronizatus est. Kl. Maji sol passus est eclipsim non tamen totalem, a meridie usque ultra horam nonam.

1186 [i]) In nocte dominice diei Ramis Palmarum, que fuit 8 Idus Aprilis, eclipsis lune visa est fere totalis.

1187 [i]) Hoc anno optinuerunt pagani Jerusalem 4 nonas Julii [38b]).

1189 Obiit rex H[enricus] II apud Chinun et coronatus est filius ejus R[icardus] 3 N. Sept.

1190 Ricardus rex profectus est Jerosolimam.

1191 12 kal. Novemb. [39]) B[aldewinus] archiepiscopus decessit Acone.

1193 Electus est Hubertus in capitulo [40]) Cantuariensi 4 kal. Junii, et 7 Idus Novemb., suscepto pallio, incathedratus.

1194 Reversus ab Alemannia rex Ricardus 3 Idus Marcii apud Rutupinum [41]) litus aplicuit et in crastino venit Cantuariam [42]).

1197 Obiit Willelmus Elyensis episcopus, Ricardi regis cancellarius.

1199 Percussus est balista Ricardus rex 7 kal. Aprilis; 8 idus ejusdem obiit. Johannes frater ejus coronatus est die Ascensionis sequente.

---

i) *Auf der linken Seite links.*

38aa) *Genauer Stück IX s. a.* 38a) *Diceto II, 36.* 38b) *Datum der Schlacht von Tiberias. Jerusalem ward erst im October genommen.* 39) *Vielmehr Decemb. Baldwin starb 19. oder 20. November 1190.* 40) *Datum der Wahl der Mönche. Die der Bischöfe fällt einen Tag später, 30. Mai; Diceto II, 108.* 41) *Richborough, Kent.* 42) *Ebenso Gervasius 1582. Abweichende Daten nach Ort und Zeit s. Stubbs zu Hoveden III, 235.*

1200 obiit Hugo Lincolniensis episcopus, 16 kal. [43]) Decembris.

1201 Johannes rex coronatus est Cantuarie, in die pasche cum uxore sua.

1202 Captus est Arturus, comes Britannie, et cum eo milites 355 apud castrum Mirabel kal. Augusti.

1268 [k]) Quere residuum istius operis in 28.° folio et 29.° folio [sequente] [l]).

---

k) *Nach 1300 am unteren Rande von fol. 139 geschr.* l) *Dieses Wort um 1400 hinzugefügt.*

[43]) *Nach anderen Quellen einen Tag später, 17. Novemb.*

II. Annales Radingenses

a. 1066—1189.

Etwa ein Jahrzehnt, nachdem Heinrich I. Reading mit Benedictinern der Cluniacenser-Observanz besetzt hatte, schrieb ein dortiger Mönch seinem jungen Stifte des Smaragdus Diadema monachorum ab und hängte fol. 94 eine Ostertabelle an. An deren Rand hat er dann selbst, zuletzt zum Jahre 1130, einige geschichtliche Bemerkungen [1]) *hingeschrieben und ein jüngerer Zeitgenoss die nur localgeschichtlich interessante Gründungsnotiz a. 1121/3 und Fortsetzung bis 1180 angefügt. Die Tabelle endet — zugleich mit dem Bande — erst 1233, aber die letzte geschichtliche Notiz begegnet 1189.*

Vor der Tabelle steht in einer Hand des XVI. Jh. in bibliotheca domus S. Petri Cant. *Damals war also der Band nach S. Peter's College in Cambridge* [2]) *gekommen; heute gehört er der Alten Königlichen Sammlung des Brittischen Museums als Reg. 8 E. XVIII.*

Einige Auszüge daraus hat Pertz, Monumenta Germaniae XVI p. 480 gedruckt.

1066 Obiit Edwardus rex non. Januar. [a]) et Willelmus Angliam adquisivit.

1068 Bellum fuit in Bleoduna [1]).

1076 Weltheof dux decollatur.

1080 Ventus validissimus fuit.

---

a) n. J. *über der Linie von derselben Hand.*

[1]) *Gleichzeitige geschichtliche Aufzeichnungen in Reading, die Matthäus Paris benutzte, s. Luard's Ausgabe der Chronica Majora II, 29. — Ueber die mit Normannischen Ann. zusammenhängenden Ann. von Reading cf. Neues Archiv d. Ges. f. ältere dtsche Gsch. IV. p. 27.* [2]) *wenn Canterbury, wie Pertz liest, gemeint ist, vielleicht St. Austin's?*

[1]) *Blaydon am Tyne, cf. Ann. de Margan und Tewkesbury, in Ann. monastici ed. Luard I, p. 3 resp. 43.*

1083 Bellum fuit in Turstani [b]) abbatia [2]).
1087 Obiit Willelmus rex senior VII id. Sept. [c]) et Willelmus filius ejus regnavit.
1089 Obiit Landfrancus archiepiscopus; et terra mota est.
1093 Anselmus ad archipresulatum eligitur.
1095 Obiit Wulstanus episcopus [3]) 14 k. Feb.
1096 Iter Jerosolimitarum cępit.
1098 Obiit Walchelinus episcopus [4]).
1099 Obiit Osmundus episcopus [5]).
1100 Henricus rex regnavit.
1107 Obiit Rodbertus filius Hamonis [6]).
1108 Sivurdus rex [7]) venit.
1109 Obiit Anselmus archiepiscopus.
1111 Paschalis apostolicus ab imperatore solutus.
1113 Civitas Wigornię prorsus igne consumitur [8]).
1119 Terra mota est.
[1121 [d]) Petrus prior et VII cum eo fratres rogatu regis Henrici a Pontio abbate Cluniacensi missi in Angliam, associatis sibi nonnullis fratribus de monasterio Sancti Pancratii [9]) Cluniacensis ordinis observantiam in monasterio Radingensi [10]) noviter tunc a rege fundato [11]) inchoaverunt 14 kl. Julii.
1123 Hugo ex priore Latisaquensi [12]) primus abbas Radingensibus ordinatur. Petrus prior Cluniacum redit.]
1126 Imperatrix [13]) venit ad Angliam [de Alemannia] [e]).

---

b) Trrstan' *cod.* c) VII. i. S. *über der Linie von derselben Hand.* d) *Diese Gründungs-Nachricht 1121—3 von einer zweiten, eine Generation späteren Hand.* e) *Zweite Hand.*

2) *Glastonbury.* 3) *von Worcester. Anderswo wird ein Tag früher, 18. Januar, angegeben.* 4) *von Winchester.* 5) *von Salisbury.* 6) *Vater der Gemahlin des Robert von Gloucester, des Bastards Heinrich's I.* 7) *von Norwegen, auf der Fahrt in's Heilige Land.* 8) *cf. Florenz von Worcester ed. Thorpe II. 66.* 9) *Cluniacenserpriorei Lewes, in Sussex.* 10) *Reading, Berkshire.* 11) *cf. Monasticon Anglicanum IV, 30.* 12) *Ueber diesen Namen für Lewes s. Horsfield, History of Lewes 1824. 4. p. 13.* 13) *Mathilde bringt den Arm des h. Jacob mit und schenkt ihn an Reading.*

1130 Hugo archiepiscopus Rotomagensis eligitur. [f]) Cui successit Anscherius in regimine cenobii Radingensis.

1133 Ultimus transitus regis Henrici in Normanniam. Eclipsis solis et terremotus factus est.

1135 Obiit gloriosus rex Anglorum Henricus 4 [14]) non. Decembris [Successit Stephanus nepos ejus] [g]) et ante ipsum eodem anno obiit VI kl. Febroarii abbas Radingensis Anscherius.

1136 Corpus regis Henrici transvectum de Normannia sepelitur Radingie no. Januarii. Edwardus factus est abbas Radingensis.

1138 Albericus Hostiensis episcopus legatione sedis apostolice functus est in Anglia; Teodbaldus in archiepiscopum Cantuariensem eligitur.

1139 Concilium celeberrimum tenetur in urbe Roma presidente papa Innocentio. Imperatrix venit in Angliam ab Andegavi [h]). Et eodem anno missus Leom[inster] [15]) prior Joseph a domino Edwardo abbate ordinis observantiam strenuo ibidem inchoavit.

1140 Eclipsis solis facta est.

1141 Stephanus rex captus est apud Lincolniam in prelio campestri. Imperatrix favore archiepiscoporum, episcoporum, cleri ac primatum et populi in urbibus Londonie Wintonie [i]) et per loca diversa sollenniter et regaliter excepta post menses aliquot proditione Londoniensium cum suis fugatur de Londonia, deinde arte Henrici Wintoniensis episcopi ibidem obsessa aufugit, capto fratre suo Roberto comite Gloecestrie. Propter quod Stephanus rex de captione liberatus est post menses VII [16]).

1142 Imperatrix a rege Stephano obsessa est Oxinefordie et inde mirabiliter evasit.

---

f) *Alles Folgende von der zweiten Hand, s. XII ex.* g) *über der Linie.* h) a. A.; *über der Linie.* i) Londonia Wintonia, *Pertz.*

14) *Am Abend des 1. December.* 15) *Herefordshire cf. Monasticon Anglicanum IV, 51.* 16) *Richtiger 9: Gefangennahme 2. Febr., Auswechselung 1. Novemb.*

1178 Hic factus [ii] est eclipsis solis idus Septembris inter tertiam et sextam, luna secundum naturalem compotum 30^{a}, secundum ecclesiasticum 28^{a}, sole et luna in hora eclipsis vectis in Virginem circiter 28 gradum.

1180 Hic factus [ii] est eclipsis solis V kl. Feb. in occidente luna 30^{a} in natura, in ecclesia 28^{a}, sole et luna vectis sub Aquario in hora eclipsis circiter octavam partem XII^{mi} gradus ejusdem signi [k].

1189 [l] Obiit gloriosus rex Henricus Matildis imperatricis filius.

---

ii) *sic cod.* k) *Hier endet die zweite Hand.* l) *Rubrik in dritter Hand s. XII. ex.*

III. Annales Petroburgenses brevissimi

a. 1087—1177.

Unter den Harley'schen MSS. enthält No. 3667 nur Bruchstücke Einer astronomisch-chronologisch-geographischen Sammlung, grossentheils aus Dionysius Exiguus. Denn auf dem letzten, zehnten Blatte ist als Quaternio XXI vermerkt. — Auf fol. 1 und 2 stehen Ostertafeln von 1074—81, denen, zuerst Anfang des 12. Jahrh., die folgenden Notizen beigesetzt wurden, die von der Localgeschichte bestätigt sind.

1087 Obiit Willelmus rex.
1089 Obiit Landfrancus archiepiscopus.
1096 Iter incępit Jerosolimitanum.
1098 Obiit Turoldus abbas [1]).
1099 Jerusalem capta est idibus Julii.
1100 Obiit Willelmus rex junior.
1103 Obiit Mathias abbas [1]).
1107 Ernulfus prior [2]) eligitur abbas [1]).
1108 Obiit [a])
1109 Obiit Anselmus archiepiscopus.
1116 Hoc anno monasterium nostrum cum magna parte villę adjacentis validis ignium flammis accensum totum consumptum est 2 No. Augusti, die quoque Veneris.
1117 Hoc anno novi monasterii nostri fundamentum jactum est 4 Idus Marcii.
1118 Obiit Mahtilda regina.
1120 Hoc anno rex Henricus de Normannia prospero maris navigio rediit Angliam. Filii vero ejus Willelmus et

---

a) *freier Raum.*

1) *von Peterborough.* 2) *von Christ Church, Canterbury.*

Ricardus cum Ricardo comite de Cestra et multo baronum matronarumque comitatu ipsum malo omine secuti perierunt, in mare mersi.

1121 Hoc anno rex Henricus filiam [3]) ducis Lovanię in uxorem sibi desponsavit.

1122 Obiit Radulfus archiepiscopus.

1135 [b]) Obiit Henricus rex.

1177 Hoc anno fuit electus Benedictus abbas Burgi apud Wintoniam.

[1170] [c]) Henricus IIIus inunctus est in regem, vivente patre per manus archiepiscopi Eboracensis Rogeri. Nam Thomas archiepiscopus Cantuariensis fuit trans mare propter discordiam, que fuit inter ipsum [et] regem Henricum secundum.

---

b) *Von hier an verschiedene Hände.* c) *Am unteren Rande ohne Jahr.*

3) *Adelheid von Löwen.*

IV. Annales de ecclesiis et regnis Anglorum

a. 162 — c. 1125.

In der Diöcese Worcester und vielleicht im Kathedralkloster, dessen Bibliothek wenigstens benutzt ist, wurden im dritten oder vierten Jahrzehnt des XII. Jh. Geschichte und Tabellen des Florenz sammt Fortsetzung des Johann von Worcester, verbunden mit Stücken aus des Wilhelm von Malmesbury Reges und mehr noch Pontifices, excerpirt und hier und da aus Beda, der allein citirt wird, und Klosternachrichten, besonders aus der Nachbarschaft, ergänzt. Von letzteren lassen sich nicht auf jene drei Quellen zurückführen: die über Gloucester a. 681, Pershore 683 und 968, Winchcombe 787, Bath 908, Montacute hinter a. 1121, Tewkesbury zu Ende; doch auch die über Westminster a. 615, St. Edmunds 1032, Newminster 1110, Sherburn zu Ende.

Der Compilator erstrebte chrononologische Ordnung, wusste aber bei der Verschmelzung der verschiedenen Quellen Wiederholungen und Widersprüche nicht zu vermeiden. Er lässt diesen Annalen einen Auszug aus dem Dares Phrygius voraufgehen und liebt es offenbar, über das höchste Alterthum zu berichten, Ortsnamen durch alte Heroen zu erklären: so Wight, Akemannes ceastre, Tewkesbury. Um so auffallender und für den Galfrid von Monmouth bedenklicher, dass er, dessen Lande und Zeit so nahe stehend, nichts von der Walliser Urgeschichte weiss. — Er spricht über die Normannische Eroberung als Engländer, über die Vertreibung des Weltclerus als Mönch.

Dass unser Werk mit der „Chronik" des Wilhelm von Malmesbury Nichts zu thun hat, erhellt aus dem Widerspruche der ganzen Anlage des ersteren gegen die Beschreibung von der letzteren und aus dem Widerspruche vieler Einzelheiten gegen Wilhelm's Nachrichten. — Auch an den Rand des

Originalcodex (Corp. Chr. Oxford. 157) des Johann von Worcester machte man damals Nachträge aus den „Pontifices“. Hier sind beide[1] *Werke genau gleichzeitig benutzt, das erstere*[2] *noch unvollendet, der Malmesbury in der ersten volleren Ausgabe, s. z. B. a. 908, 1075.*

Hardy[3] *setzt unter a. 1100 die Handschrift, Cotton Vitellius C. VIII early in the twelfth century. Doch ist noch die Nachfolge im Bisthum Worcester von a. 1125 erwähnt. Nach dem vierten Jahrzehnt kann die Abfassung wegen des Characters der Handschrift nicht fallen, auch wäre sonst die Genealogie der Könige wol über Heinrich I. fortgeführt, und nicht mehr aus Malmesbury mit abgeschrieben worden, dass Wilhelm von Exeter († 1137)* „nunc“ *blind sei.*

Im Folgenden findet man etwa drei Viertel des Werkes durch Verweisung auf die Quellen ersetzt. Dagegen sind sämmtliche Rubriken gesperrt, *ferner zur Probe einige kürzere Absätze* klein, *endlich alle die Stellen* gross *gedruckt, wo der Compilator irgendwie mehr als jene drei obengenannten Autoren bringt: darunter sind allgemein interessante Nachrichten die über das Domesdaybook, die Anführung des Wido von Pershore wider die Rebellen von 1088, die Krönung Heinrich I. und die Veränderung der Bischofsitze.*

Incipiunt quedam cronica de Anglia: quando Britanni, qui primum Britanniam incolebant, fidem Christi susceperunt et quamdiu tenuerunt; de adventu et fide Anglorum; de constitutione episcopatuum, et constructione abbaciarum; de mutatione episcoporum et abbatum et sedium ipsorum; de quibusdam regibus et regnis Anglorum.

De fide Britonum. Anno Dominice Incarnationis 162 Eleutherius . . . *aus Beda, Historia Ecclesiastica 5. 24.*

De adventu Anglorum ... Anno .. 449 ... *aus Florent. Wigorn.*

De Augustino . . . A. 597 . . .

De episcopatu Lundoniensi et Rofensi, Anno Domini 604.

---

1) *Aehnlich vielleicht Bodley 297, Hardy Descr. Catalogue II, 181?*
2) *z. B. a. 626, 633, das Ende stimmen nur zur Lesart des Codex A (Thorpe's C).* 3) *Descr. Cat. II, 88.*

De Westmonasterio [1]). Anno Domini 615, pontificante Mellito, prędives quidam civis Lundonię civitatis, commonitione regis Aethelberti construxit ęcclesiam beato Petro in insula, quę primum Thorneye, id est Spinę Insula, nunc autem, mutato nomine, Latine Occidentale Monasterium, Anglice vero Westmenstre vocatur.

Dc Paulino Eboracensi. A. D. 626 . . . *aus Florenz mit der Hinzufügung bei Thorpe p. 16.*[3]

Paulinus Eboracum relinquit. A. D. 633 . . . *Florenz mit p. 16.*[4]

De Birino episcopo. A. D. 634 . . .

De Aidano et Lindisfarne . . . *aus Beda Hist. Eccl. III, 3 und Malmesbury Pontif. § 126.*

De Deira et Bernicia . . . *aus Beda III, 1.*

De episcopatu Estanglorum. A. D. 636 . . .

De ecclesia Wintoniensi. A. D. 643 . . .

De tribus episcopatibus. A. D. 656. Rex Northanhymbro-
Beda III,24 rum Oswius pro collata sibi a Deo victoria gentem Merciorum ad
„ fidem Christi convertit, constituto episcopo Diuma in provincia Mer-
„ ciorum Lindisfarorum ac Mediterraneorum Anglorum.

Westsaxonia in duos episcopatus dividitur . . .

De reparatione archiepiscopatus Eboracensis. A. D. 664 . . . *aus Malm. Pontif. § 100.*

Malm Pont. § 88. De Abbandonia. A. D. 667. Cissa [2]) pater Ynę, regis postmodum Westsaxonum, Abbandoniam construxit.

De Ely. A. D. 673 . . . *aus Malm. Pontif. §. 183.*

De Certeseia et Berkinga . . . *ib. § 73.*

De secunda expulsione Wilfridi, A. D. 677 . . . . Wilfridus
Beda IV,13 in Saelesey, quod dicitur Latine insula vituli marini, primus episcopus
„ factus gentem illam Christo credere fecit.

Flor. Merciorum provincia in 5 episcopatus divitur. A. D. 680
p. 623 B. . . . Sexulfus . . . Quia civitas Wigorna tempore, quo regnabant Bri-
„ tones vel Romani in Britannia, totius Wiccię vel Massaegetanię me-
„ tropolis extitit famosa, cathedram erexit pontificalem in ea . . .

De Herefordensi episcopatu . . .

Nomina quatuor locorum. Victia dicta est a quodam rege Britonum, qui Wicht nominabatur, ab opaca silva quę Wire dicitur nomen sumpsit . . . Lichesfeld . . . *aus Pontif. § 172.* Leogrecestra . . . *ib. § 176.* Dorcestra . . . *§ 177.*

---

[1]) *Diese Erzählung steht am Nächsten dem Sulcardus, cf. Monasticon Anglicanum I, 265.* [2]) *Der hier gegebene Name des Vaters Ine's widerspricht den sonstigen Nachrichten ausser Malmesbury.*

De Glaorna [3]) A. D. 681 rex Merciorum Aedelredus ministro suo Osrico qui provincię Wictiorum tunc praefuit, dedit terram trecentorum tributariorum in urbe Glaorna, ubi constructa et dedicata est ęcclesia in honore Sancti Petri.

De Persora [4]) A. D. 683 terram 300 tributariorum idem rex Aedelredus concessit alteri ministro suo Oswaldo, prędicti Osrici germano, in Persora, ubi etiam constructa ęcclesia in honore Sanctę Marię dedicatur.

Episcopatus Orientalium Anglorum dividitur A. D. 684 ... *Pontif. § 74.*

De Johanne Haugustaldensi A. D. 686 . . .

De Wilfrido A. D. 691 . . .

Flor. De Hevesham [5]) A. D. 692. S. Egwinus tercius in ordine Wic-
„ tiorum episcoporum monasterium, quod Eovesham dicitur, construxit.

Duo episcopatus dividuntur A. D. 705 . . . *Pontif. § 223.* . . . Sexwlphus decessit *ib. § 172.*

Flor. p. 623 D. Headda . . et post eum Alwinus qui et Wor.

De statu episcopatuum tocius Britannię secundum Bedam . . . *nämlich § 450.*

Flor. Item de statu episcopatuum. Anno D. 734, quo anno san-
Malm Pont. § 179 ctus Beda migravit ad Dominum, defuncto jam Aldwino, qui et Wor, tres facti sunt episcopi in Leogrensi diocesi: Hwita Lichesfeld, Totha
„ Leogrecestre, Eatta de quo supra diximus in Dorcacestra remanente. Hujus episcopi solius nomen, qui Dorcacestrensis extitit episcopus reperitur. Presulatus vero sedem post illum in Dorcestra Lindissę pręsules habuerunt 354 annis, quousque Remigius genere Normannus, Lindisfarorum episcopus 17us licentia regis Willelmi senioris [6]) sedem pręsulatus mutaret de
1095. Dorcacestra ad Lincolniam.

Flor. Eodem quoque anno Tatwinus, nonus Dorobernię archiepiscopus,
„ vita decessit, cui Nothelmus Lundoniensis ęcclesię presbyter successit. Hic Aedbertum, qui abbas monasterii sancti Wilfridi, quod dicitur
Flor. p 618 D. Saelesey, fuerat, provincię Australium Saxonum ordinavit episcopum. Qui secundus post Wilfridum Saeleseiensis episcopus extitit. Pontificalis sedes apud Saelesey usque ad tempora Willelmi regis senioris 333 annis, episcopis 19 pontificantibus, duravit.

---

[3]) *Die Gloucester Annalen, MS. Cotton Domitian VIII, cf. Monasticon I, 540 geben diese und die folgende Nachricht.* [4]) *in Worcestershire.* [5]) *benutzt in Annales Wigornienses, ed. Luard (Ann. monastici) IV, 366.* [6]) *Die Uebertragung fand erst 1095 statt.*

1075. Postmodum a Stigando Saeleseiensi episcopo 20mo mutata est sedes episcopalis de Saelesey ad Cicestram.

De Winchelcumbe et Sancto Albano A. D. 787 rex Merciorum Offa in Glaornensi pago, in loco qui Winchelcumbe [7]) dicitur, monasterium construxit in quo sanctimoniales constituit.

Pagus Bedefordensis . . . *s. Pontif. § 179* . . A. D. 798 rex Merciorum Kenulfus . . . *ib. § 156.*

De Haugustaldensibus episcopis . . . *ib. § 117.*

De Candida Casa . . . *ib. § 181.* Post hunc (*sc.* Eadredum) [8]) episcopatus deficit.

Alfredi regis opera. A. D. 880 . . . *ib. § 86.* Wintonię . . . *ib. § 78.* A. D. 887 . . . Aethelingeie . . . *Florent. Wig. p. 563 A.*
Pont. § 92. Sceaftesberię . . . *ib.* Construxit et aliud monasterium Wintonię sanctimonialium quibus Alfridam virginem abbatissare pręposuit. Ęthelingeie est non maris insula . . .

Duo episcopatus Westsaxonum in 5 dividuntur. A. D. 908 . . . *Florent p. 620 A.*

De episcopatu Salesberiensi Ethelstanus in Wiltuniensi pago primus factus episcopus sedem pontificalem in Ramesberia habuit, similiter et successores illius per 352 annos, quousque Heremannus . . . *Florent p. 620 B.* Ab a. D. 707, quo s.
Flor. 620 B Aldelmus primus Sciretburnensem pręsulatum suscepit; usque in annum 1069, quo Heremannus Ramesberiensis episcopus mutavit, ut diximus, sedem episcopalem Seresberiam, computantur 362 anni, pręsulibus 24 in ordine pontificantibus.

De episcopatu de Welles. Ab a. D. 908, in quo Aedelmus factus est primus Wellensis episcopus, usque in a. D. 1091 numerantur anni 182, pręsulibus interim 14 in ordine
Malm Pont. § 90 pręsulantibus. Johannes . . . non tam arte quam usu [9]) medicus . . . sedem de Wellis transtulit Bathoniam. Hujus loci fundator, ut ab antiquis accepimus, extitit olim quidam Akemannus [10]) nomine, unde vulgo Akemannescestre, id est civitas Akemanni dicitur.

De Cridiatunensi episcopatu. Ab a. D. 908 . . usque . . 1031 . . episcopi 8 . . . Livingus . . *Pontif. § 94.* Huic successit

---

[7]) *Dies scheint aus den Annalen von Winchcombe zu stammen, cf. Monasticon II, 297.* [8]) *Dieser wird nicht bei Malmesbury, aber in Florenz erwähnt.* [9]) professione *Will. Malm.* [10]) *Etymologie s. Earle, Saxon Chron. p. 329.*

Lefricus Brito [10]) . . . Successit Willelmus de Wirewast cognatione, oculorum nunc visu, non tamen senio sed quolibet infortunio omnino privatus *(Pontif. ib. nur in der volleren [früheren] Edition).* Cridiatun est villa . . . *ib. § 94.* Cornubiensium . . . ordinem . . . *ib. § 95 i. f.*

De Glaorna. A. D. 920 . . . *Pontif. § 155.*

De Odone Wiltuniensi episcopo. A. D. 920 . . . *ib. § 14.*

De Brinstano episcopo. A. D. 932 . . . *Pontif. p. 163.*

Odo fit archiepiscopus. A. D. 933 . . . *ib. §. 14.*

Mideltune et Michielnei construuntur. A. D. 934 . . . *ib. § 85 und 93.*

De Sceaftuna. A. D. 944. Elviva . . . *ib. § 86.*

Duo episcopatus junguntur. A. D. 957 . . . *ib. § 74.*

Duo episcopatus junguntur Legrecestrię et Lincolnię. A. D. 959. Aedgarus . . . *ib. § 176.*

De Oswaldo Wigornensi episcopo. A. D. 960 b. Oswaldus fratruelis s. Odonis Dorobernensis archiepiscopi suscepit Wigornensis ęcclesię presulatum; *aus Florenz.*

Thavestoca construitur. A. D. 961 . . . *Pont. § 95.*

Wintonię et Mideltunię monachi ponuntur. A. D. 963 . . . *s. Florenz a. 964.*

Rumeseie sanctimoniales et in Exacestra monachi constituuntur. A. D. 967 . . . *s. Florenz a. 967 et 968.*

Rex Edgarus in majoribus monasteriis monachos institui fecit. Precępit etiam s. Dunstano . . . *s. Florenz a. 969 und Pontif. p. 248.* A. D. 968 S. Oswaldus . . . *Florenz 969 i. f.* In mo-
Flor. nasterio etiam, quod Rameseia dicitur, quod ipse et Dei amicus dux
a. 991 Orientalium Anglorum Aedelwinus a fundamentis construxerunt, mo-
,, nachos collocavit, **quibus virum prudentem Ednothum nomine
pręposuit** [11]**). Persorę etiam monachis coadunatis quidam
Pont. abbas Forthbrichtus** [12]**) a b. Oswaldo pręficitur.** Sanctum Ger-
§ 156 manum, quem idem vir Dei Oswaldus de Floriaco adduxerat, Winchel-
,, cumbensibus cenobitis abbatis jure pręfecit. A. D. 970 S. Ethelwoldus . . . *ib. § 183, 185.*

Oswaldus fit archiepiscopus. A. D. 972 . . . *Florenz s. a.*

Rex Edgarus 13 anno regni sui in regem consecratur. A. D. 972 . . . *Florenz a. 973.*

De Wiltunia . . . *Pontif. § 87.*

Elfthrida Edwardum occidit et duo monasteria construxit. A. D. 988 . . . *s. Florenz s. a. 978 et 979.* A. D. 979 Elfthrida . . . *Pontif. § 87.*

---

[10]) Brito *aus Florent. p. 602 B.* [11]) *cf. Monasticon Anglicanum II, 547.* [12]) *Vielleicht benutzt in Ann. Wigorn. IV, p. 369.*

De peste post mortem regis Edwardi. A. D. 987 . . . *s. Florenz s. a.*

Alfricus archiepiscopus monachos in Cancia posuit. *Pont. § 30.* A. D. 994 Alfricus . . . clericis a Cantia perturbatis monachos induxit [13]).

Episcopatus Lindisfarnensis mutatur et Dani Angliam vastant. A. D. 995 . . . *Florenz s. a.*

De passione Sancti Aelfegi. A. D. 1011 . . . *Florenz s. a. 1011 et 1012.*

Eadmundus et Cnutus in reges eliguntur. A. D. 1016 . . .

Apud Sanctum Edmundum monachi ponuntur. A. D. 1032 [14]). Cnutus rex Anglorum communi consilio archiepiscoporum episcoporum et optimatum suorum ab ecclesia Sancti Eadmundi regis et martyris presbyteros, qui inibi inordinate vivebant, ejecit et monachos posuit. Ipsam vero ęcclesiam jussu regis ejusdem Eyelnothus Dorobernensis archiepiscopus dedicavit et abbatem constituit, quem Faldwinus [15]) Lundoniensis episcopus consecravit.

De sancto Wlfstano Wigornensi episcopo . . . *Florenz s. a. 1062.*

Rex Eduardus obiit, cui succedit Haroldus et paulo post Willelmus. A. D. 1065 . . . *Florenz 1065 i. f. und 1066 in. und Pontif. § 97.*

De concilio Wintonię in quo quidam episcopi degradantur, quidam fiunt. A. D. 1070 . . . *Florenz ed. Thorpe II. p. 5—7.*

De primatu Dorobernie et subjectione Eboraci. A. D. 1072 . . . *Malmesbury Gesta Regum § 298.*

De concilio Lundonensi. A. D. 1075 regnante . . . *Gesta Pontific. p. 66 Anm. aus B. C.* Wentanus ad sinistram *p. 67 Z. 10 v. u.*

Qualiter rex Willelmus primus totam Angliam describi fecit. [16]) *cf. Ann. Anglo Saxon ed. Thorpe I, 353* A. D. 1086 Willelmus rex Anglorum misit per omnes provincias Anglię et fecit inquiri quot haberentur hidę in

---

[13]) *Malmesbury's spätere Ausgaben bezeichnen diese Nachricht als irrig. Das Jahr aber scheint aus Florenz zu stammen.* [14]) *Diese Nachricht auch bei Simeo Dunelm. und Chron. Melros., aber nicht aus Florenz von Worcester oder Wilhelm v. Malmesbury; cf. Monasticon Anglicanum 3, 135.* [15]) *Aelfwig.* [16]) *Die Uebersetzung der angelsächsischen Annalen ist fast wörtlich. Jedoch die Erwähnung des Ertrages unter Edward und des möglichen, sowie die Redigirung in Einen Band zu Winchester sind neu.*

cf. tota Anglia [a]), et quantum rex haberet in terris et jumentis
Ann. Ags. et bestiis, et quas consuetudines ipse haberet in unaquaque
„ provincia et quos redditus per annum. Hoc idem fecit fieri
„ de terris et redditibus omnium ęcclesiarum et omnium ba-
„ ronum suorum, et cujus precii essent et quantum tunc red-
didissent et quantum tempore regis Edwardi [17]) reddere pos-
ib. sent. Et hoc ita strictim peractum est, ut non remaneret in
„ tota Anglia vel una hida nec una virgata terrę nec bos nec
„ vacca nec porcus unus, qui non esset scriptus in breviatione
„ illa, omnesque scripturę omnium harum rerum repraesentatę
sunt regi. Qui precepit ut omnes scriberentur in uno volu-
mine et poneretur volumen illud in thesauro suo Wintonię
Flor. II. 20 et servaretur ibi. Anno vero sequente, quinto Iduum Septem-
brium in Normannia vita decessit annis XX mensibus 10 et 28 die-
bus completis, quibus genti Anglorum prefuit.

De rege Willelmo secundo *aus Florenz II. p. 22 bis* Mox post
Pascha cępit quisque circa se vastari, rapere, depredari omnia,
castella munire fosso et victu. Gosfridus episcopus Constantiensis
Flor. 24. et Robertus de Mumbrai iverunt Brigstowe, ubi habebant castrum
fortissimum et omnia devastabant usque ad Bathum. Bernar-
dus . . . *etc. Z. 13 v. u. bis p. 25 Z. 20* si tantum annueret episco-
pus [18]). Intererat quidam consilio providus Wido Persorensis
abbas. Hunc ultro se offerentem jus pontificale creans ad
tempus militem, statuit belli ducem totum in Deo et in ora-
Flor. tionibus episcopi confidentem. Parati igitur . . . *bis p. 26 Z. 14.*
25 Cęteris debilis fuga presidium, episcopo et suis divina victoria
Z. 19 v. u. fert tripudium. Ubi ut ferunt numero quingenti de hostibus
ceciderunt. Rex deinde Willelmus maxime Anglorum auxilio
potitur de inimicis victoria.

De occisione regis Willelmi. = *Florenz p. 44, 45.* Henricus
. . . a Mauricio Lundoniensi in regem consecratur, sed a Thoma Ebo-
racensi archiepiscopo quoniam quidem Anselmus Cantuarien-
sis archiepiscopus Anglia exulans deerat, coronatur.

---

a) Anglię *cod.*

[17]) *Vertausche die Stellung von* tunc *und* temp. r. Edwardi. [18]) *S. Wulfstan.*

De incendio Wigornię. A. D. 1113 . . . *Florenz p. 66 Mitte.*

Flor. II. 60 De Heliensi episcopatu. Anno regni sui 9 rex Henricus
1109 abbatiam Heliensem in sedem episcopalem mutavit. Eodem etiam
1110 tempore Novum Monasterium quod infra muros Wintonię erat, extra murum construi jussit. Matildis regina Anglorum apud
Flor. II. 71 1118 Westmonasterium kal. Maji obiit, ubi et sepulta est.

1. Mai De morte filii regis . . . *Florenz p. 74 Z. 10 bis* concussit *vorletzte Z.*

De consecratione ęcclesię Theokesberię. A. D. 1121 . . .
cf. Flor. *ib. p. 77 Z. 4—8.* Theoulfus Wigornensis episcopus vita deces-
p. 80 sit, cui Symon succedens a Willelmo Cantuariensi archiepiscopo Cantuarię consecratus est.

Incipit de quibusdam principalibus cenobiis.

In Sumersetensi pago est episcopatus antiquitus abbatia Bathonię *aus Pontif. p. 197.* [Est] in . . . pago Sumersetensi . . . apud Montem Acutum [19]) cenobium, ubi honestę religionis et Cluniacensis professionis cogregatio monachorum habetur.

De Dorsatensi pago . . . *Pontif. § 84.* Sciretburnensis [20]) dudum episcopatus nunc per Rogerum episcopum Seresberiensem consensu Henrici regis [facta abbatia monachorum, et Sceaftoniensis sanctimonialium. In quo pago olim colebatur deus Helit, sed . . . Augustinus vidit *etc. ib. p. 185 Z.* 8.

De Wiltunensi pago et Bercacensi . . . *ib. § 87 Anfang, § 88 Anfang, § 89 Anfang.*

De Oxinefordensi pago . . . *ib. § 178.*

De Bedefordensi pago et Huntedunensi . . . *§ 179 Anfang, § 180, 181, 182 bis zu Ende.*

De Wigornensi pago et Glavecestrensi . . . *§ 158. 157.* Monasterium etiam quod Theodekesberia vocatur ipsa continet provincia, quod [21]) Theodokus quidam quondam construxit, a quo et nomen accepit . . . ubi consilio domini Wulstani Wigornensis episcopi, Wintoniensis monachus Geroldus [22]) . . . monachos locavit.

De Herefordensi pago . . . *ib. § 305.* Cestrense cenobium Hugo comes Cestrensis [23]) construxit.

De progenitoribus et filiis Woden.

---

[19]) *Montacute, cf. Monasticon Anglicanum V, 163.* [20]) *cf. Monasticon I, 333.* [21]) *cf. Monasticon Anglicanum II, 59.* [22]) *cf. ib. 60 und Annales de Teokesb. ed. Luard s. a. 1102.* [23]) *Mon. Angl. II, 371.*

De regibus Cantuariorum.

De regibus Orientalium Anglorum.

De regibus Orientalium Saxonum.

Flor. p. 642 C. De regibus Merciorum . . . Cnutus . . . filios regis Edmundi in exilium misit, quorum unus, scilicet Edmundus in adolescentia mortuus est in Hungeria; Edwardus vero Agatham filiam germani imperatoris Henrici tercii in conjugem accepit, ex qua Margaretam reginam Scotie et Cristinam virginem et clitonem Eadgarum habuit. Nonodecimo anno rex Cnutus filio suo Hardecnuto, quem ei peperit regina Emma, rege constituto in Danubio, decessit. Cui filius ejus Haroldus, quem ex Hamtoniensi Elfgiva habuit, in Anglia successit et quinto anno post obitum patris decessit. Cui frater ejus Hardecnutus successit et tercio anno regni decessit. Cui frater suus ex parte matris *Flor. Wig.* Edwardus [b] filius Ęgelredi regis successit. Anno regni sui vicesimo tercio rex Anglorum Edwardus Lundonię decessit. Cui ex ipsius electione et concessione comes Haraldus filius Godwini Westsaxonum ducis et Gythę sororis regis Danorum Svani patris sancti Cnuti martiris successit. Qui de regina Aldgetha [filia] [c] comitis Algari habuit filium Haroldum. Qui eodem anno a Normannorum comite Willelmo Bastard peremptus est in bello. Cui et ipse Willelmus in regnum successit. Hic de regina Mathilda quatuor [24] filios habuit: Robertum Curtehosa, Willelmum Rufum, Ricardum, Henricum regem. Et postquam 20 annis mensibus 10 diebus 28 genti Anglorum prętuit regnum cum vita perdidit. Cui filius ejus Willelmus Rufus successit et postquam 13 annos minus 38 diebus regnaverat, in provincia Jutharum in Nova Foresta sagitta percussus sine filiis occubuit. Cui frater ejus junior Henricus successit in regnum [25] [d]

---

b) *Spätere Hand schreibt* sanctus *über den Namen.* c) *Lücke im Text, ergänzt aus Florenz.* d) *Die zwei letzten Worte in Capitalschrift; dann $^3/_4$ Columnen leer; folgt ein ursprünglich nicht hiermit zusammengebundenes Stück.*

[24]) *Florenz kennt nur drei.* [25]) *Im Florenz-Texte der Monum. Hist. Britann. p. 642 A folgt noch eine Erwähnung von Heinrich's I. Kindern; diese fehlt aber nach Thorpe's Ausgabe I, 276 im originalen Codex von Worcester.*

V. Annales Plymptonienses

a. 1066—1170

Im Jahre 1121 wurden die Augustiner Chorherren von Plymton in der Diöcese Exeter und der Grafschaft Devon vom Bischofe Wilhelm Warelwast regulirt. Die Bibliothek wurde im nächsten Jahrzehnt durch eine damals geschriebene Copie der Beda'schen Kirchengeschichte vermehrt. Sie ist als Liber domus Plympton. *bezeichnet und trägt heute die No. 14250 des Brittischen Museums. Auf ihrem letzten Blatte, fol. 148 v. fügte ein Chorherr kurze Annalen seit Christus an, von denen heute nur die — hier fortgelassene — erwähnte Seite, bis* a. 81 *reichend, und das Stück hinter a. 1066 erhalten sind. Er selbst führte das Werk bis 1140, auch zuletzt, wie die unchronologische Folge von 1136/8 zeigt, nicht genau gleichzeitig, wusste aber über das eilfte Jh. so wenig, dass ein anderer Stiftsbruder, bald nach ihm, die freien Zeilen zum Theil auszufüllen für gut fand. Dazu brauchte dieser nicht eine heimische, sondern eine Normannische Handschrift: die Annalen von Caen. (Diese sind bisher nicht vollständig gedruckt; vermuthlich gehören ihnen auch die im Nachfolgenden aus Rouen citirten Stücke). Ein dritter schrieb gleichzeitig die Jahre 1141/2 und füllte den Rand der folgenden, letzten Seite des Bandes mit Jahreszahlen bis 1177, zu welchen dann verschiedene Chorherren, zuletzt zu 1170, einige Bemerkungen gesetzt haben.*

Werthvoll sind für die Fasten dieser Priorei die Jahre 1121, 8, 32, 37, 42, 60; für die anderer Canonikerhäuser a. 1117, 49, 50; für die der Diöcese 1121, 37, 50, 5, 60, 2; für die der Grafen 1142, 55, 62. — Allgemeine Beachtung verdient das Jahr 1141. — 1153 begegnet eine Nachricht aus Spanien.

Anno Incarnationis Dominicę 1066. Obiit Edwardus rex [1])
Ann. feria V^{ta} et Willelmus Normannus Angliam intravit et Aral-
Cadomens. dum regnantem [40 ebdomadas] [a]) interfecit; [pro hoc Willelmus
Bouquet, elevatur in regem die Natalis Domini apud Lundoniam].
XII. 779 1067 [Obiit Maurilius archiepiscopus Rotomagensis. Successit Johannes qui prius Abrincensem **rexit** ecclesiam annis 7 [2]) et mensibus tribus].
„ 1073 [Gregorius papa prius Hildebrandus dictus].
„ 1077 [Dedicatio Sancti Stephani Cadomi].
„ 1079 [Obiit Johannes archiepiscopus Rotomagensis; successit Willelmus **primus** [3]) abbas Cadomi].
Ann. 1080 Ventus validissimus fuit in Natale Domini.
Rotomag., 1084[3a]) [Obiit Malthildis regina, mater Henrici regis [b])].
Labbe Nov. 1087 Obiit Willelmus rex senior et Willelmus filius ejus successit in regnum.
Bibl. I, 367 1089 Obiit Lanfrancus archiepiscopus; et terra mota est.
„ 1095 [Urbanus papa concilium apud Clarum Montem tenuit].
1096 Kalendas Augusti Christiani super paganos motum fecerunt.
1097 Pridie nonas Octobr. cometa apparuit.
1098 Antiochia capta est.
1099 Jerusalem capta est.
Ann. 1100 Willelmus rex sagittatus obiit.
Cado. [Quod antequam evenisset **cucurrit** sanguis in Anglia de quodam fonte].
„ Et Henricus regnum suscepit.
Ann. Roto. 1106 [Hoc anno cepit **Henricus** rex in bello apud Tenerchebrai Robertum comitem Normannie].
Cado. 1107 [4]) [Obiit Henricus Alemannie imperator; successit **junior** Henricus filius ejus].
„ 1108 [Obiit Philippus rex Francorum; successit filius ejus Lodovicus].
1109 Obiit Anselmus archiepiscopus.
1111 Obiit Beomundus [5]).

---

a) *über der Linie in zweiter Hand, ebenso alles* [Eingeklammerte]. b) m. H. r. *von dritter Hand hineingefügt.*

[1]) *5. Januar.* [2]) *7 ist falsch.* [3]) Primus *ist des Compilators eigener Fehler.* [3a]) *Mathilde, Gemahlin Wilhelm's I., † 2. Nov. 1083.* [4]) *Heinrich IV. † 1106.* [5]) *B. I. von Antiochia.*

1117 Canonici Meretoniae [6]) cohabitare ceperunt.

1118 Obiit nobilis regina Anglorum Mathildis.

1120 Obiit Willelmus filius Henrici regis, cum multis submersus.

1121 Epacta nulla, ciclo lunari 1°, paschali termino nonas Aprilis, B tenente dominicam, concurrente quinque, anno concurrentium X°, indictione quarta [7]), 9 kl. Sept. *24. Aug.* Willelmus Dei gratia Exoniensis episcopus constituit canonicos regulares in ęcclesia Sancti Petri Plimtonie. *3 Febr.* Qui tamen antea eodem anno III° nonas Febru. ceperunt cohabitare.

1122 Obiit Radulfus archiepiscopus Cantuarię.

1125 Extitit fames valida.

1128 Gaufridus prioratum Plimtoniensem suscepit coactus *18. Jan.* XV° kl. Febr. feria Va.

1130 Dedicata est ęcclesia Christi Cantuarię.

1132 Obiit Radulfus primus prior Plimtonie VIto kl. Aug. feria IIIIa.

1133 [IIII° n. Aug. sol obs[*c*]uratus est et sequenti VIa feria terre motus factus est.]

1135 Obiit Henricus rex Anglię et successit Stephanus nepos ejus.

1136 Luna sanguineo rubore perfusa, dein nigredine subsequente ad lucem propriam reversa est.

26. Sept. 1137 Obiit Willelmus episcopus Exoniensis VIto kl. Oct. Qui in infirmitate extrema positus et anulum et baculum episcopo Wintoniensi Henrico reddidit, sicque ab episcopo Roberto Bathonie crismatus, canonicorum habitum petiit et accepit a Gaufrido priore Plimtoniensi. Cujus etiam corpus in capitulo nostro Plimtonie quiescit sepultum. In episcopatu electus est et consecratus [8]) Robertus nepos ejus. [Obiit [9]) archiepiscopus Willelmus Cantuariensis] [c]).

---

c) Ob.—Cant. *am Rande in späterer Hand.*

[6]) *Regulirte Chorherren, Surrey; Tod des ersten Priors s. a. 1150.* [7]) *Falsch: Ostern war 1121 am 10. April, Indiction 14.* [8]) *1138 Dec. 18.* [9]) *21. Nov. 1136.*

1138 II non. Oct. cęlum suffusum est sanguineo rubore in aquilone.

1139 VI idus Sept. apparuit prescriptus rubor. Et comes Robertus cum imperatrice[10]) sorore sua intravit Angliam. Et Rogerus obiit episcopus Sareberiensis.

1140 Eclipsis solis facta est XIII kl. Aprilis et stellę apparuerunt post horam nonam fere dimidiam horam.

3. Febr 1141[d]) IV non. Febr. captus est rex Stephanus in territorio
Linconię a comite Roberto et ejus complices omnes per
fugam dispersi. Statum vero regni obtinuit soror ejus-
dem comitis, quondam imperatrix. Cujus dicioni se
commiserunt omnes principes, exceptis quibusdam ex
regis collateralibus instanter eam obpugnantibus. Post
1141 peractum pascha[11]) congregatum est concilium in ci-
7 Apr. vitate Wentana, cui interfuit Thotbaldus Cantuarie ar-
chiepiscopus et Henricus ejusdem civitatis episcopus, qui
et Romanę ęcclesię legatus, communi assensu et fidei
sacramento confirmantes imperatrici regni successionem.
Juni In mense Junio facta est sedicio in civitate Londoniensi
a civibus; sed tamen pars sanior vices imperatricis age-
bat, pars vero quedam eam obpugnabat. Post hoc alie-
navit se Henricus predictus legatus ab imperatrice et
Aug. obsedit eam in civitate Wintoniensi, mense Augusto
jam mediante, cum episcopis et comitibus nonnullis
dans civitatem incendio et mortis periculo inhabitantes.
14. 18 kl. Oct., relicta civitate[12]), tutiora municipia adire
Sept. compulsa cum comitibus suis disposuit; nec distulit dis-
posita peragere sub kalendis predictis[e]). Circumfusus
namque exercitus fugę fama excitatus, cominus fugientes
insequitur insecutosque aut fugere compulit aut, con-
flictu facto, prostravit, prostratosque mancipavit et man-

---

d) *Dieses und das folgende Jahr in einer dritten gleichzeitigen Hand, die auch die Jahreszahlen von 1143—77, welche die letzte Seite füllen, geschrieben hat.* e) *Folgt eine halbe Zeile Rasur, unter der Heinrich's Ueberfall erwähnt gewesen sein wird.*

10) *Mathilde, Wittwe Heinrich's V.* 11) *Ostern war am 30. März.* 12) *nämlich Mathilde.*

cipatos vinculis alligavit. Alligatus est etiam inter ceteros dux ille Robertus, qui regem catenatum tenuit; sed ea solutus est gratia, ut solveret alligatum. Uterque vero solutus et rex et dux, non catena criminis
1. Nov. set catena compedum, pristinas cęperunt inimicitias exercere.

1142 Obiit Adelis Balduini [13]) vicecomitis filia IX kl. Septemb. Hoc eodem anno obitus sui dedit ęcclesię de Plimtone capellam de castello Exoniensi et fecit eam fundare extra muros civitatis in loco qui dicitur ad Mareis [14]). Confirmata est hec donatio et cimiterium consecratum 14 k. Junii, concedente et testante comite Balduino cum aliis compluribus, episcopo quoque [*Ro*]berto [15]) presente et testante cum clero non minimo.

1145 [f]) Cometa apparuit.

1147 Paschali tempore mota facta est super paganos. Eclipsis facta est circa horam 1am, VI° k. Nov. Obiit Robertus comes [16]).

1149 Obiit Reinaldus prior de Sancto Petroco [17]) et 8 k. Julii Robertus prior de Sancto Stephano [18]).

1150 Obiit Robertus prior de Mertone [19]) 2 non. Januar. et Willelmus de Augo [20]).

1153 Comes Normannie Angliam intravit, et obiit Eustachius filius regis Stephani. Inde pax facta est inter regem et comitem. Capta est Scalona [21]).

1154 Obiit rex Stephanus. Cui successit Henricus comes Andegavensis.

1155 Obiit Robertus episcopus Exoniensis V k. Aprilis, comes Balduinus [22]), Rogerus comes de Hereforde.

---

f) *Das folgende ist von verschiedenen gleichzeitigen Handschriften.*

13) *von Redvers. Ueber die Schenkungen vgl. Monasticon Anglicanum VI. 53.* 14) *Marsh Barton, cf. Oliver Monasticon dioecesis Exoniensis 1846 p. 133.* 15) *von Exeter.* 16) *von Gloucester, Bruder der Kaiserin.* 17) *Bodmin in Cornwall erhielt regulirte Chorherren unter Wilhelm Warelwast.* 18) *Launceston, ebenso.* 19) *s. oben 1117.* 20) *Le Neve-Hardy, Fasti eccl. Anglicanae, nennt William de Auco als Archidiacon von Barnstaple, Diöc. Exeter zwischen 1151—60 und einen William als Erzdiacon von Cornwall um 1143.* 21) *Spanien* 22) *von Devon.*

1160 Obiit Robertus II Saresberiensis [23]), episcopus Exoniensis et Gaufridus prior Plimtone VIII kl. Septembr., hora VI.

1161 Luna sanguineo rubore perfusa quasi hora integra nonas Febru., dehinc, nigredine subsequente, ad lucem reversa est [24]).

1162 Obiit Ricardus comes Devonie et Hugo de Augo archidiaconus [25]).

1168 Eclipsis lune in nocte Sancti Mathei Apostoli, primo sanguinea, deinde nigra, postea clara [26]).

1170 „Anglorum primas corruit ense Thomas" [27]).

---

[23]) *Warelwast, Decan von Salisbury.* [24]) *Fast wörtlich wie a. 1136.* [25]) *Hugo de Avigo, von Totnes, Diöc. Exeter 1143, oder Hugo de Auco von Cornwall, um 1135. Le Neve-Hardy.* [26]) *Aehnlich wie a. 1161.* [27]) *Dieser Vers steht in vielen gleichzeitigen Chroniken.*

VI—VIII. Annales Rotomagenses
Wigorniae Roffae Belli
adaucti et continuati.

Im Gefolge der Normannischen Eroberung wurden die höchsten Kirchenämter mit Geistlichen französischer Schule besetzt und Klöster nach festländischem Muster gegründet und umgebildet. Zu einer solchen Reform war die Einführung theologischer Litteratur über den Canal nothwendig: so verschreibt sich Lanfranc Bücher aus Bec und Caen. Und wie fortan die Englische Kirche überhaupt die insulare Abgeschlossenheit aufgab, so begann sie nach der Geschichte von Kaiser und Papst umzuschauen, die ja in Süd-England bisher fast unbeachtet geblieben war. Im XII. Jh. wurden Marian, Sigebert, Hugo von Fleury, im XIII. Robert von Auxerre, später Martin von Troppau benutzt. Kein Werk dieser Art aber ward in Süd-England früher und weiter verbreitet als die Annalen von Rouen [1]).

Alle die Englischen Ableitungen aus dem Normannischen Jahrbuche, deren Verwandtschaft mit den Normannischen schon von Hardy theilweise bemerkt war, scheinen doch auf Rouen zurückzugehen. Ihr Stammbaum im Neuen Archiv der

---

[1]) Ueber ihren Ursprung: Pauli in Nachrichten v. d. k. Gesellschaft d. Wiss. zu Göttingen 1878, 1. Wenn die Annalen von Dijon ein Bindeglied sind, ist vielleicht an Wilhelm's Wirken in Fécamp zu erinnern? Denn sicherlich ist der Catalog der Erzbischöfe von Rouen nur eine spätere Hinzufügung; und die Nachrichten über Fécamp bieten die gedruckten Excerpte des Jahrbuches von Rouen zu 1001, seine Battle'sche Ableitung zu 1028, 1107. — Die Annales Fiscannenses, Labbe, Nova Bibliotheca libr. ms. I, 325 gehören jedenfalls [so gut wie die Ebroacenses Bouquet XII, 776 und die Gemmeticenses XII, 775] in den Kreis der Normannischen Ableitungen aus jenem Annalenwerk. Einige andere nennt Delisle in Orderici Vitalis Hist. ed. Le Prévost V p. LXVIII. Die von Pertz, Monumenta Germ. XVI p. 482 ausgezogenen Fiscannenses sind mit den Labbe'schen mindestens verwandt.

Ges. f. ä. Deutsche Gesch. IV p. 27 kann schon jetzt durch die hier folgende Untersuchung berichtigt werden und durfte die Annalen von Hales [2]) *nicht übersehen.*

Wir betrachten von ihnen zunächst drei Ableitungen:

1) C. — MS. Cotton Claudius C. IX beginnt mit Tabellen zur biblischen und classischen Geschichte und Geographie, die mitten auf fol. 8 v. mit Expliciunt cronica Veteris Testamenti *enden; fol. 9 r. füllt eine Papstreihe —640 nicht ganz; auf der Rückseite fangen* Cronica Novi Testamenti *an, d. h. Annalen seit. Christus. Bis zu Ende, 1171, ist das ganze Stück von Einer Hand s. XIII. in. in Einem Zuge geschrieben. Die Initialen sind auf den ersten Seiten offen geblieben. Das Stück von 438—629 ist ausgerissen. Nicht ursprünglich sind diese Annalen u. A. mit der Chronik von Abingdon (ed. Stevenson in Rolls Series) zusammengebunden und im 17. Jh. daher als Abingdoner Annalen grundlos bezeichnet worden. Sie gehörten Worcester.*

2) R. — MS. Regius 4 B VII, s. XIII med. geschrieben und s. XIV als Liber de claustro Roffensi *bezeichnet, enthält fol. 194 dieselben Tabellen und Annalen bis 1171. Fine Fortsetzung, in anderer Tinte, aber nicht späterer Handschrift, bricht 1184 zugleich mit dem Blatte ab, so dass das Ende verloren scheint. Es wäre vielleicht zu reconstruiren aus der späten Compilation von Rochester, MS. Cott. Vespasian B XXII, die bis 1380 reicht.*

3) B. — Aus Battle stammt Cott. Nero D II fol. 234—7; in Einem Zuge bis 1119 geführt, wo der Name des neuen Papstes erst später hineingefügt ward. Die erste Hand, s. XII ex., schreibt noch 1124/5 und nachträglich die Fasten der Aebte 1102, 1107. Etwa fünf verschiedene Hände haben je ungefähr gleichzeitig den Rest bis 1206 geschrieben, die letzte, s. XIII in., begegnet zuerst 1185.

Da B früheren Ursprungs ist als C und R und der Südenglischen Fortsetzung jener entbehrt, so hätten wir B zur Grundlage genommen, wenn es nicht gegenüber jenen die Rouen-

---

[2]) *Ausgezogen von Pertz, ib. Einiges Andere über dieses Werk bei Hardy, Descriptive Catalogue III No. 580 (und 442?).*

Annalen allzu lückenhaft excerpirt hätte. So aber schien es empfehlenswerther, umgekehrt die wenigen in B, aber nicht in C und R befindlichen Eintragungen zwischen a. 700 und 1000 [eckig] einzuklammern.

Der folgende Abdruck, mehr einem literarischen als historischen Interesse dienend, gibt aus den früheren Jahren bis a. 700 nur die auf England bezüglichen Eintragungen, folgt dann genau C [3]) *mit vollständiger Angabe der Varianten in R und bis a. 1000 in B. Von a. 1000 an sind die Annalen von Battle selbständig gedruckt.*

I. Wären die Annalen von Rouen vollständig veröffentlicht, so hätte eine einfache Verweisung auf sie genügt. Da Labbe [4]), *Nova Bibliotheca libr. ms. I. 364, nur Stücke daraus druckt, so konnte nur an wenigen Stellen der nachfolgende Text durch die Randbemerkung „Rot[omagenses Annales]“ auf seine directe Quelle zurückgeführt werden. Meist bot die in Ouches gefertigte, von Ordericus benutzte und als Anhang zu dessen Werke herausgegebene Ableitung erwünschte Aushülfe. Die Randbemerkung* U *oder* Utic[enses] *bedeutet aber nicht, dass die Textstelle* aus *den Annalen von St. Évroul stammt* [5]), *sondern mit ihnen stimmt, folglich aus der gemeinsamen Quelle von Rouen geschöpft ist. Dasselbe gilt für die Eintragung von 992, die nur in Duchesne's (Scriptores Normann. p. 1016) Excerpten aus der Caen'schen Ableitung und für die von 1076, die nur in Bouquet's (Rer. Gall. SS. XII, 771) Auszug aus der Chronik von St. Wandrille edirt ist.*

Alles im Texte, was sich in einer dieser vier Chroniken, folglich in den Annalen von Rouen fand, ist in kleinen Typen gedruckt; weiter aber nichts; obwohl es aus inneren Gründen unzweifelhaft ist, dass auch die grossgedruckten Eintragungen zu 706, 912, 922 aus Rouen stammen; möglich auch, dass die Südenglische Fortsetzung in C und R an mehren

[3]) weil C meist besser als R; so 746, 766, 771, 1047, 1049. In C unausgefüllte Initialen sind aus R in [ ] abgedruckt. [4]) Seine Lesarten sind manchmal schlechter als die der Normannischen und Englischen Ableitungen. Delisle kennt ib. p. LXIX nur ein MS. s. XVI: Paris anc. lat. 5530. [5]) Dies ist unmöglich, s. a. 911, 992, 1076, 1096, 1108, 1116. — Zu a. 117, 234, 445, 448, 454, 475, 654 bringen R und Bury St. Edmunds Nachrichten aus Rouen, die in den Uticenses fehlen.

Stellen als nachweisbar ist, sich auf Rouen stützt; so wahrscheinlich zu 1105, 1106, 1111. Wie aus a. 1116 hervorgeht, ist sie den Rotomagenses eine Generation länger gefolgt als der Annalist von Ouches.

II. In fast alle in England benutzte Exemplare der Annalen von Rouen scheint eine Anzahl von Notizen über Aebte von Clugny bereits hineingearbeitet gewesen zu sein. Von den hier betrachteten Hdss. finden sie sich am Vollständigsten, aber auch am Wunderlichsten verschoben in B: zu 780, 804, 810, 906 (?), 918, 994, 1048/51.

III. Nur diese Bestandtheile I und II sind den drei Hdss. C, R, B gemeinsam. C und R aber (so eng mit einander verwandt, dass im N. Archiv irrig [6]) *R aus C abgeleitet gehalten wurde) folgen Einem Zweig aus Rouen (er heisse cr), der um die Mitte des XII. Jh. aus Südenglischer Quelle erstens einige werthlose Hinzufügungen (zu a. 45, 148, 454, 597 und hinter 957 die Fasten der Englischen Könige und einiger Heiligen von Winchester und Canterbury) und zweitens eine Fortsetzung bis 1171 erhielt. Mit diesen zwei Vermehrungen wurden die Rouen-Annalen auch in Bury St. Edmunds s. No. XI und Southwark, MS. Cott. Faustina A VIII* [7]) *benutzt. Alles, was auch in Bury oder Southwark steht, durfte am Rande als Ag. Mr. (aus Anglia Meridionalis) bezeichnet werden. Aber auch die anderen, ohne Marginalie gebliebenen Stellen cr's tragen so sehr denselben Character, dass cr eine blosse Abschrift des Süd-Engländers zu sein scheint, von dem die anderen Annalen nur darum weniger bieten, weil ihnen bessere Quellen vorlagen. Und er verdiente nicht mehr. Nachlässig im Copiren der Daten und Namen, wirft er 1015 z. B. die Zeilen unsinnig durch einander; seine einzige Combination, 958, ist unglücklich. In der Fortsetzung bringt er ausser Natur-Ereignissen in und nahe London* [8]) *nur die allgemeinsten Nachrichten über die Päpste, königliche Familie, Erzbi-*

---

6) Denn R mehrfach besser als C: 700, 710, 792, 799, 908, 942, 1093, 1109, 1168, 1170. ***7) Diese zwei Hdss. sind weder von einander noch von cr, noch auch cr von ihnen direct abhängig.*** ***8) 1135 Brand der Kathedrale.***

schöfe von Canterbury, Kreuzzüge. Die Justicia de monetariis *1125 und 1158 und die Walliserkriege 1164/5 verdienen allein Beachtung.*

IV. Die von C zu cr gemachten Hinzufügungen sind Stücke aus des Wilhelm von Malmesbury Gesta Regum über die Könige des 9. Jh. Erst spätere Hände haben einige Bischöfe von Worcester des 7ten und 11ten Jh. notirt.

V. R hat zu cr nur eine dürftige Fortsetzung hinzugethan. Ausser dem Brande von Rochester 1179 und dem Todesdatum Erzbischof Richard's 1184 bringt sie nur Bekanntes.

Auszug der auf England bezüglichen Eintragungen.

Beda. 43 [a]) Claudius Cesar totam Britanniam et Orcadas insulas Romano subjugavit imperio [b]).

Ann. Uticens.[1]) 45 [c]) Cathedra sancti Petri Rome 5 kal. Feb.

Ang. Mer. Obiit Gajus Cesar, successit Claudius, qui acquisivit [d]) Britanniam . . .

Utic. 148 [e]) [P]ius papa, sub quo Hermes librum Pastoris scripsit.

Ag. Mr. Successit Eleutherius papa. Eodem tempore misit rex Britannie nomine Lucius ad papam Eleutherium, dicens se Christianum velle fieri, quod et factum est . . .

188 [f]) [E]leutherius papa.

Utic. Lucius Britannie rex, missa ad eum epistola, se Christianum fieri impetravit . . .

Beda. 430 [Palladius ad Scotos a Roma mittitur] [g]).

Utic. 437 [T]ertius Francorum rex [h]) Moroveus.

438 *leer* [i]) . . .

Beda. [449 Hic Angli et Saxones in Britanniam venerunt] [k]).

Ag. Mr. [454 Angli venerunt in Angliam] [l]) . . .

---

a) *fehlt B, R.* b) *In B nur* 42 Gajo s. Cl. c) *fehlt B.* d) adquisivit *R.* e) *fehlt B, wo* 166 Luc. Br. r., missa ad E. Rome episcopum epistola, ut Christianus efficiatur, impetrat. f) *fehlt B: aber s. a.* 166. g) *B, man s. XII med.* h) r. Fr. *R.* 436 M. r. t. *B.* i) *Ende von fol. 11; fol. 12 beginnt mit 629, so dass Ein Blatt ausgerissen zu sein scheint in C. Wir ergänzen die englischen Nachrichten dieses Stückes aus R und B.* k) *B, Hand s. XIII in.* l) *fehlt B.*

[1]) *Was die Marginalie „Uticenses" hier bedeutet, erklärt die Einleitung.*

Ag. Mr. [597 Sanctus Augustinus venit in Angliam [m])]. . . .

Utic. 641 [n]) [D]efuncto Constantino, successit Constantinus frater ejus. Martinus papa.

Beda [o]) Sanctus Oswaldus occisus est.

Utic. [p]) Hoc tempore Paulus Constantinopolitanus episcopus heresim condidit . . .

„ 649 [e]) [V]italianus papa [q]).

Beda. Hic destinavit a Roma Dorvernensi ecclesie, que Cantuariorum dicitur, Theodericum, quem ordinavit Anglorum archiepiscopum et cum eo Adrianum abbatem Campanie, ut ei doctrine salutaris cooperator existeret . . .

Florentius. 680 [r]) [Tempore Athelrege regis Merciorum et Theodori archiepiscopi episcopalis Wigorniensis ecclesie Boselus episcopus primus. Et vixit ann. [s]) . . .] . . .

„ 689 [r]) [Bosel Wygorniensis episcopus primus obiit, cui successit Ostforus] . . .

„ 693 [r]) [Sanctus Egwynus III[us] episcopus Wygorniensis ([2]) *Eovesham*) [t]) construxit] . . .

Von hier an ist der Abdruck vollständig.

Utic. 700 [De]functo Clodoveo successit Childebertus [u]) frater rex [v]) Francorum [w]).

„ 704 [D]efuncto Thyberio successit Justinianus [wa]).

706 [Johannes papa] [x]).

„ 708 [J]ohannes papa.

„ 710 [S]isinnius [y]) papa. [D]efuncto Justino [z]) successit Philippicus [a]).

---

m) A. cum sociis A. intravit *B man. s. XII med.* n) *ad* a. 640 *U.; fehlt B.* o) S. O. o. e. *fehlt R, B.* p) *Das Folg.* 642 *U.* q) *Das Folgende von der gleichen Hand, aber nachträglich hineingeschoben. Es fehlt R, B.* r) *Die hier* [*eingeklammerten*] *drei Eintragungen sind Ende s. XIV hineingefügt. Sie fehlen B und R.* s) *Rasur C.* t) *Rasur, auf die später:* consecratur *hingeschrieben ist. C.* u) Childericus *C.* v) regis *R.* w) *B gibt nur:* Childebertus rex. wa) D. T. s. *fehlt;* Just. imperator. *B.* x) *aus B.* y) isinsuus *C.* z) Justin' *R.* a) Philippus *C, R.* Sis. p. Ph. imper. *B.*

[2]) *aus Florenz ed. Thorpe I, 44.*

Utic. 711 [C]onstantinus papa. Defuncto Philippo successit Anastasius [b]).

Roto. 713 [S]anctus Wlfrannus [c]).

Utic. 714 [D]efuncto Anastasio successit Theodosius [d]).

„ 715 [D]efuncto Theodosio successit Leo [e]).

„ 716 [D]efuncto Childeberto successit Dagobertus rex Francorum.

„ 717 [K]arolus filius Pipini major domus [f]) fit [g]). Pugna in Vinciaco [h]).

„ 718 [G]regorius papa.

„ 720 [c]) [M]ortuo Dagoberto **successit** Daniel clericus, quem Franci levaverunt **in** regem.

Roto. 722 [c]) [H]ugo archiepiscopus Rotomagensis [i]) prefuit **etiam** ecclesiis Parisiacum, Bajocensi, abbatiis etiam Gimeticensi et Fontinellensi.

Utic. 724 [D]efuncto Leone successit Cnnstantinus imperator [k]).

„ 729 [l]) [B]eda claruit.

Roto. 730 [c]) [O]biit Hugo Rotomagensis archiepiscopus. Successit Robertus.

Utic. 734 [G]regorius papa.

Roto. 740 [m]) [Defuncto Karolo, Karolo magnus et Pipinus majoratum domus adipiscuntur [n]).

Utic. 743 [Z]acharias papa.

„ 746 [K]arolo magnus [o]) Romam perrexit [p]) et monachus factus est in monte Sarepte, ubi in honorem sancti Silvestri ecclesiam construxit, et inde ad Montem Cassinum ad monasterium sancti Benedicti transiit.

„ 752 [S]tephanus papa.

Roto. Pipinus rex efficitur [q]).

„ 755 [c]) [H]ic domnus Remigius adeptus est sedem ecclesie Rotomagensis [r]), ejecto ab episcopatu Raimfrido.

Utic. 756 [c]) [H]ic benedictus est Pipinus rex a sancto **Remigio** [s]) papa Parisius et filii [t]) ejus Karolus et Karolo magnus et filia ejus Sigila inter [u]) sacra missarum sollennia, precipiente sancto Petro et [v]) Paulo et sancto Dionisio.

Et [w]) Constantinus imperator donaria mittit.

---

b) Const. p. An. imper. *B.* c) *fehlt B.* d) 714 T. imper. succ. Leo *B.* e) 715 Hild. Dag. succ.; 716 *leer B.* f) *Das Folgende fehlt B.* g) *Das Folgende in U.* a. 718. h) miciaco *C.* iniciato *R.* i) Rothom. *R.* k) impera *R.; nur:* Const. imp. *B.* l) *unter* 730 *B.* m) 741 *Rot.*, *U.* n) 741 Karlomannus et P. in majoratu d succedunt *B.* o) Karlomannus *B.*; Karolus magnus *R.* p) *Das Folg. fehlt B.* q) Pip. r. S. p. *B.* r) Rothom. *R.* s) Stephano *U.* t) filius *U.;* filius *aber corr. R.* u) intra *R.* v) sancto *ins. U. R.* w) 761 *U.*

Utic. 759 [x]) [P]aulus [y]) papa.

„ 763 [c]) [H]yemps maxima.

„ 766 [c]) [O]biit Paulus [z]) papa.

„ 767 [Constantinus papa] [a]) [O]biit Pipinus rex Francorum 7 kal. Oct. [b]).

Successit Karolo magnus filius ejus.

„ 768 [S]tephanus papa [bb]).

„ 769 [c]) [I]nitium regni Karoli regis.

„ 771 [A]drianus papa. Obiit Karolo magnus [d]) 2 No. Dec.

Successit Karolus [e]).

Roto. 772 [M]einardus [f]) Rotomagensis archiepiscopus.

Utic. 774 [K]arolus Romam vadit, inde reversus Papiam cepit cum rege Desiderio, captis civitatibus et direptis universis Italie.

„ 776 [C]onversio Saxonum.

„ 777 [Karolus Hispaniam intravit] [g]).

„ 778 [i]) [K]arolus Pampiloniam destruxit urbem [h]), apud Cesaraugustam exercitum suum conjunxit et acceptis obsidibus rediit **in** Franciam.

„ 779 [k]) [K]arolus venit **in** Saxoniam.

„ 780 [l]) [S]axonia capta est.

Roto. Gilebertus Rotomagensis archiepiscopus [l]).

Cluni. [Oddo abbas Cluniacensis primus natus est [m])].

Utic. 781 [n]) [K]arolus Romam vadit.

„ 783 [o]) [W]itikingis cum **suis** sociis [in] Atinia[co] [o]) **com**baptizati partem regioni contulerunt.

„ 786 [S]ignum crucis in vestibus.

„ 787 [p]) [I]terum [q]) Karolus [r]) Romam perrexit [s]), inde ad Sanctum Benedictum et Capuam.

„ 788 [K]arolus per Alemanniam venit ad fines Bajuarie [t]) [u]).

„ 790 [v]) [T]assilo dux venit in Franciam [w]), et Bajuaria capta est.

---

x) 758 *U. B.* y) Paulinus *C. R.* z) Paulinus *R.* a) *nur B*, *wo weiter Nichts.* b) 768 P. r. o. 8 k. O. *U.* bb) Pipinus obiit *add. B.* c) *fehlt B.* d) Karolus m. *R.* e) A. p. Karlomannus ob. *B.* f) Reinardus *R.* g) *aus B.* h) Pamp. urb. destr. *R*, *U.* i) 778 *nur:* K. Sax. venit *B.* k) 778 *U; B.* l) 779 *B;* Gil. R. arch. *fehlt R*, *B.* m) *aus B.* n) 780 *B.* o) soc. Matinia *C*, *R.* p) 786 *U.* q) Item *C*, *R.* r) ad *ins. R.* s) *Das Folg. fehlt B.* t) K. v. ad Bawariam *B.* u) Baviarie? *R.* v) 789 *B.* w) in F. v. *B.*

791 [x]) [Karolus pergit in Sclavos.]

792 [c]) [S]ynodus facta est Franconovurt [y]), precedentibus apostolice sedis legatis Theophilato et Stephano episcopis, et auctoritate sanctorum Felix episcopus, qui dogmatizabat, dominum Jesum non pro[p]rium, sed adoptivum Dei filium esse, damnatus [z]) est et perpetuo relegatus exilio,

797 [a]) [Leo papa.]

799 [b]) Terremotus magnus factus est, qui pene totam Italiam concussit, et tectum Beati Pauli cum suis trabibus [c]) ex maxima parte dejecit.

800 [H]ic Karolus imperator factus est et a Romanis Augustus appellatus [d]) est, qui illos, qui Leonem papam dehonestaverant, morte damnavit [e]), sed papa[e] precibus [f]) morte indulta, exilio retrusit. Ipse enim Leo papa imperatorem eum consecraverat.

804 [g]) [L]eo papa venit in Franciam et in Karisiaco natalem Domini cum Karolo imperatore celebravit.

804 [Berno abbas ante Cluniaci instaurationem habetur] [h]).

808 [g]) [T]ransitus sancti Liuodgeri [i]) episcopi et c[onfessoris], capellani ipsius Karoli.

810 [g]) [K]arolus cum Niceforo imperatore Constantinopolitano pacem fecit.

[Sanctus Odo monachus factus est.] [k])

812 [l]) [N]iceforus obiit, successit Michael gener ejus, qui Karolo imperatori legatos suos cum pace mittit.

813 [g]) [K]arolus apud Aquisgrani palacium [m]) Lodovico [n]) filio suo imperii sui diadema imposuit.

814 [O]biit Karolus imperator. Inicium regni Lodovici filii ejus [o]).

815 [g]) [B]ernardus [p]) rex Longobardorum excecatus et mortuus est. [*]) Qui pro utilitate christianitatis concilia celebrari fecit.

819 Imperator Lodovicus perrexit in Britanniam interfecto Mormanno [q]).

---

x) *fehlt R. C.* 792 *U.* y) Franconomirt *C.* z) dampnatus *R*, *U.* a) *fehlt C, R.* 796 *U.* b) *fehlt B.* c) turribus *C.* d) *Nur* K. i. f. e. et A. vocatus, *das Folg. fehlt B.* e) dampnavit *R.* f) precibus papę *U;* papa *C, R.* g) *fehlt B.* h) *aus B.* i) Liuoggeri, *vom Schreiber selbst corrigirt*, *C.* k) *aus B.* l) 811 *U*, *fehlt B.* m) palascium *C.* n) Ludovico *U, R und so stets.* o) K. ob. L. filius successit *B.* p) Benardus *R.* q) Morianno *C, R;* Lud. B. per. int. Norm. *B*

*) *Die folgenden Worte richtiger in U. zu* 813 Karolus.

Ulic. 820 [S]tephanus papa.

„ 822 s) [F]ames valida.

„ 823 s) [N]atus est Karolus filius Lodovici in Franconofurt, in quo palacio novo illo anno imperator hyemavit r), et in die pasche coronatus est et imperator appellatus.

„ 825 s) [A]lia vice Lodovicus perrexit in Britanniam.

„ 827 [P]aschalis s) papa.

Roto. 828 s) [R]aignoardus episcopatum accepit Rotomagensem t).

Ulic. 831 u) [H]ic dereliquerunt Lodovicum et elegerunt Lotharium. v) Redditum est item Lodovico regnum.

„ 832 w) [Eugenius papa.]

„ 834 x) [G]regorius papa.

„ 836 s) [H]erio insula. Translatio suncti Philiberti 7 idus Jan., quando Normanni vastaverunt Britanniam.

Will. Malm y) Elwulfus quem quidam Athulfum vocant, filius Egbrithci regnavit annos 20 mensibus 5.

Roto. 837 z) [H]ic accepit Gunboldus episcopatum Rotomagensem.

Ulic. 840 a) [O]biit Lodovicus imperator 12 kal. Julii. b) Bellum inter fratres, scilicet Ludovicum, Lotharium et Karolum filios Lodovici imperatoris.

Roto. 842 [T]ranslatio sancti Audoeni c), quando Normanni vastaverunt Rotomagum et succenderunt monasterium.

Ulic. 848 d) [S]ergius papa.

Roto. 849 [P]aulus archiepiscopus Rotomagi ordinatus fuit.

Will. Malm Reg. § 117 850 e) [4]) [O]biit Aelthulfus, successerunt ei duo filii sui regnum paternum partientes: Aedthelbaldus in Westaxasonia, Aedthelbrictus in Cantia regnaverunt; sed Aethelbaldo post quinquennium defuncto, totum regnum ad alterum derivatum est. Hujus tempore manus piratarum appulsa Hamtonam et Wintoniam urbem populosam direptioni dedit. Qui dulciter regnum moderatus obiit post regni quinquennium.

---

r) hiemavit *U*, *R*. s) Pascalis *B*; 821 *U*. t) Rothom. *R*. u) *fehlt, doch zu* 832: Lotharius eligitur *B*. v) *Das Folg. zu* 833 *U*. w) *aus B;* 827 *U*. x) 835 *B*. y) *fehlt R*, *B*. z) 838 *Rot.*, *U*, *R; fehlt B*. a) *Nur:* Luodowicus ob. *B*. b) *Das Folg. zu* 841 *U; fehlt, aber zu* 842: Lotharius et Karolus pugnaverunt *B*. c) *Das Folg. fehlt B*. d) 850 *B*. e) 840 *C*, *fehlt R*, *B*.

[4]) *Malmesbury gibt* 857.

Roto. 851 [f]) [H]ic venerunt Normanni in Secanam.
„ 852 [ff]) [H]ic iterum venerunt alii Normanni.
Utic. 853 [g]) [L]eo papa.
„ 855 [O]biit Lotharius impera[tor] filius Ludovici. Obiit Paulus archie-
Roto. piscopus Rotomagensis; eodem anno ordinatus est Wa[n]ilo [h]) archiepiscopus Rotomagensis.
Utic. 859 [H]ic cepit gelare 2 kal. Dec. et desiit No. Aprilis.
„ 861 [i]) [B]enedictus papa.
„ 862 [Nicholaus papa] [k]).
Roto. 865 [f]) [V]enerunt Normanni in medio Julii.
„ 866 [f]) [O]biit Wa[n]ilo [h]) archiepiscopus Rotomagensis, successit Adalardus.
Utic. Fames valida.
Will. Malm [l]) Aethelredus filius Ethelwulfi regnum paternum optinuit, eodem numero annorum quo fratres.
Utic. 868 [f]) [N]icholaus papa.
Et fames valida.
„ 869 [f]) [O]biit Adalardus archiepiscopus Rotomagensis, successit [m]) Riculfus. Item fames maxima et mortalitas hominum et animalium [Adrianus papa.] [n])
„ 871 [f]) [V]entus validus.
„ 872 [f]) [O]biit Riculfus archiepiscopus Rotomagensis; successit Johannes.
Will. Malm § 121 [o]) Aelfredus filius Ethelwulfi junior, qui unctionem regiam et coronam primus a papa Leone IIII[to] [5]) olim Rome susceperat, regnum accepit et 28 [p]) et semis annos laboriosissime, sed fortissime tenuit.
Utic. 873 [q]) [O]biit Johannes archiepiscopus Rotomagensis, successit Wittha [r]).
„ 874 [f]) Obiit Witha archiepiscopus Rotomagensis successit Franco. [Johannes papa] [s]).

---

f) *fehlt B.* ff) *fehlt B.* 851 *Rot.* g) 852 *U.* h) Wailo *C, R.* i) 860 *U, B.* k) *fehlt C, R, s. u.* 868. l) *Das Folg. fehlt R, B.* m) Rot. *fügt C ein, aber interpungirt.* n) *aus B; zu* 871 *U; fehlt C, R.* o) *Das Folg. fehlt B, R.* p) annis, *aber interpungirt; C.* q) 874 *U, fehlt B.* r) Witta *R.* s) 876 *U; fehlt C, R.*

[5]) *Die Worte* primus *und* quarto *geben nur die codd. d, e, m des Malmesbury.*

Roto. 876 [H]ic t) Rollo cum suis Normanniam penetravit u) 15 kal. Dec.
Utic. v) Obiit Ludovicus rex. Iterum Karolus [*Italiam*].ingreditur, et eandem terram Karlemannus per aliam viam intravit. Inde Karolus territus fugit et in eodem itinere mortuus est.

" 878 [A]drianus papa vv).

" 879 f) [L]udovicus rex Saxonum adhuc fratre suo Karlemanno vivente, Baviariam w) ingreditur.

" 881 x) [I]nicium belli Francorum contra paganos: Lodovico filio Lodovici regis primum exeunte ad pugnam, Deo donante potiti sunt victoria; et pars eorum maxima cecidit.

" 884 f) [S]edes Normannorum in Duisburg' [Marinus papa] y).

" 885 [Adrianus papa] z).

" 886 [S]tephanus papa] a).

" 888 [K]arolus imperator obiit. Arnulfus rex efficitur imperator b).

" 893 c) [Hic] initium Karoli pueri. Hujus miles Agano d).
Roto. Hoc tempore dd) capta est civitas Ebroacensis e), sed episco-
" pus Sabar nomine, Deo annuente, evasit.

Utic. 899 f) Obiit Arnulfus impera[tor]. Successit Ludovicus filius ejus.
Roto. Hic Rollo cum exercitu suo Carnotensem civitatem obsedit, sed episcopus ejusdem urbis, Walternomine, vir religiosissimus Ricardum Burgundie ducem et Ebalum Pictavensium comitem in suo auxilio provocans, tunicam sancte Virginis in manibus ferens, Rollonem ducem divino nutu fugavit et civitatem liberavit.

Utic. 904 c) [B]ellum contra Conradum et Adalbertum g) in quo Cunradus cecidit.

906 [Ainardus abbas] *) h).

" 908 Hungari i) Saxoniam et Thuringiam vastant.

Roto. 911 k) [O]biit Lodovicus. Burchardus dux l) occiditur. Conradus filius Cunradi rex efficitur.

" 912 m) [H]ic baptizavit Franco Rollonem et vocavit Robertum.

---

t) Hoc anno *U*, *B*. u) venit *B*. v) *Das Folg. fehlt B*. vv) *fehlt U*, *B*, *s.* a. 885. w) Bajuariam *R;* Baiuaria *oder* Bauiaria *ununterscheidbar C*. x) 879 *U; fehlt B*. y) *So B; fehlt C*, *R;* 886 *U*. z) 888 *U; fehlt C*, *R; s.* a. 878. a) *So B; fehlt C*. *R*. 889 *U*. b) K. o. A. imp. *B*. c) *fehlt B*. d) Agono *R*. dd) 873 *Rot. Druckfehler*. e) Eboracensis *C*, *R*. f) 898 *U*. 898 *nur:* A. o. L. succ. *B*. g) Abbatum *C*, *R*. h) *Nur in B*. i) Lungari *C*. k) *Nur:* L. ob. *B*. l) rex *U;* dux *Rotom*. m) 911 *U; fehlt B*.

*) *Nachfolger Odo's von Cluny a. 942?*

Ag. Mr. 912 [Factum est bellum de pa*ganis sub* Rodberto et Ricardo] n).

Roto. 914 o) [F]acta est pax inter Karolum et Rollonem, deditque Karolus

" ei filiam suam Gisia, de qua nullum filium habuit.

Utic. 917 Obiit Rollo primus dux Normannorum cui successit Willelmus filius ejus p).

Cluni. 918 [Hoc tempore beatus Majolus claruit] q).

Roto. 919 [O]biit Cunradus rex. Successit Henricus. **Hic** obiit Franco, archiepiscopus Rotomagensis. Successit Gunhardus r).

Utic. 921 s) Hoc tempore firmata est amìcitia inter regem Francie Lodovicum et Henricum regem Theu[toni]**corum**, in quo placito fuit Willelmus dux Normannorum et Ricardus dux Burgundionum. Sed et de placito rediens filium Lodovici Lotharium de sacro fonte levavit.

922 [Karolus pugnavit cum Rodberto rege] t).

Roto. 933 u) [O]biit Henricus successit Otho v). **Hic** factum est prelium inter comitem Willelmum et Riculfum fraudulentum ceterosque infideles Willelmi comitis in loco qui dicitur Pratum Belli.

942 w) Occiditur Willelmus x) Normannie [dux] y) filius Rollonis 16 kal. Jan. Successit Ricardus filius ejus qui Vetus dicitur z).

951 a) [7]) [A]edmundus b) rex occiditur. Successit A[ed]redus c) frater ejus.

Roto. Et a) Otho rex Italiam ingressus eam sibi subjugavit.

Ag. Mr. 957 a) [8]) Obiit Eadwi rex; Aedgarus frater ejus.

Roto. Luidulfus, Othonis filius, subjugata sibi Italia, ibidem obiit d).

Ag. Mr. 958 a) [9]) Hic sacratus est rex Edgarus e) apud Bathoniam.

Roto. 961 [O]tho puerulus in regem elevatur in Aquisgrani palatio.

---

n) *Nur in B, die Mitte ergänzt aus Bury S. Edmunds.* o) 912 *Rot.* F. e. P. i. Francos et Normannos *B.* p) R. ob. s. Will. f. *B.* q) *aus B.* r) Cunhardus *C; nur* 920 Conr. o. s. H. rex *B.* s) 922 *R*, 927 *U; fehlt B.* t) *aus B.* u) 934 *U;* 936 *Rot.;* 934 *nur:* H. o. O. s. impera *B.* v) *Das Folg. fehlt B.* w) Obiit Rollo *ins. C.* 943 *Rot.* x) Ob. W. *im Texte, über* Ob. *ein Zeichen, zu dem am Rande* Occiditur *steht, in anderer Tinte, R.* y) *fehlt C.* z) Will. f. R. occ. succ. R. q. Vet. *B.* a) *fehlt B.* b) *Im Text* eadm; *am Rande als Initiale* A *angegeben; der Illuminator setzt aber* E *davor. R.* c) Aeredus *R.* d) *Nur:* Liud. O. f. s. It. *B.* e) Aedgarus *R.*

[7]) *Vielmehr 946.* [8]) *Vielmehr 959.* [9]) *Erst 973.*

Ag. Mr. 963 [a]) Sanctus Aedelwoldus consecratus est episcopus [10]) 3 kal. Oct. [11])

Roto. 972 [f]) [O]biit Otho impera[tor].

Utic. Hic venit Aigroldus rex Danorum consilio Normanorum [g]) fidelium cum Ricardo puero in Normanniam et pugnavit contra Lodo[vi]cum regem, in quo prelio occisus est Herlewinus comes Musterioli, et rex Lodovicus captus est. Sed regina Gerberga [h]) consilio Hugonis Magni filium suum Lotharium et duos episcopos Hildericum Belvacensem et Widonem Suessionensem pro observanda fide obsides dedit, et rex a captione liberatus est. Ricardus comes in patriam firmiter roboratus est.

Ag. Mr. 975 [a]) [O]biit Aeadgarus [i]) rex, successit Edwardus [k]) filius ejus.

979 [a]) [12]) Sanctus Eadwardus [l]) martirizatus est consilio noverce sue Elfride [m]). Successit Aedeldredus frater ejus filius Aelfride.

Roto. 983 [O]biit Otho junior imperator, successit infans Otho filius ejus [n]).

984 [a]) Obiit sanctus Aedelwoldus [o]) episcopus Wintonie.

Utic. 986 Obiit Lodovicus rex Francie.

989 [p]) [13]) [O]biit sanctus Dunstanus archiepiscopus.

Roto. Robertus archiepiscopus Rotomagensis.

Ann. Cadomens. 992 [pp]) Obiit Lotharius rex Francorum, in quo progenies Karoli Magni funditus destruitur, et Hugo Magnus filius Hugonis filii Roberti ducis in regem elevatur.

Cluni. 994 [q]) [O]biit Majolus abbas Cluniaci. Successit Odilo.

Roto. 996 [r]) Obiit primus Ricardux dux Normannie filius Willielmi. Successit Ricardus secundus filius ejus.

" 999 [G]erbertus papa [s]).

" 1002 Obiit Otho imperator, successit Henricus,

Utic. 1003 [J]ohannes papa.

Roto. 1006 Obiit Hildebertus abbas, qui restauravit monasterium Sancti Audoeni.

---

f) *Nur:* Ob. O; *alles Folg. fehlt B.* g) consilium Romanorum *C*, *R.* h) Getberga *U.* i) Eadg. *R.* k) Eadw. *R.* l) Aedw. *R.* m) Aelfr. *R.* n) O. j. o. O. f. s. *B.* o) Aeldwoldus *R.* p) *fehlt B; wo* 988 Dunstanus archiepiscopus obiit. pp) 991 *Caen, fehlt B.* q) 995 Beatus M. o. S. O. *B.* r) R. p. o. s. R. sec. *B.* s) Girb. p. *B.* *B's Fortsetzung ist weiter unten ganz gedruckt, s. No. VIII.*

[10]) *von Winchester, am 29. Nov.* [11]) *Lies Dec.* [12]) *Vielmehr 978.* [13]) *Vielmehr 988.*

1012 [S]anctus Aelfegus [t]) archiepiscopus martirizatus est.

1015 [14]) Obiit Chunt rex [u]) Aeldredus rex 9 kal. Maji et Edmundus [v]) filius ejus 6 [15]) kal. Dec.

Roto. 1017 [O]biit Juditha comitissa.

„ 1024 Obiit Henricus impera[tor]. Successit Cono imperator augustus.

Utic. Obiit Benedictus papa.

Roto. 1026 [O]biit Ricardus II^us dux Normannorum. Successit Ricardus III^us qui eodem anno mortuus est, cui successit Robertus [w]) frater ejus.

Utic. 1031 Obiit Robertus rex Francorum, successit Henricus filius ejus.

„ 1034 Johannes frater Benedicti papa.

1035 [O]biit Chnut [x]) rex, successit Haroldus filius ejus.

Roto. Obiit Robertus dux Normannie, successit Willelmus filius ejus in puerili etate.

Utic. 1036 Benedictus papa, nepos Benedicti et Johannis.

Roto. 1037 [xx]) Obiit Robertus Rotomagensis archiepiscopus, successit Malgerus.

Utic. 1039 Clemens papa.

Ag. Mr. 1040 [O]biit Haroldus rex, successit Hardecnut [y]).

„ 1042 Obiit Hardecnuti rex, successit Edwardus [z]) frater ejus.

Utic. Et mortalitas hominum.

Roto. 1047 [B]ellum apud Vallium [a]) Dunas.

Utic. 1048 [D]amasus papa.

Cluni. Obiit [16]) sanctus Odilo [b]) abbas Cluniacensis, successit Hugo.

Utic. 1049 [c]) Hic Leo papa concilium Remis habuit.

„ 1054 [O]biit Leo papa qui et Bruno.

Roto. Bellum apud Mare Mortuum.

„ 1055 [D]eposito Malgero successit Maurilius Rotomagensis archiepiscopus.

„ 1056 Obiit Henricus imperator, successit Henricus filius ejus.

Utic. 1057 [O]biit Victor papa.

„ 1058 Obiit Stephanus papa.

---

t) Aelphegus R. u) Chunt rex *gehört an's Ende des Satzes.* v) Aedm. *R.* w) Rodbertus *R.* x) Chut *R.* xx) 1036 *Rot.* y) Hardechunt *R.* z) Eadw. *R.* a) Vellum *R.* b) Obilo, *aber corrigirt C.* c) *fehlt R.*

[14]) *Vielmehr 1016.* [15]) *Schreibfehler für 2? Edmund's Tod sonst 4 Tage später, 30. Nov. datirt.* [16]) *Richtiger 1049.*

Roto. 1060 [O]biit Henricus rex Francorum, successit Philippus filius ejus.
Utic. Nicolaus papa.
„ 1062 Alexander papa.
[Wlstanus [d]) vir venerabilis Wigorniensis episcopus consecratur.]
Roto. 1063 [H]ic subjugata est Cenomannis comiti Normannie Willelmo.
Utic. 1065 [e]) Hic apparuit cometa.
Roto. 1066 [ee]) [O]biit Eadwardus rex.
Capta est Anglia a [f]) Normannis 6 [17]) idus Oct. Willelmus dux Normannorum, perempto Haroldo, factus est rex Anglorum in natali Domini apud Lundonias.
Ag. Mr.
„ 1069 [18]) Lanfrancus [g]) archiepiscopus Cantuarie.
Roto. 1073 [O]biit Alexander papa. Successit Hildebrannus qui Gregorius vocatus est. Eodem anno invaserunt monachi Sancti Audoeni Johannem archiepiscopum Rotomagensem [h]) [4]) in festo ejusdem sancti cum armata manu virorum. Unde judicatum est monachos hujus criminis reos per abbatias in carceribus retrudî.
„ 1074 Hic congregatum est concilium [in] urbe Rotomagensi presidente Willelmo rege Anglorum.
Font. 1076 [T]erremotus 10 kal. Maji [18b]).
Roto. 1079 Obiit Johannes archiepiscopus Rotomagensis. Successit Willelmus abbas Codomi [19]).
„ 1083 [i]) Obiit Matildis regina Anglorum prima.
„ 1087 Obiit rex Willelmus primus 6 idus Septemb. Successit Willelmus filius ejus.
Translatio sancti Nicolai ad Barum.
Ag. Mr. 1089 Obiit Lanfrancus archiepiscopus.
„ 1091 Ventus vehemens percussit Lundonias 6 [20]) kal. Novem. feria sexta.
„ 1093 Anselmus [k]) archiepiscopus factus est.

---

d) *Das Folgende s. XIII ex. eingefügt C. Es fehlt R.* e) 1066 *U.* ee) 1065 *Rot.* f) A. c. e. a. *R.* g) Lamfranchus *R.* h) Rotom. arch. *R.* [4]) *Das Folgende in U. ausradirt, steht in den Annalen von Rouen, Caen und Bury S. Edmunds.* i) 1084 *Rot, U.* k) Inselmus *C.*

[17]) *VI wol verschrieben aus II: Schlacht bei Senlac 14. Octob. S. Anm.* 15. [18]) *Richtiger 1070.* [18b]) *Auch in zwei anderen Ableitungen aus Rouen, nämlich S. Wandrille (Bouquet XII, 771 u. Bury S. Edmunds.* [19]) *Hier oder 1089 hört die Uebereinstimmung mit den Uticenses auf.* [20]) *Vielleicht 2 zu lesen s. o. N. 17. Freitag war 1091 am 31. October.*

Ag. Mr. 1095 Motio euntium capere Jerusalem. [Obiit Wlstanus episcopus] [1]).

Roto. 1096 Hic ivit comes Robertus Jerusalem. Eodem anno interfectio Judeorum apud Rotomagum.

Ag. Mr. 1098 [21]) Capta est Jerusalem a Christianis. In Berruchsira lacus fluxus sanguine.

„ 1099 Mare erupit et tot mala fecit, quot nullus antea vidit.

„ 1100 Willelmus rex occiditur 3 [22]) N. Aug. Successit Henricus frater ejus.

„ 1102 Rogerus episcopus Saresbirie factus est.

„ 1103 Sanguis de terra manavit apud Hamstede [23]) [m]). Mortalitas animalium nimia.

„ 1105 Henricus rex Bajocas incendit.

„ 1106 Henricus rex cepit Normanniam et Robertum fratrem suum. Et due lune vise sunt.

Roto. 1108 Obiit Philippus rex Francorum. Successit Ludovicus filius ejus.

1109 Anselmus [k]) archiepiscopus [24]).

1110 Henricus dedit filiam suam imperatori. Luna extincta. Cometa mense Junii apparuit.

Ag. Mr. 1111 Mortalitas animalium et fames valida in Normannia.

1112 Mortalitas hominum maxima.

1113 [25]) Eodem anno Radulfus archiepiscopus factus est.

„ 1114 Tamisia exsiccatur [n]) et mare 10 miliaria 2 diebus.

Roto. 1116 Hic tota urbs Rotomagi pene combusta est.

Ag. Mr. 1118 Obiit Paschalis papa. Successit Gelasius. Obiit Matildis 2ª regina Anglie.

1119 Obiit Gelasius papa apud Cluniacum. Successit Kalixtus.

„ 1120 Hic submersi sunt in Mari Willelmus filius Henrici regis et Ricardus frater ejus.

1121 Henricus rex duxit Adelizam [o]) in reginam.

1122 Obiit Radulfus archiepiscopus. Successit Willelmus.

---

1) *Eine Generation später hinzugefügt C, s. o. a.* 1062; *fehlt R.* m) Heamstede *R.* n) exiccatur *R.* o) Adeliciam *R.*

[21]) *Vielmehr 1099.* [22]) *Sonst 1 Tag früher, 2. August, datirt.* [23]) *Hampstead bei London,* [24]) *von Canterbury †.* [25]) *Vielmehr 1114.*

1124 [p]) Obiit Kalixtus papa. Successit Honorius. Sol similis nove lune. *Ag. Mr.*

1125 Fames valida. Justicia de monetariis.

1129 Henricus factus est episcopus Wintonie.

1133 Hic natus est Henricus filius imperatricis et comitis [q]) Andegavie.

1135 Obiit Henricus. Successit Stephanus nepos ejus. Ecclesia Sancti Pauli combusta est.

1136 Obiit Willelmus archiepiscopus.

1137 Obiit Lodovicus rex Francorum. Successit Lodovicus filius ejus.

1138 Factum est concilium apud Westmonasterium presente legato Albrico Hostiensi episcopo, in quo electus est Theobaldus archiepiscopus.

1139 Venit imperatrix in Angliam.

1141 Stephanus rex captus est in bello apud Lincolniam 4 No. Febr.

1142 Comes Robertus captus est et pro eo rex Stephanus redditus est [26]).

Ag. Mr. 1144 Fames maxima. Puer Willelmus crucifixus est a Judeis apud Norvich [r]).

1145 Cometa apparuit.

1147 Mocio regis Gallie ad Jerusalem.

1149 Reversio regis Gallie.

1152 Obiit Matildis regina Anglorum III.

Ag. Mr. 1153 Obiit Eustachius filius regis Stephani, et concordia facta est inter regem et ducem apud Wintoniam.

1154 Obiit rex Stephanus. Successit Henricus dux Normannie. Et Adrianus papa.

Ag. Mr. 1157 Hic duxit rex Henricus exercitum in Walliam [s]).

1158 Obiit Gaufridus frater regis. Justicia de monetariis.

Ag. Mr. 1159 Rex duxit exercitum Tolosam [t]). Obiit Adrianus. Successit Alexander papa. Scisma factum est per Octovianum.

---

p) *Ursprünglich zu* 1123, *aber corrigirt C.* q) comes *C, R.* r) Norwich *R.* s) Waliam *R.* t) Tolosiam *R.*

26) *Nov. 1141.*

1160 Henricus filius regis Anglie desponsavit filiam regis Francie.

Ag. Mr. 1161 Teobaldus archiepiscopus obiit.

1162 Consecratus est Tomas archiepiscopus 3 No. Jan. [27]).

1164 Justicia de obsidibus Wallensium [u]) et Thomas archiepiscopus exivit de Anglia.

Ag. Mr. 1165 Rex tercio duxit exercitum in Walliam [28]) et perdidit obsides Audoeni.

" 1167 Obiit Matildis imperatrix.

1168 Matildis [v]) filia regis duci Saxonum datur.

1170 Henricus seipsum deposuit et filio suo diadema imposuit. Eodem anno Thomas archiepiscopus rediit in Angliam et martirizatus est eodem anno 4 kal. [w]) Jan.

1171 Henricus rex ivit in Yberniam [x]) et in nocte natalis Domini tempestas maxima tonitrui [y]).

1173 [z]) [R]icardus in archiepiscopum eligitur.

1174 [R]icardus Rome consecratur a papa Alexandro. [E]cclesia Cantuariensis comburitur.

1177 [H]oc anno confusi sunt pagani Jerosolimis per crucem Christi 6 [29]) kal. Decemb. feria 6ta.

1179 [A]lexander papa celebrat concilium Rome. [R]offensis ecclesia comburitur 3 idus Aprilis.

1181 Obiit Alexander papa. Successit Lucius.

1182 [G]ualterius Roffensis episcopus obiit.

1183 [H]enricus rex filius Henrici II regis obiit.

1184 [R]icardus archiepiscopus obiit idus [30]) Febr. [a]) et Gerardus Cestrensis.

---

u) Walensium *R.* v) Batildis *C.* w) no *C.* x) Hiberniam *R.* y) *Folgen Jahrzahlen mit leeren Zeilen bis 1178, womit das Stück endet, C.* z) *Alles Folgende aus R, wo von hier an die Tinte deutlich wechselt; auch sind von hier an die Initialen nur klein am Rande; aber nicht vom Illuminator ausgefüllt.* a) Frebr. *R.*

27) *Lies* Jun. 28) *cf. Hoveden I, 240 und Stubbs' Anmerkung dazu.* 29) *lies 7; Freitag 25 Nov. bei Rama.* 30) *Andere Quellen geben ein 3 oder 4 Tage späteres Datum.*

VIII. Annales monasterii de Bello

a. 1000—1206.

Der letzte Theil der Annalen von Battle enthält werthvolle Fasten der dortigen Aebte, für welche unser MS. auch [1] *schon benutzt ist. 1206 wird König Johann's Besuch und Schenkung im Kloster erwähnt. 1204 opfert er ein von Richard Löwenherz mit anderen Reliquien heimgebrachtes Stück vom Heiligen Grabe. 1095 deutet die Erwähnung eines Abtes von Pontoise auf sonst unbekannte Beziehungen. Die Nachrichten über Lewes 1078, 1107 erklären sich durch die Nähe des Ortes, die über Canterbury u. A. durch die Herkunft mehrerer Aebte von dort. Auch wollten die Mönche von Christ Church 1184 den Odo von Battle zum Erzbischofe haben. Verbindung mit Fécamp (s. a. 1028, 1107) ward vielleicht durch Remigius, der dorther stammte und dem Eroberer zur Gründung Battle's rieth* [2]*, angesponnen und erhalten durch eine von Wilhelm von Braose gestiftete Rente in Fécamper Wein* [3]*. Die sonstigen Nachrichten sind allgemein bekannt, auffallend ist darunter nur die Vollständigkeit der Papstsuccession. Auf Heinrich V. lässt Vf. Friedrich folgen, irre gemacht durch die Candidatur des Herzogs von Schwaben oder Friedrich I. Nachfolge 1152. Ueber den früheren Theil s. die vorige Einleitung.*

Theile aus dem Stücke a. 1—700 *s. oben ad* a. 42, 166, 430, 436, 449, 597.

Das Stück 700—999 *vollständig s. oben ad* a. 700, 4, 6, 8, 10, 11, 14, 15, 17, 18, 24, 30, 34, 41, 43, 46, 52, 58, 67—69, 71, 76—80, 86—9, 91, 97; 800, 04, 10, 14, 19, 20, 27, 32, 35, 40, 42, 50, 53, 60, 62, 69, 74, 76, 84–6, 88, 98; 906, 11, 12, 14, 17, 18, 20, 22, 24, 43, 44, 51, 57, 61, 72, 83, 88, 95, 96, 99.

---

[1] *Zuletzt Walcott, Battle Abbey. s. a. 8°, der das Chronicon de Bello Lond. 1846. 8° (Anglia Christiana) bereits verwerthet.* [2] *Leland, Collectanea (1770) II, 390. Er sah die Bibliothek von Battle IV, 68. Unsere Hds. ist aber unerwähnt.* [3] *Chrn.o de Bello p. 36.*

Ann. Roto-mag. 999 Girbertus papa.
" 1001 Willelmus primus abbas Fiscanni **obiit** [1]).
Utic. 1003 Johannes papa.
Roto. [a]) Otto obiit, Henricus successit.
" 1017 Juditta comitissa obiit.
Utic. 1024 Benedictus papa.
Roto. Henricus obiit, Cono successit.
" 1026 Ricardus secundus obiit, successit Ricardus tertius, **deinde** Rot-
" bertus eodem anno.
1028 Johannes secundus abbas Fiscanni.
" 1031 Rotbertus rex Francorum obiit, successit Henricus.
Utic. 1035 [? Johannes papa, frater Benedicti?] [b]).
Roto. Obiit Rotbertus **comes**, Willelmus successit.
" 1039 Conradus impera[tor] obiit, successit Henricus.
Utic. Clemens papa.
Roto. 1047 Bellum apud Vallesdune.
Utic. 1048 Damasus obiit, successit Leo.
Cluni. 1051 Odilo [2]) abbas obiit; Hugo successit Cathedra sancti
" Petri.
Roto. 1054 Factum bellum apud Mortuum Mare.
Utic. 1055 Obiit Leo papa, successit Victor.
Roto. 1056 Henricus imperator obiit successit Henricus.
Utic. 1057 Obiit Victor papa. Successit Stephanus.
" 1059 Nicolaus papa.
Roto. 1060 Obiit Henricus rex. Successit Philippus.
Utic. 1062 Alexander papa secundus.
Roto. 1065 Ewardus rex obiit. Successit Haroldus.
1066 Sexagenus erat sextus millesimus annus,
Cum pereunt Angli, stella monstrante cometa.
1067 Willelmus [3]) Angliam cepit, interfecto Haroldo.
1070 Lanfrancus in Angliam venit [c]) et archiepiscopus est factus.
1071 Rotbertus Frisensis Flandriam cepit.
1073 Alexander papa obiit, successit Hildebrandus.

---

a) 1002 *Rot.* b) *Die erste halbe Zeile durch Ueberklebung unlesbar.* c) *Die folg. Worte eine Generation später geschrieben.*

[1]) sumpsit regimen *Rot.* [2]) *Odilo † 1049, 1. Januar; Hugo in cath. Antiochena, 22. Febr. geweiht.* [3]) *Krönung Weihnachten 1066.*

1076 Terremotus factus est 10 kal. Mai [4]). Eclipsis lune rubens.
1078 Lanzo [5]) Angliam venit cum 3 sociis.
1083 Mathildis regina obiit.
1085 Gregorius obiit. Successit Victor [6]), Victori:
1086 [7]) Urbanus.
1087 Willelmus rex obiit. Successit Willelmus filius ejus in Anglia, Rotbertus in Normannia. Translatio sancti Nicholai.
1089 Lanfrancus obiit.
1094 [d]) Urbanus papa.
1095 Gausbertus primus abbas Belli obiit [e]) et Walter primus abbas Pontesie [7a]) obiit.
1096 Facta est motio euntium in Jerusalem.
1101 [8]) Willelmus junior obiit. Successit Henricus frater ejus. Obiit [9]) Urbanus, successit Paschalis.
1102 Henricus abbas Belli obiit.
1106 Factum est bellum inter fratres Henricum et Rotbertum; capto Rotberto.
1107 Lanzo obiit et Willelmus Fiscannensis abbas. Radulfus abbas Belli factus est.
1109 Hugo abbas [10]) obiit et Anselmus archiepiscopus.
1111 Pascalis papa Rome captus est ab Henrico imperatore.
1118 Pascalis papa obiit. Gelasius successit. Mathildis regina obiit. Baldwinus rex obiit.
1119 Gelasius papa obiit. Successit [f]) Calixtus. Henricus rex et Ludovicus [11]) pugnant; fugato Ludovico.
1120 [g]) Willelmus et Ricardus filii regis mersi sunt, et pater eorum duxit uxorem.

---

d) *Die nächsten 3 Jahre in anderer Tinte.* e) *Das Folg. in etwas späterer Hand.* f) *Das Folg. von wenig späterer Hand,* g) *Erste Eintragung in der zweiten Hand.*

[4]) *Vielleicht aus Rouen. Die Nachricht steht in den Ann. Fontanell. s. das vor. Stück.* [5]) *Prior von Lewes bei Battle.* [6]) *Victor III. 1086—7.* [7]) *Erst 1088.* [7a]) *Seine Biographie in Mabillon Acta SS. Benedict. saec. VI p. 2 p. 817.* [8]) *Vielmehr 1100.* [9]) *Vielmehr 1099.* [10]) *von Cluny.* [11]) *cf. Freeman, Norman Conquest V, 188.*

1122 Radulfus archiepiscopus obiit, cui successit Willelmus.

1124 Calixtus papa obiit. Successit Honorius. Radulfus abbas Belli obiit. Successit Warnerus.

1125 Henricus imperator obiit. Successit Fredericus [12]).

1133 Eclipsis solis facta est 4 non. Augusti hora 6.

1134 Rotbertus comes Normannię obiit.

1135 Henricus rex Anglię obiit. Successit Stephanus.

1138 Tetbaldus archiepiscopus factus est. Recessit Warnerius [12a]).

1139 Successit Walter.

1140 Hic signum factum est in sole 13 kal. Aprilis, inter nonam et vesperam. Stephanus rex capitur [13]) in bello a Rod[berto] comite.

1153 Eugenius III papa obiit. Successit Anastasius papa.

1154 Stefanus rex obiit, successit Henricus rex II 14 kal. Jan. Obiit Anastasius papa. Successit Adrianus papa.

1159 Rex Anglorum Henricus obsedit Tolosam.

1160 Adrianus Anglus papa obiit [14]) et factum est scisma in ecclesia Romana, Alexandro et Victore creatis.

1161 Theodbaldus archiepiscopus obiit.

1162 Successit Thomas archiepiscopus.

1166 Henricus rex obsedit Radulfum de Fulgeriis [15]).

1170 Henricus rex fecit filium suum Henricum coronari.

1171 [16]) Sanctus Thomas archiepiscopus martirizatus est. Et Walterus quintus abbas Belli obiit.

1173 Ricardus archiepiscopus electus est, orta prius dissensione inter duos reges patrem et filium. Et signum apparuit in sole 8 kal. Aprilis.

1174 Idem Rome a domno papa consecratus est et duo reges pater scilicet et filius pacificati sunt.

1175 Odo abbas de Bello successit Walterio.

1177 Solutum est scisma Romane ęcclesię, facta concordia inter Alexandrum papam et Fredericum imperatorem.

---

[12]) *Vielmehr Lothar.* [12a]) *cf. Walcott, Battle Abbey 33.* [13]) *1141, 2. Febr.* [14]) *1159.* [15]) *cf. Pauli, Gesch. von England III, 61.* [16]) *1170, 29 Dec.*

1178 Hic contigit ęclipsis solis idus Septembris circa meridiem.
1179 Ludovicus rex Francię Cantuariam venit ad Sanctum Thomam. Concilium generale Alexandri III pape.
1180 Ludovicus rex Francię obiit, filio ejus Philippo succedente ante patris obitum coronato.
1181 Alexander papa obiit. Successit Lucius.
1183 Orta est discordia inter regem Henricum et filium ejus Henricum regem et Henricus junior obiit.
1184 Ricardus archiepiscopus Cantuariensis obiit.
1185 Successit Baldewinus. Et patriarcha Jerosolimitanus venit in Angliam. Lucius papa obiit. Succedit Urbanus.
1186 Orta est dissensio inter Baldewinum archiepiscopum et conventum Cantuariensem [17]).
1187 Crux Christi et terra Jerosolimitana a paganis capta est. Urbanus papa obiit. Successit Gregorius. Cui defuncto successit Clemens.
1188 Rex Anglie Henricus et majores regni sui crucem acceperunt, crucem et Jerusalem liberaturi. Orta est discordia inter Henricum regem Anglie et regem Francie.
1189 Henricus rex Anglie obiit. Successit Ricardus filius ejus 3 nonas Septembris.
1190 Soluta est discordia inter Baldewinum archiepiscopum et conventum ecclesie Christi Cantuariensis [18]). Ricardus rex Anglie et Philippus rex Francie transfretant Jerusalem ituri. Obiit Baldewinus archiepiscopus.
1192 Philippus rex Francie rediit a Terra Promissionis, rege Anglorum Ricardo illic remanente et victoriose agente, quousque Saladinum ad triennii pacem compulit.
1193 Ricardus rex Anglie a Terra Promissionis rediens in Alemannia detentus est. Ad cujus liberationem collecta est per omnes terras juris sui infinita pecunia. Hubertus archiepiscopus successit Baldewino.
1195 [19]) Rex Ricardus ab Alemannis pecunia redemptus, datis obsidibus, rediit in Angliam 3 non. [20]) Mart. et co-

---

17) *cf. Stubbs, Epistolae Cantuarienses (Rolls Ser.) p. XXXIX.* 18) *Ende November 1189; cf. Stubbs ib. p. LXXVI.* 19) *Lies 1194.* 20) *Lies* id., *13 Maerz.*

ronatus est apud Wintoniam in octavis Pasce et post modicum transfretavit nec rediit.

1198 Celestinus papa obiit. Successit Innocentius.

1199 Rex Ricardus balista percussus obiit. Cui successit frater ejus Johannes 6 kal. Junii in die Ascensionis coronatus.

1200 Odo abbas de Bello obiit [20b]). Cui successit Johannes kal. Maji. Rex Johannes dedit quandam particulam de sepulchro Domini ecclesie de Bello a fratre suo rege Ricardo cum aliis relliquiis delatam.

1204 Seimfridus Cicestrensis obiit, cui successit Symon. Philippus rex Francie subjugavit sibi Normanniam.

1206 Rex Johannes 4 feria Pasche [21]) ad Bellum veniens in curia monachorum hospitatus est et casulam decentem super magnum altare obtulit [h]).

---

h) *Folgt zu 1207 eine ausradirte Eintragung, dann nur Jahrzahlen bis 1220.*

20b) *cf. Hardy, Descr. Catal. of Mss. II, 552.* 21) *5. April. Am 6ten in Battle laut Hardy's Itinerar.*

IX. Annales Wintonienses cum continuatione S. Augustini Cantuariensis —1179.

Wie das kleine Königreich Wessex für die Herrschaft über England, die Brittischen Inseln und heute die halbe Erde den Ausgangspunkt bildete, so erwuchs in seiner alten Hauptstadt Winchester [1]) *der Keim für Englands historische Literatur in der Zeit nach Beda. Jene ältesten Aufzeichnungen aus Winchester sind uns aber nicht in der ursprünglichen, Lateinischen Form, sondern, verbunden mit kirchlichen Nachrichten aus Canterbury, in den älteren Hdss. der Angelsächsischen Chronik erhalten.*

Nicht verwandt mit diesen älteren codd. A, B, C, D sind andere historische Notizen aus Winchester, von denen

1) eine Spur in E sich findet: a. 964 Hic expulsi sunt canonici de veteri monasterio *d. i. St. Swithun's Kathedrale. [Alle anderen Lateinischen Eintragungen in E ausser 890, 892 entstammen den Normannischen* [2]) *Annalen, nämlich a. 114, 124, 134, 202, 254, 311, 379, 403, 425, 431, 433, 439, 449, 490, 528, 591, 596, 625, 769, 778, 788, 800, 810, 812, 876 (928, 942, 994, 1024?), 1031, 1045, 1054, 1056, 1060, 1062.]*

2) Die jüngste Ags. Hds., F., enthält mehrere Stellen, welche nicht in den übrigen Codd. stehen und deutliches Interesse für Winchester verrathen: 884 ist S. Aethelwold ein Jahrhundert zu früh, 903 die Weihe von Newminster zu Winchester und die Ueberführung von S. Jodocus dorthin erwähnt; 931 erzählt sie den Tod des „Fridestanus b. Wentanus and Byrnstanus wearð gebletsod“ *offenbar nach einer Lateinischen Bischofsfolge, während die ihr sonst als Vorlage dienende Ags. Recension in abweichenden Worten richtig den Tod des ersteren (der nämlich abdankte) zu einem späteren Jahre als den*

---

[1]) *cf. Geffrei Gaimar (ed. Monum. Hist. Britann.) V. 2334.* [2]) *Dies, schon theilweise bemerkt in Monum. Brit. Pref. p. 76, entging Earle. Thorpe druckt nur sehr wenig von dem Lateinischen.*

Amtsantritt des letzteren setzt. Der Ursprung von F.'s Fassung darf also nicht nach Canterbury gesetzt werden. Dass die Handschrift F. aus Canterbury stammt, soll nicht geleugnet werden.

3) F ist begleitet von einem Lateinischen Text, der in den weitaus meisten Fällen nichts ist als eine Uebersetzung des Englischen. Wol deshalb ist nur sehr wenig von ihm gedruckt: bei Thorpe fast Nichts, bei Earle nur Theile von dem in Monum. Brit. gebotenen. Und doch bemerkten schon letztere, Pref. p. 77: but it has occasional insertions which apparently are not translations. *Z. B. — als Beweis der frühen Entstehung der Latein. Quelle — berichtet F a. 806 von einem Kreuze, das man im Monde sah, nach Ags. F* 2 no. [3]) Jun. anes Wodnesdaeges. *Der Lateinische Text fügt hinzu* luna 14 *und sagt richtiger* feria quinta: *denn der 4. Juni war Donnerstag. Es folgt in Ags. F ein Sonnenphänomen, bei dem der Lateinische Text ausser richtigem Wochentag und Luna auch* hora 4 *hinzusetzt. Dies beweist, dass er nicht Uebersetzung, sondern das Original des Ags. ist. Bei der (gleich folgenden) Sonnenfinsterniss von 809 bewahrt letzteres denn auch aus dem Lateinischen:* II[a] feria, luna 29.

4) Genau mit dem F Lat. resp. Ags. stimmt nun s. a. 806 das nachfolgend gedruckte Werkchen: doch fügt es eine Abbildung des Kreuzes und eine genau datirte Sonnenfinsterniss bei, ist folglich nur aus derselben Quelle mit 1—3 geschöpft und nicht von ihnen abhängig.

5) Dieselben Winchester'schen Notizen gelangten nach Burton, vielleicht durch Abt Gottfried 1114, der Prior von Winchester gewesen war. S. Ann. monast. I, 184 die Jahre 1006, 11, 2, 5—8, 1023, 8, 9, 31 und 1035.

6) S. unten Stück X aus Chichester.

Diesem Drucke sind zwei Handschriften aus der Nero-Abtheilung der Cotton'schen Sammlung zu Grunde gelegt:

A. — *A VIII, s. XII. med. bis 1133 von einer Hand geschrieben, die für th und w öfters Runen gebraucht, wurde von verschiedenen Schreibern s. XII bis 1157 geführt; zuletzt*

---

[3]) *So Mon. Brit. u. Earle. Thorpe* kl. *wol falsch gelesen.*

sind zu 1171 und 1179 Bemerkungen angehängt. Die Herkunft nach Rochester zu setzen, ist grundlos; die Jahre 980, 1146, 1148, 1151, 1157 verrathen locales Interesse für St. Austin's zu Canterbury. — Zwei bis drei Generationen später füllte ein Mönch, oft mit Rücksicht auf sein Kloster, durch Stücke des von Florenz von Worcester interpolirten Marianus Scotus die leergebliebenen Zeilen aus; meist schaffte er sich erst durch Rasuren Raum, die nur hier und da Spuren der ursprünglichen Eintragung noch erkennen lassen. Wo nun das Messer des Mönches im XII. Jh. schärfer war als das Auge des Herausgebers im XIX, da kann manchmal eine Ergänzung geliefert werden durch zwei andere Handschriften, nämlich das eben erwähnte Stück aus Chichester und:

C. — *Cott. Nero C. VII fol. 215, s. XII. ex.* [4]) *Das ist ein dürftiger sklavischer* [5]) *Auszug höchst wahrscheinlich aus A. selbst, bevor es durch Rasuren entstellt und über 1140 fortgesetzt war — oder* [6]) *aus einer fast mit A gleichlautenden gemeinschaftlichen Quelle — und hat folglich nnr als Lückenbüsser für A Bedeutung. Für die Herkunft der Hds. aus Winchester dürfen die Localnotizen 932, 964—6, 984 nicht angeführt werden. Denn die begegnen wörtlich in A. und entstammen der hier zuerst besprochenen Winchester'schen Quelle.*

Im folgenden Drucke sind die Jahreszahlen ohne historische Bemerkung und das Stück bis a. 740 als werthlos fortgelassen. C findet man in der zweiten Columne gedruckt und zwar abgekürzt, wo seine Lesart genau mit A. stimmt. Die in A. heute nicht mehr erhaltenen, und deshalb in C gross *gedruckten Stellen geben, addirt zu den ursprünglichen Eintragungen des jetzigen A in Columne 1, ein theilweises Bild von dem e i n s t i g e n A. Dagegen erhält man eine vollkommene Vorstellung von dem h e u t i g e n Zustande A's, wenn man zur ersten Columne die dritte hinzunimmt, welche |die nachträglichen Einschaltungen in A enthält. Was unter der Rasur*

[4]) *Auf den ersten drei Seiten ist im XIV. Jh. der offene Raum mit Auszügen aus Gratian, Dist. II, Causa XII bis XV bekritzelt.* [5]) *S. die Verlesung 1115, die Abschrift eines abgebrochenen Satzes 1136 u. s. w.* [6]) *Nirgends steht eine Eintragung in C, wo nicht dasselbe oder eine Rasur in A erscheint, ausgenommen Anm. 24.*

in A deutlich lesbar war, findet man in der ersten Columne (rund) *eingeklammert; was — natürlich nur auf einige erhaltene Spuren hin — aus C ergänzt ist, in* [eckigen] *Klammern. Zu einer ferneren Wiederherstellung des einstigen A wäre das Chichester MS. heranzuziehen; jedoch ist hiernur für a. 903, 908, 1013 eine Ergänzung dorther entnommen worden.*

Der historische Werth der dritten Columne ist gering. Fast alles — das klein *Gedruckte — entstammt dem Marian-Florenz in einer ungedruckten Hds., die, wie es s. a. 1013 scheint, dem Original von Worcester (MS. Corp. Oxf.) nahe stand und vielleicht nur bis 1135* [7]) *reichte — denn spätestens zu 1133 ist sie von Nero benutzt —, aber den sonst nicht* [8]) *berichteten Todestag Marian's enthielt. Er steht hier zu 1069, eine wunderliche Verschiebung, zu der vielleicht (wie jedenfalls zu der von 890 statt 912) die Marian'sche Aera Anlass gab. — Daneben sind ausser einem Papstcatalog, welchem wol auch die Bemerkurgen über Leo III. a. 796, 816 entstammen, alte Nachrichten über Erzbischöfe von Canterbury benutzt, aus denen mehrfach die heutigen Tabellen zu verbessern wären; manche waren bisher nur aus Ags. F oder Gervasius bekannt. Letzterer scheint ähnliche, aber vollere Fasten vor sich gehabt zu haben. Man sehe a. 758, 762, 829, 30, 70, 924, 1053, 89. — Möglich, dass einige dieser Bemerkungen schon von der ursprünglichen Hand herrührten, aber vom späteren Schreiber, um Platz zu gewinnen, fortradirt und an anderer Stelle wiederholt wurden. Wenigstens bei den Normannischen Notizen a. 890, 992 ist dies wahrscheinlich.*

Denn ähnliche, auf die Annalen von Rouen zurückgehende Bemerkungen bilden fast ganz allein die Quelle des älteren Theiles im ursprünglichen A, soweit er nicht von dem Lateinischen Winchester-Werk abhängt. Ganz wie bei Stück VI—VIII ist auch hier aus den Rotomagenses das, was Labbe's Druck bot, dagegen das Uebrige aus den Uticenses nachgewiesen und klein *gedruckt worden. In keiner Ab-*

---

[7]) *Einen solchen citirt Gervasius (Twysden, X SS.) c. 1337.* [8]) *Fehlt er wirklich allen erhaltenen Hdss. des Florenz? Thorpe's mangelhafte Ausgabe lässt dem Zweifel Raum!*

leitung der Rotomagenses gedruckt sind Nero's — an sich werthlose — Nachrichten zu a. 767, 841, 880, 883, 922, 962, die sicherlich aus Rouen stammen. Zuletzt sind diese Normannischen Annalen für 1063 benutzt. — Ferner hatte wol schon A. einen Papstcatalog vor sich. — Als wichtig und wol aus Winchester herrührend beachte man 938 den Ort der Schlacht Bruningafelda, 1016 das Datum der Schlacht von Assandun, 965/6 Reform von Newminster, 806 und 1023 Sonnenfinsternisse.

Reicher an neuen Thatsachen ist die Fortsetzung aus Canterbury. Wie schon 980 die Weihe der Abteikirche, so ist 1146 eine dort vollzogene Bischofsweihe, 1151 eine Abtsfolge in S. Austin's erwähnt. Ueber den Streit zwischen Kloster und Erzbischof steht jetzt unter a. 1148, 1157 nur wenig, das Wichtigste ist fortradirt. 1179 wird ausführlich Ludwig's VII. Pilgerfahrt erzählt. Kenter Localnachrichten sind ferner: 1137 die über den Brand in Rochester — wo jedoch auch der in York erwähnt ist — und 1148, 52 über das nahe Kloster Faversham. Vielleicht dort, wo Stephan's Familiengruft sich befand, rühren die z. Th. neuen Daten 1152—4 her für den Tod des Königs, des Bruders, der Gemahlin und des Sohnes desselben. 1086 und 1150 sind für die Bischofsfasten interessant. Während 1141 auch sonst Bekanntes berichtet wird, geben die Jahre 1147/8 neue Aufschlüsse über Stephan's Verhältniss zu Primas und Papst. Wibert erscheint 1084 als rechtmässiger Papst. Unter 1152 beachte man die genauen Daten der Huldigung für Eustach, welcher 1153 Graf von Boulogne genannt wird, und der Ankunft Heinrich's II.

Durch den fast gänzlichen Mangel an gleichzeitigen Nachrichten über Stephan's spätere Zeit erhält unsere Quelle einigen Werth.

Pertz, Mon. Germ. hist. XVI p. 480 druckte einige Stücke zur Deutschen Geschichte daraus, doch ohne Handschriften und Bestandtheile zu scheiden.

		Nero A VIII Urspr. Eintrag.	*Nero C VII.*	*Nero A VIII Spät. Eintr.* [1])
	741	. . . .	. . . . .	Obiit Leo imperator. **Imperat** Constantinus ejus filius.
	742	. . . .	. . . . .	Pipinus imperat annis 27.
	743	. . . .	. . . . .	Obiit Gregorius papa 4 kal. Decembris. **Succedit** Zacharias papa.
Ann. Ang. Sax.	745	[2])(Obiit [Daniel [3])] papa [4])	O. D. p.	
Ann. Utic. — *Roto.* — *Utic.*	746	Karolomannus Romam perrexit et monachus **effectus** in monte Sarepte, ubi ecclesiam in honore sancti Silvestri struxit, et inde **ad Montem** Cassinum, monasterium Scti Benedicti transiit. **Et** Stephanus papa [a]). **Et** [b]) Pippinus rex efficitur. **Et** [c]) ibi benedictus est Pippinus rex a sancto Stephano papa Parisius et filius ejus Karolus et Karolomannus et filia Sigilla inter sacra missarum sollemnia precipiente sancto Petro et sancto Paulo et beato Dionisio. **Et** [d]) Paulus papa **claruit**.		
	752	. . . .	. . . . .	Obiit Zacharias papa idus Marcii, **successit** Stephanus
Ags.	754	Obiit Cuthred et regnavit Sigebriht.	O. — Sig.	
„	755	Cynewlf regnum abstulit Sigeberto preter Hantestram [e]).		
„	757	Offa regnat.	O. r.	
„	758	. . . .	. . . . .	[f]) Obit Stephanus papa 5 kal. Maji. Successit Paulus germanus ejus. **Obit et** Cuthbertus archiepiscopus 7 kal. Novembris **et in ecclesia sua sepultus est primus et omnes successores sui preter Jambertum** [5]).

a) 752 St. p. *U.* b) 752 *Rot.* c) 756 *U.* d) 758 *U.* e) Hamtunscire *Ags.* f) 757 *Mar.*

[1]) *Alles Kleingedruckte ist aus Marianus Scotus mit der Interpolation von Worcester.* [2]) *(Rund Eingeklammertes) ist noch unter der Rasur lesbar.* [3]) *[Eckig Eingeklammertes] ist aus Nero C VII ergänzt, wo A Rasur zeigt.* [4]) papa *Fehler des Uebs.; vielmehr Bischof von Winchester.* [5]) *Bis zu Cuthbert's gegentheiliger Verordnung war S. Austin's die Grabstätte der Erzbischöfe. Später wurde allerdings nur Jaenberht, † 790, dort, wo er früher Abt gewesen,*

		Nero A VIII. Urspr. Eintr.	*Nero C VII.*	*Nero A VIII. Spät. Eintr.*[1])
	759	. . . .	. . . . .	**Consecratur** Bregewinus archiepiscopus **in** die sancti Michaelis.
	762	. . . .	. . . . .	**Obiit** Bregewinus **8**[5b]) kal. Septembris.
	763	. . . .	. . . . .	Jambertus **in** die purificationis sancte Marie **consecratur** archiepiscopus.
	764	. . . .	. . . . .	Jambertus a Paulo papa pallium suscipit.
Utic.	766	(Paulus papa obiit).	Ob. P. p.	
„	767	Obiit[5c]) Karlemannus rex **et** Constantinus papa et h) Pippinus.	Ob. — papa.	
	768	. . . .	. . . . .	Obiit Paulus papa. Karolus Magnus Pipini filius 46 annis **et 6** i) mensibus **imperat** k).
	769	. . . .	. . . . .	Stephanus papa.
„	770	l) (Inicium regni Karoli **Magni**).	In. r. K.M. regis	
„	772	. . . . m) Karolus Romam vadit.	. . . . .	Obiit Stephanus papa. Succedit Adrianus.
„	775	n) Inde reversus Papiam cepit cum rege Desiderio, captis civitatibus et direptis universis Italię. **Et** n) conversio Saxonum. **Et** o) Karolus **in** Ispanias intravit. **Et** Karolus Saxoniam venit. Karolus Pampiloniam urbem destruxit **atque** Cesaraugustam exercitum suum conjunxit et acceptis obsidibus subjugatisque Sarracenis per Narbonam et Wasconiam Franciam rediit. **Et** p) Witikingis cum sociis in Atiniaco q) baptizati partem **regionem** contulerunt.		

h) 768 *U.* i) quatuor *Mar.* k) *Der letzte Satz zu 769, aber meist ausradirt A.* l) 769 *U.* m) 774 *U.* n) 776 *U.* o) 778 *U.* p) 783 *U.* q) mamatico *A.*

beigesetzt, cf. Gervasius (in Twysden X SS.) c. 1641 und Thorne (ib.) c. 1773. Doch ist unsere Nachricht ungenau: Alfsin † 959 in den Alpen, ibidem sepultus *Gerv. c. 1645.* [5b]) *Vielleicht nur verschrieben aus 9, wie nach Florenz Le Neve-Hardy, Fasti eccl. Angl. So auch Obituar bei Dart, Canterbury Cathedral App. p. XLI. Dagegen Stubbs, Registr. sacr. Angl., wie Gerv. und hier:* 25 August. *Eadmer, V. Bregwini, gibt als Gedächtnisstag noch einen Tag später:* 7 kal. Sept. [5c]) *Vielmehr* 771; *die Nachricht steht in den Brüsseler codd. der Fontanellenses* 773, 2 non. Dec.

		Nero A VIII. Urspr. Eintr.	*Nero C VII.*	*Nero A VIII. Spät. Eintr.* [1])
Ags.	786	[r]) Occisus est Cynewlf et Brihtrih regnat.		
	790	. . . .	. . . . .	**Obiit** Jambertus archiepiscopus 2 idus Augusti, successit Adelardus **abbas** [6]).
	793	. . . .	. . . . .	Ordinat**ur** Adelardus archiepiscop**us** 12 kal. Augusti. **Inventio sancti Albani martyris** [7a]).
„	794	(A[drianus papa]).	A. p.	
	795	*Rasur*		Adrianus papa obiit.
	796	. . . .	. . . . .	**[7b]) Sanctus Leo natione**
„	797	*Rasur*	[7b]) Romani Leoni pape oculos eruerunt et linguam preciderunt.	**Romanus, ad expellendos demones potens, papa efficitur. Hic deinceps oculis et lingua a Romanis privatus, usum loquendi divinitus accepit.**
	799	. . . .	. . . . .	Adelardus archiepiscopus Romam **proficiscitur.**
	803	. . . .	. . . . .	Obiit Adelardus archiepiscopus. Succedit Wlfredus.
Utic.	804	Leo papa in Franciam venit, ...	Leo—ven.	**et ab ipso** Wlfredus pallium suscipit.
Ags. F.	806	Hoc anno, 2 non. Junii, luna 14, signum crucis mirabili modo in luna apparuit, feria quinta [8]), prima aurora incipiente, quasi hoc modo . [9]) Eodem anno 3 kal. Septembris, luna 12, die dominica, hora 4, corona mirabilis in circuitu so-		

r) 784 *ags.*

[6]) abbas *in ags. Ann., fehlt Florenz.* [7a]) *cf. Ags. F, nur in Monum. Hist. Britann. p. 338, N.* 24. [7b]) *Vgl. Stubbs, Pref. zu Hoveden I, XCIII.* [8]) *Ags. F liest ebenfalls* 2 no. Jun., *aber falsch* Wodnesdaeg. *Der* 4. *Juni 806 war Donnerstag. Die Abbildung fehlt F.* [9]) *Der folgende Satz in F Ags. und dann zum Theil Lateinisch wiederholt; das Datum nur Lateinisch.*

		Nero A VIII. Urspr. Eintr.	*Nero C VII.*	*Nero A VIII. Spät. Eintr.* [1]
		lis apparuit. [10] Et eclipsis solis facta est 4 feria ante ascensionem Domini hora diei nona, 2 no. Maji.		
Ags. *F.*	809	Hoc anno 17 kal. Augusti, 2 feria, incipiente hora diei 5, eclipsis solis apparuit, luna 29.		
	812	. . . .	. . . . .	Wlfredus archiepiscopus Romam **proficiscitur**.
	813	. . . .	. . . . .	Obiit Karolus **Magnus** 5 kal. Feb. Revertitur Wlfredus archiepiscopus. Ludovicus **filius Karoli** annis 26 mensibus 10 s) **imperat**.
Utic. *Ags.*	814	*Rasur* . . . . . . [O(biit) Leo] (papa).	Obiit Karolus **Magnus** imperator. Obiit Leo papa.	
„	816	[Stephanus] (papa) [obiit].	t) Steph.—ob.	Obiit Leo papa **4 kal. Julii** [11]
	817	. . . .	. . . . .	Stephanus papa.
„ *Utic.*	819	Kenulf Merciorum rex obiit et regnat Eadbriht [12]. Imperator Ludovicus perrexit in Britanniam, interfecto Normanno.	t) Imperator—Normanno.	u) Obiit Stephanus papa.
	820	. . . .	. . . . .	Paschalis papa.
	824	. . . .	. . . . .	Obiit Paschalis papa. Succedit Eugenius.
	827	. . . .	. . . . .	Obiit Eugenius papa. Succedit Valentinus.
	829	. . . .	. . . . .	**Obiit** Wlfredus archiepiscopus [13] cui Feologildus succedit, 5 idus Jun. ordinatus. 3 [13a] kal. Septemb. obiit.
„	830	v) [Valentinus papa] (obiit).	. . . . .	Chelnothus decanus [14a] 3 kal. Julii electus, 6

s) 11 *Mar.* t) *In Nero C VII sind hinter 815 die Jahreszahlen 806—815 durch irrige Auslassung einer X wiederholt; daher steht diese Nachricht zu 806 statt 816, und die folgende 809 statt 819.* u) 818 *Mar.* v) 831 *U.*

[10] *Diese Sonnenfinsterniss Mittwoch 6. Mai 806 nicht in Ags.* [11] *Das falsche Datum fehlt Marian—Florenz; es geht vielleicht auf Einhard's Annalen zurück.* [12] Ceolwulf *Ags., wo in der folgenden Zeile ein* Eadbryht *erwähnt. Daher wol der Irrthum in A.* [13] *Ebenso Gervas. c. 1642. Diese Succession fehlt Ags. (ausser cod. F) und Florenz.* [13a] *Ebenso Obituar bei Dart, Canterbury Cathedral, App. p. XLI;* in *(wol aus* III *verdruckt) Gervas. ib.* [14a] *Gerv. 1643; fehlt Ags., Flor.*

		Nero A VIII. Urspr. Eintr.	*Nero C VII.*	*Nero A VIII. Spät. Eintr.*[1])
				kal. Sept.[14]) consecratur. Valentinus w) papa.
	831	. . . .	Ob. Val. p.	Gregorius papa declaratur.
Utic.	840	Hic obiit Ludovicus.	Ob. Lud. imp.	et Lotharius filius ejus 15 annis imperat.
	841	[Lot(h)ari(us) filius ejus im(per)at annis 15].	Loth.—XV.	Sanctus Edmundus rex et martir nascitur.
	843	*Rasur*	. . . . .	Obiit Gregorius papa.
	844	. . . .	. . . . .	Sergius papa declaratur.
"	845	x) (Sergius papa).	Serg. p.	
Roto.	851	Hic venerunt Normanni in Sequaniam.	Hoc anno ven.—Seq.	
	852	. . . .	. . . . .	Obiit Sergius papa.
	853	. . . .	. . . . .	Leo papa.
Utic.	854	y) (Lotharius imperator) [obiit]	Loth.—ob.	
	855	. . . .	. . . . .	Sanctus Edmundus in die Natalis Domini[16]) in regem consecratur
	856	. . . .	. . . . .	z) Lodovicus qui et Lotharius dicitur 15 annis imperat.
	857	. . . .	. . . . .	Obiit Leo papa.
	858	. . . .	. . . . .	a) Benedictus papa succedit.
"	859	b) (Benedictus papa). In isto anno cepit gelare 2 kal. Decemb. et finivit Nonis Aprilis.	Bened. — — Aprilis.	
Ags.	862	c) Hic obiit sanctus Swithunus episcopus.	Ob. s. Swuithus ep.	
	863	. . . .	. . . . .	Obiit Benedictus papa, succedit Nicholaus papa.
Utic.	864	d) (Sanctus [Nicolaus] papa.)	Obiit s. N. p.	
	866	Obiit Aethelbertus rex.	Ob. Eth. rex.	
	869	e) Obiit Nicholaus papa.		
"		f) (Adrianus papa). Facta est g) fames valida.	Adr. p.	
cf. Ags.	870	*Rasur*	Sanctus Eadmundus martirio coronatur.	h) Martirizatur Edmundus. Obiit Chelnothus archiepiscopus; succedit Adelredus archiepiscopus ejusdem ecclesie i) ante monachus.

w) 827 *Mar.* x) 848 *U.* y) 855 *U.* z) 855 *Mar.* a) 857 *Mar.* b) 860 B. p. *U.* c) 861 *Ags. F.* d) 862 *U.* e) *Eine spätere Hand zieht diese Eintragung zu* 870. f) 871 *U.* g) 868 *U.* h) *Zu* 871 *gezogen, s. Anm. e.* i) *Dies nur Ags. F.*

[14]) *Gerv. ib. Daten fehlen Ags. (ausser F) und Florenz.* [16]) *Datum fehlt Florenz ed. Thorpe I, 78.*

		Nero A VIII. Urspr. Eintr.	*Nero C VII.*	*Nero A VIII. Spät. Eintr.* [1])
Ags.	871	k) Obiit Aethelred rex. [l) Succedit Aeluredus.]	. . . . .	m) Adrianus papa **declaratur**, Obiit Lotharius imperator. **Succedit** Lodovicus **ejus** filius annis 4.
	872	*Rasur*	. . . . .	Obiit Adrianus papa. Succedit Johannes.
Utic.	874	n) (Johannes papa.)	Joh. p.	Lodovicus imperator obiit. Karolus **imperat** 2 annis.
"	875	n) (? Karolus . . . Italiam . . . et . . . terram . . . ?) **in imperatorem** . . .		
Roto.		o) Hoc anno Rollo cum suis Normanniam penetravit 15 kal. Decemb.	Hoc a. R. — — Decemb.	
	876	. . . .	. . . . .	Obiit Karolus imperator 2 No. Octob. Lodovicus **imperat**.
	878	. . . .	. . . . .	Obiit Lodovicus **imperator**. Karolus filius ejus imperat [annis IX p)] q).
	880	[17])(Carolus ingreditur Italiam). *Rasur*.	Car. It. in**trat**.	
	883	*Rasur*.		
	884	. . . .	. . . . .	Obiit Karolus [18]). Frater ejus Karolomannus imperat. Obiit Johannes papa. Succedit Marinus r).
	885	. . . .	. . . . .	Obiit Marinus papa. Succedit Agapitus t).
Ags.	886	s) Obiit Karol *Rasur* (divisum est).	. . . .	omannus [19]). Scinditur imperium.
Utic.	887	u) Arnulfus imperat.	. . . . .	Obiit Agapitus papa; succedit Adrianus v).
"	889	u) Adrianus papa	Adr. p.	obiit. Succedit Basilius w). Obiit Edelredus archiepiscopus. Succedit Pleimundus.
	890	. . . .	. . . . .	Obiit Basilius papa. Succedit x) Stephanus. Baptizatur Rollo [20]).

k) *Zu* 872 *gezogen*, *s. Anm. e.* l) S. Ae. *in einer Hand s. XV.* m) 870 *Mar.* n) 876 *U.* o) 876 *Ro.* p) 10 *Mar.* q) a. 9 *spätere Hand.* r) 885 *Mar.* s) 887 *Ags.* t) 887 *Mar.* u) 888 *U.* v) 888 *Mar.* w) 890 *Mar.* x) 893 *Mar.*

17) *s. o.* 875. 18) *Irrig für Mar:* Ludowicus filius Balbi. 19) *Der spätere Verbesserer in A machte hier, dem Marian folgend, aus dem* Karl *der Ags. Ann. richtig* Karlmann. 20) *cf.* 912 *Ann. Rotom. Die Subtraction von 22, welche richtig bei Marian's Jahren anzuwenden war, scheint hier irrig auf ein Datum nach Dionysius ausgedehnt.*

		Nero A VIII. Urspr. Eintr.	*Nero C VII.*	*Nero A VIII. Spät. Eintr.* [1])
	891	(Basilius papa).	[a]) Bas. p.	
Utic.	892	[b]) (Stephanus papa).	St. p.	
Ags.	893	(Adventus Hengisti [c]) in? Britanniam?)	Adv. H. i. B.	
	894	. . . .	. . . . .	Obiit Stephanus papa. Formosus [d]) succedit.
	896	(Formosus papa).	Form. p.	
	898	Formosus papa	. . . . .	obiit et [e]) sedit Bonefacius 15 diebus et obiit. Succedit Stephanus.
	899	. . . .	. . . . .	Ernulfus imperator obiit et Stephanus papa. Sedit Romanus papa mensibus 4. Et Lodovicus imperat.
	900	[Bonefacius] (papa).	Bon. p.	Theodorus papa 20 dies sedit. Succedit [f]) Johannes.
„	901	Alfredus rex obiit. Et Aedwardus filius ejus succedit ei in regnum (Stephanus papa).	St. p.	
	902	*Rasur.* (filius ejus?)		
Ags. F.	903	. . . . *Rasur.* [ff]) (Romanus papa. Theodorus papa)	Obitus sancti Grimbaldi sacerdotis.	Benedictus papa sedet annis 3 et mensibus 5.
	904	(Johannes papa).	Joh. p.	
	905	. . . .	. . . . .	Leo sedit dies LXII [g]).
	906	(Benedictus papa).	Obiit Ben. p.	
	907	. . . .	. . . . .	Sergius papa.
	908	(Leo [Christofor]us [ff])papa)	Leo p.	
	909	(Sergius papa).	Serg. p.	
	911	. . . .	. . . . .	Lodovicus obiit. Conredus imperat.
	913	[h]) Obiit Gilla. Accepit Rollo Popam uxorem, filiam comitis Silvanectensis [i]) de qua genuit Guillelmum.	Hoc anno acc. R. Popam ux. de q. g. Will.	
	914	*Rasur.*		
	915	*Rasur.*	. . . . .	[k]) Anastasius papa.
	916	. . . .	. . . . .	Lando papa.
	917	(Anastasius?) papa.		Johannes.

a) *Durch Auslassung des* C *vor dem letzten* X *lauten die Jahreszahlen hinter* 889: 810—819; *von* DCCCC *an wieder richtig.* b) 889 *U.* c) Haesten *Ags.* d) 896 *Mar.* e) 897 *Mar.* f) 901 *Mar.* ff) *Aus Vitell. A XVII.* g) *Verlesen aus Mar.* LVII. h) 912 *Ro.* i) filiianectensis *cod.* k) 914 *Mar.*

		Nero A VIII. Urspr. Eintr.	*Nero C VII.*	*Nero A VIII. Spät. Eintr.*[1]
Roto.		Obiit Rollo primus dux Normannię. Cui successit filius Guillelmus.	Ob. R. p. d. Normannie C. s. Will. f. ejus.	
	918	*Rasur.*		Obiit Conradus imperator. Henricus imperat.
	921	l) (Conradus obiit).	Ob. Conr.	
	922	(Henricus) [20b]. . .		
	924	*Rasur.*	. . . . .	Dunstanus archiepiscopus nascitur. [21]) Adelmo archiepiscopo succedit Wlfhelmus.
Ags. F.	925	Eadward rex obiit et filius ejus Aethelstan regnum suscepit.	Ob. Eadwardus r. et f. e. Ethelstan r. s.	
	928	. . . .	. . . . .	m) Leo papa.
Ags.	932	n) Brinstan episcopus ordinatur. Leo papa.	Br. e. o.	
	933	. . . .	Steph. p.	o) Stephanus papa. p) Defuncto Wlfhelmo archiepiscopo **succedit** Odo.
	934	(Stephanus papa).		
	935	. . . .	. . . . .	Johannes papa.
	936	. . . .	. . . . .	Leo papa. Henricus **imperator** obiit, **succedit** Oto
Ags. F.	938	Hoc anno factum est illud magnum et famosum bellum in Bruningafelda, cum rex Aethelstan contra Anlaf pugnavit et, auxiliante Christo, victoriam suscepit. *Rasur.*		
	939	*Rasur.*	. . . . .	Stephanus papa.
Ags.	941	Aethelstan rex obiit et frater ejus Eadmundus regnum suscepit.	Ob. Eth. r. — succepit.	
"	942	Eadmundus Anlafam in baptismate suscepit. (Stephanus papa).	Steph. p.	pa) Marinus papa.
	946	. . . .	. . . . .	Agapitus papa.
	949	(Agapitus papa).	Ag. p.	
"	955	Eadred rex obiit.	O. r. Eadredus	
	957	. . . .	. . . . .	q) Johannes papa.

l) 919 *Ro.* m) 931 *Mar.* n) 931 *Ags.* o) 932 *Mar.* p) 934 *Flor.* pa) 941 *Mar.* q) 956 *Mar.*

20b) *Die aus Rouen abgeleiteten Ann. Fontanell. Ms. Brüssel erwähnen hier Heinrich I.* 21) *Das Folgende fehlt Flor.*

		Nero A VIII. Urspr. Eintr.	*Nero C VII.*	*Nero A VIII. Spät. Eintr.*[1])
Ags. F.	958	*Rasur*	Obiit rex Eadwig et Eadgar frater ejus totius Britannie regnum succepit.	**Migrat** sanctus Odo archiepiscopus. Successit Alfsinus.
	959	. . . .	. . . . .	Alfsinus Romam **proficiscens** in Alpinis frigore interit **et Brihtwaldus** eligitur, **eoque repulso**, beatus Dunstanus consecratur. Dunstanus r) Romam profectus a Johanne papa pallium suscipit.
	961	. . . .	. . . . .	Oto imperator a Johanne papa unguitur.
	962	Obiit Guillelmus dux Normannorum filius Rollonis cui successit Guillelmus Longospeðe[22]).	Ob. Will. — Longospeðe.	
„ E	964	Hic expulsi sunt canonici de veteri monasterio[22b]).	Hic—mon.	
	965	Hic expulsi sunt de novo[23])	Hic—novo.	Johannes papa.
	966	Hic Eadgar rex privilegium[23b]) quoddam totum aureis litteris scriptum in novum contulit monasterium.	Hic— **aureum** litt. —monasterium.	
	973	. . . .	. . . . .	Stephanus papa. Obiit Otho imperator **et** Oto filius ejus imperat.
Ags.	975	Hic cometes stella apparuit et rex Eadgarus obiit.	Hic c. app. st. — ob.	
„	976	Hic fuit fames in Anglia. (Oto[24a]) obiit et **regnat** Oto **filius ejus**.)	Hic f. **magna**[24]) f. in A.	
„	978	Hic interfectus est Edwardus rex et regnat frater ejus Aethelredus pro eo.	Hic—Eadw. et regn.— Ethelr. p. eo.	

r) 960 *Flor.*

[22]) *Rollo's Sohne Wilhelm I. Langdegen folgt* 943 *Richard I.* [22b]) *St. Swithun's, Winchester.* [23]) *Newminster, Winchester; cf. Liber de Hyda ed. Edwards (Rolls Ser.), p. XXXI.* [23b]) *Beschreibung ib. p. XC.* [24]) micla hungor *Ags. C, so dass hier Nero C eine bessere Lesart zu bieten scheint als A, cf. Ags. D, E, F zu* 975. [24a]) 972 *Rot.*

		Nero A VIII. Urspr. Eintr	*Nero C VII.*	*Nero A VIII. Spät. Eintr.* [1])
Ags.	980	Hic dedicata est ecclesia beatorum apostolorum Petri et Pauli [25]). Et rex Aethelred in regem consecratus est.		
	981	. . . .	. . . . .	**Item** Stephanus papa.
Ags. A	984	Obiit Aethelwoldus episcopus et ordinatio sancti Aelfegi episcopi.	Ob. **sanctus** Ethelwodus ep.	Oto imperator secundus obiit. Oto filius ejus **imperat**.
Ags.	986	Hic Aethelred rex devastavit Rovecestre.		
Roto.		[s]) Otto obiit. Otto filius ejus **regnat.**		
Ags.	988	Obiit *Rasur*	Ob. **sanctus** Dunstanus archiepiscopus.	Dunstanus archiepiscopus 14 kal. Junii; successit Adelgarus Selesigensis episcopus unoque anno et 3 mensibus tenuit [26]).
„	989	Obiit Aethelgar archiepiscopus.	Ob. E. a.	Marinus papa [t]).
	990	. . . .	. . . . .	[u]) Siricus archiepiscopus Cantuariensis consecratur [26]).
„	992	Obiit Oswaldus archiepiscopus.	. . . . .	Lotharius Francorum rex obiit ultimus de genere Karolorum [27]).
	995	. . . .	. . . . .	**Obiit** Siricus archiepiscopus; succedit Elfricus Wiltuniensis [ua]) episcopus.
Roto. „	997	[v]) Obiit Ricardus dux Normannorum, **cui** successit Ricardus filius ejus.	Ob. R.—fil. ej.	
	998	. . . .	. . . . .	Agapitus papa.
Ags.	1002	[Adventus Imme et occisio Dacorum die festivitatis] (S. Bricii).	Adv.—Bricii.	Otto tercius imperator obiit X kal. Februarii. **Succedit** Henricus.
	1003	. . . .	. . . . .	Octovianus papa.
Roto.	1005	[w]) (Oto obiit).	ob. Oto	

s) 983 *R.* t) 990 *Mar.* u) 989 *Ags E*, *Flor.* ua) Witam *cod.* v) 996 *Ro.* w) 1002 *Ro.*

25) *St. Austin's, Canterbury; nach Thorne col. 1780:* 978. 26) *Die letzten Worte, nicht in Florenz, sondern aus Ags., standen vielleicht in der ursprünglichen Hand unter der Rasur.* 27) *cf. Ann. Cadomenses ed. Duchesne, SS. Normann. p. 1016 a. 991.*

		Nero A VIII Urspr. Eintrag.	*Nero C VII.*	*Nero A VIII Spät. Eintr.* [1])
Ags.	1006	x) *Rasur*	Hoc anno suscepit sanctus Eltfegus pallium suum.	Obiit Aelfricus archiepiscopus; succedit **sanctus** Aelfegus Wentanus episcopus.
	1009	. . . .	. . . . .	Leo papa.
„	1011	Hic Cantia vastata est.	H. C. v. e.	
„	1012	Hic martirizatus est Aelfegus archiepiscopus	H. m. e. sanctus Elf. arch.	XIII kal. Ma.
„	1013	[*Hic Ethelredus rex regnum*] y) reliquit Anglorum et Sweg usurpavit.	. . . . .	Livingus qui et Aedelstanus Wellensis episcopus [28]) archiepiscopatum suscipit.
„	1015	Hic venit Cnuth ad Anglos.	Hoc anno v. C. a. A.	
„	1016	Hic obiit Aethelredus rex et occisio Anglorum in monte Assand[*une*] 14 kal. Novembris [29]) et Eadmund obiit.		
„	1017	(Occ[isio Ead]rici ducis et sociorum ejus).	Oc. E. d. e. s. e.	Benedictus papa.
„	1018	[30])Translatio sancti Aelfegi archiepiscopi.	T. s. Elf. a.	
	1020	. . . .	. . . . .	Livingus archiepiscopus **obiit,** succedit Athelnothus.
Utic.	1022	z) [Benedictus] (papa).	Ben. p.	Aeth[el]nothus Romam **profectus a** Benedicto papa pallium **suscipit.**
Ags.	1023	Hic obscuratus est sol 9 kal. Februarii [30a]). Et Wlstanus episcopus obiit	Ob. Wlst. e.	
	1024	. . . .	. . . . .	Obiit Benedictus papa. Johannes **successit.** Henricus imperator obiit.
	1025	(Johannes papa).	Joh. p.	
		. . . .	. . . . .	a) Conredus **imperat.**
Roto.	1026	Obiit Ricardus secundus dux Normannorum cui successit Ricardus III, qui eodem anno mortuus est et Rodbertus frater ejus successit.	Ob. Ric. — fr. ei. succ.	

x) 1007 *Ags. D.* y) *ergänzt aus Vitellius MS. s. Stück X.* z) 1024 *U.* a) 1024 *Mar.*

[28]) *Dies steht nur im Originalcodex des Florenz laut Thorpe's Ed. I, 166 N.* 2. [29]) *Datum fehlt Ags. Sonst ein Tag früher*, 18. *Oct. angegeben.* [30]) 1023 *Ags.* [30a]) *Nicht Ags.*

		Nero A VIII. Urspr. Eintr.	*Nero C VII.*	*Nero A VIII. Spät. Eintr.* [1])
Ags. F.	1028	Hic Cnuth pergit ad Norhwegon cum L navibus.	Hic C. p. a. N. c. L n.	b) **Nascitur** Marianus Scotus cronicarum scriptor egregius.
„	1029	Hic revertitur.		
„ *Utic.*	1031	Hic Cnut Romam petiit. Et cęlum [31a]) in Cantia [bb]) renovatum est. Et obiit Gunnordis comitissa.	Hic Rom. Cnuth p. et celum Cantia renov. e.	
Ags. E. F.	1032	Obitus Alfini [31]) episcopi. Ignis ostenditur et pestis hominum fuit [32]).		
Ags. Roto.	1035	Hic obiit Cnut rex. Et Rodbertus dux et Guilelmus filius ejus successit.	H. o. Cnuth r. et R. d. Normanie et Will. f. e. suc.	
Ags. C. D.	1036	Occisio Aelfredi. Ymma [33]) ejecta est ultra mare.		
	1038	. . . .	. . . . .	**Obiit** Aethelnothus Cantuariensis archiepiscopus; successit capellanus regis **Haroldi** Edsius.
	1039	. . . .	. . . . .	Conradus imperator obiit. Henricus **imperat**.
Ags.	1040	Obitus Haroldi regis.	**Obiit** Haroldus **rex**.	Hardecanutus venit in Angliam.
„	1042	Hic obiit Hardacnut rex. *Rasur.*	H. o. H. r.	
Utic.	1043	*Rasur.*	c) Mortalitas hominum.	**Sanctus** Edwardus in regem ungitur in die pasce Wentonie.
	1044	. . . .	. . . . .	Benedictus papa **sed** simoniacus.
	1046	. . . .	. . . . .	Clemens papa.
	1047	*Rasur.* (Benedictus papa)	Ben. p.	Obiit Clemens papa; successit Damasus.
	1049	[Clemens] (papa).	Cl. p.	d) Leo papa.
„	1050	e) [Damasus] (papa).	D. p.	Edsius archiepiscopus obiit **et** succedit Robertus.
Ags. Utic.	1052	Hic obiit Emma regina. f) (Leo papa.)	O. E. r.	
Ags.	1053	Obiit Godvinus dux.	O. Godwin. d.	
	1054	. . . .	. . . . .	Robertus archiepiscopus [34] ab Anglia expellitur et

b) *Ueber der Linie von gleicher Hand.* bb) bellum in C. *Ann. Burton.* c) 1042 *U.* d) 1048 *Mar.* e) 1048 *U.* f) 1054 *U.*

31a) *Verderbt. Vielleicht* teloneum? *cf. Ags. F.* 31) *Ags. richtig Aelfsige; ihm folgt Aelfwine.* 32) *Ags. wörtlich*: es schadete überall. 33) 1037 *Ags.* 34) 1052 *Florenz, wo jedoch das Folgende fehlt. Es ist auch sonst bestätigt, s. Malmesbury, Pontiff.* § 23; *Gervas. c. 1051.*

		Nero A VIII. Urspr. Eintr.	*Nero C VII.*	*Nero A VIII. Spät. Eintr.* [1])
				apud Gemmeticum obiit. Succeditque Stigandus. Obiit Leo papa.
	1055	. . . .	. . . . .	Victor papa.
	1056	. . . .	. . . . .	Imperator Henricus obiit IIII [35]) Non. Octobris g). Henricus imperat annis h) 50 i).
	1057	. . . .	. . . . .	Obiit Victor papa 5 kal. Augusti.
Utic.	1058	*Rasur.*	k) Victor papa.	Stephanus papa **sedit mensibus 7** l). **Hic** 3 m) kal. Aprilis obiit n). Benedictus successit et Stigando pallium mittit.
	1059	. . . .	. . . . .	**Expulso** Benedicto, Nicholaus papa **efficitur**.
	1060	*Rasur.*	. . . . .	Marianus **cronographus** presbyter**atum suscipit in** Wirzeburh.
„	1061	*Rasur.*	o) Stephanus papa.	p) Nicholaus papa obiit. Alexander successit.
„	1062	q) (Nicholaus papa).	N. p.	
„	1063	r) (Alexander papa).	A. p.	
Ags. C. D.	1066	Obitus Eadwardi regis (Hic cometa apparuit). *Rasur.*	O. E. r. Hic c. app. VIII kl. Maji. Et hic occisus est rex de Norwegan. Et hic occisus est Haroldus rex, et adventus Normannorum in Britanniam.	in vigilia Epiphanie. **Succedit** Haroldus. Hunc Willelmus dux Normannorum 2 idus Octobris [36]) prelio conficit et sic die natalis Domini Londonie ab Aluredo Eboracensi in regem ungitur, eo quod Stigandus diceretur ab apostolico papa pallium non suscepisse.
	1068	. . . .	. . . . .	Duo pape Rome creantur: Parmensis episcopus qui expulsus est et episcopus de Luca, qui permansit.
	1069	. . . .	. . . . .	Marianus cronographus

g) IIII N. O. *über d. Lin.* h) annos *Pertz*, *XVI*, *480*. i) 10 *Mar. Druckfehler?* k) 10 57 *U.* l) *Fehlt Mar.* m) *So Flor.* 4 *Mar.* n) Hic—obiit *über d. Lin.* o) 1058 *U.* p) 1060 *Mar.* q) 1060 *U.* r) 1062 *U.*

[35]) III *Mar. richtiger.* [36]) *Richtiger als Flor.* 11 kal. Nov.

	Nero A VIII Urspr. Eintr.	*Nero C VII.*	*Nero A VIII. Spät. Eintr.*[1]
			VI idus Julii [37]) Mogontie obiit [38]).
1070	(Ord[inatio Walchelini episcopi]) [38b]).	O. W. e.	
	. . . .	. . . . .	Connivente papa Alexandro degradatur Stigandus, instituitur Lanfrancus.
1071	. . . .	. . . . .	Lanfranchus Romam profectus ab Alexandro ,papa pallium suscipit.
1072	Obitus Stigandi episcopi [38c]).	O. St. e.	
1074	. . . .	. . . . .	[39]) Hildebrandus qui et Gregorius papa efficitur.
1075	[39]) (Hildebrandus papa).	H. p.	
1076	Hic Waldeif occisus est.	H. o. e. W. comes.	
1080	*Rasur.*	Nimius ventus nocte Natalis Domini.	[40]) Degradatur papa Hildebrandus in Pentecoste, et Wigbertus fit papa in nativitate Johannis Baptiste. [41]) [a]) Tribus de causis degradatus est Stigandus: quia episcopatum Wentonie simul cum archiepiscopatu injuste tenuit; et quia vivente archiepiscopo Roberto non solum episcopatum sumsit sed etiam ejus pallio quod, ipso expulso, Cantuatuarie remansit in missarum celebratione usus est aliquandiu; preterea a Benedicto, quem sancta Romana ecclesia excommunicavit, eo quod pecuniis sedem apostolicam invasit, pallium suum suscepit.
1084	[Wibertus papa ordinatur, expulso Hilde](brando).	Wib. — Hild.	
1085	Obiit [42]) Matildis regina. Urbanus [43]) ordinatur papa, expulso Guiberto.		

a) *Das Folgende auf angeklebtem Zettel von gleicher Hand.*

[37]) *Dieses Datum scheint sonst nicht bekannt zu sein.* [38]) 1082 *oder* 1083 *nach Waitz, Monum. Germ. SS. V p. 484.* [38b]) *Für Winchester.* [38c]) *Ebenso Ann. Wigorn. 372 aus Winchester-Quelle.* [39]) *Richtiger* 1073 *Mar.* [40]) *Richtiger als Mar.* 1079. [41]) *Florenz richtiger a. 1070.* [42]) *Vielmehr 1083.* [43]) *Vielmehr 1088.*

	Nero A VIII. Urspr. Eintr.	*Nero C VII.*	*Nero A VIII. Spät. Eintr.*[1]
1086	Obiit Arfast episcopus.[44]	Ob. A. e.	
1087	Obiit Guillelmus rex primus	. . . . .	et successit filius ejus Willelmus.
1088	Obiit Gisa episcopus [45]. Hic corpus sancti antistitis Nicholai de Myrrea civitate in locum qui Barum dicitur 9 die in mense Majo [46] translatum est.		
1089	*Rasur.*	Obiit Lanfrancus archiepiscopus.	Obiit Lanfrancus V [47] kal. Junii. Sedit [48] autem annis 18, mensibus 9, diebus duobus.
1093	*Rasur.*	Malcholum Scottorum rex occiditur.	Eligitur Anselmus 2 no. Marcii [48] et consecratur 2 nonas Decembris [48].
1095	(Pereg)[rinatio in Jerusalem]. *Rasur.*	P. i. J.	Beatus Anselmus pallium suscipit ab Urbano papa secundo Willelmo regi missum.
1097	*Rasur.*	[49] Jerusalem capitur hoc anno.	Anselmus transfretat. Antiochia capitur a Christianis 3 Nonas Junii.
1098	*Rasur.*		
1099	Urbanus papa migravit et Pascalis papa ei successit.	Urb.—succ.	Et Jerusalem capitur a Christianis idus Julii.
1100	Hic occisus est Ricardus filius Rodberti comitis	Hic occ. —	
	de Normannia et Guillelmus rex secundus occisus est	Norm. et Will. r. s. occ. est.	3 [50] nonas Augusti.
	Et suscepit regnum Henricus frater ejus.	Et succ.—ejus.	
	Et obiit Thomas archiepiscopus.		
1101	(Urb[anus obiit]). *Rasur.*	Urb. o. Comes Rodbertus	

[44]) *von Thetford, nach Ann. Winton. (ed. Luard in Ann. Monast.) II, 34:* 1084. [45]) *von Wells.* [46]) *Vielmehr 1087.* [47]) *Meist* 9 kal., 24. *Mai angegeben. Doch Gervas. col. 1655 und Obituar bei Dart p. XXIV wie hier:* 28. Mai. [48]) *Wie die Latein. App. aus Canterbury zu Saxon Chron. ed. Earle p. 274 f.* [49]) *Vielmehr 1099.* [50]) *Richtiger* 4 *Flor.*

	Nero A VIII. Urspr. Eintr.	*Nero C VII.*	*Nero A VIII. Spät. Eintr.*[1]
		Normannie venit cum suo exercitu in Angliam.	
1102	. . . .	. . . . .	Celebratum est concilium apud Westmonasterium presidente beato Anselmo.
1103	Hic visi sunt 4 circuli in circuitu solis 7 Idus Junii, feria 3 in pentecosten [51] a sexta hora usque in nonam.		
1104	Obiit Serlo abbas de Gloecestre.		
1105	Hic visa est stella permodica in occidente emittens radium permaximum versus orientem continuis diebus 23 in quadragesima vespertinis horis, que cepit 14 kal. Martii [52]. [t] Obiit Henricus imperator Alemannię.		
1106	[53] Obiit Mauricius episcopus Lundonię.	. . . . .	Henricus imperator obiit, et filius ejus Henricus imperat.
1108	Hic obiit Gundulfus Roffensis episcopus et Radulfus consecratus est pro eo episcopus.	O. Gond. – p. e. e.	
1109	Obiit Anselmus archiepiscopus XI kal. Maji.	Ob. A. a.	
1113	Hic exarsit civitas Wigracestre et monachi et laici et mulieres combusti sunt in ea. [54]	Hic arsit — ea.	
1114	*Rasur.* . . . . . , .	Cometa [55] apparuit 2 kl. Junii usque ad nativitatem Scti Jo-	Radulfus Rofensis episcopus 6 kal. Maji ad archiepiscopatum electus. Matildis Henrici regis filia imperatori Romano nuptum datur.

t) *Das Folgende von der späteren Hand durchstrichen, s. statt dessen 1106.*

[51]) *7. Juni 1104, Dinstag nach Pfingsten. Aehnlich Ags.* [52]) *16. Febr. 1106. Sehr ähnlich Ags.* [53]) *1107.* [54]) *cf. Florenz von Worcester II, 66.* [55]) *cf. Ags.*

	Nero A VIII. Urspr. Eintr.	*Nero C VII.*	*Nero A VIII. Spät. Eintr.*[1]
		hannis Baptiste. Duo archiepiscopi efficiuntur Cantuariensis et Eboracens.	
	Tamisia[56] siccatur Lundonie 6 idus Octobris. Ventus nimius[55] 14 kal. Decembris. Nives maxime in quibus multę perierunt oves.	Tam. s. Lund.	
1115	6 kal. Februarii, feria 4, circa horam 1 apparuerunt duo circuli circa solem, unus prope solem et alius longius positus, et in medio interioris circuli in duabus solis partibus apparebat claritas, quasi duo soles essent aliquantulum majore sole obscuriores, et in summitate duorum circulorum duo imperfecti circuli in similitudine navis ad plagam orientalem circa solsticium hyemale.	6 kal.— longe positus— arculorum duo — solst. hyem.	Radulfus archiepiscopus pallium suscipit Cantuarie ab Anselmo legato **sedis apostolice**.
1116	Hic Henricus rex jussit suos barones adjurare Angliam Guillelmo suo filio heredem[tt] post se.	Hic—Will.— post se.	
1117	Hoc anno apparuit luna tota sanguinea in nocte 16 kal. Julii, luna 13, mense 6, dies Egiptiacus. (Obiit[57] Pascalis papa), Baldewinus rex Jerusalem, Mattildis regina, Rodbertus comes.[58]	Hoc— Julii. Ob. Pasch. p. et Balduin r. et Matild. reg.[u]	

tt) *sic cod.* u) Mat. reg. *unterpunctirt.*

[56]) *cf. Flor.* [57]) *Das Folgende gehört zu* 1118. [58]) *Von Meulan u. Leicester.*

	Nero A VIII. Urspr. Eintr.	*Nero C VII.*	*Nero A VIII. Spät. Eintr.* [1]
1118	Hic obiit Mattildis bona regina, uxor Henrici regis Anglorum.	Hic o. Matildis —Anglorum.	Obiit Pascalis papa 4[59] kal. Februarii; **successit** Gelasius.
1119	Hic obiit Herbertus episcopus de Norwic. Obiit Ricardus abbas de Sancto Albano.	Ob. H. e. d. N. et R. a. d. S. A.	Obiit Gelasius papa; successit Calixtus.
1120	Hic 7 kal. Decembris Henricus rex Anglorum a Normannia in Angliam cum magna classe suorum transmeando quamplurimos precipuos regni utriusque sexus et etatis cum filia et nepte necnon cum duobus filiis suis Guillelmo scilicet suo herede et Ricardo ac Ricardo Cestrensi comite per naufragium unius carine inter scopulos apud portum de Barbeoflet [60] cum nautis amisit.	Hic 7— et neptis — Will. — amisit.	
1122	Hic obiit Radulfus archiepiscopus	O. Rad. arch.	14 kal. Novemb.
1123	*Rasur.*	Obiit Ernulfus Rofensis episcopus.	Willelmus **prior** de Chich[62] eligitur in archiepiscopum **die** purificationis et **XII**[63] kal. Marcii consecratur **et** a Calixto papa **pallium** su**scipit**.
1124	Obiit Calixtus papa, successit Honorius.		
1125	. . . .	. . . . . .	Willelmus archiepiscopus in Angliam redit **iterumque Romam vadit**. Lotharius **imperat**.
1126	Hic Henricus rex jussit suos barones adjurare Angliam Matildi filię sue imperatrici heredi.	Hic H.—Matilde filie s. i. h.	

[59]) *Wol versehen aus* 14 *Flor.; Paschal † 2 Tage später, 21. Jan.* [60]) *Blanche-Nef, bei Barfleur.* [61]) 1124., [62]) *Chich S. Osyth, Essex.* [63]) *18. Febr. Sonntag Ags., Gervas. Dagegen Contin. Flor., Diceto: XIV = 16. Febr.*

	Nero A VIII. Urspr. Eintr.	*Nero C VII.*	*Nero A VIII. Spät. Eintr.*[1]
1129	Hic Henricus rex episcopatum Wintonię Henrico monacho nepoti suo dedit.	Hic H. — dedit.	Obiit [64] Honorius papa; successit Innocentius.
1130	. . . .	. . . . .	Ecclesia Christi Cantuariensis dedicatur 4 nonas Maji.
1133 *Aug. 2*	In hoc anno eclipsis solis facta est 4 nonas Augusti feria quarta ab hora fere 3 usque ad horam 6 et apparuerunt stelle plurime circa solem. Eodem [v] anno obiit Robertus comes Normannię et apud Cloecestram sepultus. Eodem etiam anno et die transiit mare Henricus nobilis rex Anglorum vivens non rediturus in Angliam, quod ex suis tenebris cęlesti indicio sol noscitur demonstrasse.	In hoc — Augusti et appar. — Rodb. c. Normannie et a. Gloec. — cel. i. s. n. dem.	
1135 *Dec. 2*	Obiit Henricus rex Anglorum 4 nonas Decembris apud sanctum Dionisium, qui locus est in Normannia, :qui dicitur in Liuns. [65] Et inde translatum est corpus ejus in Angliam et sepultum apud Radingas. Cui successit in regnum nepos ejus Stephanus comes Bononię et consecratus in regem eodem	Ob. — succ. nep. e. in regn. —	
Dec. 22	anno apud Westmonasterium XI [66] kal. Januarii.	Januarii.	
1136	Hic consecrata fuit Matildis in reginam Anglo-	Hic consecr. est	

v) *Von hier an beginnen verschiedene Hände.*

[64] 1130. [65] *Lions-la-Forêt bei Rouen; zum Datum cf. Freeman in Girald Cambr. VII, 163 und o. p. 11.* [66] *S. o. p. 5, Anm. 33.*

	Nero A VIII. Urspr. Eintr.	*Nero C VII.*
	rum uxor regis Stephani apud West-	
März	monasterium in die paschę XI kal.	
22	Aprilis et eodem anno [*Rasur*].	— anno.
Nov.	Obiit Willelmus archiepiscopus Can-	
21	tuariensis XI kal. Decembris.	
1137	Hoc anno 3 nonas Junii combusta	Hoc anno —
Juni	est ecclesia Rofensis et tota civitas	
3	cum omnibus officinis episcopi et	
	monachorum, et in sequenti die [68]	
	apud Eboracum combusta est ęccle-	
	sia beati Petri, ubi sedes est archi-	
	episcopatus, et extra muros ęcclesia [69]	
	beatę Marię, ubi est abbatia cum	
	egregio hospitali quod fundavit ve-	
	nerabilis Turstinus archiepiscopus.	
	Et eodem anno obiit Johannes Ro-	
„	fensis ęcclesię episcopus XII [70] kal.	XII kal. Julii.
20	Julii.	
1138	Hoc anno [71] ordinatus est Teobal-	H. a. o. e. T. a.
Jan.8	dus archiepiscopus 6 Idus Januarii.	
1139	Hoc anno venit filia regis Henrici	H. a. —
	quę fuit imperatrix in Angliam et	
	Robertus frater ejus comes de Gloe-	
	cestria cum magna fortitudine mi-	militum.
	litum.	
1140	Hoc anno facta est eclipsis solis 13	
März	kal. Aprilis mediante hora nona et	
20	mansit fere per spatium unius horę	
	et apparuerunt stellę plurimę circa	
	solem. Obiit Turstinus Eboracensis	
	archiepiscopus.	
1141	Hoc anno factum est grave prelium	1140. H. a. f. —
Febr.	4 nonas Februarii inter regem Ste-	
2	phanum et Rodbertum comitem de	
	Gloecestria non longe ab urbe Lin-	
	docolino et, accidente terribili even-	
	tu, captus est rex cum quibusdam	
	nobilibus sui regni et multis aliis	
	militibus, corruentibus etiam multis	
	aliis per mortem in bello.	p. m. in bello. 1141. [w]

w) *Von hier an in C keine historischen Notizen mehr.*

[68]) *Nach Contin. Flor. Wig. 4 Tage später: 8. Juni.* [69]) *Ueber deren Brand Monast. Anglic. III, 544.* [70]) *So Gervas. c. 1343. Nach anderen 2 Tage später, 22. Juni.* [71]) *1139.*

Et rex in captivitatem apud castellum de Brixto ductus est et detentus. Rege vero in captivitate permanente, civitates nonnullę et oppida comiti Roberto se reddidere. Verum Lundonia sola in dolo, sicut postea late claruit, comitem et suos recepit, ita quod adversus eum armis consurgerent. Ipse vero premunitus fugę locum dedit. Eodem anno obsessa est civitas Wintonię ab exercitu regis, et comes R[obertus] cum aliis multis captus est, et eodem anno rex et comes a captivitate liberati.

1145 Obiit Lucius papa. Successit Eugenius papa.

1146 Hoc anno recepit Willelmus Turbe Cantuarie apud Sanctum Augustinum episcopatum de Norwic. Et Rotbertus comes Glocestrie [73] obiit.

1147 Peregrinatio imperatoris Alemannię [74] et Ludovici regis Francię cum multis nobilibus diversarum regionum in Jerusalem. Sed illa vice nullum laudis favorem adquisierunt. Hoc quoque anno expulit rex Stephanus ab Anglia legatos Eugenii pape, qui ad invitandum episcopos Anglię ad concilium Remis convenerant.

1148 Hic celebravit papa Eugenius circa mediam Quadrage-
März simam concilium permaximum Remis. Ad quod conci-
21 lium quia Teobaldus Cantuariensis archiepiscopus, eodem papa eum vocante, sine regis consensu perrexerat et denuo, rege nesciente, in Angliam redierat, ab Anglia expulsus [75] est; et iterum, invito rege in terra Hugonis Bigot [76] applicuit, partem terrę regis interdixit. Monachi autem beati Augustini Cantuariensis pro interdicto archiepiscopi [77] . . . . . . [x] verunt. Hoc anno obiit Alexander episcopus Lincolię et Rotbertus Herefordensis et Ascelinus Rofensis, cui successit Gal-

---

x) *8 Zeilen Rasur.*

[73]) *1147.* [74]) *Ueber diese in England seit dem 12ten Jh. gebräuchliche Bezeichnung des Königs der Deutschen cf. Waitz, Dtsch. Verfgesch. V, 130.* [75]) *Gervas. 1328.* [76]) Apud Goseford *Gervas. 1364 und 1666.* [77]) *Fortradirt scheint hier die Erzählung von Theobald's Bann gegen die Mönche wegen Verachtung seines Interdicts und die Appellation nach Rom, Gervas. ib. und Thorne c. 1808.*

[terus] frater Teobaldi archiepiscopi. Hoc quoque anno constructa est ęcclesia de Favresham.[79] Primus abbas ejusdem loci Clarembaldus.

1150 Obiit[80] Rotbertus episcopus Lundonie.

1151 Hic obiit Hugo secundus, abbas Sancti Augustini 7 kal.
Juni Julii. Cui successit Silvester prior ejusdem loci. *Ra-*
25 *sur.*

1152 Obiit Teodbaldus comes Blesensis.[82] Hoc quoque anno
adjurata[83] est Anglia Eustachio filio regis Stephani a
nonnullis nobilibus regni apud Westmonasterium 8 idus
Apr. 6 Aprilis. Et eodem anno obiit Mathildis regina uxor
Mai 3 regis Stephani 5 nonas Maji et apud Favresham se-
pulta. Hoc etiam anno venit Henricus dux Normanno-
Jan. 11 rum filius imperatricis in Angliam 3 idus Januarii.[85]

1153 Obiit Eustachius comes Bononie[86] filius regis Stephani
Aug. 17 16 kal. Septembris. Obiit Eugenius papa, successit
Anastasius IV^us^.

1154 Hoc anno obiit Stephanus rex Anglorum 7[87] kal. No-
Oct. vembris apud Doveram et Rogerus archidiaconus Can-
26 tuariensis consecratur in archiepiscopum Eboracensem
apud Westmonasterium. Successit Stephano eodem anno
Henricus dux Normannorum Henrici primi regis Anglo-
rum nepos ex filia ac regis Stephani consanguineus.
Anglia namque genitrici ejus adjurata fuerat priusquam
rex Stephanus eam injuste invaderet. Consecratus est
Dec. autem in regem 14 kal. Januarii a Teobaldo archiepi-
19 scopo Cantuariensi apud Westmonasterium cum regina
sua Helianor.

---

[79]) *cf. Monast. Angl. IV, 568 über diese Gründung der Königin Mathilde III, die damals im S. Augustin's-Kloster wohnte. Gerv. c. 1366. Clarembald ward am 11. Nov. 1147 geweiht ib. 1365.— S. Austin's besass in dem nahen Orte Feversham eine Kirche, Monast. I, 121.* [80]) *Meist 1151 angegeben. Johann v. Hexham, ed. Surtees Soc. p. 160:* 1150. [82]) *Bruder König Stephan's.* [83]) *cf. Ann. de Waverley, ed. Luard II, 234.* [85]) 1153. Infra oct. Epiph. *Rob. Tor. Nach Gervas. c. 1372 6. Jan.* [86]) *Dieser Titel wird ihm sonst nicht gegeben; sein Tod sonst nach Gervas. c. 1374 auf 10. Aug. gesetzt; aber Obit., Lincoln. in Girald Cambr. VII, 159:* 17 k. Sept. [87]) *Sonst 1 Tag früher, 25. October gesetzt.*

1155 Hujus itaque primo regni anno Flandrenses expulsi sunt ab Anglia. Hoc etiam anno [89] obiit Anastasius papa. Successit Adrianus.

1157 [y] Hoc anno Silvester pro[fessionem] fecit Theobaldo apud Norham[tonam]. [90]

[*1171*] In ecclesia sua martirio coronatus est 4 kal. Januarii Thomas Cantuariensis archiepiscopus.

[*1179*] V idus [91] Marcii celebratum est Rome concilium gene-
März rale presidente bone memorie papa Alexandro. Eodem
11 anno idus Septembris luna 28, circa horam terciam sol
Sept. bicornis apparuit et post fere duarum horarum spa-
13 cium toto orbe illustratus est. Item proxima nocte post XV kal. Septembris luna terciadecima quasi post mediam noctem passa est eclipsim generalem aere se-
Aug. renissimo. Itemque XI [91b] kal. Septembris serenissimus
22 rex Francorum Lodovicus Doure applicuit. Exceptusque honorificentissime ab illustri rege Anglorum Henrico secundo in crastino venit Cantuariam orationis causa. Obtulitque [92] beato Thome ciphum aureum deditque conventui ecclesie Christi in perpetuam elemosinam annuatim C modios vini et ut perpetuari possit donatio sue carte et sigilli roborata est munimine.

---

y) *am Rande das [Eingeklammerte] beim Binden verschnitten. Von a. 1156 nur Jahreszahlen bis 1161. Dann mehrere Zeilen leer; der Rubricator sollte wol zu jeder je ein Jahr setzen. Im entsprechenden Abstande folgen ohne Jahr die beiden letzten Eintragungen von der Hand, welche die (oben in der dritten Columne gedruckten) späteren Hinzufügungen gemacht hat.*

89) 1154. 90) *cf. Gervas. c. 1665 und 1330; Thorne X 1SS. Angl. c. 1811; Chron. de Bello p. 88 über den Streit zwischen Erzbischof und Abt.* 91) *Dieses Datum weicht von Jaffé, Regesta Pont. p. 783 ab.* 91b) *cf. supr. p. 7.* 92) *Gervasius c. 1457; Benedict ed. Stubbs I. 241; Diceto I, 433.*

X. Annales Cicestrenses

— a. 1164.

Zu den wenigen Geschichtswerken des Mittelalters, die aus Chichester erhalten sind, gehört MS. Cotton Vitellius A XVII. Um die Mitte des XII. Jh. sind die Jahreszahlen bis 1186, wo fol. 16 r. endet, geschrieben; zu jeder ist nur Eine Zeile freigelassen; Schaltjahr, Indiction, Mondcyclus werden bis zuletzt, Epacte und Concurrente nur auf Seite 1, bis a. 34, angegeben. — Gleichzeitig mit diesem Schema hat Eine Hand dürftige Stücke einer annalistischen Compilation von der Nativitas s. Johannis Baptiste *an bis a. 1150 hinzugesetzt. Diese treten an Menge zurück hinter den vielen — hier in [] gedruckten – Einschaltungen, welche verschiedene Schreiber aus der zweiten Hälfte des XII. Jh.*[1]*, wo gerade freier Raum war und daher oft zu falschen Jahren, hineingefügt haben. — Die Fortsetzung von 1153—1164 scheint mit den Ereignissen etwa gleichzeitig entstanden zu sein; zuletzt kamen ein Jahrhundert später die Bemerkungen über a. 1170, 1220, 64, 5 hinzu.*

Hardy, Descriptive Catalogue II, p. 453, erklärt das Vitellius-MS. historisch werthlos. Für den hier fortgelassenen Anfang bis a. 900 ist das völlig wahr. Dieser bietet nämlich fast nur allgemein bekannte Fasten der Kaiser und Päpste, der Englischen Reiche und Kirchen. Zum grösseren Theil sind das erst spätere Einschaltungen, excerpirt, wiewohl meist nicht wörtlich, aus Beda und des Wilhelm von Malmesbury Gesta Regum. Aus des letzteren 'Glastonbury'[2] *hat Ein Interpolator Nachrichten über die Keltische Kirche zum 5ten u. 6ten Jh. entnommen. Ein anderer, dessen Hand den meisten Raum bedeckt, zieht lediglich den Hugo von Fleury aus*[3]*.*

---

[1] *Sie wenden für th und w häufig Runen an.* [2] *Abt Seffrid, der 1125 Bischof von Chichester ward, lieferte vielleicht eine Handschrift davon.* [3] *Z. B.* a. 589 *über* Columban *aus Hugo ed. Rottendorf p. 142,*

Vor dem nachfolgenden Texte findet man die Eintragungen Eines Interpolators, der dem Werke die Fasten der Diöcese von Sussex einzuverleiben strebte, zusammengestellt. Die Bischofscataloge in Florenz von Worcester und des Wilhelm von Malmesbury Gesta Pontificum standen ihm nicht zu Gebote. Er schöpfte aus einer uns verlorenen Quelle die Kunde der Namen und Jahreszahlen von sechs Nachfolgern Eolla's. Diese Chronologie widerspricht den Urkunden nicht; in anderen Chroniken wird sie überhaupt nirgends [4]) geboten. Und von jenen Namen sind vier, z. Th. in abgeschliffener Form auch anderwärts überliefert. Daher beachte man immerhin die Erwähnung eines Beathfrid 764, an dessen Stelle meist Aluberht, in einem Register aus Chichester [5]) Selbright begegnet, und eines Eadbert 774. Zuverlässig ist freilich das Verzeichniss in Vitellius jedenfalls nicht, denn es lässt mindestens drei Bischöfe v o r Beornege (der 926—9 urkundet) aus und bricht h i n t e r ihm überhaupt ab.

Die eigentliche Grundlage unseres Werkes ist aber jene annalistische Compilation — sie heisse nv [5b] —, die auch dem vorigen Stück IX vorlag und deren ältester Theil, wie p. 57—9 gezeigt, in Winchester entsprang. Dorther sind so viele Localnachrichten im Vitellius-MS. beibehalten, dass dieses noch von Hardy a. a. O. Annales Wintonienses betitelt wird. Alle die Worte, welche im vorigen Stücke gedruckt sind, erscheinen im folgenden Text unter der Randnotiz Nero. Sie bilden sichere Bestandtheile von nv. Das Gleiche gilt von den Worten, die zwar in Nero fehlen, aber entweder im MS. Domitian VIII der Angelsächsischen Annalen, Ags. F., [6]) oder in den Rotomagenses [7]) [8]) oder den Cluniacenser-[7])Notizen (nur a. 1048) er-

---

Z. 11; 603 Siagrius *ib. 145;* 633 Muhamet *ib. 150 o;* —669 Floriacum constructum *ib. 154 u;* 671 Karolus Tudides *ib. 160, 6 v. u.;* —796 Hyrene *ib. 174;* 825 Hylduinus ossa Sebast. in S. Dionys. *ib. 180 b;* Theodulf *und* Rabban *ib. 181; u. s. w.* [4]) *Im Chichester-Abschnitt des Monasticon Anglicanum findet sich eine Verschiebung der Bischofsdaten um ein ganzes Jahrhundert.* [5]) *Ed. M. Walcott.* [5b]) *d. h. Nero-Vitell.* [6]) *S. o. p. 56.* [7]) *S. o. p. 33, 34.* [8]) *Diese Marginalie begegnet zu so allgemeinen Nachrichten, dass der Leser ihre Richtigkeit bezweifeln könnte. Aber das Stück vor a. 900 lässt über die mittelbare Benutzung der Rouen-*

scheinen; denn aus diesen drei Quellen hat ja nv geschöpft. Endlich gehören mit hoher Wahrscheinlichkeit jener Compilation nv die ohne Marginalie gelassenen Nachrichten aus Winchester an. Darunter sind die über a. 971, 96, 1107, 10 auch sonst bekannt; — zu 1116 ist die Waschung der Valentinus-Reliquie, 934 die Uebertragung des H. Grimbald notirt; letzteres eine interessante Spur von dem Eindrucke, den der Freund Älfreds, der Klosterreformator, der Nachwelt hinterliess. Noch das spätere Mittelalter nannte sein Neumünster S. Grimbald's.

Was die Schreiber von Chichester über ihr eigenes Jahrhundert bringen, ist dürftig genug. Vom Continent her ist die Kunde von der Schlacht bei Cassel 1071 und vielleicht ein Gerücht von den Wahlzwistigkeiten nach Calixt II. Tode 1124 zu ihnen gedrungen. Das Meiste betrifft ihren Sprengel, so die Fasten von Lewes 1078, 1107, 1120, oder die Nachbarschaft. Neu sind die Daten der Bischofsreihe 1088 (in Le Neve-Hardy's Fasten benutzt), 1091, 1123, 50. — Zu 1142 wird ein Burgcaplan von Chichester, unter 1114, 60 werden Brände ebendaselbst, 1137 solche in Winchester und Arundel erwähnt.

---

634 Hic natus est Wilfridus [1]).

Ags. F. Hic Birinus predicavit fidem Christi . . .

„ 648 Hic constructa est ecclesia Sancti Petri in Wintonia et dedicata [2]) 8 kal. Dec. . . .

„ 650 Obitus Birini . . .

675 [3]) Aldelmus fit 1us abbas Malmesberie . . .

Beda IV, 13 [Sedit [a]) Wilfridus episcopus in episcopatu de Selesi 5 annis, id est usque ad mortem Ecfridi regis Northanhimbrorum] . . .

685 Hic celebravit Wilfridus missam in Suthsax[*e*] . . .

Annalen keinen Zweifel: vgl. z. B. 842 Translatio S. Audoeni, quando Norm. vast. mon. *und* 858 Gelu 2 kal. Dec. *bis* no. Apr. *mit S. 40, 41.*

a) *Unter der* 682 *endenden Seite.*

[1]) *cf. Florenz.* [2]) *ohne Datum Ags.* [3]) *cf. Malmesbury, Pont. § 199.*

Beda V, 18 695 [His temporibus Eadberth, qui erat abbas **apud** Selesi, **in** monasterio, **quod** Wilfridus **fecit ibi**, sinodali decreto fit in eodem loco episcopus; et post ipsum fit Eolla ibi episcopus] . . .

709 Obitus [4]) Wilfridi episcopi [primi de] Selesi . . .

747 [Hoc tempore Sigga fuit episcopus de Selesi] . . .

764 [Beathfridus [5]) fit episcopus apud Selesi] . . .

772 [Oswaldus [6]) fit episcopus de Selesi] . . .

774 [Eadbertus [7]) fit episcopus apud Selesi] . . .

780 [Wentunus [8]) fit episcopus apud Selesi] [9]) . . .

821 [Kinredus fit episcopus apud Selesi] [10]) . . .

Von a. 900 ist der Abdruck vollständig.

Nero. 900 Stephanus papa.

„ 901 **Obitus** Aelfredi **regis Anglie.** **Successit** Edwardus filius ejus.

Ags. F. 902 [b]) Obitus sancti Grimbaldi sacerdotis. Adventus sancti Judoci [12]).

Nero. Romanus papa. Teodorus papa. Dedicatio Novi Monasterii *Ags. F.* Wintonie.

Nero. 903 Johannes papa.

„ 905 Benedictus papa.

„ 907 Leo papa. Christoforus papa.

„ 908 Sergius papa.

Malm Reg. § 129 909—11 [His temporibus Plegemundus archiepiscopus Cantuarie ordinavit Australibus Saxonibus episcopum Bernegum, scilicet apud Selesei].

Roto. 912 XXI^us ciclus decennovenalis.

Hic Rollo baptizatur et vocatur Rotbertus [13]). [Hic finit genus regum Francorum a Karolo Magno] [14]).

---

b) 903 *Ags. F.*

[4]) *Ags.* [5]) *Bei Florenz p. 545, 618 und Malmesbury (Pont. § 96):* Aluberht; *nicht urkundlich belegt.* [6]) *Sonst* Osa *oder* Bosa *genannt.* [7]) *Sonst nicht bekannt. Es fehlen hier die Bischöfe* Gisleher *und* Tota. [8]) Wiohthun. [9]) *Ihm folgt* Ethelwulf; *aber* Berneg *darf nicht mit Malmesbury hier eingeschoben werden, s. u. a.* 909. [10]) *Sein Nachfolger* Gutheard *ist hier ausgelassen.* [12]) *aus Ponthieu nach Newminster, Winchester.* [13]) et v. R. *ebenso Ann. S. Edmundi, s. folg. Stück.* [14]) *cf. Will. Malm. Reg. § 128.*

Nero. 916 Anastasius papa. Obitus Rollonis primi ducis Normannie. Cui successit Guillelmus filius ejus, [dictus Longa Spata].
917 [15]) Johannes papa.
Ags. F. 923 Rex Scotie et omnis populus sibi Edwardum dominum elegerunt.
Nero. 924 Obitus Edwardi regis. Aþelstan filius ejus regnum suscepit.
Malm Reg. § 185 929 [His temporibus Henricus, imperator Alemannie, filius Conradi et imperator Rome, expostulavit Eþelgivam [16]), sororem Aeþelstan regis Anglie, Othoni filio suo in uxorem].
931 22us ciclus decennovenalis.
934 Translatio Sancti Grimbaldi [17]).
Nero. 937 Hic factum est bellum in Bruningafelda, quo rex Aeþelstan Anlaf devicit [, Analavum Sihtrici filium].
„ 940 Obitus Aeþelstan regis totius Anglie; successit Eadmundus frater ejus.
Malm 145 943 Obitus Willelmi ducis II Normannorum filii Rollonis dolo in Francia.
Ags. F. Successit Ricardus Vetus filius.
Ags. 944 Eadmundus rex dedit Malculini regi Scotie Cumbraland.
945 [18]) Marinus papa.
„ 946 Eadmundus obiit rex. Regnavit Eadredus frater ejus. [Hoc tempore Dunstanus erat abbas Glastonie et sepelivit corpus regis Eadmundi ibi] [19]).
949 Agapitus papa.
950 23us ciclus decennovenalis.
„ 955 Obitus Eadred regis. Edwi filius Eadmundi regis fratris Aeþelstani regis successit.
„ F. 959 Johannes papa. [Obitus Edwi regis Anglorum. Successit Edgar frater ejus, filius Eadmundi, rex tocius Anglie].
Malm Reg. § 149 964 [His temporibus Oswaldus, nepos Odonis archiepiscopi, episcopus Wigo[r]nie postea archiepiscopus Eboracensis expulit inde clericos non vi c), subinferens monachos. Et his similiter temporibus Aeþelwoldus episcopus Wintonie expulit inde clericos regali jussione et subinstituit monachos].

---

c) m *mit Punkt darüber cod.*

15) *914—28; zu* 917 *auch Ann. S. Edm.* 16) *Eadgyth.* 17) *Scheint sonst nirgends berichtet.* 18) *942—6.* 19) *cf. Will. Malmesbur. De antiq. Glaston.*

969 24us eiclus decennovenalis.

971 Translatio sancti Swithuni episcopi idus Julii [20]).

Malm § 160 973 [Ante hunc annum Eadgar rex totius Anglie non passus est se coronari].

Nero. 975 Hic cometes apparuit et obiit rex Eadgar. [Regnavit Edwar-
Ags. F dus filius ejus].

Nero. 976 Ottho obiit; et regnavit Ottho filius ejus. **Et** magna fames fuit in Anglia.

Malm 162 979 [Edwardus rex occiditur sicca a noverca sua Alfrida. Successit Ethelredus frater ejus, qui desponsavit Emmam filiam Ricardi comitis Normannorum, quam postea habuit Cnut rex Anglorum].

Malm 164 981 [Hoc anno venerunt 7 naves piratarum Hamtonam et depopulaverunt provinciam illam et mox discesserunt].

Nero. 984 **Hic** obitus Aþelwoldi episcopi **Wintonie.** Ordinatio sancti Alfeagi episcopi.

„ 986 Hic Athelredus rex devastavit Rovecestram.

„ 988 Obitus Dunstani archiepiscopi. 25us ciclus decennovenalis.
Ags. [Successit Aeþelgarus [21]) archiepiscopus].

„ 989 [Obitus Aeþelgari archiepiscopi Cantuariensis; successit Siricus].

Malm Reg. § 165 991 [Amici facti sunt hoc anno Aeþelredus rex Anglorum et Ricardus comes Normannie, socer ejus per Johannem papam].

Ags. 995 Obitus Sirici archiepiscopi Cantuariensis. [Successit Ael-
Nero. fricus. Obitus Ricardi comitis Normannie; successit Ricardus filius ejus IIIus *comes*].

996 Translatio sancti Aþelwoldi episcopi [22]) 4 idus Septemb.

„ 1006 Hic suscepit Alfeagus archiepiscopus pallium [d]) [Cantuarie, obeunte Aelfrico].

1007 26us ciclus decennovenalis.

„ 1012 Hic martirizatur Alfeagus archiepiscopus. [Successit Livingus
Malm § 174 archiepiscopus. Hoc anno in Saxonia per totum annum cantaverunt homines 15 et 3 femine, in corea saltantes].

---

d) *Hier hat die erste Hand hinter Pallium einen Punkt gemacht, den das folgende C der zweiten nicht ganz verdeckt.*

[20]) *cf. Ann. Winton. II, 13 a. 971; Florenz a. 970.* [21]) *von Chichester.* [22]) *von Winchester.*

Nero. 1013 Hic Ethelredus rex [fugiens Normanniam] regnum reliquit Anglorum et Swean Dacus usurpavit, [pater Cnut].

Malm § 179 1014 [Revertitur a Normannia Aethelredus rex. Fit Euripus magnus, villas et hab[*itatores*] mergens].

Nero. 1015 Cnut venit ad Anglos [expugnandos].

„ 1016 Obitus Ethelredi regis. [Successit Eadmundus filius ejus Ireneside dictus, qui mox occiditur]. Et occisio Anglorum in monte Assandune.

Malm § 181 1017 [Hic incepit Cnut rex Dacorum in Anglia regnare].

1019 [Obitus Livingi archiepiscopi Cantuariensis. Successit Aegelnodus. Hoc tempore Johannes [23]) papa].

Ags. 1020 Dedicatio ecclesie ad Assandune.

Nero. 1023 Hic obscuratus est sol 9 kal. Feb. Et obitus Wlfstan[*i*] archiepiscopi.

„ 1024 [Obitus Ricardi comitis Normannie. Successit Ricardus tercius filius ejus].

Malm Reg. § 178 1025 [Obitus Ricardi comitis Normannie. Successit Rotbertus, frater ejus, filius Judithe filie Conani comitis Britonum].

1026 27us ciclus decennovenalis.

Nero. 1028 Hic pergit Cnut ad Norwegan cum 50 navibus.

„ 1029 Hic revertitur Cnut.

Ags. 1030 Hic Olaf rex occisus est.

Nero. 1031 Cnut Romam petiit [et repatriavit. Obitus Rotberti regis Malm § 187 Francie, successit Henricus filius ejus].

Nero. 1032 Ignis ostenditur, et pestis hominum fuit.

Ags. 1035 Rotbertus comes Normannie Jherusalem petens reliquit filium suum parvulum Guillelmum heredem.

Nero. 1036 Obitus Cnut [regis Anglie. Successit Haroldus falso filius].

Ags. 1040 [Obitus Haroldi regis Anglie. Successit Hardecnut frater ejus et filius Emmę matris Edwardi].

Nero. 1042 [Obitus Haroldi regis Successit in regnum Edwardus Ags. filius Aeþelredi regis].

Nero. 1043 Mortalitas hominum.

1045 28us ciclus decennovenalis.

1047 Hic Henricus rex Francie devicit bellum apud Wales-

---

[23]) *Johann XIX. 1024—33.*

dunum et mox constituit Guillelmum Normannie comitem. Benedictus papa. [Hoc tempore missus est Aluredus filius Ethelredi regis a Guillelmo comite Normannie in Angliam, qui mox occiditur. Mittitur alius frater Edvardus et consecratur in regem] [24]).

Cluni. 1048 Obiit Odilo Cluniaci abbas, successit Hugo.

Nero. Clemens papa.

" 1050 Damasus papa.

" 1053 Obitus Godwini comitis. [Obitus [25]) Damasi pape. Successit Leo papa, qui dicitur Brunus]. *Roto.*

" 1054 Fit bellum apud Mortuum Mare inter Henricum regem Francie et Guillelmum comitem Normannie.

Nero. 1058 Victor papa [fit. Obitus [26]) Leonis pape].

Roto. 1060 Obitus Henrici regis Francorum. Regnavit Philippus filius ejus. [Obitus [27]) Victoris pape. Successit Stephanus].

Malm. Reg. § 228 [His temporibus fertur Haroldus dapifer regis Edwardi, quod navim quibusdam causis ascenderit et, ventis adversantibus, Ponteium transvectus, a Guidone comite incarceratur, dehinc Guillelmo comiti Normannie mittitur.

1061 [Obitus [28]) Stephani pape. Successit Benedictus et mox Nicholaus].

Nero. 1062 Alexander fit papa, [obeunte Nicholao papa].

1064 29us ciclus decennovenalis.

" 1065 Obitus Edvardi regis. Regnavit Haroldus.

" 1066 Bellum apud Eboracum, ubi occiditur Haroldus rex de Norweia. Cometa apparuit. Et adventus Normannorum in Angliam, et fit bellum in quo rex Haroldus occiditur.

1067 Hic sublimatur Guillelmus in regem, Alexandro papa presidente.

" 1070 Ordinatio Gualchelini episcopi. [Lanfrancus fit archiepiscopus Cantuarie].

1071 Hic factum est bellum [29]) inter Philippum regem Francie et Rotbertum comitem Flandrie, et devictus est Philippus rex.

---

24) *Vielleicht nach Huntingdon Mon. Brit. p. 758 D, s. Anm. a.* 25) *1048.* 26) *1054.* 27) *1057.* 28) *1058.* 29) *cf. Giesebrecht, Gesch. der dtsch. Kaiserzeit III p. 168, 1110 (ed. 1869.)*

Nero. 1072 Obitus Stigandi episcopi et Leofridi episcopi [30]. Hic ventilata est causa de primatu archiepiscopatus Cantuariensis super archiepiscopum Eboracensem et finita.

1073 [Obiit Alexander papa. Successit Gregorius, qui et Hildebrandus].

1075 [Hic fit translatio sedis episcopatus de Selesi ad Cicestram per Stigandum episcopum].

„ 1076 Hic Waldeof **dux** occisus est.

1078 Adventus Lanzonis apud Lewias, presidente papa Gregorio [31].

„ 1080 Nimius ventus nocte Natalis Domini.

„ 1083 Obitus Matildis **prime** regine. 30us ciclus decennovenalis.

1085 Obitus Gregorii septimi pape, qui et Hildebrannus dicitur. Successit [32] Victor papa, qui et Desiderius. Et mox [33] Urbanus successit.

„ 1087 Obitus Guillelmi regis Angliae. Regnavit Guillelmus Rufus filius ejus sub papa Urbano. [e] Et translatio sancti Nicholai de Mirrea civitate in locum qui dicitur Barim. Et obitus Stigandi episcopi Cicestrie.

1088 Hic obsedit [34] Guillelmus rex Penevesellum et urbem Rofensem.

[f] Et hic [35] factus est Godefridus episcopus Cicestrie, qui obiit eodem anno.

„ 1089 Obitus Lanfranci archiepiscopi, successit Anselmus. Hic
Ags. fuit terremotus 3 idus Augusti. [36]

---

e) *Das Folgende am Rande nachträglich, vielleicht von der Hand des Textes.* f) *Das Folgende über der Linie, vielleicht von der Hand des Textes.*

[30] *von Exeter.* [31] *S. o. p. 52.* [32] *1087.* [33] *1088.* [34] *Freeman, Norman Conquest V, 87.* [35] *Gosfrid, der laut Stephens, Memorials of Chichester p. 46, 25. Sept. 1088 †, wurde laut dem Lateinischen Anhange in Saxon Chronicles (ed. Earle p. 273) zugleich oder doch im selben Jahre mit Johann von Wells geweiht d. i. 1088. Dieses Jahr steht auch in Le Neve-Hardy's Fasti, wo ausser unserer Textstelle ein „Canterbury-Register" herangezogen ist. Stubbs' Reg. Sacr. Angl. gibt jedoch 1087 als Jahr der Weihe Gosfrid's und citirt die Professions — Rolle von Canterbury. In ihrer Copie, MS. Cott. Cleopatra E. I, ist kein Datum.* [36] *cf. Malmesbury G. Reg. p. 504.*

1091 [Odinatio Radulfi episcopi Cicestrię die[37]) Epiphanie].

Nero. 1096 Peregrinatio in Jherusalem. Et[38]) commotio stellarum.

„ 1098 Jherusalem capitur, ubi Godefridus suscepit regnum. Lu-
Sept. men magnum apparuit in festivitate [*s.s.*] [g]) Cosme et
27 Damiani[39]).

„ 1099 Obitus Urbani pape. Successit Paschalis papa.

„ 1100 Obitus Guillelmi regis. Regnavit Henricus frater ejus.

„ 1101 Sinodus[40]) apud Lundonias. Rotbertus comes Normannie venit in Angliam cum exercitu.

1102 31us ciclus decennovenalis.

„ 1103 Hic visi sunt quattuor circuli in circuitu solis 7 idus Junii a sexta usque in nonam.

1104 Hic facta est dissensio magna inter Henricum regem et barones suos.

„ 1105 Hic visa est stella permodica in occidente, emittens radium permaximum versus orientem.

1106 Hic capitur Rotbertus comes Normannie [in bello apud Tenercebrai]. Anselmus archiepiscopus ab exilio revertitur. Et[41]) fit sinodus Lundonie.

1107 Obitus Lanzonis[42]), successit Eustachius. Cecidit turris Veteris Monasterii[43]). [Ordinatio Guillelmi episcopi Exonie].

„ 1108 Obitus Philippi regis Francorum, successit Ludovicus filius ejus. Obitus Gundulfi episcopi Rofensis, successit Radulfus.

1109 Obitus Anselmi, successit[44]) Radulfus. Et obitus Hugonis abbatas Cluniacensis, successit Pontius.

1110 Hic remotum est monasterium extra Wintoniam[45])

1111 Capitur Rome Paschalis papa ab Henrico imperatore. Hyematio regis Norweie in Anglia[46]).

„ 1113 Hic exarsit civitas Wigracestre, et monachi et laici et mulieres combusti sunt in ea.

---

g) *Am Rande verschnitten.*

37) *6. Jan. 1091 war Montag. Das Datum scheint sonst nicht berichtet. Ralf's Profession gedruckt* 5th *Rep. of Histor. Manuscr. Comm. p. 453.* 38) 1095 *Ann. Margan.* 39) *cf. Ann. Ags. und Margan.* 40) *Vielmehr* 1102. 41) *1107.* 42) *Prior von Lewes.* 43) *Der Kathedrale von Winchester, cf. Ann. Winton. II, 43.* 44) *Erst 1114.* 45) *Newminster nach Hyde.* 46) *S. o. p. 10* a. 1108.

Nero. 1114 Cometa apparuit. Duo archiepisci efficiuntur, Cantuariensis et Eboracensis. Tamisia siccatur. Ventus nimius.
[h]) Hic exarsit ecclesia Sancte Trinitatis [47]) Cicestrie et pene tota civitas [3° No. Mai.] [i])

„ 1115 Hic apparuerunt 2 circuli circa solem et visi sunt quasi 2 soles. Dissensio [48]) inter regem Henricum et Ludovicum.

1116 Apud Wintoniam aperta est teca sancti Valentini [49]), et capud ejus lotum est.

„ 1117 Hic apparuit luna tota sanguinea in nocte 16 kal. Jul., luna 13 dies Egipt.

1118 Obitus Paschalis pape, successit Johannes, qui et Gelasius. Obitus Baldwini regis Jherusalem; successit Baldwinus. Et obitus Mathildis regine. Et obitus Alexis imperatoris Constantinopolitani.

1119 Obitus Gelasii pape; successit Calixtus. Fit bellum [50]) inter Henricum et Ludovicum.

1120 Hic submersi sunt in mare Guillelmus et Ricardus filii regis Henrici. Obitus Eustachii prioris [42]), successit Hugo.

1121 Hic Henricus desponsavit Adelich filiam Godefridi de Luvano. 32[us] ciclus decennovenalis.

1122 [k]) Obitus Radulfi archiepiscopi.

1123 [k]) Ordinatio Guillelmi archiepiscopi in [51]) Purificatione. Et obitus Radulfi episcopi Cicestrie [52]) 19° kal. Jan.

1125 Sefridus efficitur episcopus Cicestrie. Fames in Anglia. Monetarii ementulati. Obitus [53]) Calixti pape, successit [54]) Romanus [l]) papa et eodem anno [53]) papa Honorius, sub quo [55]) concilium apud Londonias. In qua-

---

h) *unter der Seite, aber in der ersten Hand.* i) *Spätere Hinzufügung.* k) *Nachträglich, aber in gleichzeitiger Hand.* l) *sic cod.*

[47]) *Die Kathedrale. Ebenso Florenz II, 67, Ann. Winton. II, 44* [48]) *Der Krieg begann 1116 Freeman, ib. 187.* [49]) *Emma's Geschenk an Newminster cf. Ags. F.* a. 1041; *Edwards, Vorr. zu Liber de Hyda p. XXXVII.* [50]) *Bei Noyon, cf. Freeman ib. 188.* [51]) *Tag der Wahl; Weihe erst 16 Tage später, am 18. Febr.* [52]) *Ebenso Le Neve-Hardy. Zehn Tage später, 24. Dec. Stubbs, Registr. sacr. Angl.* [53]) *Dec. 1124.* [54]) *Theobald ward vor Honorius gewählt; keiner der Candidaten hiess Romanus.* [55]) *1129.*

dam parte Anglie de fonte quodam pluribus diebus sanguis tantummodo emanavit.

1130 [h]) Ordinatio [56]) Henrici episcopi Guintonie. Innocentius fit papa.

Nero. 1133 Eclipsis solis 4to No. Aug. circa terciam, luna 27 in cancro, sol in leone. Et terremotus in Anglia.

1134 Obiit Gislebertus episcopus Lundonensis 4to idus Augusti.

1135 Obitus Henrici regis Anglie kal. Decemb. Regnavit Stephanus filius sororis ejus. Exustio ecclesie Londoniensis.

1136 Eclipsis solis kal. Junii circa vesperam, luna 27. Et eclipsis lune 17 kal. Jul., luna 12. Et obitus Guillelmi archiepiscopi.

1137 Exustio Arundelli et Wintonie et Eboraci [57]) et Rofecestrie [57]) et Badonis [58]). Obitus Johannis Rofensis episcopi. Et obitus Guillelmi episcopi Exonie. Visi sunt 5 circuli circa solem 3 idus Augusti. [m]) Obitus Ludovici regis Francie; successit filius ejus Ludovicus.

1138 Tedbaldus [59]) fit archiepiscopus Cantuarie. Rodbertus fit episcopus Exonie. Bellum inter archiepiscopum Eboracensem et David [60]).

1139 Eclypsis lunę 16 kal. Maji, a media parte noctis usque clarum mane, luna 13.

.. 1140 33us ciclus decennovenalis. Ecly[p]sis solis 13° kal. April. luna 28 ultra horam 9.

1142 Eclypsis lunę. Johannes fit sacerdos castelli Cicestrie.

1143 Obitus Innocentii pape. Successit Celestinus papa.

1144 Obitus Celestini pape. Successit Lucius papa.

1145 Sefridus deponitur ab episcopatu Cicestrie. Obitus Lucii pape. Successit Eugenius papa. Cometa apparuit.

1147 Hilarius fit episcopus Cicestrie.

1150 [61]) Obitus Sefridi quondam episcopi Cicestrensis.

---

m) *Das Folgende am Rande, verstümmelt.*

56) *Geweiht 1129 Nov. 17.* 57) *S. o. p. 80.* 58) *cf. Cont. Florent. Wig. II, 98.* 59) *Geweiht 1139 Jan. 8.* 60) *von Schottland.* 61) *Ebenso Ann. v. Tewkesbury (Ann. Monastici) I, 47. Le Neve-Hardy und Stubbs geben 1151.*

1153 Obitus Eugenii pape. Successit Anastasius. Adventus Henrici ducis in Angliam.

1154 Obitus Stephani regis. Successit Henricus filius imperatricis. Obitus Anastasii pape. Successit Adrianus papa.

1159 24us ciclus decennovenalis. Obitus Adriani pape. Successit [n])... Alexander. Hic Henricus rex Tolosam obsedit.

1160 Hic facta est pax inter Ludovicum regem Francie et Henricum regem Anglie. Exustio Cicestrie in foro.

1161 Obitus Tedbaldi archiepiscopi Cantuariensis. Dissentio inter Henricum regem Anglie et Ludovicum regem Francie, sed mox pacificatur [62]).

1162 Tomas fit archiepiscopus Cantuariensis. Concilium Turonis [63]), papa Alexandro presidente.

1163 Hic irascitur rex Henricus contra T[*homam*] archiepiscopum Cantuariensem et omnem clerum Anglie [n])...

1164 Victor adulter papa obiit et mox subrogatur [n]) [64]) . . . Exulat T[*homas*] archiepiscopus.

1171 [o]) [Hic martirizatur Thomas Cantuariensis, ab incarna-
1170 Dec. 29 tione Domini anno 1171, quarto kaln. Januarii die Martis. Item idem translatus est in eadem ecclesia a pas-
1220 Jul. 7 sione sua anno quinquagesimo, nonas Julii die Martis.]

1178 25us ciclus decennovenalis.

[q]) [Bellum apud Lewes [p]) 2 Idus Maji anno Domini126 4. Bellum apud Evesham feria [*tertia*] [r]) 2 Non. Augusti anno Domini 1265].

---

n) *Rasur für etwa 12 Buchstaben.* o) *S. XIII med. nachgetragen.* p) anno *ins. cod.* q) *Von derselben Hand s. XIII med. unter der vorletzten Seite.* r) *fehlt cod.*

[62]) *cf. Pauli, Gesch. v. England III p. 26.* [63]) *1163, Mai 19.* [64]) *Name (Paschal III) fehlt.*

XI. Annales S. Edmundi

a. 1—1212.

Wol aus keinem Englischen Kloster sind mehr Handschriften noch erhalten als aus Bury S. Edmunds. Die Geschichtschreibung schien nach dem, was bis 1840 davon veröffentlicht war, recht spärlich darunter vertreten zu sein. Da edirte in dem genannten Jahre Rokewode für die Camden-Society: des Jocelin von Brakelonde Abtei-Chronik aus dem Anfang des XIII. Jh. und 1849 Thorpe als Anhang zum Florenz von Worcester: die Geschichte des Taxter und Everisden aus der Mitte bezw. dem Ende desselben Jh. [1]

Ohne sich nun zwar etwa S. Albans an die Seite stellen zu dürfen, mag S. Edmunds wol etwas von dessen historiographischem Ruhme beanspruchen: denn Taxter's Nachrichten über Johann's Regierung sind keineswegs, wie bisher angenommen, aus Roger von Wendover's Flores historiarum, einfach ausgezogen; sondern letzterer hat vielmehr selbst ein Jahrbuch ausgeschrieben, welches schon ein Decennium vor ihm in S. Edmund's excerpirt ward und, wahrscheinlich ebendort, eine Fortsetzung erhielt, die auf Grund des einzigen noch erhaltenen Blattes, über das Jahr 1212, eine Quelle ersten Ranges heissen darf.

Das besagte Excerpt beginnt hinter einem Malmesbury s. XII ex. [2] *auf fol. 103 im MS. Harley 447, das auf der ersten Seite als* Liber Sci Aedmundi regis et martyris *bezeichnet ist. Mitten in einem Satze über die Bedrückung der Abtei, 1212, zu Ende von fol. 133 v. bricht der Band ab.*

---

[1] *Hermann's Wunder des h. Eadmund s. Stück XV. — Ungedruckt ist der gleichzeitige Bericht über die Wahl des Abtes Hugo 1213: MS. Harley 1105. — Dagegen Harley 1132 sind keine Annalen von St. Edmunds, s. nächstes Stück.* [2] *Hardy, Descr. Catal. II, 160. Am Rande von fol. 22 r. von einer Hand s. XIII med.:* Hic [*Aelfred*] primo instituit centurias et decanias.

Durch Tinte und Handschrift scheidet sich die originale Fortsetzung von der bis 1211 reichenden Compilation. [3] *Und letztere lässt sich beim Jahre 1200, wo die eine Hauptquelle, Radulfus de Diceto schliesst, in zwei Theile zerlegen.*

I. a) Die Grundlage des ersten Theiles bilden die Normannischen Annalen [4] *mit den Einschiebseln, Irrthümern* [5] *und der Fortsetzung eines Südengländers, wie sie von a. 700 an oben in Stück VI gedruckt sind. Wie oben p. 33/4, 59 erörtert, ist auch hier am Rande möglichst das Rouen'sche Jahrbuch* Rot. *als Quelle nachgewiesen, und sind seine Normannischen Ableitungen nur da, wo es selbst nicht zugänglich war, herangezogen worden: nämlich zunächst die von S. Évroul* Utic.*, S. Wandrille* Font. [6]*, Mont St. Michel* [6b] Mich. *und endlich Robert de Torigni* Robt. *Als Südenglisch* Ag. Mr. *ist alles Andere bezeichnet worden, was entweder in Stück VI gedruckt oder vor a. 700 in den dort benutzten MSS. Claudius C. IX oder Reg. 4 B VII enthalten ist. Diese bisher ungedruckten* [7] *Stücke in Ag. Mr. sind vielleicht alle, aus inneren Gründen unzweifelhaft a. 475 u. 654, dem Rouen'schen Werke zuzuweisen. Von dem Normannischen Einflusse begegnen die letzten Spuren zu 1095 (oder 1116), von dem Südenglischen zu 1167.*

b) Zwischen diese Annalenstücke schob der Compilator Absätze aus einem anderen Werke. Seinen Autor zu nennen, den Stoff selbständig zu durchdringen, aus anderer Litteratur, z. B. dem erwähnten Malmesbury, zu vermehren, bei der Aus-

---

[3] *Zu jedem Satze eine farbige Initiale; a. 669 der Platz dafür frei; oft falsch ausgefüllt, z. B. 587, 664.* [4] *Nach Hardy III, 167 wären sie in dem (von Thorpe nicht abgedruckten) Anfange Taxter's benutzt. Hardy kannte unser Werk als Quelle Taxter's nicht, vielleicht sind also die Normannischen Stücke Taxter's nur aus diesem mit entnommen.* [5] *z. B.* a. 755 Remigio papa *statt* Stephano; 783 matinia conbaptizati *statt* in Atiniaco bapt. [6] *Her. verdankt den Monum. Germ. Hist. Einblick in Bethmann's Abschrift zweier Brüsseler Excerpte aus dem MS. Dunarum der Fontanellenses, das von Bouquet XII, 771 benutzt ist. Ueber das Original, Vatican 553 vgl. Delisle in Robert de Torigni I p. XVIII und Archiv der Ges. f. ält. d. Gesch. II, 289.* [6b] *Ed. Delisle l. c. II, 214.* [7] *Also nicht die Englischen, oben S. 35 ausgezogenen.*

wahl desselben nach einem Grundsatze zu verfahren, die vielen Flüchtigkeitsfehler in Daten [8] *und Namen durch nochmalige Vergleichung auszumerzen, lag ihm fern. Bei solcher Nachlässigkeit ist es nicht zu verwundern, dass er mehrfach dieselbe Nachricht* [9] *zu verschiedenen Jahreszahlen bringt, indem er erst der einen, dann der anderen Quelle folgt. Und gelegentliche Verwerthung eines Papstcatalogs veranlasste ihn nicht dies zu corrigiren, sondern den Namen desselben Papstes zum dritten Male* [10] *abzuschreiben. Indem er von einem Buch zum anderen blickte, begegnete es wol, dass er beim Eintragen sich um ein Jahrhundert irrte: so ist Beda zu a. 602 gesetzt. Zu 841—8 erscheinen Stellen, die Vf. selbst nachträglich ein Jahrhundert später gesetzt haben will. Gerade diese beweisen, dass das Werk, aus dem sie entstammen, erst in ein fertiges Annalengerippe hineingearbeitet ist. Das Versehen wäre unerklärlich, wenn umgekehrt dieses Werk die Grundlage und die Normannischen Annalen spätere Zuthat wären.*

Wie schon gesagt, ist diese zweite Quelle, deren Stücke den meisten Raum unserer Handschrift bedecken, der schon von den Zeitgenossen vielfach benutzte, von des Vfs. Klosterbruder Jocelin p. 97 als decanus Londoniensis *citirte Ralf de Diceto. Von ihm sind hier die Abbreviationes bis zu Ende, dann die Capitula bis 1195 und daneben seit 1184 die Ymagines, durch einander oft im selben Satze, verarbeitet. Die hier benutzte Vorlage ist mit keiner* [11] *der von Stubbs edirten Hdss. identisch oder gleichlautend; die Jahre 1200/1, die vielleicht nicht von Ralf herrühren, sind hier nicht excerpirt. — Man findet im folgenden Drucke von den buchstäblich ebenso in Diceto stehenden Stücken nur Anfang und Ende, die Mitte ist durch Anfangsbuchstaben oder einen Bindestrich ersetzt. Bis 1147 genügte die Marginalie* Dic*[eto], von da an ist das den Capitula Ymaginum Entnommene als* Cap.*, das übrige als* Ym*[agines Historiarum] bezeichnet; die beigesetzten Zahlen be-*

[8] *Die Abweichungen von Diceto in den Daten sind sämmtlich Fehler.*
[9] *z. B. Hadrian's Aufbau von Jerusalem 118, 134.* [10] *So erscheinen Donus und Agatho 658/9, 668/9, 674/6.* [11] *Denn a. 542, 552, 1134 Lesarten, die nur in cod. B; a. 1198 z. Th. nur in D und O p. 153 und 159, und z. Th. nur in A p. 162.*

deuten Jahr oder Seite (o = oben, m = Mitte, u = unten), die Buchstaben A, B, D, O die Codices nach Stubbs' Ausgabe, mit deren Zuhülfenahme der Leser ein vollständiges Bild des Harley-Ms. vor sich hat. — Die Nichtbenutzung desselben ist bei der guten Ueberlieferung des Diceto für dessen Kritik kein Verlust.

Von dem Wenigen, was in keinem der genannten Bücher nachweisbar und daher im Folgenden gross *gedruckt ist, werden die Namen der Päpste einem Cataloge, die übrigen continentalen Notizen aus ungedruckten Stellen der Rouen'schen Annalen, die zur allgemeinen Englischen Geschichte vom Südenglischen Interpolator herrühren. Historischen Quellenwerth haben sie alle nicht. Beachtenswerth sind in diesem Theile I lediglich einige Localnotizen, die noch im XIII. Jh. von Taxter und seitdem durch seine Vermittelung für die Geschichte der Abtei, so zuletzt von Rokewode benutzt worden sind.*

Ueber die Diöcese Norwich wird hier nichts Neues beigebracht ausser dem Brande der Kathedrale a. 1096; es ist überhaupt nur Eine Bischofsfolge, und zwar chronologisch falsch, 1117 selbständig vermerkt, denn die Worte über Stigand und Aethelmar 1043, 6, 52, 70 sind von späterer Hand. Aus der reichen Reliquiengeschichte der Nachbarschaft ist nur der Auffindung des h. Ivo 1051 statt 1001 gedacht. Von den Aebten dagegen ist Amtsantritt und Tod mehrerer, so 1044, 65, 98, 1156, 80 gemeldet. Zu 1100 wird der Kampf des Stifts gegen den vom Könige aufgedrungenen Abt und im Anschluss daran Name und Amtsdauer der Nachfolger bis Anselm erwähnt. 1032 ist die Kirchweihe, 1068 Mathilden's Beschenkung [12], *1096 die Reliquienüberführung, 1150 ein Brand der Abtei berichtet.* [13] *Viele das Kloster nah berührende Er-*

---

[12] *Die Schenkung der Bannmeile a. 940 ist von späterer Hand bemerkt.* [13] *Die Stelle über Swen's Untergang durch den, sein Stift rächenden, h. Eadmund ist aus Diceto, der sie dem Florenz entnimmt. Eine spätre Hand bemerkt dazu: dem [von Florenz interpolirten] Marianus und seinen Benutzern solle der Leser weniger glauben als dem* Alwin. *Die Erzählung der Klausnerin Aelfwen in St. XV scheint gemeint*; *oder ein verlorenes Werk vielleicht von dem Mönch Ailwin, dessen Angelsächsische* Salutationes *1198 bei den Reliquien des h. Eadmund*

eignisse unter Heinrich II. sind unerwähnt geblieben: so die Besuche des Königs 1157, 1177 [14], *1188* [15]; *das Martyrium des Knaben Robert durch die Juden 1181, dessen Reliquien in der Abteikirche Wunder thaten, welche Jocelin, wie er selbst p. 12 sagt, beschrieben hat, ist erst von späterer Hand eingetragen, der grosse Sieg unter der Fahne des h. Eadmund 1173 nur Diceto nacherzählt worden. Der Compilator scheint hiernach also diese Zeit noch nicht mit Bewusstsein miterlebt zu haben; dennoch muss eigene oder eines Genossen Erinnerung in die ersten Jahre des Abtes Samson (1182—1211) hinaufreichen: zwar dessen Eintritt ins Kloster 1166, Wahl und Weihe konnte auch später notirt werden: aber die Berichte von Naturereignissen 1185, 98 beruhen wenigstens auf gleichzeitiger Aufzeichnung. Allgemein interessant sind die Bemerkungen über die Judenverfolgung 1189/90 und die Besteuerungen 1188/98. Diese letzte Eintragung ist verfassungsgeschichtlich wichtig.*

II. Ungleich werthvoller ist der zweite Theil: schon in den wenigen Sätzen über 1200 ist die Nichtbesteuerung des Ordensgutes, des Königs südfranzösischer Feldzug und Hochzeitsdatum bemerkenswerth.

Von 1201 an stimmt unser Werk an vielen Stellen mit Roger von Wendover wörtlich überein; aber dass es diesem vorgelegen hätte, daran ist nicht zu denken. Schon der Stil spricht dagegen, er klingt oft wie ein Auszug. Freilich ist ein solches Argument nur subjectiv gültig, und es steht fest, dass Wendover den Eindruck einer volleren Form z. Th. durch ausschmückende und antiroyalistische Einschiebsel hervorbringt. Aber es ist undenkbar, dass Wendover sämmtliche Localnachrichten von S. Edmunds, auch wo sie eng mit den wichtigsten Ereignissen verwebt sind — so die Besuche des Königs in S. Edmunds, und namentlich den Ort der im Uebrigen gleichlau-

---

gefunden wurden. (Jocelin 84, Coggeshale 86). Diesen wieder hält Rokewode (zu Jocelin p. 153) für den Aegelwin, der schon vor 1012 die Reliquien gehütet hatte und — also weit über hundert Jahr alt — noch 1096 zu ihrer Uebertragung zugezogen wurde (St. XV f. 26, 43). Er hatte Swen gewarnt: Leland, Coll. I 774, I 222. Der h. Aelfwin, ein Bischof von Elmham, der Mönche nach Bury S. Edmunds führte, gehört nicht hierher. [14] *cf. Stubbs' Itinerar zu Benedict II p. CXXXI.* [15] *Jocelin p. 39.*

tend erzählten Verhandlung zwischen Otto IV und Johann, 1207, — sollte fortgelassen haben. — Ebenso unmöglich ist das umgekehrte Verhältniss: dass nämlich der Mönch von S. Edmunds den Wendover geplündert hätte. Das beweisen des letzteren Irrthümer: er schreibt 1201 Dominice Ascensionis die, *1205 und 6* Julii, *nennt 1207 Otto IV.* imperator, *1209 dessen Bruder* dux Suavie, *wo unser Vf. überall richtig* Dominica ante Ascensionem, Junii, rex, Saxonie *bietet. — Somit bleibt nur die Annahme übrig, dass beide aus Einer, heute nicht zugänglichen, Quelle — sie heisse ew (Edm, Wend) — geschöpft haben. Was sicher ew zugehört, nämlich das buchstäblich mit Wendover Stimmende, ist im Folgenden* klein *gedruckt und am Rande die Seitenzahl von Luard's Ausgabe des Matthäus Paris, Band II vermerkt. — Nach 1211 lässt sich kein wörtlicher Gleichklang mehr entdecken. Also, fragt man, schloss ew 1211? Ein zwingender Gegenbeweis lässt sich nicht führen, da ja unser Werk 1212 abbricht. Zwar wird Taxter es wol noch vollständig gesehen und so gut wie bis 1212 auch fernerhin benutzt haben, wofür die Genauigkeit seiner Einzelangaben* [16]*, namentlich wenn sie S. Edmunds betreffen, spricht. Angenommen also, dass er die jetzt verlorene Fortsetznng unseres Werkes bietet, so ist er doch so sehr Excerptor, dass seine Worte selten mit der breiten Erzählung Wendover's sich decken können. Nur bei Einer Stelle, zu 1214, macht Wendover p. 575 einen, wie es scheint nur durch Benutzung ew's erklärlichen, Fehler, wo Taxter wol ew's ursprüngliche Lesart aus jener verlorenen Fortsetzung entliehen hat. Wendover setzt nämlich die Aufhebung des Interdicts, das er wie unser Autor, Taxter und die übrigen Quellen, am 23. März 1208 beginnen lässt, auf den 29. Juni* postquam duraverat annis 6, mensibus 3 et diebus 14. *Jedenfalls eine seltsame Verrechnung! Taxter, p. 171, sagt:* VI non. Jul. . . duraverat annis 6, ebdomadis 14, diebus 3. *Der 29. Juni ist von keinem, dagegen der 2. Juli* [17] *bestätigt von Wykes und*

[16] *Vgl. Ed. Thorpe 170 Z. 11—3, 15—21, 25—8, 30—2, p. 171 Z. 1—4, 13—8, 20—3, 27—9.* [17] *Die von Oseney, Dunstaple, Worcester geben den 3. Juli. In Tewkesbury begann man am 5ten* divina celebrare, *schwerlich erst eine volle Woche nach der Aufhebung in London.*

den Annalisten von St. Albans (Stück XIII), Waverley, Winchester (auch in Stück XIV), Bermondsey. Das letztgenannte Werk — es verdient Beachtung, da es die bisher ungedruckten Annalen von Southwark (und zwar auch an dieser Stelle) ausschreibt — berechnet die Dauer des Interdictes genau wie Taxter. Doch ist auch der 29. Juni nicht drei Monat und vierzehn Tage nach dem 23. März. Könnte hier nun nicht Wendover in ew die Lesart Taxter's gesehen, aber die Wochen als Monate — welche ja gewöhnlich zwischen Jahr und Tag angegeben sind — verlesen und deshalb die zweite mit der dritten Zahl vertauscht haben? Sollte jedoch hieraus die einstige Existenz eines ew über 1211 hinaus nicht zu folgern sein, so wird doch erstens dadurch wahrscheinlich, dass Wendover auch hier noch nicht unabhängig arbeitet, und zweitens erhellt, dass Taxter mit Unrecht als Abschreiber Wendover's verachtet wird. —1200 und 1201 ist Taxter allerdings voller als unser Werk, von da an hat es ihm aber bis zu Ende allein und entschieden nicht Wendover[18] *vorgelegen. Man findet in den Anmerkungen ihn überall citirt.*[19]

Keine Chronik des Englischen Mittelalters ausser Beda ist mehr benutzt worden als die des Wendover und Paris. Schon dass manchen ihrer Nachrichten ein genau zeitgenössischer Ursprung durch den nachfolgenden Druck zugeschrieben werden muss, ist wichtig; noch bedeutender aber, dass jene Stellen in Wendover, welche mitten in ew's Stücken, aber nicht in unserem Werke begegnen, wenigstens theilweise Wendover's Einschiebsel sind. In einigen Fällen zeigt unser Werk einen zaghaft unklaren Ausdruck, um den Tadel gegen Johann zu umgehen, z. B. 1202 Arthur „verschwand"; Wend. giebt dies auch, fügt aber später 480 das Gerücht über die Ermordung hinzu; der Mönch von S. Edmunds sagt: 1210 uxor Willelmi de Brausa et filius defecerunt, *wo der von S. Albans* fame perierunt *liest. Der letztere brauchte eben nicht mehr ängstlich zu sein. Wie hier unser Werk die Lesart ew's, eines*

---

[18] *Als Beweis vgl. die Reihenfolge der Nachrichten, die Daten, p. 167 Z. 16—9, 25, 30.* [19] *Einige Stellen, wo Coggeshale näher an unser Werk anklingt als Wendover, sind in den Noten bemerkt. Es mag das Zufall sein, jedenfalls ist es keine Grundlage für eine Hypothese.*

genauen Zeitgenossen, zu bewahren scheint, so verrathen sich andere Stellen als Zusätze Wendover's zu ew in dessen eigenem feudalen Sinne. Wenn die Barone ihren König in Frankreich 1203 im Stiche lassen, soll Johann's Unthätigkeit sie entschuldigen; das deshalb geforderte Schildgeld nennt Wendover rapina, *auf die Weigerung der Heerfolge habe sich Johann nur berufen* occasiones praetendens. *Ganz ähnlich erzählt unser Werk zu 1205 Johann's Feldzugsplan gegen Frankreich trotz des Rathes (Wend: Verbots) des Adels. Der König kehrte um, nachdem ihn die meisten Barone — Wendover übergeht dies — verlassen hatten. Er forderte dann eine Schildsteuer, die aus ew erzählt wird. Wendover fügt wieder hinzu:* occasiones praetendens, *dass die Barone Heeresfolge geweigert hätten; und sein Rubricator nennt das* Vulpina fraus. *Dass später Matthäus Paris seines Vorgängers antiroyalistische Stiche noch geschärft hat, ist bekannt.*

Von dem im folgenden Texte Grossgedruckten, mag es nun aus ew oder vom Mönche von S. Edmunds herrühren, beachte man als historisch wichtig in dem Theile 1201—11 etwa diese Nachrichten: 1201. Weihnachten (1200). Einzelheiten zu Hubert Walter's Feier; Johann am 18. März in S. Edmund's; der Reichstag zu Tewkesbury fällt Ende April; Johann zu Paris eingeholt; Stürme auch ausserhalb England's.

1202. Nach Johann's Vorladung durch Philipp auf den 28. April wird eine nochmalige Verhandlung bei Le Goulet nach dem 21. April verabredet, bleibt aber fruchtlos; Hugo (seit 1213 Abt von S. Edmund's) wird Mönch; Arthur erhält den Rittergürtel; zu seiner Niederlage scheint der bei Coggeshale erhaltene Bericht Johann's auch hier benutzt; Graf und Gräfin von Flandern begeben sich auf die Kreuzfahrt.

1203 Dec. Johann nach S. Edmunds und Canterbury.

1204 Jan. Der Adel verpflichtet sich, in Frankreich zu dienen; März 22. Todesdatum der Eleonore, mit dem Wunsch für ihre Seligkeit, der für zeitgenössische Abfassung spricht.

1205 Münzreform; Mitte Juni, nicht Juli, Johann's Zug gegen Frankreich, der Adel verlässt ihn.

1206 Juni, nicht Juli, Johann's Ueberfahrt nach La Rochelle.

1207 Febr. Sonnenfinsterniss; in Christ Church die vertriebenen Mönche auch aus Rochester und Faversham ersetzt; Nov. Ueberschwemmung; April Otto IV. zu Stapleford; Bewilligung des Dreizehnten am 9. (nicht 2.) Februar; 1207 und 6 Obst missrathen.

1208 Ueberschwemmung; April Johann zu Guildford, eximirt S. Edmunds von der Confiscation des Kirchenguts; Philipp von Schwaben ermordet; Huldigung für Otto.

1209 Stiftskirchen einmal wöchentlich Gottesdienst erlaubt bei geschlossenen Thüren; den Cisterciensern ebenso; Ende Sept. fruchtlose Verhandlung zwischen Krone und Episcopat; um den 9. Oct. der König mit dem Banne bedroht, wenn er nicht bis 8. Nov. einlenke, was er nicht thut; Hugo für Lincoln zu Melun geweiht.

1210 Siebenwöchentlicher Frost schadet dem Korn und Vieh; die Orden besteuert; Sept. Thurmeinsturz zu S. Edmunds.

1211 Englisches Recht in Wales eingeführt.

III. Der als Quelle werthvollste Theil unseres Werkes ist aber doch das letzte Jahr, 1212. Es beginnt wie alle vorhergehenden mit des Königs Weihnachtsfeier. Dann widmet unser Vf. seinem Abte Samson, dem Wohlthäter des Klosters, an dessen Sterbelager er wol selbst gestanden hat, einen warmen Nachruf. —

Verhältnissmässig genau kennt er die continentalen Verhältnisse: wie Otto IV. nach Unterwerfung Apuliens und fruchtlosen Verhandlungen mit Innocenz III. nach der Lombardei zog, dann seinen Seneschall, Konrad [von Wilre] und Konrad von Dike an Johann sandte, von dem sie reich mit Geld, Kleidern und Pferden beschenkt wurden, und im Kriegslager dessen Gegenbotschaft unter Walter Grey zur Zeit der Hochzeit mit der — bald darauf verstorbenen — Tochter des Herzogs von Schwaben empfing. — Ebenso berichtet der Vf., wie Boulogne und „der tüchtige Ritter“ Boves beladen mit Englischem Solde heimreisten; wie Johann's Bote an Brabant, Gottfried von Löwen durch Ludwig (VIII.) abgefangen wurde; wie diesem letzteren Bürger und Burgbefehlshaber von S. Omer die Thore öffneten und ihm deshalb der Graf von Flandern zur Freude Englands Feind wurde, wie aber Philipp II. beide aussöhnte.

Aus Irland hat unser Autor die Niederlage des Englischen Justiciars erfahren; von den schottischen Beziehungen weiss er, dass Johann dem „kleinen aber schlanken und freundlich aussehenden" Alexander (II.) und dieser dann zwölf adlichen Schotten den Rittergürtel ertheilte und später, um Mac William's Aufstand gegen die französirte Regierung Wilhelm des Löwen niederzuwerfen, ein Brabançonenheer zu Hülfe sandte und selbst zu Durham mit Schottland verhandelte. Inzwischen brach ein Walliser Bund uuter Llewellyn, der noch zu Ostern bei Johann gewesen, die Englischen Burgen in Powys, tödtete die Besatzungen, nahm Robert Lupus gefangen und belagerte Vipont, den der König nur mit Mühe entsetzte.

Zu einem Feldzuge gegen Wales wurde nun Chester verproviantirt, wozu die Cistercienser herhalten mussten, und von jeder Grafschaft oder Immunität eine bestimmte Anzahl Axtträger aufgestellt. Aber geschreckt durch die Warnnng, der vom Papste des Treueides entbundene Adel wolle ihn auf jenem Zuge abfangen, löste Johann das Heer auf. Die innere Unruhe — ein gewaltiger Brand in Southwark, an den Vf. eine Anspielung gegen die Londoner Unsittlichkeit knüpft, wird sie gesteigert haben — spiegelte sich in Gerüchten, die das Land durchflogen: die Königin sei entführt, Marlborough verbrannt, Prinz Richard dort ermordet, der Schatz in Bristol geplündert, der Franzose gelandet. Johann schloss sich in Nottingham ein, jeden Engländer für einen Verräther haltend; wüthend gegen die Barone liess er sich von ihnen Geisseln und schriftliche Versicherung geben, zu ihm gegen den Papst und Jedermann stehen zu wollen, musste aber andererseits zusagen, ihrem Rathe zu folgen und die Fremden zu entfernen. Robert Fitz Walter entfloh vor der Grausamkeit des Königs mit seiner Gemahlin nach Frankreich. Von den Schatzbeamten selbst machte Richard Marsh die Regierung durch Eintreibung der Gelder, die die Juden auf Wucherzins ausgeliehen hatten, noch mehr verhasst, während Gottfried von Norwich, weil er die päpstliche Bulle gegen Johann vor dem Exchequer verlesen hatte, vorgeladen, zu Nottingham gefangen genommen ward und ferro vestitus *starb, und der Archidiacon von Huntingdon, ebenfalls verhaftet, nur gegen eine Busse von 2000 Mark Freiheit und Amt zurückerhielt.*

Nachdem auch der Tod der Bischöfe von Worcester und Dublin erwähnt ist, bricht das Werk zufällig mitten in dem Satze über die Bedrückung des Stiftes, dem es entstammt, ab.

Wer auch immer der Vf. dieses letzten Stückes war — ob der Compilator des I[ten] Theiles oder der Mönch, welcher ew für St. Edmunds interpolirt hat, oder der Autor von ew (der dann auch 1212 Interpolationen in Bury erfahren hätte), oder endlich ein anderer Mönch von St. Edmunds — sicker ist, dass er ein über seine Gegenwart wol unterrichteter Benedictiner aus dem Anfange des XIII. Jh. gewesen ist. Sein Stil ist klar, anspruchslos, jahrbuchartig einfach. Er trägt die Ereignisse ein, wie sie ihm einfallen, nur selten hat er causal Verbundenes auch logisch zu verknüpfen gesucht. Von seinen Zeitgenossen stehen Coggeshale, Walter von Coventry, der Annalist von Waverley als Historiker nur wenig über ihm, als Geschichtsquellen gar nicht. Die Nachwelt vermisst namentlich zweierlei in ihm: urkundlichen Stoff und einen Blick für die Verfassungsentwickelung. In beiden — wie in allen übrigen Beziehungen übertrifft ihn der Annalist von St. Albans bei Weitem, aber nicht ohne den einen Vorzuy dessen von St. Edmunds, die ruhige Objectivität, einzubüssen.

---

[a] Sunt anni ab Adam secundum Jer[onymum], Prosperum et Paulum Orosium usque ad Nativitatem Christi 5189. [b]

Ag. Mr. 1 Christus natus, circumcisus, a Magis adoratus, in templo presentatus, in Egiptum delatus.

„ 2 Innocentes occisi. Fuga Marie et Joseph in Egiptum.

„ 4 Herodes moritur. Joseph et Maria redeunt. Johannes Ewangelista natus.

Dic. 9 [a] Trogus — hucusque.

Utic. 13 [c] Christus in templo doctores audit et interrogat.

Font. 15 [d] Obiit Octovianus, succedente Tiberio.

Dic. [a] Archelaus — relegatur.

a *Roth.* b *sic cod.* c 12 *U*, *F.* d 16 *F.*

Dic. 18 [a] Ovidius — exilio.
„ 19 [a] Valerius M. scribit h. tempore.
20 Pilatus missus in Judeam.
Mich. 23 [e] Anno ab Urbe condita 752.
Utic. 26 Pilatus procurator in Judea. [f] Hunc [g] annum primum ponit in ciclo suo Victorius, in quo fuerunt duo gemini consules, qui est annus 15 Tiberii, imperante Tiberio anno 15.
Dic. 29 Johannes — deserto baptisma penitencie.
„ 30 Christus baptizatur.
Ag. Mr. 31 Petrus et Andreas, Jacobus et Johannes et alii apostoli conversi.
Dic. 32 [a] Abgarus th. misit litteras Salvatori, ut eum sanaret.
Ag. Mr. 33 Christus passus est, resurrexit, ascendit. Descendit Spiritus Sanctus super apostolos.
Dic. 34 Paulus **apostolus** conver**sus**. Stephan. lap.
„ 35 Pet**rus** **primus** Antiochie fit episcopus.
„ 36 [a] Philon — tempore.
„ 38 Matheus in Judea predicans scr. evangelium.
Utic. 39 [h] Defuncto Tiberio, impera**vit** Gajus.
„ 42 [i] Decedente Gajo, impera**vit** Claudius.
Dic. 45 Pet**rus** **primus** Rome **episcopus**. Marcus — scripsit, pred. **in** Eg.
Ag. Mr. Gajus **Cesar** obiit, **cui** successit Claudius, qui Britanniam adquisivit.
„ 48 Hic obiit Dei genitrix Maria anno vite sue 63. — 14 annos habuit, quando natus est [k] Dominus; 33 vixit cum eo; post passionem 16.
Dic. 50 [a] Thadeus ap. Abg. th. ab infirmitate sua sanavit.
Utic. 52 Claudius Judeos Roma expulit.
„ 53 Fames maxima, de qua Lucas **loquitur**.
55 Philippus apostolus migravit.
Dic. 56 Claudio successit Nero, sub — [a] prima.
Utic. 57 [l] Jacobus lapidatur, sed non ex toto extinguitur.
„ 58 [m] Festus procurator Judee, a quo Paulus vinctus **Romam** mittitur, micius tunc adhuc agente Nerone; ad predicandum post biennium dimittitur.
Dic. 62 Sanctus Jacobus fr. D. de templo precipitatur et a Jud. lapidatur.
Ag. Mr. 63 Sancta Maria Magdalene obiit.
Dic. 65 [a] Lucanus — obiit.

---

e *vor* a. 15 *Mich.* f Judeam *cod.* 27 *U. F.* g 28 *U.* h 37 *U.* 43 *U.* k est *wiederholt cod.* l 62 *U.* m 56 *U.*

Dic. 68 Linum et Cl. ep. ord. P. ad ext. min. expl.; ipse v. or. vacabat et predicationi.
„ 69 Passio — Pauli.
Ut. [n] **Obiit** Nero; successit Vespasianus.
Dic. 70 Vespasianus bellum — commendat.
71 Obiit Linus, successit Anacletus. [o]
„ 72 Titus — Judeorum perierunt; centum m. ven. sunt.
Ag. Mr. 73 Obiit Marcialis episcopus.
Utic. 78 Cletus episcopus.
Dic. [a] Josephus Ro. — captivitatis.
Ut. 80 Titus imperator.
„ 82 Domicianus frater Tyti **successit**.
Dic. 83 Johannes — Apocalipsim.
Ut. 86 Obiit Cletus.
„ 87 Clemens papa. **Nota**, **quod** Clemens
Dic. **quartus** post —; tercius Cletus: **quamvis plures** putent Clem. fu. secundum.
Ag. Mr. 94 Hic Clemens papa sub Trajano in mare precipitatus est.
Dic. [a] Hic ad multiplicandam fidem Parisiensibus misit Dio[ny]sium, Silv. — Photinum.
Roto. 97 [p] Sanctus Dionisius martyr.
Ut. 99 Clemens papa martyrizatur.
Dic. Traj. imp. Sanctus Joh. **rediit de** exilio.
Ut. 100 [r] Johannes apostolus **66°** post passionem Domini anno, etatis sue anno **99**, **obiit**.
„ 101 Simeon Jerosolimorum episcopus crucifigitur.
Ignacius Antioch[en]us Rome bestiis traditur.
„ 104 Evaristus episcopus. Plinius [s] secundus hystoricus claruit.
Dic. 108 [a] Agallus — tempore. [t]
Ut. 114 Alexander papa aquam benedictam constituit primus fieri.
Ag. Mr. 116 Obiit Trajanus.
Ut. 118 [u] Adrianus imperator bibliotecam composuit; Jerosolimorum murorum extructione reparavit et Helyam vocari de suo nomine precepit. Idem Judeos secundo rebelles perdomuit ultima cede, ablata licencia Jerusalem introeundi.
Dic. 124 [v] Sixtus p. in officio misse constituit ymn. decant. „S, S, S.“
Robr. 131 Hoc tempore fuit sanctus Taurinus.

---

n 70 *U.* o Ana *roth durchstrichen.* p 96 *R.* r 101 *U.* s 103 *U.* t 118 *Dic.* u 117 *U.* v 132 *Dic.*

Utic. 134 Telesphorus papa constituit ymnum Angelicum cantare "Gloria in excelsis Deo."

Dic. [a] Helius — reparavit. [1]

Ut. 137 [w] Antoni[n]us Pius imperator cum filiis suis Aurelio et Lucio.

„ 140 [x] Justinus philosophus.

„ 141 [x] Vale[n]tinus et Marcion heretici.

„ 145 Higinus papa.

Ag. Mr. 148 Eleutherius, Rome presul factus, 15 annis ecclesiam gloriosissime rexit, cui litteras rex Britannie Lucius mittens, ut Christianus efficeretur peciit et impetravit.

Ut. [y] Successit Pius papa, sub quo Hermes librum Pastoris scripsit.

„ 157 Policarpus Romam veniens, multos ab heresi liberavit.

Dic. 158 Pius papa. [2]

159 Lucius venit in Britanniam.

Ut. 160 [z] Item Marcus Antonius imperator Verus cum fratre Lucio Aurelio Comodo.

„ 163 Katafrigarum heresis orta est.

Dic. 166 [a] Hucusque ecclesia — episcopatus turbavit omnia.

Ut. 168 Anicetus papa.

178 Eleutherius papa.

„ 179 Sother papa.

Roto. 180 [b] Post Antonium regnavit Comodus.

„ 181 Hyreneus Londoniensis episcopus insignis habetur.

Dic. 182 [a] Egesippus scripsit.

Ut. 183 Theodocion interpres habetur.

„ 188 Eleutherius papa.

189 Lucius Romam redit cum ducibus Anglie.

„ 193 Defuncto Comodo successit Helyus Pertinax.

„ 194 Defuncto Helyo successit Severus qui cepit Angliam et defunctus Eboraci sepelitur.

„ 195 Simacus interpres habetur.

Dic. [a] Tertullianus pr. Cart. floruit h. t.

Ut. 196 Narcisus Jerosolimorum episcopus et Theophilus episcopus Cesarie habentur.

---

w 138 *U.* x 139 *U.* y 149 *U.* z 161 *U.* a *Roth cod.* b 180 Lugdun. *Ro.*, 181 *U.*

[1] *Dieselbe Nachricht steht schon oben* a. 118; *ein Beweis für die Benutzung zweier Quellen.* [2] *Dieselbe Nachricht* a. 148, *s. vor. Anm*

Utic. 202 Victor papa. Hic constituit ut pascha die Dominica celebretur sicut predecessor Eleutherius.

Ag. Mr. 203 Victor papa.

Ut. 212 Zepherinus papa. Severo **defuncto** successit Antonius IIus Caracalla.

„ 214 [c] Tertulianus claruit [3]

„ 218 [d] Antonio successit Macrinus. Sub hoc Abgarus regnavit.

„ 219 Calixtus papa. Aurelius [e] Macrino successit.

„ 221 Emaus in qua Dominum cognoverunt discipuli in urbem edificatur.

„ 224 Aurelio successit Alexander. Hic [f] constituit Cathedram episcopalem sublimem fieri.

„ 226 Urbanus papa. Origenes [g] Alexandrie clarus habetur.

Dic. **Hic** cum se — Jerosolimam.

Ut. 230 Poncianus papa.

Ag. Mr. 234 Invencio sancte crucis.

Ut. 235 Antherus papa.

236 Poncius papa.

„ 237 Alexandro successit Maximinus.

„ 238 Antheros papa. [4] Persecutio sexta.

„ 240 Maximino **successit** Gordianus.

„ 242 Fabianus papa. Affricanus [h] inter scriptores nobilis habetur

„ 243 Eraclas claruit.

Dic. 246 Philippus primus Christianus imperator filium suum Philippum consortem fecit.

Ut. 249 Millesimus annus ab Urbe condita.

251 Mulier a profluo sanguinis a Salvatore curata est.

„ 254 Philippo successit Decius.

Dic. Cornelius papa l. de cat. — apostolorum Petri et Pauli; et posuit corpus Petri juxta l. u. cruc. e., corpus quidem Pauli v. O. u. d. est.

Ut. 255 Decio Gallus et Volusiaus filius ejus successit.

„ 256 Novaciana heresis. Persecucio VIIa

„ 257 Lucius papa. Gallo successit Valerianus cum Galieno filio **suo**, sub quibus Cornelius papa et Ciprianus episcopus martyrio coronantur.

---

c 215 *U.* d 219 Ant. s. M *U.* e 220 *U.* f ***Diese Anordnung auch in Ag. Mrid.*** *In den Uticenses stehen die folg.* ***Worte zu*** a. 226 ***hinter*** Urbanus. g 227 *U.* h 241 *U.*

[3] *S. o.* a. 195. [4] *S o.* a. 235.

Ut. 259 Persecutio 8[a]

" 261 Stephanus papa.

" 265 Sixtus papa cum Laurencio arch[idiacono].

" 268 Dionisius papa.

" 270 Valeriano successit Claudius. Felix papa.
Paulus Samosatenus heresim condidit. Persecucio [i] nona.

" 273 Claudio successit Aulerianus. [k] Hic cum Christianis persecutionem movisset fulmine ante eum magnam circumstancium plebem prostravit.

" 278 Aurelio successit Tacitus.

" 279 Tacito successit Probus. Manicheorum heresis orta est.

" 281 Gajus papa.

" 282 [l] Probo successit Carus.

" 286 [m] Caro successit Dioclicianus et Maximianus. Persecutio decima.

Dic. 287 [a] Hucusque — trucidati.

Ut. 294 [n] Marcellinus papa.

" 301 Marcellus papa.

305 Septem millia a Maximiano coronantur. Et passio Sancti Albani martyris.

" 306 Eusebius papa. Diocliciano successit Constancius.

" 308 Melchiades papa.

309 Transitus Sancti Nicholai episcopi.

" 310 Constancius imperavit anno ab Urbe condita 1061.

" 311 [o] Silvester papa. Hujus tempore celebratur Nicenum [p] concilium

Roto. et Arelatense primum in quo fuit Avicianus Rotomagensis episcopus.

" 325 Severus Rotomagensis archiepiscopus.

Dic. 328 [a] Hucusque s. h. Eusebius Ces. ep.

Ut. 335 Marcus papa.

" 336 Constan[ti]no successit Constancius cum fratribus suis Constantino et Constante. Et [q] ossa Sancti Andree Constantinopolim transferuntur.

" 338 Julius papa. Maximinus Treverorum episcopus clarus habetur a quo Athanasius pulsus in exilium suscipitur.

" 340 Hilarius Pictavensis ab exilio rediit.

" 341 [r] Eusebius Rotomagensis.

---

i 275 *U.* k Aurelianus *U.* Valerianus, a *ausgestrichen und* a *davorgesetzt cod.* l 283 *U.* m 285 Caro — Max. *U.* n 293 *U.* o 312 *U.* p 314 *Rot.*, 312 *U.* q 337 *U.* r 342 *Rot.*

Dic. 342 [a] Singnaculum crucis in vestimentis apparuit. [5]

Utic. 352 Liberius papa.

„ 359 Felix papa.

„ 360 [s] Constancio successit Julianus. Pagani apud Sebastem urbem ossa Johannis Baptiste concremant flammis atque dispergunt.

„ 362 Felix papa. Juliano successit Iovinianus.

„ 363 Joviniano successit Valentinianus cum fratre Valente.

„ 365 Hylarius [t] obiit.
Marcellinus Rotomagensis archiepiscopus.

„ 367 Damasus papa.

„ 369 [u] Ordinatio Sancti Ambrosii.

„ 373 Sanctus Hylarius Pictavensis episcopus obiit.

„ 374 Valentinio successit Gracianus cum Valentino fratre, [v] Ambrosium perfida obsidione vexavit nec priusquam prolatis Beatorum Gervasii et Prothasii Deo revelante reliquiis incorruptis nefanda cepta deseruit.

„ 379 Valentino successit Theodosius. Celebratur Constantinopoli concilium 150 patrum adversus Macedonum et Eunomium sub Damaso.

Dic. [a] Jeronimus hic terminat cronica. Incipit Sigisbertus.

381 Pelagius papa hereticus pessimus qui dicebat, Cherubin et Seraphin esse Deum.

Ut. 385 Sixtus papa.

Roto. 386 Petrus Rotomagensis archiepiscopus.

Dic. 393 [a] Hic terminat Jeronimus librum de Illustribus Viris et Genadius incipit.

Ut. 395 Theodosio successit Archadius cum Honorio fratre.

„ 399 [w] Anastasius papa.

Dic. [a] Ruffinus — Istoriam.

Ut. 403 Innocencius papa constituit Sabbatum jejunare qua die Dominus jacuit in sepulcro.

Roto. 405 Suetricius [x] Rothomagensis archiepiscopus.

Dic. 406 [a] Johannes — tempore.

Ut. 407 Donatus Epiri episcopus, qui ingentem draconem oris sui sputo necavit, quem 8 juga boum vix trahere potuerunt ad loca incendii.

---

s 361 *U.* t 366 *U.* u 368 *U.* v 375 *U* w 400 *U.* x *So statt* S. Victricius *auch Ag. Mr.*

[5] *Dic.* 361, *ausser Cod. B., d. i. Cott. Claud. E III, aus Winchester, der also nicht Quelle war für unsere Annalen.*

Ut. 409 Archadio successit Honorius.
„ 410 Invencio corporis Sancti Stephani.
„ 412 Obiit Sanctus Martinus, Jeronimus [y] presbiter clarus habetur.
Dic. 414 [a] Augustinus de Civ. s. h. t.
Roto. 417 Sanctus Innocencius Rotomagensis archiepiscopus.
Ut. 418 Zosimus papa. Hic constituit benediccionem cerei in pascha.
Dic. [a] Orosius — chronographia. [z]
Ut. 419 Bonefacius papa.
„ 420 Obiit Ieronimus presbiter.
„ 422 [b] Celestinus papa.
„ 423 Honorio successit Theodosius Archadii filius. Effesina sinodus 200 episcoporum cui prefuit Uarillus Alexandrinus presul adversus Nestorium Constantinopolitanum episcopum.
„ 424 Obiit Sanctus Augustinus. [d]
„ 425 Exordium regum Francorum. Primus rex Faramundus [Francorum]. [c]
Roto. 426 Sanctus Evodius Rotomagensis archiepiscopus.
Ut. 430 Sixtus[da] papa. Secundus rex Francorum Clodio. Hoc [d] tempore diabolus in Creta Judeis in specie Moysi apparens ad terram repromissionis per mare pede sicco perducere promittit sicque necatis plurimis reliqui ad Christi gratiam convertuntur.
Roto. 434 Silvester Rotomagensis archiepiscopus.
Ut. 437 Tercius rex Francorum Moroveus.
„ 439 Leo papa. Hic sanccivit Calcidonensem sinodum.
Dic. [a] Hic in canone — hostiam. [e]
Roto. 442 Malsonus Rotomagensis archiepiscopus.
Ag. 445 Martinus episcopus migravit [ad Dominum]. [c]
Mr. *Dic.* 446 [a] Socrates terminat cronica sua.
Ut. 447 [f] Theodosio successit Marcianus.
Ag. *Mr.* 448 Hic inventum est caput Johannis Baptiste ubi absconditum erat in domo Herodis.
Ut. 449 Hic Calcedonense concilium 630 episcoporum adversus Euticen et Dioscorum.
Dic. [a] Saxones — Britanniam.
Ut. 450 Meroveo successit Childericus filius ejus.
Dic. 453 Childerico successit [6] Marcianus.

y 413 *U.* z 415 *Dic.* a *Roth cod.* b 423 *U.* c *in Kreide, von späterer Hand.* d *Von U. sinnlos in* 423 *eingeschoben. Ag. Mr. wie cod.* d[a] 431 *U.* e 441 *Dic.* f 449 *U.*

[6] *Die beiden ersten Worte sind ein Irrthum des Verfassers.*

Ag. Mr. 454 Angli venerunt in Angliam.

Ut. 455 Marciano successit Leo.

Roto. 459 Criscencius Rotomagensis archiepiscopus.

Dic. [a] Prosper Aq. Le. — mundi.

Ut. 461 Hylarius papa.

„ 467 Simplicius papa.

„ 472 Zeoni successit **Zenon** Zenoni **Childericus** Childerico [g] Clodoveus.

„ 473 Hoc tempore claruerunt Sanctus Remigius Remis et [h] Sanctus Gildardus Rotomagi et Sanctus Laudus episcopi Constancie quem consecra**vit** **Sanctus** Gildardus.

Ag. Mr. 475 Jothi Italiam, Wandali atque Alemanni Galliam aggrediuntur.

Dic. 480 [a] Idacius **et** Gennadius episcopi huc usque cronica sua diges-serunt. [i]

Ut. 482 Felix papa.

„ 488 **Hic** baptizatur Clodoveus a Beato Remigio.

„ 490 Hoc tempore **Sanctus** Mamertus Viennensis episcopus sollempnes letanias instituit.

„ 491 Gelasius papa. Tractus et ymnos et libros adversus Euticem composuit.

„ 492 Clodoveo successit Theodoricus.

„ 495 Anastasius papa.

Dic. [a] Cerdicius rex Westsaxonum.

Ut. 497 Simacus papa.

Roto. 499 [k] Flavius Rotomagensis archiepiscopus.

Ut. 509 Obiit Sanctus Benedictus abbas.

„ 511 [l] Hormispla papa.

„ 514 Theoderico successit Teobertus.

„ 516 [m] Anastasio successit Justinus senior.

„ 521 Johannes papa.

„ 523 Felix papa.

„ 525 Justino successit Justinianus. [n] Cassiodorus apud Romam claruit.

„ 526 [o] Bonefacius papa.

„ 527 Theodeberto successit Theobaldus. **Huic** Clotarius **eodem** anno, post quem quattuor filii **ejus** Haribertus Parisii, Gunturnus Aureliano, Sigibertus, Hylericus.

„ 528 [o] Hoc tempore Dionisius in urbe Roma paschalem circulum composuit. Tunc Priscianus profunda gramatice **composuit.**

---

g 473 *U.* h 459 *Rot.* i 490 *Dic.* k *ohne Jahr Ro.* l 512 *U.* m 517 *U.* n *Das Folg. nur Utic. cod. B.* o 527 *U.*

Ut. 530 Johannes papa. Arator subdiaconus Romane ecclesie claruit.
cf. Dic. 532 Justinianus imperator Constantinopolitanus ecclesiam Sancte Sophie reparavit nobiliter.
Ut. 533 Agapitus papa.
Roto. 535 [p] Sanctus Pretexatus Rotomagensis archiepiscopus.
Dic. 537 Theophilus — demoniorum.
„ 539 Cheulingus rex Westsaxonum.
„ 540 [a] Justinianus — edidit, quos misit p. d. prov.
„ 542 [1] Sollempnitas Purificationis — Constantinopoli.
„ Arturus L. occidit — Modredum devicit, secescit.
[Rex Arturus nongentos hostium solus adorsus . . .] [q]
Ut. 544 Silverius papa.
„ 546 Vigilius papa.
Dic. 550 [a] Pa us — terminat.
„ 551 Quiu a sinodus — Theodorus.
„ 552 [a] Hucusque Jord. ep. h. cont. de Origine Gothorum. [1]
Ut. 555 [r] Hic Sigebertus occisus est fraude Hylperici fratris sui, cum quo bellum inierat, regnumque ejus Childebertus filius ejus adhuc puerulus cum Brunchide matre regendum suscepit.
562 Gelagius papa.
Dic. Terre motus — 10 dies.
563 Silverius papa.
564 Justiniano successit Justinus.
Ut. 565 Justinus minor imperavit.
Dic. David — episcopus.
570 Benedictus papa.
Ut. 573 Johannes papa.
„ 576 Justino successit Tiberius.
„ 579 Chilpericus rex Francorum.
Dic. 582 Cheolricus rex Westsaxonum. [a] Victor Tunn. ep. scripsit ab inicio
Ut. mundi usque ad hoc tempus. Tiberio successit Mauricius. Pelagius [s] papa.
Roto. [t] Interficitur Pretaxatus Rotomagensis archiepiscopus cui successit Melancius licet indigne, quia ut ferunt in necem Pretaxati consensit.
Dic. 584 Chelwlfus rex Westsaxonum. [a] Gilda — describit.

---

p *ohne Jahr Ro.*, 534 *U.* q *am Rande in Kreide von späterer Hand z. Th. verwischt.* r 556 *U.* s 581 *U.* t 584 *Ro.*, 582 *U.*

[1] *Dieser Satz steht nur im B. MS. des Diceto.*

Ut. 585 Childericus rex Francorum. Benedictus papa.
Dic. 586 Levigildus rex Wisigothorum.
„ 587 Kinglis [u] rex Westsaxonum.
Ut. 588 Hoc anno natus est Sanctus Audoenus. Lotarius rex.
592 Obiit Pelagius papa.
Ag. Mr. Successit Gregorius dialogus major papa.
Ut. [v] Hic augmentavit in canone: „Diesque nostros".
Roto. 594 [w] Gildulfus Rotomagensis archiepiscopus.
Ut. 596 Destructio Cassinensis cenobii a Longobardis. Gregorius papa
cf. Dic. misit in Britanniam Augustinum et socios.
Ag. Mr. 597 Sanctus Augustinus venit in Angliam.
Dic. 598 [a] Hucusque — digessit.
Ut. 599 [x] Theobertus rex Francorum et **Lotharius** cum Lothario patrueli suo bellum gessit.
Dic. 600 Richaredus — Arrianos.
cf. Dic. u. 602 601 Gregorius papa misit pallium Augustino jam facto episcopo.
602 [a] Beda [8] presbiter scripsit hystoriam gentis Anglorum et transmisit Cenewlfo regi Norhumborum.
Ut. 603 Mauricio successit Focas qui fuit primus Grecorum.
„ 604 [y] Obiit Sanctus Gregorius papa.
Dic. Adelbertus rex — Lond. Augustinus ordinavit Mellitum episcopum Lond.; Just. civ. Roffensi.
Ut. 606 Successit Sabinianus papa.
„ 609 [z] Bonefacius papa qui peciit a Foca Cesare templum Panteon. Foce [b] successit Heraclins.
Dic. 611 [a] Isidorus — digessit.
Ut. Hoc tempore Sanctus Columbanus claruit et Luxuvium construxit et post Bobium infra Italiam.
Dic. 613 Heraclius imp. Hic p. — mortua sunt.
Ut. 615 Deusdedit papa.
„ 617 Bonefacius papa. Hoc tempore Theodebertus rex Francorum occisus est et facta est pugna gravissima
„ 618 Mortuo Theodeberto successit Flodoveus.
„ 620 Dagobertus rex Francorum.

---

u Singlis *cod.* v 591 *U.* w 596 Hildulfus *Ro.*, 594 *U.* x 598 *U.* y 605 *U.* z 617 *U.* a *roth cod.* b 609 *U.*

[8] *Beda ein Jahrhundert zu früh anzusetzen (s. u. a. 714), gaben weder die Südengl. Annalen noch Diceto dem Verfasser Anlass.*

Ut. 621 Honorius papa.
" 622 [c] Sanctus Romanus Rotomagensis archiepiscopus.
" 625 [a] Hic ciclus Dionisii V decemnovenalibus hoc est 95 annis, sumit exordium a 30° anno Incarnationis Domini; desinit vero in 626° anno.
Dic. 626 [d] Justus Cantuariensis archiepiscopus.
" 627 Bonefacius [e] papa. Eadwinus — baptizatus est.
" 629 Honorius f. arch. Cant.
" 633 [f] Kynegilis rex O. — credidit. Sigibertus infans, cum a Sancto Amando baptizaretur ipse quadraginta dierum respondit "Amen", ceteris tacentibus. Hoc temp. f. M. propheta.
Ut. 633 Severinus papa. Dagoberto successit Clodoveus.
Dic. Cedwalla et Penda reges interfecerunt Aedwinum.
Ut. 634 Johannes papa. Martinus papa.
" 635 Theodorius papa.
Roto. Obiit [g] Sanctus Romanus.
" Successit Sanctus Audoenus.
Ut. 637 Eraclio successit Heraclonus.
639 Eugenius papa.
" 640 Eraclono successit Constantinus, post quem Constancius filius ejus.
" 641 Martinus [h] papa. Hoc [i] tempore Paulus Constantinopolitanus episcopus heresim condidit.
Dic. 642 Orchembertus rex Cant. destruxit idola in r. s. Oswaldus rex occisus. Sancta Ositha.
" 644 Kenewald eccl. Wint. — est.
Roto. 647 Eugenius papa.
" 649 Vitalianus papa.
Dic. 653 Deusdedit f. arch. Cant.
Ag. Mr. 654 Adeodatus papa. Clotarius natus.
Roto. 655 Sanctus Philibertus.
Dic. Sexburc regina Westsaxonum.
" 656 Oswine rex Westsaxonum.
Roto. 657 Sanctus Wandregesilus abbas.
658 Donatus papa.

---

c 625 *Ro.*, 622 *U.* d 624 *Dic.* e *Aus* 626 *Dic.?* f K. r. *etc. auf der Linie* 630, *aber zu* 633 *durch einen Strich bezogen. Vielleicht soll dieser jedoch auf* Sigib. *etc. weisen, was auf der Linie* 631 *steht.* — Hoc temp. *steht auf der Linie* 632. g 634 *Ro.*, 635 *U.* h 640 *U.* i 642 *U.*

Roto. 659 Agathon papa. Clodoveo [k] successit Clotharius filius ejus.
Dic. 660 Kenewine rex Westsaxonum.
661 Leo papa.
Roto. 664 Adeodatus papa.
Dic. Ealfridus [l] rex North. W. a. R. m. **in** episcopum **fecit** ordinari.
Font. 665 Obiit sanctus Wandrigesilus abbas.
Ut. 667 [m] Constantino successit item Constantinus.
„ 668 Domnus papa.
„ 669 Agatho papa. Eclipsis lune. [M]ortalitas gravissima.
Dic. 670 Theodorus arch. C. v. **Hic** primus archiepiscop**us** Doroberniae, cui omnis Angli**a obediret**.
Ut. 671 Leo papa.
„ 672 Benedictus papa.
„ 673 Johannes papa.
Dic. Cedwalla rex Westsaxonum.
„ 674 Don**a**tus papa. Theodorus scripsit librum Penitentiale**m**. **Sancta** Aetheldreda velamen sanctimonialis suscepit.
„ 676 Agatho papa. [9]
„ 677 [n] Obiit Sanctus Audoenus; successit Sanctus Ansbertus Rotomagensis archiepiscopus.
„ *a. 682* 678 Obiit **Sancta** Etheldreda **virgo**, cui successit soror ejus Sexburc in abbatissam.
Ut. 679 Clotario successit Childericus.
„ 681 Leo papa.
„ 682 Conon papa. [10] Childerico successit Theodericus.
„ 683 Benedictus **papa.**
Dic. Beda cum — educandus.
Ut. 684 Johannes papa.
„ 686 Canon papa.
„ 687 [a] Sunt anni secundum Ysidorum ab inicio mundi 5998. Pipinus primus major domus efficitur.
„ 693 [o] Sergius papa.
„ 694 Justiniano successit Leo.
Roto. 695 Obiit Sanctus Ansbertus. Successit Grippo.
Ut. 697 Zeoni successit Tyberius.

---

k 660 *Ro.* l Ralfr. *cod.*, Balfr. *Dic. codd. A, C.* m 669 *U.* n 680 *Ro.*, 677 *U.* o 687 *U.*

[9] *Aus der Wiederholung der Päpste Donus und Agatho erhellt wieder die Benutzung mehrerer Quellen.* [10] *S. u.* a. 686.

Ut. 698 Theoderico Clodoveus.
„ 700 Clodoveo Childebertus.
„ 704 Tyberio successit Justinianus.
Dic. *a. 706* 705 Episcopatus Dorecestrie — sedem revertitur. Choered et Offa — militaverunt.
Ut. 708 Johannes papa.
„ 710 Sisinnius papa. Justiniano successit Philippus.
„ 711 Constancius papa. Defuncto Philippo successit Anastasius
Dic. 712 Adelardus rex Westsaxonum.
Roto. 713 Sanctus Wlfrannus.
Ut. 714 Anastasio successit Theodosius.
Dic. [a] Hoc temp. Beda — Northamnimbrorum.
Ut. 715 Theodosio successit Leo.
„ 716 Childeberto Dagobertus.
„ 717 Karolus filius Pepini.
Dic. *a. 715* 718 Gregorius papa. Hic constituit jejunium quadragesimale et missarum celebritatem.
720 Obiit [11] Sanctus Wlfrannus.
Ut. Mortuo Dagoberto **successit** Daniel clericus **quem** Franci levaverunt **in** regem.
Roto. 722 Hugo archiepiscopus Rotomagensis prefuit ecclesiis Parisiacensi Bajocensi, abbaciis **etiam** Gimetiensi et Fontinelensi.
Dic. 723 [a] Historicus Anglorum Beda chronica sua ab inicio mundi **digessit** ad annum ab Incarnatione Domini 734tum
Ut. 724 Zeoni successit Constantinus **imperator**.
Dic. 727 Cudredus rex Westsaxonum.
„ 8 Tatwinus archiepiscopus Cantuariensis.
Ut. 729 Beda clarit.
Roto. Obiit [p] Hugo Rotomagensis archiepiscopus, successit Robertus.
Dic. 733 Nothelmus [q] archiepiscopus Cantuariensis.
Ut. 734 Gregorius papa. Obiit Sanctus Beda. [12]
Roto. 740 [r] Karolo Karlomannus et Pipinus **in** majoratu domus succedunt.
Dic. *a 740* 741 Gregorius papa constituit — admitte.
Ut. 743 Zacharias papa.
„ 746 Karlomannus Romam perrexit et monachus [*factus*] est in Monte

p 730 *Ro.*, *U.* q Lothelmus *cod.* r 741 *Ro.*, *U.*

[11] *Zum selben Jahr Ms. Vitellius A XVII, Stück X.* [12] *Aehnlich Fontan.*

Sarepte, ubi in honore Sancti Silvestri ecclesiam construxit et inde **ad Montem** Cassinum **ad montem** Sancti Benedicti transiit.

Dic. 747 [a] Paulus Cass. scrib. hucusque.

„ 750 Sigebertus rex Westsaxonum.

Utic. 752 Stephanus papa.

Roto. Pipinus rex efficitur.

Dic. 753 Kynewlfus rex Westsaxonum.

Roto. 755 Hic [s] dominus Remigius archiepiscopus Rotomagensis factus est, ejecto ab episcopatu Reinfrido.

Ut. **Hic** benedictus est Pipinus rex a Sancto **Remigio** papa Parisius et filii ejus Karolus et Karolomagnus et filia ejus Sigina intra sacra missarum sollempnia, precipiente sancto Petro et sancto Paulo et **Sancto** Dionisio. **Et** [t] Constantinus imperator donaria mittit.

„ 759 [u] Paulinus papa.

Dic. 760 Breowinus archiepiscopus Cantuariensis.

„ 761 Jambertus [v] abbas Sancti Augustini Cantuariensis archiepiscopus.

Ut. 763 Hyems maxima.

Dic. 765 Judei obprobrium imagini Salvatoris fecerunt, et de ymagine exivit sanguis et aqua.

Ut. 766 Obiit Paulus papa.

„ 767 Constantinus papa. Pipinus [w] rex obiit. Karolus **successit**.

„ 768 Stephanus papa.

„ 769 Inicium regni Karoli regis.

„ 771 Adrianus papa. Karomannus obiit.

Ro. Reinardus [x] Rotomagensis archiepiscopus.

Ut. 774 Karolus Romam vadit. In **reditu** Papiam cepit cum rege Desiderio.

Dic. Bricthricus rex Westsaxonum.

Ut 776 Conversio Saxonum.

„ 778 Karolus Hispaniam intravit, Pampiloniam urbem destruit **et** Saxoniam venit.

„ 779 [y] Saxonia capta.

„ 780 [z] Karolus Romam vadit.

„ 783 Witikingis cum **suis** sociis in Atinia[*co*] **con**baptizati [b] pacem regioni contulerunt.

Dic. *787* 786 Sanguis — profluxit.

---

s 754 *Ro.*, 755 *U.* t 761 *U.* u 758 *U.* v Lambertus *cod.* w 768 *U.* x 772 Meinardus *Ro.*, *U.* y 780 *U.* z 781 *U.* a *Roth cod.* b matinia *cod.*

Ut. 787 [b] Iterum Karolus Romam perrexit. Inde ad Sanctum Benedictum et Capuam.

Dic. Athelardus archiepiscopus Cantuariensis.

Ut. 788 Karolus per Alemanniam venit ad fines Bawarie.

„ 790 Tassilo dux venit in Franciam et Baviaria capta est.

„ 791 [c] Karolus pergit in Sclavos.

„ 792 Sinodus facta est Franconum [d], precedentibus apostolice sedis legatis Theofilo et Stephano episcopis; et Felix episcopus, qui docmatizabat Christum non proprium sed adoptivum Dei filium, dampnatus est et in exilium relegatus.

Dic. 793 Eadbrictus rex Westsaxonum.

Ut. 796 Obiit Adrianus papa, successit Leo.

Dic. 798 Sol obt. — 17.

Ut. 799 Terremotus magnus Italiam concussit et tectum Beati Pauli cum suis trabibus ex magna parte dejecit.

„ 800 Karolus imperator factus est et a Romanis appellatus Augustus et illos, qui Leonem papam dehonestaverant, morte dampnaverit [e] sed, papa[e] precibus morte indulta, exilio detrusit. Ipse enim Leo papa imperatorem consecravit.

„ 804 Leo papa venit in Franciam et Parisius Natalem Domini cum Karolo imperatore celebravit.

„ 810 Karolus cum Niceforo imperatore Constantinopolitano pacem fecit.

„ 812 [f] Niceforus obiit; successit Michael gener ejus qui Karolo imperatori legatos cum pace misit.

„ 813 [g] Obiit Karolus; successit Lodowicus filius ejus.

„ 815 Bernardus rex Longobardorum excecatus et mortuus est; qui [h] pro utilitate Christianitatis concilia celebrari fecit.

„ 818 [i] Lodowicus Britanniam perrexit, interfecto Normanno. Stephanus papa.

„ 820 Stephanus papa.

„ 822 Fames valida.

„ 823 Natus est Karolus filius Lodowici.

„ 825 Alia vice Lodowicus perrexit in Britanniam.

„ 827 [k] Paschalis papa.

Dic. 828 [a] Qui prius voc. — Anglorum.

„ 830 Adelwoldus rex Anglorum.

Ut. 831 Eugenius [l] papa. Hoc anno reliquerunt Lodowicum Franci et elegerunt Lotharium.

---

b 786 *U.* c 792 *U.* d Romanusis *cod.* e dampnaverat, a *in* i *corrigirt cod.*, dampnavit *U.* f 811 *U.* g 814 *U.* h 813 *U. s. o. p. 39.* i 819 *U.* k 821 *U.* l 827 *U.*

Ut. 834 Gregorius papa.
„ 836 Normanni vastaverunt Britanniam.
Dic. 839 Feologildus Dor. a. Ceonodus[m] Dor. a.
Ut. 840 Lodowicus obiit.
841 [n] [a. — Hoc hic:]
Roto. 842 Normanni vastaverunt Rotomagum et monasterium succenderunt.
844 [b.] Johannes papa [12] [c].
Dic. 845 Athelwoldus rex Anglorum.
Ut. 848 Sergius papa. [d]
Roto. 851 Hic venerunt Normanni in Secanam.
„ 852 [ma] Hic iterum venerunt alii Normanni.
Ut. 853 [na] Leo papa.
„ 855 Lotharius obiit.
„ 859 Hic cepit gelare pridie kl. Decembris et desiit Non. Aprilis.
„ 860 Benedictus papa.
„ 868 Nicholaus [o] papa. Fames valida.
„ 869 Adrianus [p] papa. Item fames et mortalitas maxima hominum.
871 Sanctus Aedmundus occisus est. [13]
Dic. 874 Johannes papa. Locuste Galliam depopulantur innumerabiles.
Mich. 878 Adrianus papa.
Ut. 881 [q] Inicium belli Francorum contra paganos.
„ 883 Marinus [r] papa.
„ 884 [s] Marinus papa.
„ 885 [t] Adrianus papa.
„ 886 [u] Stephanus papa.
Dic. 887 Suithelmus [v] Syreburnensis — rediit.
Ut. 888 [K]arolus imperator obiit. Cernulfus rex successit.
Dic. a. 902 894 Formosus papa.

---

m Leonodus *cod.* n *Zu* a. 841, 843, 848 *stehen unter der Rubrik* Non hic sed in anno 942 sequente in III° folio *vier, durch* a, b, c, d *bezeichnete Eintragungen* (*zu* b *nochmals* non hic *und zu* a. 848 *nochmals Rubrik* Non hic sed in anno 948 sequente in III° folio), *die daher unten ad* a. 962 (*nicht* 942) *in den Text gesetzt sind.* ma 851 *Ro.*, 852 *U.* na 852 *U.* o 862 *U.* p 871 *U.* q 879 *U.* r Martinus, *cod.* s 886 *U.* t 888 *U.* u 889 *U.* v Withelmus *cod.*

[12] *Gegenpapst.* [13] *Erste originale Notiz richtiger 870.*

Ut. 898 Aernulfus **rex** imperator obiit; **successit** Lodowicus.
Dic. Pleimundus archiepiscopus Dorobernie.
a. 904 899 Romanus papa.
Roto. Rollo [w] Carnotensem civitatem obsedit, sed episcopus Walterus **camisiam** Sancte Marie in manibus ferens Rollonem divino **metu** fugavit.
Dic. Eadwardus rex Anglorum consecratur apud Kingestune.
a. 905 901 Theodosius **et** Johannes.
Dic. *a. 900* 902 Regina Aelfleda peperit duos filios Aedwardo Ath. — quartam Aelfgyfam.
„ *p. 141* Regina v. s. Aediva p. **ei** Aedm. — requiescit.
„ 903 Benedictus papa.
„ 905 Leo papa.
„ 906 Christoforus papa.[14]
„ *a. 909* 907 Sergius papa.
„ *p. 142* 909 Frithestanus [x] ad Wint. — pontifices.
„ 910 Anastasius papa.
a. 917 *Roto.* 911 Lodowicus filius Arnulfi obiit.
Ag. Baptizatur Rollo cum filiis et vocatur Robertus.
Mr. *Font.* 912 Factum est bellum Carnotis de paganis sub Roberto et Ricardo.
Roto. 914 [y] Facta est pax inter Francos et Normannos 2 Idus Maji.
Dic. Athelmus Well. — archiepiscopus.
„ *a. 917* 916 Lando papa.
„ *a. 919* 917 Johannes papa.
„ 924 Athelmus [z] filius Aedwardi — Kingestune.
„ *a. 924* 925 Wlfelmus Well. — Dorobernie.
„ *a. 930* 929 Leo papa.
„ 932 Frethestanus Wintoniensis — respondencium "Amen".
„ 934 Stephanus[15] papa. Bellum inter Willelmum Longam Spatam et Riculphum.
„ 935 Johannes papa.
„ 936 Leo papa.
„ 937 Odo Malmesbirie — optinuit.
„ 940 Stephanus papa. Athelstanus rex diem clausit extremum.

---

w 898 *Ro.*, *U.* x Brithest. *cod.* y 912 *Ro.*, 914 *U.* z Edelstanus *Dic.* a *Roth cod.* b *Von etwas späterer Hand.*

[14] *Diceto richtig:* Leo papa; contra hunc Christoforus surgit. [15] *S. VIII richtiger 929—31.*

[[b] Cui successit frater ejus Edmundus, qui dedit banlucam Sancto Aedmundo certis terminibus circumgiratam.]

Dic. 942 Marinus papa. Occiditur Will. L. S. d. Norm.

Roto. [c] Cui successit Ricardus qui Vetus dicitur.

946 Agapitus papa. [[b] Obiit gloriosus rex Edmundus frater Ethelstani.]

Dic. 947 Eadredus fr. Aeth. — Kingestune.

,, 948 Odo arch. Cant. — Cantuariam.

,, 949 Stephanus et Const. — patrem, tonso capite — transmittunt.
a. 950 Quos propter facinus patri suo illatum Constancius filius Leonis tonsis capitibus ad idem monasterium postea transmisit.

Roto 952 [d] Oto rex Italiam ingressus, eam sibi subjugavit.

956 Edredus rex obiit.

Dic. 957 Aedwinus [e] filius Aedmundi rex Anglorum efficitur.

Ag. Mr. 958 Obiit Aedwinus, et successit rex Aedgarus consecratus apud Bathoniam.

Dic. 959 Dunstanus abbas — transiit.

p. 149 ,, 960 Dunstanus revocatus ab Aedgaro Wigornensis episcopus efficitur.

,, 961 Odo primus abbas Cluniacensis.

,, 962 [a] Rex Aedgarus Lond. eccl. — et non titulatam. [f] Qui — cenobio, in loco — fecerat.

Ag. Mr. 963 Sanctus Oswaldus [g] consecratus est episcopus Wintoniensis.
Dic. [b] Odoni arch. succ. sed reprobatur. [c] Dunstanus Wigornensis — assensu pressus — Osw. Wigorn. ep. — Eborac. archiepiscopus.

,, 966 Johannes papa.

,, 968 [d:] Eadgarus rex Angl. — Osw. Ebor. peracta sollempni pe-
p. 151 nitentia consecratus est in regem; qui duos fil. — devotam Editham.

Roto. 972 Otto imperator obiit.

973 Stephanus papa.

Dic. 974 Rex Aedgarus cons. Dunst. — monachos induxit.

---

c 943 *Ro.*; 942 *U.* d 951 *Ro.*, *U.* e Tadwinus *cod.* f *Die Worte* R. Aedg. Lund. eccl. *werden hier wiederholt. Dazu Rubrik:* Quere in III° fol. precedente in anno 862°. Ibi sunt 4[or] capitula, que pertinent ad locum istum. *Darauf beziehen sich die* [*Buchstaben*] a, b, c, d *im Text. S. o. die Anmerkung zu* 842, *nicht* 862. g Aedelwoldus *Ag. Mr. oben S.* 44.

Dic. 975 Johannes papa Dunst. Dorob. a.: "Primatum — ej. succ. eccl. pont. habuisse dinoscitur."
Ag. Mr. Obiit Aedgarus.
Dic. 976 Johannes imperator Constantinopolis.
" 977 Eadwardus reg. Edg. — Kingestune.
" p. 156 979 Occiditur rex Aedw. a nov. s. Aelfritha.
Otto imp. Rom.
" 980 Ethelredus frater Aedw. — Dunst. Dorob. archiepiscopo et Oswaldo archiepiscopo et — Kingestune.
Ut. 987 [h] Lotharius rex Francorum obiit, cui successit Lodowicus filius ejus.
Dic. 988 Dunstano — Austr. Sax. episcopus.
989 **Marinus papa.**
" 990 Athelgaro arch. — induxit.
" 993 Odilo Clun. — justo esset: "Si dampn. — duricia."
Siricio — Cantuarie consecravit.
Ag. Mr. Obiit Majolus abbas Cluniaci; successit Odilo.
Dic. 995 Robertus r. Fr. solus regn., mort. p. s. H. Capet.
p. 159 Circa hoc tempus Ynguar — que Halingeland appellatur.
" 996 Voces et terrores demonum — subjecta, ut in crastino Omnium Sanctorum memoria Omnium Fidelium celebretur. Qui ritus postea ad multas ecclesias. [j]
" 997 Rex Anglorum Aegelredus post diutinam Danorum infestationem solvit tributum 24000 librarum Danis.
998 **Agapitus [16] papa.**
Dic. a. 1000 999 Aldulfus a. Eb. ossa sancti Oswaldi archiepiscopi e t. lev. et ipse def. — Wlstanus. Rex Egelredus o. D. utr. s. occidi — fecit die fest. S. Bricii.
Roto. Gerbertus papa.
Dic. 1001 Otto imperator Romanorum.
Roto. 1003 Obiit [i] Otto. Octovianus [17] papa.
Dic. Henricus imperator Romanorum.
Ut. 1004 [k] Johannes papa.
Dic. 1005 Aelfegus Wint. — Cantuariensis.
" 1005 1006 Rex — cum navibus et gentibus — combussit.
p. 161 1007 Rex — Danis.
1008 **Leo papa.** [18]

---

h 976 *U.* j *Bricht im Satze ab. Dic. vollendet ihn.* i 1002 *Ro., U.* k 1003 *U.*

[16] *Falsch. Aus* Gerbertus? [17] *Wol aus* Otto, Johannes *verlesen.* [18] *Irrthum. Woher?*

1012 Hoc anno solvebatur — librarum. **Sanctus** Aelfegus, **quia** noluit solvere Danis 4000 libras, occiditur.

1013 Livingus q. Aeth. — suscepit. In cimiterio — ducentibus nocte Natalis D. sacerdos precatus — lassitudo affecit. A. e. — solvit, tribus e. — dormientibus. Rex Swenus iterum **venit in** Angliam **et** tirannidem s. e. t. A. s. subjugavit.

1014 Swenus t. — Marie apud Geinesburch — vitam finivit. [Marianus Scotus[19]; sed plus credendum est Alwino[20] quam sibi vel sequacibus suis].[1]
Mortuo i. S. fil. e. C. s. r. constituunt Dani. Majores **de** Anglia miserunt **pro** Aegelredo, **qui veniens** Canutum **expuli** a. s. reversurum.

1016 Rex A. — tribulationes.

1017 Canutus t. A. s. imp.
Leofsius Thorn. — sunt revecte.

1019 Rex Can. D. adiit.

1020 Livingus D. a. o. c. successit Aethelnotus. Rex C. c. cl. const. mon. **apud** Sanctum Aedmundum. Defuncto Aldhuno L. e. successit quidam presb. Aedm. nomine.

1021 Alwinus primus e. S. Ae. construxit.

1022 Athelnothus D. archiepiscopus.

1023 Vulfstan. E. a. **obiit** cui successit Alfricus. Corpus S. Aelphegi de L. D. e. t.

1024 Benedictus papa.

1026 Ric. — obiit. Succ. R. III. **deinde** Robertus **eodem anno.**

1027 Norregani, multa accepta pecunia a Canuto, Sanctum Olavum regem suum expellunt, Canutum sibi regem preficientes.

1030 Sanctus O. r. e. martyr in Norr. i. p. a. N.

1031 Canutus — emendationem devovit. Robertus rex — Henricus.

1032 Ajelnothus arch. Cantuariensis cum aliis episcopis primam basilicam Sancti Aedmundi consecravit sub Canuto rege die Sancti Luce Evangeliste.[21]

1033 [m] Johannes papa frater Benedicti.

1034 [n] Robertus dux Normannorum obiit; successit Willelmus filius ejus.

---

1 *am Rande in einer Hand* s. *XIV.* m 1034 *U.* n 1035 *Rot.*, *U.*

[19] *Dic. Quelle ist allerdings der von Florenz interpolirte Marian.* [20] *S. p. 101*[12], *wo Z. 3 zu lesen: 'und unter Leofstan als Greis zu'... Ausführlich St. XV* § 6, 8. [21] 18 *Oct. Battely, Antiq S. Edmundi Burgi, p.* 36.

Dic. Britheagus P. a. Wicc. f. e. e. Herlewinus B. e. p. abbas primo
176 Lanfrancum associavit.
Ag. 1035 Obiit Canutus.
Mr.
Dic. 1036 Mortuo Can. mis. rex H. [o] **qui** se dixit filium Canuti esse, licet
181 **hoc** minime verum esset, Wintoniam et **opes** q. C. A. r. ademit
176 u. et cepit r. S- i. b. r. A. dividitur — australis. Circa d. i. f.
180 o. Gregorius papa VItus.
Benedictus papa nepos Benedicti et Johannis.
Ut, *Dic.* 1037 Ob. Rob. d. N. cui s. W. B. f. e. qui — H[e]nrici.
181 u. 1038 Haroldus rex **regnavit** per totam Angliam.
182 u. *183* 1039 Etheln. D. a. **obiit**, cui successit Eadsius.
Clemens papa.
Ut. Stigandus — tenuit.
Dic. *183 m* 1040 Haroldus rex obiit. Successit Hardecanutus.
Ag. *Mr.* 1041 [p] Mortalitas **maxima**.
Ut. *Ag.* 1042 Obiit Hardecanutus. Successit Aedwardus frater ejus.
Mr. Alsinus fit arch.
Dic. *186 u* 1043 Eadwardus **rex** ab a. Aeds. D. e. A. E. archiepiscopis prima
187 — Wintonie. [Stigandus suscepit episcopatum Estanglie]. [q]
1044 Uvius abbas Sancti Aedmundi primus [22] obiit. Successit Leostanus ejusdem ecclesie monachus.
Dic. 1045 Apud W. c. e. b. i. Francos et Normannos.
1046 [q] [Hic [23] idem episcopatum Wintonie.]
Ut. 1048 [r] Leo papa. **Hic** concilium habuit Remis.
1051 [24] Invencio Sancti Yvonis archiepiscopi.
Rex Aedw. abs. A. — vectigali. [s]
Dic. *Ut.* 1052 [Hic [23] archiepiscopatum.]
1054 Obiit Leo papa; successit Victor.
Bellum apud Mortuum Mare.
Roto. 1056 Henricus imperator obiit; successit Henricus filius ejus.
" *Ut.* 1057 [t] Stephanus papa.

---

o Wintoniam *über der Linie.* p 1042 *U.* q *Drei Eintragungen späterer Hand in Kreide, über der Seite, durch ein Zeichen zu* a. 1043, *6, 52 bezogen.* r 1049 *U.* s *In der folg. Zeile:* [V]ulstanus Wigornensi ecclesie preficitur pontifex *roth durchgestrichen.* t 1058 *U.*

[22] *Battely, p. 42.* [23] *Ergänze:* Stigandus suscepit, *richtiger 1047* [24] *Richtiger a. 1001. Der Compilator hat vielleicht nur die Jahreszahl verlesen, wie oben a. 836. Ivo, der bei Huntingdon gestorben sein soll, ward nach Ramsey übertragen.*

Ut. 1060 Nicholaus papa.
Dic. Henricus rex Fr. succ. P. f. e.
193 1062 Alexander papa secundus.
„ 1065 Leostanus obiit abbas Sancti Aedmundi.[25] Baldewinus
medicus Aedwardi regis et monachus Sancti Dionisii
Francie successit, qui novam ecclesiam Sancti Aed-
194 mundi fundavit tempore regis Willelmi.[26] Eadwardus
rex Anglorum obiit. Cometa apparuit.

[Anno milleno sexageno quoque seno
Anglorum mete crines sensere comete.][u]

Ag. Mr. 1066 Willelmus dux Normannorum optinuit Angliam et rex effectus est in Natali Domini apud Londoniam, occiso Haraldo rege in pugna.
Dic. 200 m 1067 Abbacia — Willelmo. Rex W. imp. t. imp. Anglis.
200 u. 1068 Matildis — archiepiscopo, que dedit Werketune[27] Sancto
„ Aedmundo. Alexander et Cadalus de papatu contendebant,
sed Cadalus reprobatur.
201 o. 1069 Hinc Norm. — prevaluit. Aldredus Eboracensis archiepiscopus
Ag. diem clausit extremum.
Mr. Lamfrancus fit archiepiscopus Cantuarie.
Dic. 201 m 1070 Rex Will. mon. — deferri. Stigandus degradatur [ejusque frater Egelmerus episcopus Estanglie degradatur, cui successit Arfastus regis capellanus].[v]
203 m 1071 Lamfrancus Romam pro pallio profectus ab Alexandro papa honorifice suscipitur. Hujus tempore vigebat religio per Angliam.
204 u. 1072 Hoc tempore fuit Hereward, qui cum sociis suis per palu-
205 o. des latitavit. Contencio de prioratu Cantuariensis et Eboracensis archiepiscoporum.
208 o. 1073 Gregorius papa VII prius dictus Hildebrandus. Eodem anno
Roto. invaserunt monachi Sancti Audoeni Johannem archiepiscopum Rotomagensem in festo ejusdem sancti cum armata manu virorum, unde per abbacias in carceribus sunt retrusi.
Font. 1076 X kl. Maji terre motus factus est feria sexta luna XIIII.[a] — 2
Mich. kl. Februar. IIII feria eclipsis lune rubens luna[w] XIII[a] [28].

---

u *In anderer Hand s. XIII fehlt Dic. ausser Twysden's Druck.* v *In Kreide über der Seite, s. Anm.* q. w 1077 *Mich., wo Daten fehlen.*

[25] *Battely, p. 44; Mir. S. Eadmundi St. XV § 32.* [26] *ib.* § 60. [27] *Warkton, cf. Jocelin de Brakelonde ed. Rokewode, p. 47.* [28] *Diese Daten widersprechen einander sowol 1077 wie 1076.*

Dic. 1077 Gelu m. a. kal. — Aprilis.

210 o. „ 1078 Eccl. B. d. e. X k. Dec.

„ *u.* 1080 Rex W. **subigavit** s. W.

Ag. Mr. 1083 Obiit Matildis I[a] regina Angl.

Dic. 1086 Rex Will. tribus s. cap. — dedit episcopatum.

211 „ 1087 Inquisicio quot hyde **et quot** redditus per Angliam.

Ag. Mr. Translacio Sancti Nicholai ad [x] Bar.

Dic. 1088 Obiit Willelmus rex. Willelmus filius regis Willelmi

212–3 efficitur rex Anglorum et Robertus in Normannia.

213 m Orta est discordia inter primates Anglie.

215 m 1089 Lamfrancus inter a. — Cantuar. restituit.

Obiit Lamfrancus. Ecclesiam Roff. inst. — ordinavit.

215 u. 1090 Will. r. A. ulciscitur inj. **sibi illatas a** Roberto fratre suo.

216 [a] **Hugo** [y] Carnotensis — hucusque.

Ag. Mr. 1091 Ventus vehemens percussit Londoniam 6 kl. Novembr. feria sexta.

„ 1093 Anselmus factus est archiepiscopus.

Dic. D 219 Hic suscepit Herbertus **episcopus** pontificium Norewici.

Rotw. 1094 [z] Urbanus papa concilium tenuit apud Clarum Montem, cui interfuerunt episcopi et abbates Normanie **et** in quo a prefato **papa** sanccitum **est**, ut, crucibus in vestibus fixis, Christiani cum armis Jerusalem pergerent. Quod et **sic** actum est; **inter quos ivit** Robertus comes.

1096 Facta est translatie Sancti Aedmundi in novam ecclesiam.[26]

Ag. Mr. Hoc anno fuit motio Christianorum euncium Jerusalem.

Fundamenta Sancte Trinitatis Norewici posita sunt.

„ 1098 Capta est Jerusalem a Christianis. In Berhsyre lacus fluxit sanguine. Obiit Baldewinus abbas Sancti Aedmundi.[29]

Dic. 232 o. Cenobium Cisterc. — dealbati.

Ag. Mr. 1100 Willelmus rex junior [obiit][b]; cui successit Henricus frater ejus, qui die consecrationis sue dedit abbaciam Sancti Aedmundi Roberto[30], filio Hugonis Cestrensis comitis,

---

x de *aber ausgestrichen und* ad *übergeschrieben cod.* y Ivo *Dic.* z 1095 *Ro.* a *Roth cod.* b *Von cursiver Hand in Kreide über der Linie.*

[29] *cf. XV § 62.* [30] *Anselm ermuthigt die Mönche im Kampfe gegen diesen Abt Ep. III 61, 118, IV 21 und ermahnt den Abt von S. Evroul IV, 14 sowie den Erzbischof von Rouen III 68, IV 22, denselben aus S. Edmund's zurückzurufen.*

monacho Sancti Ebrulfi, renitentibus monachis Sancti Aedmundi. Sed anno tertio, ab Incarnatione 1102°, in generali concilio a sancto Anselmo eo, quod abbaciam absque electione contra privilegia monasterii accipere presumpserat, dejectus est; et Robertus [31] prior Westmonasterii, vir magne religionis, abbatiam suscepit, et annis IIII transactis obiit; cui successit [32] Aleboldus prior Sancti Nigasii de Mollent, qui parum plus quam 4 annis vixit. Huic successit Anselmus, nepos sancti Anselmi et post 26 annos tempore regis Stephani vitam finivit.

Ag. Mr. 1103 Sanguis de terra emanavit apud Hamstede. Mortalitas animalium **secuta est**.

„ 1105 Henricus rex Bajocas incendit.

1106 [33] Bellum inter regem Henricum et Robertum comitem Normannorum, in quo comes victus et captus est.

Dic. 235 u. Henricus filius imperatoris contra jus nature in patrem insurgit.

235 m Rex Anglorum Henricus Beccum venit — convenerunt.

236 m 1107 Obiit Henricus imperator. Successit Henricus filius ejus. **Hic** duxit Matildem filiam regis Henrici Anglorum in uxorem.

236 u. Ricardus [c] Eboracensis archiepiscopus.

Roto. 1108 Obiit Philippus rex Francorum. Successit Lodewicus filius ejus.

Ag. Et due lune vise sunt.

Mr. Dic. 1109 Anselmus Cantuariensis archiepiscopus migravit — invitant.

238 m Rex Henricus abb. Ely. — prefecit.

239 o. Ag. 1110 Luna extincta. Cometa in mense Junii apparuit.

Mr. „ 1111 Mortalitas animalium et fames in Normannia.

Dic. Henricus r. Teut. — Salariae pacem cum eo fecit.

239 u. Ag. 1114 Tamisia exsiccatur et mare X miliaria II diebus.

Mr. Dic. 1115 Radulfus archiepiscopus. Theolfus Wigornensis episcopus.

Roto. 1116 **Hic** tota urbs Rotomagum **fere** combusta est.

Dic. Monasterium Sancti Albani dedicatum est.

1117 Ag. Mr. 1117 Pascalis papa. Obiit Matildis [IIa] [d] regina Anglorum. Gelasius papa.

---

c Girardus *Dic.* d *In Kreide über der Linie.*

[31] *cf. Anselm. Ep. IV, 78.* [32] *Kal. Nov. a. 1114 Eadmer, H. Nov. V ed. Migne CLIX c. 491. Uebrigens cf. Battely.* [33] *cf. Dic. 235 m und Ag. Mr.*

Obiit Herbertus episcopus Norewici, cui successit Everardus. [34]

Dic. 242 m 1119 Cal. p. Hic const. c. R. Sol similis nove lune. [35]

Ag. Mr. 1120 Hic submersi sunt in mari Willelmus et Ricardus filii Henrici regis.

Dic. 1120 1122 Rex Henr. d. — Lovanie.

243 u. Calixtus p. Maur. q. imp. H. p. — monachavit.

244 o. Rad. Cant. a. W. pr. S. O. — successit.

„ 1124 Honorius papa.

„ u. 1125 Em. s. monetarii. Joh. de Crema — Londonie.

245 o. 1126 Rex A. H. — celebravit. Primates — imperatrici.

„ 1127 Gaufridus — imperatricem. Ricardo — successit.

Will. Cant. — Westmuster.

246 o. 1128 a Hucusque — digessit.

„ 1129 Henricus Gleston. — Wintonie.

„ 1130 Eccl. S Trin. Cant. dedicata e. p. r. Henrico. Inn. p. "**Hic transivit** — orbem."

„ u. 1131 Obiit Phil. fil. L. r. Fr., cui successit frater e. L. consecratus ab Inn. papa.

„ 1133 Nigellus — episcopi. Natus e. H. **filius** imperatricis.

Dic. B 247 1134 Rob. C. ob. Gil. U. episcopus Londonie obiit.

„ 1135 Rex A. H. c. r. 35 a. et 4 m. d. i. S. L. et sep. e. a. Radingum qui construxit idem monasterium **et** monasterium canonicorum — Mortuo Mari.

248 o. 1136 Will. C. a. Steph. — Westmonasterium.

249 o. Willelmus Cant. arch. obiit.

„ 1137 Steph. r. transiit — Francorum.

„ m Lodowicus **rex** Franc. **duxit** Alienor — filias.

„ o Gaufridus c. And. regi St. tr. — tres annos.

250 o. 1138 David rex Sc. — succ. Anselmo. Anselmus — repulso. Albericus

252 o. — legatus concilium — Westmuster.

„ u. 1139 Rex Steph. — cepit **quia** cast. sua r. noluerunt.

253 m Nigellus — regno. Imperatrix — Angliam.

253 u. 1140 Stephanus rex obsedit Lincolliam.

254 o. Captus — Bristowe in die Purificationis.

255 o. Captus est comes Robertus fr. i. in Exaltatione S. Crucis; **unde** hinc rex hinc comes a vinculis absoluti liberi recesserunt.

„ m 1141 Celestinus papa. Rex St. — Oxeneford.

„ 1142 Lucius p. — episcopos. Steph. r. G. d. M. cepit.

---

[34] *Herbert † 1119, Eberhard folgt 1121.* [35] *Aus Ag. Mr.* 1124?

Dic. 1143 Eug. p. Gaufr. c. A. cepit turrim Rotom. et extunc — est.

Ag. Mr. 1144 Fames maxima. Puer Willelmus crucifixus a Judeis apud Norewicum.

Dic. 256 m 1145 Cometa app. d. m. in Occ. circ. diff. r. in im. illuminans.

„ o. Steph. L. coronatur.

„ 1146 Eug. papa venit Parisius.

263 ᵃ Robertus abbas scripsit hucusque.

Dic. B (?) 258 1147 Profeccio Lodowici regis F. et imperatoris **Alemannie in Jerusalem.**[36] **Civitas Ulixisbona capta est.**

Cap. 267 o. ᵃ Abhinc — Gaufridi comitis — imperatricis primogenitus — inserendum est.

„ u. Henricus acc. e. militaribus.

„ 1148 Lodowicus — Jerusalem

„ 1149 Hy. m.

„ 1150 Henr. — Normannie. Gaufridus — Cenom.
Officine ecclesie Sancti Aedmundi omnes combuste sunt.[37]

„ 1151 Fred. — Teutonicus.

268 o. Celebratum — Alienor. Henr. **dux Normannie** d. Al.

268 1152 Henr. — Malmesbires. Ricardus de B. — nepos ejus.

„ 1153 Steph. — eff. sunt apud Wincestre.[38]

Ag. Mr. Obiit Eustachius filius regis Stephani.

Cap. 268 m 1154 Lodowicus — Hyspanie. Obiit Stephanus rex **IX**[39] **kl. Novbr.** Successit Henricus dux Normannorum.

„ Thomas — cancellarius. Adr. papa.

„ 1155 Alienor — Henricum. Fredericus imperator Alemannie.

1156 **Ordingus abbas Sancti Aedmundi obiit**[40]**; successit venerabilis Hugo, qui prior Westmonasterii extiterat.**

„ u. Alienor — Matildem.

„ 1157 Alienor — Ricardum.

Ag. Mr. Rex Henricus duxit exercitum in Walliam.

„ 1158 Rex H. cor. ap. Wig. Alienor r. p. Gaufridum.

Cap. 269 o. Nova — Anglia. Henricus primogenitus r. A. **duxit** M. f. r. F.

---

[36] *Diceto's Abbreviationes chronicorum enden hier, und der Vf. benutzt fortan die Capitula Ymaginum (am Rande als Cap. bezeichnet), später auch die Ymagines Historiarum (am Rande durch Ym. bezeichnet).* [37] *Battely erwähnt zu a. 1150 keinen, aber zu a. 1140 einen Brand, auf welchen er irrig ein bei Johann von Salisbury erzähltes Wunder des H. Anselm bezieht. Johann benutzte hier des Eadmer Mirac. S. Anselmi Series Secunda, Stück XVI § 14.* [38] ap. Winc. *aus Ag. Mr.* [39] *Sonst 1 Tag später, 25. Octob. angegeben.* [40] *Battely, p. 78.*

Rex Francie sollempni p. r. e. p. Normanniam. **Et** rex A. rec. est honorifice Par. i. pal. regis.
Ag. Mr. 1159 Rex A. duxit exercitum apud Tolosam.
Dic. Adriano successit Alexander III papa. Ex. e. cisma.
„ 1160 A rege Fr. — accepit uxorem.
Ag. Mr. 1161 Obiit Theobaldus Cantuariensis archiepiscopus.
Cap. 1162 Thomas — cancellarius, consecratus e. i. a.
269 m „ u. 1163 Henr. de Exexia — duello. Turonis — a sinistra.
270 o. Rex consuetudines — **Thoma** a. resistente.
„ 1164 **Ad** Clareduniam — episcopi. Exauctoratos — contradicebet. Archiepiscopus — offensam.
Adversus archiepiscopum — papam.
Ag. Mr. Justicia de obsidibus Walensium.
Cap. 1165 Regina — Johannam.
270 u. Ag M Rex tercio duxit excercitum in Walliam.
Cap. 1166 Thomas — excommunicavit.
270 u. Samson abbas factus est monachus.[41]
271 o. Alienor regina — prov. in expensis a. Thome.
Ag. Mr. 1167 Matildis imperatrix obiit.[42]
Cap. Mat. f. r. — Saxonico.
271 m „ 1169 Alienor f. r. — Castelle. Inter Anglie — cardinales.
„ u. 1170 Interdictum e. Rogero — Rotrodo Rot. archiepiscopo.
272 o. Cum Th. Cant. arch. tenderet — progrederetur.
„ 1171 Die Natalis — S. Benedicti. Missi sunt — allegarent.
„ m Irradiare — Thome. Huge Terrac. — cultellis. In Brit. — Leon. episcopus. Rex pater — fere per annum.
„ 1172 In nocte — et statim **postea** transvectus e. i. N.
„ u. **Et** statim accessit — petens a. e. impetravit. Rotro — consecravit.
273 o. 1173 Comes S. Egidii — facti sunt. Walterus de Const. — submersi sunt. Rex — elecciones. Ricardus — archiepiscopus. **Preciosus** martyr Th. C. arch. can. est.
„ m Comes Legecestrie — Aedmundum. Nicholaus — pecuniam.
„ u. 1174 Flandrenses — Norewicum. Rex veniens — pacificasset Angliam navem [e] ascendit — *[274 o]* orbem infecit. Alexander — consecr. archiepiscopum.
274 o. 1175 Willelmus — obsides. Eversa — interfecit.

---

e novem *cod.*

[41] *Samson's Gesch., bevor er 1182 Abt wurde: Jocelin p. 3—15. Cf. Phillips, Samson v. Tottington. in Wiener Akad. S.B. 1864.* [42] *Letzte Benutzung der Südenglischen Fortsetzung zu den Rouen-Annalen.*

174 m 1176 Rogerus — vastavit.

„ 1177 Johanna — Sicilie. Canonico — Sancti Marci. Ventus — evertit.

„ 1178 Nix maxima. Willelmus — Cluniacensem.
175 o. Rex A. Gaufridum — Wdestoch. Saladinus — consuluit. Fredericus — Virginis.

„ 1179 Rex filius — perseveravit. Sinodus — imperatoris filio. Ludowicus — Cantuarie. Septem — uno. Ludovicus r. Fr. trigamus — *[276]* Philippum medicum.

176 o. 1180 Willelmus — Christine.
Obiit Hugo [43] venerabilis [f] abbas Sancti Aedmundi.
Cap. 176 Philippus r. Fr. Judeos — suo. Philippus r. Fr. Margaritam — discordia **sed a rege Anglorum pacificati sunt.** Fedus inierunt — fabricatur in Anglia.

„ u. 1181 Rex Fr. Philippus consilio — succursum. [g] **[Passio Sancti Roberti].[44] Obiit Alexander papa.** Humbaldus [gb] Host. ep. — tercius.

„ 1182 Gaufridus filius — *[277 o.]* regni justiciario. **Samson monachus Sancti Aedmundi, die Sancti Oswaldi episcopi apud**
Febr. 28 **Waltham prope Wintoniam electus 2 kl. Martii, apud Merewelle [44a] a Ricardo Wintoniensi [h] et Augustino Waterfordensi episcopis benedictus, die Palmarum et Sancti**
März 21 **Benedicti [45] a fratribus susceptus est.**

Cap. 177 o. 1183 Walterus — Lincolliensem. Rex f. regis — coll. in sede **[qui anno sequenti consecratus** *[?]* in arch. Rot.] [i]

„ 1184 Ricardus Cantu. — Saladinus scr. d. pape, **quod libenter dimitteret** quos habe**bat in** captivita**te de** Christiani**s, si tamen**
Ymag histor. II, 25 Christiani dimitte**rent quos habebant de Sarracenis.** [46]
Cap. 177 m Sisidin r. E. scr. **sub eadem forma** d. p. Eraclius — sc. patriarche. Filia regis — Fl. comiti.
„ u. Apud Veronam — prope Maguneiam.

---

f *Dieses Wort mit Kreide durchgestrichen.* g *Von einer etwas späteren Hand in Kreide am Rande.* gb Tumbald *cod.* h episcopo *ins. cod., aber durchstrichen.* i *In etwas späterer Hand mit Kreide auf freiem Reste der Zeile.*

[43] *Jocelin p. 1—6 stellt Hugo als schlechten Wirthschafter dar.* [44] *S. Robert's Miracula beschrieb Jocelin de Brakelonde, wie er selbst, Chronik p. 12, sagt.* [44a] *Merwell in Hampshire, nahe Winchester.* [45] *Die Wahl erzählt Jocelin ausführlich p. 15—18, aber ohne so genaue Daten.* [46] *Das Grossgedruckte ist wol den in den Ymagines Historiarum gegebenen Briefen entnommen. Die Ymagines werden hier zum ersten Male benutzt.*

Cap. 1185 Eraclius — Angliam. Regi Anglorum — in Yberniam. Domi-
278 nus p. conf. — Baldewini **archiepiscopi**. Monachi Sanctae —
Rogacionibus. Gilebertus — patrimonio contentus. Terremo-
tus factus est 17 kl. Maji Eclepsis solis kl. Maji.
" u. Pax reformata — Urb. tercius.
" 1186 Henricus — Siculi regis. Willelmus de Ver — venit in Angliam.
279 Wido — Jerosolimorum
" 1187 Baldewinus — prope Tyberiadem [cum rege Widone].[k]
Margarita — suscepit-
" 1188 Rex Fr. et Ang. — Hungarie ut liberum transitum concede-
Ym52 rent ei et regi Francorum per terras suas versus Jerosolimam.
Cap. 279 u. Reddita — Saladino. Tota Anglia decimata est. Boamun-
Ym57 dus comes — Saladino ut resipisceret et Terram Sanctam re-
Cap. 279 u. stitu**eret**. Inter reges — co**ncilium** prope B. — extremum.
" 1189 Fredericus i. a. Reinburch i. arr. per. Henricus IIus r. A. — Con-
280 o. venit e. multitudo episcoporum apud Londoniam in ordinatione
Sancti Gregorii. Judei eodem die occisi sunt apud Londo-
Ymag 68,69 niam. [Hoc anno (vacat hic; sed in anno sequente)[l] Judei
cf. 75 eciam occisi sunt apud Sanctum Aedmundum dominica in
1190 März 18 Ramis Palmarum. Qui vero remanserunt procuratione
Samsonis abbatis ejecti sunt eodem anno circa festum
c. Oct. 9 Sancti Dionisii]. Willelmus Elyensis episcopus aposto-
lice sedis legatus, concilium celebravit apud Westmo-
nasterium.[47] Anno proximo sequente[48] expulsus est
Cap. 280 ab Anglia. Ricardus r. A. Cisterciensibus — ecclesiarum.
m—u. Treverensis — milia marcarum.
281 o. 1190 Ricardus Londoniensis — sunt Judei per Angliam in pleris-
que locis. Margarita — Eboracensis electi. Exercitus Chri-
stianorum ante Acon magnus fuit. Ibi enim convene-
rant magnates de pluribus partibus Christianitatis cum
populis suis in tantum, quod ipse Saladinus cum toto
Ym. exercitu suo eis resistere non potuisset, nisi esset pro-
82 u.–83 o. dicio ipsorum Christianorum. Anserius enim de M. R. —
Cap. 281 m castella nostra cremari. Willelmus Elyensis ep. intra — justi-

---

k *Von etwas späterer Hand in Kreide.* l *Rubrik zwischen den Linien von der Hand des Textes. Der [desshalb im Texte eingeklammerte] Satz begegnet 1190, an der richtigen Stelle noch einmal.*

47 *Richtiger* 1190, *wo das Concil nach Diceto, Capit. Ymag. p. 281 nochmals erwähnt wird.* 48 *Er war noch 1191 in Bury S. Edmunds (Jocelin p. 38) und ward Ende October vertrieben.*

Ym 83 ciarius. **Philippus** rex Francorum **et Ricardus** rex Anglorum
Cap. apud Vicelacum **iter** Jerosolim**itanum arripuerunt**. Rex Fr.
281 m. iter s. direxit — Marsiliam.
März Hoc anno occisi sunt Judei apud Sanctum Aedmundum
18 dominica in Ramis Palmarum; qui remanserunt, ejecti
Cap. sunt.[49] Willelmus A. leg. convocavit – Glavornam. Frederi-
281 m. *Ym 84* cus imp. tendens Jerusalem – portu Romano, qui ad pe-
C. 281 ticionem pape Romam renuit venire. Baldewinus a., Hub. —
praesedit W. ap. s. legatus. Tancredus — uncias.
Ym. 86 u. Alienor r., iter filii sui prosecuta cum Berengaria filia re-
gis Navarre, quam ducturus erat rex Ricardus in uxorem,
cum per q. d. m. c. f. s. fecisset apud Messanam[m], reversa
Cap. 282 o. est in Angliam. Inter regn. — finis app. est. Baldewinus —
executorem.

cf. Ym 89 o. 1191 Clemens papa obiit.
C. 282 Jacinctus — R. de Planes interfectus est.

o.—u. „ 1192 Reginaldus — *[Cap. 283 o.]* apud Wennam, *[Ym. 106 m]* qui
licet — in vinculis.

„ 1193 Johannes com. Mor. — suum in vinc., ill. spe regnandi — *[Cap.*
Ym. *283 o.]* mun. m. firm. in Anglia. Pridie — persolvende. Rex
106 u. *C. 283* A. retrusus — Franc. et reginam.

„ 1194 Rex **Anglie** solutus – Pacciones plures i. s. — regem **Anglie**.
Walterus – Alemanniam. Confligentibus – victoria. Rex A.
sollempni – veniens Londoniam rec. e. cor. — Herebertus, qui
dicitur Pauper, electus — Engolismensis. Treuge — venit in
Angliam. *[Cap. 284 o]* Rogerus — cr. est.[50]

Ym. 124 o. 1195 Die festo - agilitatem ostenderet, militaribus a. acc. equo c.
p. a. s. ad necem tandem medicorum consilio p. tr. est. **Hoc**
in ulcionem credimus factum quia reg**em** Ricard**um** com-
prehendit de Jerusalem redeunt**em**. *[125 m]* Hubertus — le-
gationis a domino papa accepit.

1196[n]

143 o. 1197 [51] Castrum Andeliacum cepit fundari. Circa dies istos
Willelmus **cum Barba** suspensus est Londoniae **et** 9 **alii** cum eo.
146 o. Johannes dec. Roth. Wigornen**sis efficitur** episcopus.

---

m *über der Linie eingeschaltet von der Hand des Textes.* n *Zu* 1196 *Lücke und hierdurch Verschiebung der folg. Daten gegen Diceto um 1 Jahr.*

[49] *S.* a. 1189; *cf. Jocelin de Brakelonde p. 33; Taxter, Contin. Florent. Wigorn. ed. Thorpe, s. a.* [50] *Letzte Benutzung der Capitula Ymaginum.* [51] *Richtiger* 1196, *Diceto II, 148; Hoveden IV, 14.*

Ym. 150 u. 1198 [o] Willelmus Ely. ep. d. cl. extremum. Robertus prior El. **abbas**
151 u. **efficitur** Eboraci.
152 m Ymbrium — exterruit. Phil. Dun. episcopus efficitur. Marcadeus nephariis [p] ep. Belv. Will. constrictum vinc. **duxit** Roth.
153, 2 XIIII kl. Julii. [52]
MS. D. O. Alwoldus — in ecclesia sancte [q] Marie de Coventre reperiens e. e. et m. induxit. Hugo — canonicos inducens. Hubertus C. a. **et** Hugo L. e. **et** Samson — a Coventreia monachos — Jobertum nomine XV kl. Febr.
159 u. Celestino [53] p. rebus — VI idus Jan. — collocatus. Eustachius
159, 3 Ms. D d. S. ep. El. **efficitur**.
Ym. Galfridus C. e. consecratus est *[163 o.]*. Othoni nep. Augustorum
162 u. Ricardus bone mem. Lond. ep. d. c. extremum. *[164 o.]* Rex
„ 164 A. Ric. **intrans in Franciam** c. m. ex. V **Idus** [r] Octobris re**gem** Francorum insecutus est fug**ientem** et in tanta — fuerunt ferro.

Super qualibet carucata terre in Anglia positi sunt V sol. in plerisque locis, in quibusdam vero comitatibus in quolibet hundredo 25 libre. [54]

162 [55] Sanguis pl. sup. castrum Rupis Andelaci. Tonitruum horribile auditum fuit V Idus Decembris per universam Angliam et in ceteris terris omnibus usque Romam. Willelmus de Sancte-Marie-Ecclesia Londoniensis efficitur episcopus.

166 o. 1199 Ricardus rex A. cum r. — VII kl. Aprilis [56], die Martis, vir operi — secundi.
166 m Joh. dom. Hyb. — legitimus — est **inunctus** in — Huberti **Wal-**
„ **teri** Cant. a. 5 [s] kl. Junii. [57]

---

o *Lies* 1197. p nephanus *Cod.* q *ursprünglich wie Diceto-MS. D. und O.* r Kalendas *Dic.* s sexto *Dic.*

[52] Junii *Dic.* [53] *Diceto's Ms. B gibt das Folgende nicht mehr.* [54] *cf. Stubbs, Constit. Hist. I p. 510. Der zweite Modus, jedes Hundred für 100 Hiden zu belasten, scheint sonst nicht berichtet zu sein.* [55] *Dies fehlt D, steht in A und vielleicht (?) in Otho, das hier verbrannt ist.* [56] *Falsch.* VII kl. Apr. *war der Tag der Verwundung. Unser Annalist lässt den Todestag* VIII Id. Apr., *Dinstag, aus.* [57] *Ende der Benutzung der Ymagines, an derselben Stelle, wo Ms. A u. C enden. Wahrscheinlich schloss also hier auch unseres Verfassers jetzt verlorene Vorlage; während D und O zwei Jahre — vielleicht nicht von Diceto — fortgesetzt sind. — Was fortan in kleinen Typen erscheint, begegnet auch in Wendover, welcher am Rande nach Luard's Ausgabe von Matthaei Pa-*

Post coronationem vero parvo intervallo temporis mo-
c. Juni 23 ram fecit in Anglia, in Normanniam rediens cum festi-
natione.

Ende Febr. 1200 Ante mediam Quadragesimam rediit rex Johannes in
Angliam, et [58] de singulis carucis per totam An-
gliam exegit tres solidos, exceptis tamen carucis vi-
rorum religiosorum. De episcopis et abbatibus et ce-
teris tamen religiosis non modicam pecuniam accepit
sub pretextu redimende pacis versus regem Francie.
c. Apr 30 Rex Johannes rediit in Normanniam et fecit pacem
cum rege Francie, maritans neptem suam filio regis
Mai 22 Francie. Rex Johannes duxit excercitum versus Gasco-
Juli niam [59] et omnes sibi rebelles in brevi subjugavit. In
reditu suo accepit filiam comitis Engolismi et in die
Aug. 24 sancti Bartholomei [60] eam desponsavit. Idem rex cum
regina sua secundo die Octobris [61], coronatus est oc-
Oct. 8 tavo die mensis ejusdem apud Westmonasterium.

Wend in Paris II 475 1201 Rex Johannes celebravit Natale apud Geldeford. Archiepisco-
pus Cantuariensis Hubertus, vocatis multis militibus, Natale
celebravit apud Cantuariam. Militari cingulo donavit cir-
1200 Dec. 25 citer XII juvenes [62], aliis multis festiva indumenta distri-
buit [63], quasi a pari cum rege contendens. Unde et ipsius re-
1201 Febr. gis incurrit indignacionem. Rex adiit Northumbriam, ubi
magnam adquisivit pecuniam. Inde rediens Sabbato Pal-
marum adiit Sanctum Aedmundum; Samson abbas exi-
März 18 buit eum cum omni sequela [64] sua honorifice eo die et
in crastino. Inde recedens adiit Cantuariam. Rex cum

---

risiensis Chronica Majora II (Rolls Series) citirt ist. Doch hat unser Autor diese Stücke nicht aus Wendover, sondern aus einer mit diesem gemeinschaftlichen Quelle. Alle in Taxter übergegangenen Stellen sind nach Thorpe's Florent. Wigorn.-Ausgabe II vermerkt. Vgl. ob. S. 103.
[58] *Taxter 164 Z. 11.* [59] *Siehe das Itinerar durch Südfrankreich. Die Chroniken wissen nichts von diesem Kriegszug. Die Huldigung von Toulouse s. Hoveden IV, 124.* [60] *Das Datum scheint sonst nicht berichtet. Die Ausstattungs-Urkunde ist vom 30. Aug. Rotuli Chartar. ed. Hardy p. 74.* [61] *Ergänze* appulsus? *Johann war am 1. Oct. zu Valognes, am 6. Oct. zu Freemantle.* [62] *Sonst nicht berichtet.* [63] *Wend. sagt* multa militibus suis f. dist. ind. *vom Könige.* [64] *Neue Localnachricht. Am 19. in S. Edmunds laut Itinerar.*

März 25 regina sua die Pasche coronatus est apud Cantuariam. Archiepiscopus Cantuariensis copiosas, ne dicam superfluas ministravit expensas.
Apr. 29 Dominica[65] ante Ascensionem Domini apud Theokesbiri multis magnatibus[66] congregatis, edictum propositum est, ut comites et barones regis cum rege transfretarent; quod et quidam fecerunt, alii vero, impetrata licencia remanendi, dederunt 2 marcas de quolibet scuto.
Mai 13 Celebravit rex diem sanctam Pentecostes apud Portesmue et
Juni postea transfretavit. Rex Anglorum in magnam gratiam regis Francorum receptus est.
c. Juli 1 Parisius a clero et populo cum sollempni processione suscipitur et a rege Francorum modis omnibus sicut decuit honoratur.
Wnd. 476 Hoc anno horride tempestates tonitrua grandines inundaciones pluviarum non solum in Anglia sed eciam in aliis regionibus mentes hominum concusserunt et dampna in locis pluribus intulerunt. Quadragesima pars reddituum ecclesiarum ex precepto[67] pape Innocencii tercii collecta est ab episcopis per dioceses suas ad succurrendum terre Jerosolimitane; tam magnates quam plebei, qui crucis signaculum deposuerant, auctoritate apostolica sub interminatione anathematis resumere sunt coacti.

„ 477 1202 Rex Johannes celebravit Natale apud Argentomum.
März 24 In media Quadragesima habitum est colloquium inter reges Francorum et Anglorum per internuncios inter Buttavant et Guletune,[68] ubi rex Francie fecit summoneri regem Anglie, ut Pari-
April 28 sius veniret 15 die post Pascha, ei responsurus super quibusdam excessibus, quos ei imponebat. Interim, recurrentibus nunciis, convenit inter eos, ut post clausum
Nach April 21 Pascha iterum[69] convenirent inter Buttavant et Guletune de pace tractaturi. Quod colloquium, cum successus non haberet, die sequente ex inproviso rex Francie irruit in castrum de Buttavant et illud solo tenus prostravit.[70] Ex-

[65] *Am 30. April laut Itinerar in Tewkesbury; Wend. liest* Dominicae Asc. die *d. i. 3. Mai; damals war Johann in Marlborough.* [66] *Wend. benutzt hier nebenbei Hoveden.* [67] *Hoveden IV, 165 bringt Innocenz III. Brief darüber vom 5. Mai 1201.* [68] *Le Goulet, bei Vernon.* [69] *Das Itinerar zeigt Johann zu beiden Daten nahe Andely. Die zweite Unterhandlung anderen Historikern nicht bekannt.* [70] *Wend. sagt dafür nach Coggeshale p. 136:* evertit.

inde progrediens cepit in manu forti villam de Augi et castrum de Leuns et alia plura; Radepunt per dies 8 obsidens et nichil proficiens, superveniente rege Johanne, confusus[t] recessit.
Wnd 478 Post dies paucos acies suas convertit ad Gurnai; et, fracto stagno, impetus aquarum maximam partem murorum, qua villa claudebatur, prostravit. Unde fugientibus cunctis, sine omni
c. Juli contradictione rex Francorum villam de Gurnai intravit et optinuit.

Hugo[71] assumptus est in monachum die Assu[*m*]ptionis
Aug. 15 beate Marie Virginis.[u]

Rex Francorum donavit Arturum nepotem regis Anglie cingulo militari.[72] Reversusque Parisius, deputatis prefato Arturo magistris et custodibus et insuper assignatis eidem ducentis militibus de propria familia, misit eos ver-
Ende Juli sus Pictaviam, ut bellicis tumultibus regem Anglie fatigarent. Illis autem proficiscentibus, nunciatum est, reginam Alienor in castro de Mirabel paucorum subfultam presidio commorari.[73] Quo audito, furoris sui impetum illuc converterunt, et ex improviso prefatum castrum circumvallantes, nullo defensorum resistente munimine, ad dedicionem compulerunt. Turrim tamen, in qua se regina cum paucis receperat, obtinere non potuerunt.

Regina vero Alienor in arto constituta nuncios ad filium suum regem Anglie, qui tunc morabatur in Normannia, cum omni festinatione direxit, rogans et obsecrans, ut pietatis affectu matri succurreret desolate. Quo audito rex, omni mora postposita, cum armata manu die noctuque celerius quam credi potest spacium pretervolans itineris longio-
Aug. 1 ris, usque Mirabel[74] pervenit. Quod cum cognovissent Pictavenses, exierunt obviam regi pomposo congressu pugnaturi. Sed rex, Deo volente, superbis eorum conatibus prevaluit et omnes in fugam convertit, tam pernici equorum cursu insistens,

---

t *Im Texte steht* ꝯfusus; *am Rande von wenig späterer Hand* 9fusus. *Das erstere Zeichen verschwand mit s. XIII.* u *Mit anderer Tinte auf einer ursprünglich leer gelassenen Halbzeile.*

[71] *Der spätere (1213—21)* abbas Sancti Edmundi, postea episcopus Eliensis, *Taxter Z. 13—15. Ueber Hugo's Wahl zum Abt schrieb ein gleichzeitiger Mönch eine eigene Abhandlung, MS. Harley 1005.* [72] *Taxter Z 15—17, cf. Coggeshale p. 137 o.* [73] *Taxter Z. 17—19.* [74] *Taxter Z. 19—21.*

fugientibus, ut una cum hostibus suis rex cum exercitu suo castrum de Mirabel ingrederetur. Fuit igitur infra prefati castri ambitum conflictus durissimus sed in brevi finitus. Capti sunt etenim Arturus et plusquam ducenti milites de nobilioribus Pictavie cum eo, ita quod nec unus pes eorum
Wen. 479 evasit.[75] Ligatos igitur in manicis ferreis et compedibus vehiculisque bigarum impositos novo et inusitato genere equitandi transmisit rex partim in Normanniam, partim in Angliam ut forcioribus municipiis absque metu evasionis custodirentur. Arturus vero [*apud*] v Falesiam[76] sub vigilanti remansit custodia. Comes[77] de Flandria cum comitissa sua iter arripuit versus Jerosolimam. Terremotus magnus et horribilis
ib. 480 factus est in Terra Jerosolimitana. — Arturus evanuit. w
ib. 481 [*1203*] Celebravit rex Iohannes Natale apud Cadomum. Peracta sol-
„ 482 nach Apr. 6 lempnitate paschali, rex Francie[78] collecto exercitu cepit plurima municipia regis Johannis, quorum quedam delevit, quedam ad sui presidium integra reservavit. Comites vero et barones Anglie, qui cum rege Johanne erant, accepta licencia, quasi statim redituri[79] ad propria remearunt, rege cum admodum paucis in Normannia relicto. — Hugo[80] de Gurnai, traditor manifestus, castrum de Munford, quod rex Johannes cum toto ipsius honore contulerat ipsi Hugoni, regi Francie tradidit et milites ipsius clam de nocte introduxit; sicque spretis juramentis, non habito respectu ad fidelitatem, quam domino suo ligio debebat, ad regem Francie convola-
Wen. p. 483 vit. — Castrum de Rupe obsessum est. — Magnates Normannie quidam a domino suo rege discesserunt, quidam ficte et x alienato corde ei adheserunt. — Collecta[81] est pecunia per totam Angliam in regis auxilium, scilicet septima pars omnium reddituum baronum et monasteriorum conventualium.[82]

---

v *Aus Wend.* w *In anderer Tinte.* x duplici *am Rande von anderer Hand.*

[75] ita quod non unus solus pes evasit *sagt Johann's eigener, bei Coggeshale p. 138 erhaltener Bericht, der also auch von der Quelle des Textes und Wend.'s benutzt ist.* [76] *Taxter Z. 23—4.* [77] *Taxter Z. 21—3.* [78] *Taxter Z. 25—8.* [79] *Wend. schiebt eine Entschuldigung für die Barone ein.* [80] *Taxter Z. 28—30.* [81] *Taxter Z. 31—5.* [82] *Mit heftigem Tadel gegen den König, Wend.*

Dec. 6 Rex[83] Johannes applicuit in Angliam apud Portesmue die
18 sancti Nicholai. Inde adiit Sanctum Aedmundum[84]; de-
c. 24 *Wen.* inde Sanctum Thomam [archiepiscopum et martirem]. [y]
484 1204 Celebravit [z] rex Johannes Natale apud Cantuariam, Huberto
1203 Dec 25 archiepiscopo omnia necessaria regie festivitati ministrante. —
Jan. 2 In crastino Circumcisionis Domini convenerunt fere omnes magnates Anglie apud Oxeneford, tractaturi de regiis negociis. Promissa[85] sunt regi auxilia militaria, de scuto scilicet due marce et dimidia. Episcopi vero et abbates non prorsus sine
Wen. promissione recesserunt. – Comites et barones se transfreta-
488 März turos cum rege spoponderunt.[86] — Pridie n. Martii cap-
6 tum est castrum[87] de Rupe et omnes milites ducti in Fran-
ib. 489 ciam. — Prima vigilia noctis[88] kl. Aprilis tantus rubor in celo
Apr. 1 apparuit in parte aquilonari et orientali, quod ab omnibus videntibus verus ignis crederetur. Duravit autem usque ad noctis medium; et, quod magis mirum est, in ipso vehementissimo rubore stelle micantes apparuerunt. — Tota[89] Normannia et Andegavia et Cenomannia et Pictavia in regis Francie dominium sine contradiccione cesserunt, [que olim ad dominium regum Anglie solebant pertinere]. [b] —
Comes[90] Flandrie Constantinopolim cepit et factus est imperator Constantinopolitanus.
März 22 Regina Alienor diem clausit extremum XI[91] kl. Aprilis,

y *In Kreide um a. 1300 hinzugefügt. Auf der nächsten Zeile* Celebravit rex, *aber ausradirt und von hier an hinter jedem Jahre drei Zeilen frei.* z *Durch* " " *umgestellt hinter* rex Joh. *Ebenso zu allen folgenden gleichlautenden Jahresanfängen; wahrscheinlich von späterer Hand.* b *In Kreide c. 1300 auf das leere Ende der Zeile eingefügt; nicht in Taxter.*

[83] *Taxter Z. 35—7, also in derselben Anordnung wie hier; während Wendover die Geldsammlung hinter die Landung setzt.* [84] *Johann's Tauschvertrag mit Bury s. Rokewode zu Jocelin Brakelonde 154.* [85] *Taxter p. 166 Z. 1—2.* [86] *Sonst nicht berichtet.* [87] *Taxter Z. 2—4.* [88] *Taxter Z. 4—7.* [89] *Taxter Z. 7—8, dagegen bei Wendover* v o r *dem Nordlicht.* [90] *Taxter Z. 10-2.* [91] XII kl. Ap., sepulta apud Fontem Ebraldi *Taxter Z. 9;* in kal. Apr. *Ann. Waverlei II, 256;* in *vielleicht aus* III *entstanden, was dann mit Necrolog Fontis Ebraldi, das Gussanville zu Petr. Bles. ep. 144 citirt, stimmen würde. Dass das von Pauli, Gesch. v. Engl. III, 308 citirte Necrolog. irrt, zeigt er selbst.*

cujus anima requiescat in pace.[92] Amen! — Rex Johannes interim omnimodis vacabat deliciis, hylarem vultum omnibus exibens, acsi ei nichil deperisset.

Wen. 490 1205 Rex Johannes apud Teokesbiri[93] vix per unius diei morulam
Jan. 14— März 22 Natale celebravit. — Terra[94] vehementissime congelata agriculturam suspendit a 19 kl. Febr.[c] usque ad XI kl. April. — [H]oc anno renovata fuit moneta[95], anno Domini 1158[96] olim facta scilicet anno 1° coronationis Henrici secundi. — Quartarium[97] frumenti 14 sol. vendebatur.
Circa Pentecosten rex congregavit apud Portemue exercitum grandem et navium multitudinem copiosam, mare transiturus, ut in manu forti terrarum quas amiserat[98] dampna resarciret. Archiepiscopo et quibusdam aliis hoc dissuadentibus[99], rex, eorum spreto consilio, cum pauco comitatu,
Juni 13 ceteris ad propria reversis sine regis licencia, idus Junii[100] mare ingressus est. Sed mutato consilio die tercio applicuit apud Stodland juxta Warham. De baronibus militibus
Juni 15 domibus religiosis pecuniam infinitam exegit rex. — Castrum
23 Chinonis[1] in vigilia sancti Johannis Baptiste a rege Francie
ib. 492 captum[2] est. — Hubertus[3] Cantuariensis archiepiscopus 3 idus
Juli 13 Julii diem clausit extremum apud Thenham.
ib 493
494 1206 Celebravit rex Johannes Natale apud Oxeneford. — Rex grandem
nach Mai 21 exercitum coadunavit[4] in ebdomada Pentecostes apud Portemue

---

c *Die folg. 3 Zeilen bis* secundi *in anderer Tinte hineingeklemmt, von derselben Hand (?)*

[92] *Scheint zeitgenössisch.* [93] *Das Itinerar zeigt ihn am 25. Decbr. 1204 in Malmesbury und Tewkesbury, am 26. in Tewkesbury und Malmesbury. Die Orte sind etwa acht Meilen von einander entfernt.* [94] *Taxter Z. 13—4.* [95] *Taxter Z. 14—16. Cf. Ann. Winton. II 79, Coggeshale 151, Ann. Waverl. II 256.* [96] *Ueber diese Münzreform s. z. B o. S. 48. Ihr folgte 1180 eine zweite cf. Stubbs, Const. Hist. I, 488.* [97] quarternum *Taxter Z. 17*, suma *Wend., nur ein anderes Wort für 8 Bushels.* [98] Pro principatu provinciarum quem amiserat *Coggeshale 152.* [99] prohibente *Wend.*, dissuadente *Cogg.* [100] *Johann war 13. Juni in Portsmouth, 16. Juni in Dorchester. — Obwol er am 15. Juli nach dem Itinerar in Canterbury war, folgen die meisten Historiker Wendover (oder Paris in Chr. Maj. und Hist. Anglor.), der an dieser Stelle doch offenbar irrig* Julii *liest; ganz ebenso wie er aus* Junii *bei Hoveden IV, 115 auf p. 461* Julii *gemacht hat.* [1] *Taxter Z. 17—18.* [2] redditum *Wend.*, captum *Cogg.* [3] *Taxter Z. 18 -19.* [4] *Taxter Z. 20—22.*

Mai 26 et naves conscendit VII kl. Junii[5] et applicuit apud Rupellam
Juni 7 VII idus [d] Junii.[6] Quo audito congratulabantur incole terre illius et quantocius [e] ad dominum regem confluentes, opem et auxilium certissimis assercionibus compromiserunt. Securius ergo abinde procedens peragravit provincias et partem terre
Wnd 495 non modicam sibi subjugavit.
Interim quibusdam viris religiosis de pace inter reges reformanda sollicitis, biennales [7] inducias impetraverunt. Factum-
Nov. 1 que est hoc in festivitate Omnium Sanctorum. — Reversus [8]
Dec. 12 est igitur rex in Angliam et applicuit apud Portemue pridie idus Decembris. — Johannes[9] Ferrentinus apostolice sedis legatus, collecta maxima pecunia per totam Angliam, tandem ce-
Oct. 19 lebravit concilium apud Radinges in crastino Sancti Luce Ewangeliste; quo peracto, sarcinulis cum maxima cautela dispositis et commendatis, festinus viator ad mare perveniens, Angliam a tergo salutavit.

Wd. 511 1207 Celebravit rex Johannes Natale apud Wintoniam.
Jan. 27 Sexto kl. Febr.[10] circa mediam noctem ventus vehemens et repentinus adveniens edificia diruit, arbores prostravit, oves et
Febr. 28 pecudes exaggeratis nivibus involvens interire coegit. — Pridie kl. Marcii eclipsis solis.[11]
Wd. 514 Cassatis[12] electionibus Norewicensis episcopi et supprioris Cantuariensis, electus est in archiepiscopum magister Stephanus de Langetune presbiter cardinalis et consecratus a
Juni 17 summo pontifice Innocencio civitate Biterni XV kl. Julii.
Wd. 516 Ob hanc causam rege indignante, expulsi sunt monachi Cantuarienses omnes preter XIII valitudinarios ab Anglia, substitutis quibusdam monachis Roffensibus et de Sancto Augustino et de Faveresham ad ministrandum in ecclesia Cantuariensi, per preceptum regis, Fulcone de Cantelu procurante immo dissipante exteriora, terris archiepiscopi remanentibus incultis.

---

d Julii *cod. und Wend.* e quamtocius *cod.*

[5] *Wend. wieder falsch* Julii *s. Anm. 100.* [6] *Am 8. Juni in La Rochelle. Itinerar.* [7] *Taxter Z. 22—3.* [8] *Taxter Z. 24—5.* [9] *Taxter Z. 25--30, dagegen bei Wendover vor den letzten 2 Zeilen.* [10] *Taxter Z. 30—1.* [11] *Ebenso Walt. Coventr.; Taxter Z. 32; nicht in Wend.; ohne Datum Paris p. 520.* [12] *Taxter p. 166 letzte Z. —167, 5.*

Circa festum sancti Clementis maxima fuit inundatio aquarum.
Eodem anno die sancti Remigii [13] regina peperit filium, et vocatus est Henricus. — [14] **Rex** [15] Otto venit in Angliam [16] et, colloquio habito inter regem Johannem avunculum suum et ipsum apud Stapelfordam [16b], in thalamo Samsonis abbatis Sancti Aedmundi, rediit [17] in terram suam, acceptis 5 milibus marcarum argenti a domino rege. — Terciadecima [18] pars data est regi de omnibus catallis habitis in octavis [19] Purificationis sancte Marie. Solus archiepiscopus Eboracensis nolens consentire, res suas relinquens direpcioni, clamculo recessit ab Anglia. — Hoc anno et precedente fructus terre in omnibus pomeriis fere defecerunt.

1208 Rex Johannes celebravit Natale apud Windelsores.
Facta est inundatio aquarum vehementissima et dampnosa.
In crastino Purificacionis beate Marie eclipsis lune [20] primo coloris sanguinei postea teterrimi.
Londoniensis [21] Elyensis Wigornensis episcopi ex precepto domini pape X kl. Aprilis totam Angliam sub generali interdicto incluserunt, quia rex Johannes inobediens preceptis domini pape, archiepiscopum Cantuariensem [f] et monachos recipere recusavit. Ob quod dominus rex vehementer indignatus, omnes redditus ecclesiasticos confiscare disposuit et pro parte majori in usus suos convertit. Ob reverenciam tamen Sancti Aedmundi abbaciam Sancti Aedmundi in omnibus libertate pristina donavit apud Geldeford [21a], ubi Pascha celebraverat. — Amice [22] cleri.

---

f Cart., *unter* r *ein Punkt*, *über* a *ein Strich cod.*

[13] *Taxter 167 Z. 14—6.* [14] *Taxter Z. 11—4.* [15] Imperator *Wend. Dies würde genügen, um zu zeigen, dass er nicht Quelle unserer Annalen ist.* [16] *Kurz vor Ostern. Winkelmann, Philipp von Schwaben 404—6. Der Ort neu.* [16b] *In Essex, nahe London.* [17] *Vor dem 12. Juli in Braunschweig ib.* [18] *Taxter Z. 16—19.* [19] *Die Patent-Rolle datirt vom 7. Febr. Wend. gibt hier den 2. Febr. wol nur durch Auslassung des* octavis; *denn die Steuer wurde zu Oxford gewährt, wo das Itinerar den König am 10. und 11. Febr. aufweist.* [20] *Taxter Z. 20—1* solis. [21] *Taxter Z. 21—7.* [21a] *Guildford in Surrey. Johann gibt dem Abte die wegen des Interdicts süsirt gewesenen Güter am 7. April 1208 zurück: Rot. Lit. Claus. p. 110.* [22] *Taxter Z. 27—9.*

corum Anglie coacte sunt per ministros regis ad sese redi-
Wd. 523 mendas. — [23] Horrea clericorum Anglie obserata sunt et cu-
stodiis ex parte regis positis tradita.
Juni 21 Philippus dux Suavie, regis Ottonis adversarius, in
propria camera occisus est. [24] Archiepiscopi, episcopi,
Nov. 11 duces et ceteri principes Alemannie fidelitatem et ho-
magia fecerunt Ottoni. [25]
Wd. 524 Willelmus de Brause circumvallatus hostibus vix evasit
ib. 522 cum tota familia sua fugiens in Hyberniam. — Facto inter-
dicto [26], Londoniensis, Elyensis, Wigornensis et Herefordensis
ib 524 episcopi ab Anglia recesserunt. — Albi [27] monachi in principio
interdicti cessantes, postea ad mandatum abbatis sui divina ce-
lebrare presumpserunt; unde excommunicati fuerunt. [28]
1209 Rex [29] Johannes celebravit Natale apud Bristowe et ibi pro-
hibuit capturam avium. — Dux Saxonie [30] Henricus venit in
Mitte März Angliam ex parte regis Ottonis colloquium habiturus cum
domino rege. — Lodowicus [31] filius Philippi regis Francie cin-
Mai 17 gulo militari donatus est apud Compendium et centum alii cum
eo. — Ecclesiis [31a] Anglie conventualibus indultum est semel in
ib. 525 ebdomada celebrare divina clausis [32] januis. — Rex [33] Anglie
Ende Juli oder Anf. Aug. duxit exercitum grandem usque ad Scociam, ubi confe-
derati sunt reges Anglie et Scocie, datis obsedibus regi
Anglie. — Combuste [34] sunt sepes et fossata complanata ubi-
que per forestam, et segetes tradite bestiis ad devorandum.

---

[23] *Bei Wend. geht dieser Satz dem vorigen vorauf.* [24] *Fehlt Wend. Bei Matth. Paris p. 524 auch gut Welfisch* dux Suaviae; *aber* in propr. cam. *fehlt. Es steht bei Taxter Z. 29—30.* [25] *Taxter 167 Z. 30—168, 1 fehlt Wend. Frankfurter Reichstag cf. Winkelmann, Otto IV, 122.* [26] *Taxter 168 Z. 1—3; bei Wend. zwei Seiten vorher, vermuthlich um Gleichartiges zusammenzuordnen. Aber die Bischöfe verliessen England erst, nachdem ihr Bann gegen die Confiscatoren des Kirchenguts wirkungslos gewesen. Ann. Waverlei II, 261.* [27] *Taxter Z. 3—5.* [28] *Cf. Innoc. III Ep. XI, 141, Aug. 22.* [29] *Taxter Z. 5—6.* [30] *Taxter Z. 6—8; während Wend. und Paris (auch in Hist. Anglorum II, 117) irrig* Suavie. — *Der Rheinpfalzgraf heisst in allen englischen Quellen der Zeit regelmässig* dux Saxonie — *Ueber diese Gesandtschaft s. Sudendorf, Welfen-Urkunden des Tower No. 17—20; Winkelmann, Otto IV, 152.* [31] *Tax. Z. 9.* [31a] *Tax. Z. 11—2; bei Wend. vor dem vorigen Satze.* [32] *Diese zwei Worte auch W. Coventr. MS. Gale, Chron. Lanercost, Chron. Melrose.* [33] *Taxter Z. 12—4.* [34] *Taxter Z. 14—5.*

Wd. 525 Rex Johannes cepit homagia de omnibus hominibus libere tenentibus per totam Angliam, tam de clericis quam de laicis liberum tenementum tenentibus, et Walenses venerunt facere homagia sua apud Wdestoch. — Albis monachis iterum indultum est semel in ebdomada celebrare divina, sicut ecclesiis conventualibus.[35] — Stephanus[36] archiepiscopus Cantuariensis et Londoniensis et Elyensis episcopi ex mandato regis Johannis venerunt in Angliam *c. Sept 29* circa festum sancti Michaelis[37], colloquium cum eo habituri et de pace ecclesie tractaturi. Sed nunciis regis et archiepiscopi intercurrentibus, nichilque proficientibus, redierunt in Franciam infecto negocio.

Abigei[38] homines nepharii et nominis Christi inimici ab exercitu collecto per Franciam pro parte majori deleti sunt in partibus Tolosanis. — Rex[39] Otto profectus est Romam et ibi coronatus diademate imperiali *Oct. 4* IIII nonas Octobris die existente dominica.

Sentencia[40] lata est in dominum regem Johannem circa *" 9 vor Nov 8* festum Sancti Dionisii, nisi satisfaceret ecclesie infra[41] octabas Omnium Sanctorum quod non fecit. — Omnes[42] episcopi de Anglia recesserunt, ne regi Johanni com- *Wd. 528* municarent, preter[43] Wintoniensem. — Hugo[44] Lincol- *Dec. 21* liensis episcopus consecratus est a Stephano Cantuariensi archiepiscopo in Francia apud Meludinum die[45] sancti Thome apostoli.

1210 Celebravit Natale rex Johannes apud Windelsores, ubi inter-

---

[35] *Fehlt Wend. Cf. Innocent. III Ep. XII, 10; 6. März.* [36] *Taxter Z. 16—20; fehlt Wend.* [37] *Am 2. Octob. nach Ann. Waverlei II, 263*; Octobris . . mense *Ann. Dunstapl. III, 32.* [38] *Taxter Z. 20—3, fehlt Wend.* [39] *Taxter Z. 22—4, während Wend. p. 525 hierfür dem Stück XIII folgt.* [40] *Taxter Z. 24—28.* [41] *Frist von nur* quindecim dies *Ann. Winton. II, 81. Aber der Bann ward im November ausgesprochen. Ann. Dunstapl. III, 32.* [42] *Taxter Z. 28—29.* [43] Solus Wintoniensis remansit in Anglia *Walter II, 202 und Ann. Dunst. III, 31. Peter des Roches, Johann's Minister, war allerdings 1209 der einzige in England anwesende Bischof.* [44] *Taxter 168 die letzten 3 Zeilen.* [45] *Ebenso Wykes. Dagegen Ann. Wigorn. und Wend. ohne Ort*, 13 kal. Jan., *also 1 Tag früher, am Sonntage.*

fuerunt omnes magnates de Anglia communicantes ei. — Gelu [46]
gravissimum per 7 ebdomadas durans semina frugum hie-
Wnd. malium exussit, pecudes et volucres et pisces interfecit.
529 Orta [47] est dissensio inter dominum papam et imperatorem.
528 Judei [48] per totam Angliam capti, tam femine quam masculi,
529 carcerali custodie traditi sunt. — Exercitus [49] grandis col-
Anf. Juni lectus in Wallia apud Penbroc cum rege profectus est in
Ende Aug. Yberniam. Ibique eis, que ad pacem erant, dispositis,
ib. 530 in Angliam remeavit. — De domibus religiosis per Angliam
cujuscumque ordinis sine exceptione ad grave tributum
persolvendum regi coacti [ff] sunt. [50]
Wd. 529 Imperator [51] Otto a domino papa Innocencio excommunica-
Nov. 18 tus est, et omnes magnates Alemannie a fidelitate ei pre-
standa absoluti, quia regem Sicilie orphanum et pupillum
ac apostolice tutele relictum usque ad exheredationem
persequi non cessabat.
531 Matildis uxor Willelmi de Brausa et Willelmus filius ejus car-
cerali custodie deputati defecerunt. [52]
Turris apud Sanctum Aedmundum fortissima absque
omni impulsu [53] turbinis aut tempestatis magis prodi-
Sept. 23 giosaliter quam causaliter cecidit 9 kl. Octobris.
1211 Rex Johannes transegit Natale apud Eboracum. — Walliam [53a]
Juli–Aug. totam sibi subegit et leges et assisas Anglie Walensibus
imposuit. — Willelmus de Brausa apud Codubam [54] diem clausit
ib. 532 extremum et sepultus est Parisius apud Sanctum Victorem.
Herbst Comes Bolonie a rege Francie recessit. [55]
531 [56] Pandulfus subdiaconus sedis [57] apostolice cardinalis et frater

---

ff *sic cod.*

[46] *Taxter 169 Z. 2—4. Cf. Ann. Teokesbur, Wigorn., W. Coventr. II, 201.* [47] *Taxter Z. 1—2.* [48] *Taxter Z. 4—5, bei Wend. vor dem vorigen Satze.* [49] *Taxter Z. 5—7.* [50] *Fehlt Wend., aber ähnlich Paris p. 530.* [51] *Taxter Z 10—4, bei Wend. in anderer Reihenfolge.* [52] *Taxter Z. 7—10, der* apud Windlesoram fame interierunt *aus Wend. 531 entnimmt.* [53] *Battely im Gegentheil p. 86* impulsu venti *nach Taxter Z. 14—5.* [53a] *Taxter Z. 17—8.* [54] *Taxter Z. 16—7.* Cordubam *Wend.,* Curbulam *Paris.* [55] *Taxter Z. 19. In Wend. vor dem vorigen Satze.* [56] *Taxter Z. 19—22. In Wend. stehen die folg. drei Sätze vor den zwei letzten Absätzen.* [57] *Nur Wend., in Paris ausradirt.*

Ende Juli Durandus venerunt in Angliam cum mandatis apostolicis ad
Sept. reformandam pacem inter regnum et sacerdocium. — Sed dia-
532 bolico instinctu prepediti infecto negocio redierunt. — Scutagium captum est ab hiis, qui exercitui Walensium non interfuerunt scilicet 2 marc. — Vir nobilis et miles egregius Rogerus[58] constabularius Cestrie vitam finivit.

1211 1212 [g] Rex Johannes celebravit Natale apud Wildeshores.
Dec. 25 Sexto [59] die Natalis Domini apud Sanctum Eadmundum
30 obiit pie [*me*]morie Samson, venerabilis abbas ejusdem loci. Qui, cum feliciter abbatiam sibi commissam rexisset annis XXX [60] duobus mensibus minus [h] et eam debitis multimodis liberasset, privilegiis libertatibus possessionibus edificiis amplissimis ampliasset, cultumque ecclesie in interioribus et exterioribus sufficientissime instaurasset [61], ultimo filiis vale presentato, a quibus benedictus in secula meruit benedici, astantibus omnibus non miserabilem sed mirabilem ejus transitum admirantibus, anno interdicti IIII^to^ quievit in pace.

Otto imperator, dispositis pro libito omnibus in regno
1211 Nov. Apulie et in insulis [62] adjacentibus, reversus est in Tusciam ubi, dum moram aliquandiu faceret, tractatum est de pace inter dominum papam Innocentium [63] et ipsum; sed infecto negocio Italiam [64] intravit excommunicatus.

1212 Dominica qua cantatur Letare Jerusalem [65] filius [66] regis
März 4 Scocie, quamvis statura parvus, procerus tamen et aspectu placabilis [66a], a rege Anglie Londonie apud domum Hospitalis [67] cingulo militari donatus est, et ipse 12 nobiles de Scocia fecit milites eodem die. — Quidam cognatus regis Scotie,

---

g *Das Folgende von anderer, doch nicht späterer Hand.* h d. m. m. *blau über der Linie.*

[58] *de Lacy.* [59] *Taxter Z. 23—4, cf. Rokewode zu Jocelin p. 156.* [60] *cf. oben* a. *1182.* [61] *cf. Stück XIII, M. Paris II, 533. Samson's Wirken s. Phillips l. p. 134 c.* [62] et Sicilia *auch Ann. Wigorn. IV, 400. Der Angriffsplan gegen Sicilien blieb unausgeführt.* [63] *Die fruchtlosen Verhandlungen zu Montefiascone (cf. Winkelmann, Otto IV, 283) sind nur diesem Engländer bekannt.* [64] *Anfang 1212 in der Lombardei.* [65] *Taxter Z. 24—5.* [66] *Alexander, später II.* [66a] *"Klein, aber (nicht dick, sondern) schlank und gefälligen Ansehens."* [67] *zu Clerkenwell, cf. Stück XIII und Wend.-Par. II, 533.*

Macwillelmus [68] nomine, cum multitudine gravi Scotiam applicavit et maximam partem terre depopulatus est, multis utriusque sexus conditionis et etatis morti addictis; et hoc, ut dicitur, de assensu quorundam magnatum Scotie. Rex Johannes misit in auxilium regis Scotie Brebancios multos, ducente [68b] eos quodam nobile Anglico. — Rex Johannes profectus
c. Juni 28 est Dunolmum, colloquium habiturus cum rege Scotie; eoque illac degente, Walenses [69] confederati juramentis et obligationibus mutuis constricti omnes sub Leulino (qui in Pascha
März 25 cum rege Anglie fuerat, dicto rege apud Kanteberge [69a] Pascha celebrante) insurrexerunt subito et ex insperato in regem Anglie, castra, que rex Anglie fecerat in Wallia, nullo
c. Juni resistente, devastantes, homines regis Anglie omnes, nullo delectu habito, decapitantes; inter quos Robertus Lupus [69b], qui multa mala Walensibus intulerat, captus est.

Mai Imperator Otto nuncios suos [69c] in Angliam ad regem avunculum suum direxit Cunradum de Diche et alium Cunradum et [70] quendam senescallum suum; quibus negocia domini sui et causam legationis sue proponentibus, rex multa contulit in auro et argento, equis et vestibus variis; sicque reversi sunt. — [C]omes Bolonie [71] multis a rege Anglie ditatus pecuniis in partes transmarinas reversus est, Hugone de Bove [72] nobile quodam transmarino et milite strenuo, ut dicitur, cum dicto comite iter agente.

---

[68] *Cf. Walter Coventr. ed. Stubbs II, 206.* [68b] *Robertson, Scotland under her early kings I, 428 hat also richtig combinirt, dass Johann nicht, wie Walter sagt, selbst nach Schottland zog.* [69] *cf. Brut y Tywysogion p. 270; Annales Cambriae (ebenfalls ed. Williams ab Ithel) p. 68; Walter Cov. II, 206; Coggeshale 164; Wend. 534, Ann. Margan., Winton. (a. 1211), Dunstapl. p. 33, Wigorn. s. a.* [69a] *Cambridge.* [69b] *Custos des vacanten Bistums Chester seit 9. Oct. 1208: Pat. Rolls p. 86.* [69c] *Johann rühmt sie in der Antwort an Otto IV., Sudendorf No. 24. Cf. Winkelmann, Otto IV, 354.* [70] et *vielleicht zu streichen. Denn Otto's IV. Seneschall, der sehr oft zwischen England und Deutschland Gesandtschaften besorgte, war Conrad von Wilre. Johann's Privileg für ihn bei Sudendorf No. 20.* [71] *cf. Pauli III p. 368, Winkelmann 353.* [72] *Ueber Hugo's spätere Dienste für Johann ib. 379, 398, 400, 405, 422, 437, 439—40.*

1212 Juli 1 Malgerus Wigornensis episcopus apud Pontiniacum [72c] diem clausit extremum ibique in pace sepultus est.

Mai 24 [R]ex Anglie nuncios suos direxit ad imperatorem Walterum de Grai cancellarium suum, Saerum de Quenci comitem Wintonie, Willelmum de Cantelu dapiferum suum, Willelmum [73] Traigoz, qui in Allemanniam profecti pre nimia commotione terre cum magno conductu vix ad imperatorem pervenerunt. Quibus ibidem commorantibus [74], imperator in *Juli 22* expeditione [75] existens cum filia ducis Suevie Isabel [76] matrimonium sollempniter contraxit eamque carnaliter cognovit, *Aug. 11* que paucis diebus post optato fruens matrimonio in fata cessit.

Robertus de Veteri Ponte [76b] a Walensibus obsessus et ad desperationem fere perductus cum multis aliis vix per regem Anglie cum celeritate summa properantem liberatus est, castro in quo obsessus erat igne consumpto funditus.

Nach Mai 24 [G]odefridus de Luvein [77] ex precepto regis per [i] Flandriam latenter iter faciens, ad ducem de Luvein iturus, a filio regis Francie Lodowico captus est. — Prepositus Sancti Audomari de consensu burgensium reddit burgum cum pertinenciis et arium [k] cum pertinentiis Lodowico filio regis Francie. — Orta est dissensio inter Lodowicum et comitem Flandrie [78], rege Anglie inde gaviso et auxilium contra ini-

---

i Fr[anciam] *ins. cod. aber durchgestrichen.* k *sic cod.* = ariam?, *was bei Du Cange für* area, *Marktstadt.*

[72c] *cf. Stück XIII, Wend. II, 533, Ann. Waverle. II, 267.* [73] *Nach dem Begleitschreiben, Sudendorf No. 24 u. 25* Robertum. *Die übrigen Namen stimmen. Vgl. Winkelmann, Otto IV, 354.* [74] *Dies sonst nicht berichtet.* [75] *Taxter Z. 26—8.* [76] *Otto IV. heirathet Beatrix, Tochter König Philipps, zu Nordhausen, Winkelmann Otto IV, 308.* [76b] *cf. Ann. Cambriae II, 68* a. 1212: Robertus de Wepini in fugam versus in Angliam vix evasit; *Brut y Tywysogion* a. 1211 *(e'n Jahr zurück, wie auch Johann's Zug gegen Irland* 1209 *statt* 1210 *erzählt wird):* Mathraval in Powys, made by Robert Vepont, they subdued and whilst they were reducing that, the king with a vast army came to oppose them, and he himself burned it with fire. *(Uebs. Ed. Williams ab Ithel).* [77] *Johann's Brief an Heinrich von Brabant, vom* 24. *Mai, erwähnt dieses Boten, Sudendorf No.* 25. [78] *Ferrand, durch seine Gemahlin, die Tochter Kaiser Balduins, Graf von Flandern. Lud-*

micos non modicum sperante. Sed astucia regis Francie discretione previa turbata sedavit.

Oct. 25 Johannes Cumin, archiepiscopus Diflinensis in senectute laudabili et admirabili [78b] mortuus est et ad patres suos positus; post quem electus est ad sedem illam archidiaconus [79] de Stafforde, qui a rege Anglie licenciatus in Yberniam profectus est.

Johannes Norwicensis episcopus II^us, collecto exercitu, terram regis de Keneliun [79b] in manu forti ingressus, castrum ibi firmavit. Quod dictus rex moleste ferens, collecto exercitu suo, dictum episcopum fugavit, multosque de exercitu suo interfecit. Castrum tamen debellare non potuit.

[*R*]icardus de Marisco [80], precipuus regis Anglie consiliarius, debita Judeorum cum usuris ab omnibus improbissime exigens, multos desolatos constituit.

Fama (malum, quo non aliud velocius) de comitatu in comitatum, de civitate in civitatem, de castro in castrum, de vico in vicum discurrens, apud quosdam predicavit: reginam raptam, juniorem filium regis apud Merleberge interfectum cum magistris et custodibus suis, castrum succensum, et omnia, que in castro erant, direpta; apud alios: thesauros regis apud Bristov raptos ab advenis; apud quosdam: exteros in Angliam in manu valida applicuisse. Hec omnia nil esse, rei exitus declaravit.

Juli 11 Ignis [81], in furore succensus, Londoniis ultra pontem [82]

---

wig VIII. beanspruchte Aire und S. Omer als Erbe der Mutter, einer Nichte des Philipp von Elsass, cf. Geneal. Flandr. Mon. Germ. SS. IX, 330. [78b] *cf. Walt. Cov. II, 208.* [79] *Heinrich, geweiht* 1213 *Ann. Wav. II, 273.* [79b] *Cenel-Eoghain (Kinel-Owen) in der jetzigen Grafschaft Tyrone. Ueber Johann de Gray's Niederlage vgl. Annals of Loch Cé ed. Hennessy I,* 247. [80] *Später Bischof v. Durham. Damals wegen Erpressung von Geistlichen berüchtigt, wurde er, weil er vor Johann administrirt hatte, noch* 1212 *nach Rom zur Verantwortung gezogen. Ann. de Dunstaplia (Ann. monast. ed. Luard III) p.* 40. [81] *Taxter Z. 28—30.* [82] *Southwark, cf. die dortigen Ann. in Matth. Paris II, 536 und in Stück XIV unten, ferner Ann. Monast. I, 60, II, 268, IV, 400, Chron. London. (in Liber de antiq. legibus ed. Stapleton für Camden Soc.) p. 3, Walter v. Coventry (ed. Stubbs) II, 205.*

maximam partem civitatis cum ipsis civibus et ecclesiis et possessionibus et suppellectili diversimoda devoravit, nec ponti detulit, quamvis elemento contrario[m] [*pro*]xime superposito. Tanta enim virtute protenditur[mm], ut merito apud quosdam dubitetur, utrum plures flamma consumpserit, seu fumus extinxerit, aut flammam fumumque fugientes aquis immerserit perituros. An talia in detestationem impietatis humane, sine qua nil factum est, divina providerit dispositio, quis ambigat? cum peccatum naturale apud omnes inolitum aqua deleverit in diluvio, et, quod contra naturam sodomitica produxit detestatio, ignis assumpsit!

c. Ende Iuli Rex Anglie in Walliam profecturus, victualia ad Cestre[82d] duci fecit in multitudine non prius audita, a singulis domibus Cysterciensis[m3] ordinis bigas[83] accipiens ad arma et cetera, que exercitui suo expedirent, deferenda. — De singulis comitatibus, baroniis, monasteriis et prioratibus pedites[n] cum ligonibus et securibus electi sunt et, ut in Walliam eant, iter arripiunt.

Detectum[84] est interius[nn] et regi datum intelligi, quod omnes nobiles ejus per dominum papam a fidelitate ei prestita absoluti, litteras domini pape receperunt, insuper quod de eo capiendo, si Walliam secundum propositum suum proficisceretur, ab[o] omnibus magnatibus suis una et consona deliberatione provisum esset et statutum. Rex, hoc audito, *Aug.* non parum timens sibi, apud Notingeham moram fecit, precipiens, ut singuli quique ad propria remearent. Nec erat Anglicus quis, cui proditionis notam non imponeret. Ecce regni universalis turbatio; trepidant universi, regis seviciam timentes. Tandem vero, a nobilibus obsides accipiens et eorum nobilium saltem consilio se crediturum, remotis a

m *Statt* pro *ein Loch im cod.* mm propenditur, *aber unter dem zweiten* p *ein Punkt und darüber* t. m3 Cysterniensis *cod.* n pedices *cod.* nn *Vielleicht* interim *gemeint.* o ab *wiederholt.*

82d *cf. M. Paris II, 534.* 83 quadrigas *Coggeshale p. 164, cf. Ann. Waverl. 268.* 84 *Stark gekürzt Taxter 169 die vier letzten Zeilen, cf. Walt. Cov. II, 207; Coggeshale 165; Wend. 534, Ann. Margan, Waverley II, 268, Dunstapl. 34, Wigorn. s. a.*

familiaritate sua alienigenis, promittens, rex securitati redditus est. — [*R*]obertus [85] filius Walteri, capi jussus sed premunitus, premissis sub silentio uxore et prole sua, Galliam adiit, que nulla fuit in alios, ut viderat, misericordiam regis non expectans. — Rex [86] Anglie securitatem literatoriam accepit a nobilibus Anglie, quod, contempto papa et omnibus aliis, starent cum eo contra omnes. — Galfridus [87] Norwici, clericus [88] nobilis, eo quod diceretur scriptum domini pape coram baronibus de Scaccario recitasse, a rege vocatus, ut rationem redderet, apud Notingeham captus est et in tantum [p] ferro vestitus [88b] quod mortuus est. — Archidiaconus [89] de Huntedune [90] captus est et incarceratus, sed, datis 2 milibus marcis, servatis dignitate et loco et familiaritate, Londonias remissus est.

Rege a conventu Sancti Aedmundi [91] auxilium onerosum petente, coactus est conventus, quamvis [q]

---

p tm *cod., dazwischen ein Haken, der sonst* er *bedeutet;* interim *Taxter.* q *Hier endet cod.*

[85] *Tax. 170 Z. 1—3, cf. Coggeshale 165; Wend. 534; Walt. Cov. II,* 207. [86] *Taxter 3—5.* [87] *Taxter 5—9.* [88] *Wend. II, 527, dem Paris folgt, setzt dies* 1209 *und nennt ihn irrig Archidiacon; wie Luard schon bemerkt, hiess der damalige Archidiacon von Norwich auch Gottfried. Coggeshale* a. 1212 „clericum"; *so auch Ann. de Dunstaplia (wo überhaupt eine Verschiebung um* 2 *Jahre)* a. 1210 *und Paris (II, 537, nicht Wend.)* a. 1213. [88b] capa indutus plumbea *Wend.* [89] *Abgekürzt Taxter 9—11.* [90] *Wilhelm von Cornhill, wie der vorige vom Exchequer, seit* 1215 *Bischof von Lichfield.* [91] *Hiermit hängt wol Taxter p. 170 Z. 11—13* Burgenses S. Edmundi promiserunt, quamvis inviti . . collectam *zusammen.*

XII. Annales Colecestrenses.

Die Benedictiner der Johannis-Abtei zu Colchester, in Essex dicht an der Grenze Suffolk's, holten sich als Leitfaden für die allgemeine Geschichte aus dem nahen Bury S. Edmunds die Taxter'sche Chronik, deren früherer Theil im Wesentlichen ein Auszug erst aus dem in Worcester interpolirten und fortgesetzten Marianus Scotus, dann aus den Annalen von S. Edmunds [1] *(Stück XI) ist. Aus einem solchen Exemplar beantwortete Colchester* [1a] *1291 Edward I. Anfrage, betreffend die Hoheit Englands über Schottland. Etwa in demselben Menschenalter fügte man einige Zusätze über das eigene Stift hinein.*

Eine Abschrift dieses vielleicht verlorenen Exemplars ist das im folgenden Druck benutzte MS. Harley 1132. An Lücken, falschen Interpunctionen und Initialen, Lesefehlern wie VIII *für* uni, *erkennt man den mechanischen Copisten. Seine Hand ist die der Mitte des XIV Jh.; zum Jahre 1120 erwähnt er am Rande einen Vorgang von 1320. Heute ist das MS. verstümmelt: es fehlen der Anfang bis a. 231, das Stück a. 299—500, und, wie das am unteren Rande des letzten Blattes für den Beginn der nächsten Seite vorgeschriebene Wort zeigt, das Ende hinter a. 1193. (Der Catalog sagt: 1215, das ist aber das Jahr von Marian's Zeitrechnung). Der Band gehörte den Antiquaren Fox, dann Le Neve. Als aus S. Edmunds stammend ist er irrig wol nur seines Taxter'schen Inhalts wegen bezeichnet worden.*

Für das Stück h i n t e r 1152 ist die Thorpe'sche Ausgabe [2]

---

[1] *Doch hat Taxter vielleicht auch deren Material, die Normannisch-Südenglischen Annalen und Diceto benutzt. Zu* 1040 *bringt er die Sagen über Heinrich III.:* ista invenies in libro Will. de Malmesburi.
[1a] *Palgrave, Docum. and Rec. ill. the Hist. of Scotland p. 110.* [2] *Sie lässt den Anfang des Marian-Florenz bis* 449, *sämmtliche aus Marian stammenden Stellen trotz stilistischer Abweichungen aus und ebenso ganze Sätze von der Fortsetzung aus Worcester und Bury S. Edmunds.*

[Randnotiz Tax. *mit Seitenzahl] und, wo diese wie z. B. 1162 lückenhaft war, das ihr zu Grunde liegende MS. Cotton Julius A I [Randnotiz:* Tax. Jul.*], für den Anfang* vor *1152 aber nur das letztere mit dem Colchester'schen MS. verglichen, und nur das, was Tax. und Tax. Jul. fehlt, von a. 742 an hier abgedruckt worden. Allerdings hat sicher ein anderes Taxter-MS. als Julius den Mönchen von S. John's vorgelegen, da in Julius im Anfang fast alle Jahreszahlen fehlen und z. B. 1115 schlechtere Lesarten als in Harley begegnen. Also mögen auch von den hier gross gedruckten Nachrichten einige wie die zu a. 870 anderen Taxter'schen Handschriften entstammen.*

Ausserdem ist Gottfried von Monmouth für a. 542 benutzt und als Liber de Bruto *citirt, ferner Malmesbury zu a. 849 herangezogen und genannt. Ohne Namen der Vff. erscheinen Stücke aus einem Diceto-Codex der Classe B und einem Radulf von Coggeshale* [3] *in einem MS., das mit keinem der letzthin herausgegebenen identificirt werden kann. Coggeshale liegt dicht bei Colchester und hatte selbst das Werk des Diceto, des Decans der nahen Londoner Kathedrale, verwerthet.— Durch das Ausschreiben zweier Quellen ist einige Male Ein Ereigniss zweimal erzählt worden.*

Historisch beachtenswerth sind lediglich die Localnachrichten des folgenden Werkes: über die Succession der Aebte von Colchester 1115, 7, 40, 58, 68, 84, 5, den Kirchenbau 1115, 33, den Tod des Stifters Eudo dapifer 1120 (und seine Translation 200 Jahre später) und seiner Gemahlin 1121. Aus der Nachbarschaft wird die Gründung der Celle Snapes 1155 (s. auch die Priorensuccession 1185) sowie der Klöster Leystone 1183 und Butley 1171 vermerkt, aus dem letzteren auch die Kirchweihe 1188 und ein Wechsel im Priorat 1192 berichtet. Besonders wichtig aber ist die längere Gründungsgeschichte von S. John's zu a. 1095. Einen ähnlichen Bericht verwerthet Cromwell, History of Colchester I, 221 und druckt Monasticon Anglic. IV, 607 "aus MS. Nero D VIII." Dies sind nur drei, s. XVI med. schön geschriebene Papierblätter, auf denen die Reihe der Aebte bis 1533 geführt ist, mit der

---

[3] *Randnotiz:* Cogs. *Ausg. Stevenson in Rolls Series.*

Ueberschrift: Marianus libro tertio de monasterio Colecestrensi et ejus fundatore. *Da diese* Genealogia Eudonis *vielfach vollere und bessere Lesarten gibt als unser MS. Harley, so ist nicht dieses selbst, sondern wol des letzteren oben besprochene Vorlage unter dem 'Marian' verstanden. Sie ist keine Abschrift, sondern eine stilistische Ueberarbeitung mit vielen Auslassungen, aber vermehrt mit bunten Sagen (cf. Freeman, Norm. Conq. III, 683) und meist weniger für die Mönche gegen den Stifter parteilich als MS. Harley. Unzweifelhaft lag beiden eine echte alte Ueberlieferung zu Grunde, deren erste Aufzeichnung sich jetzt nur aus dem Drucke des Monasticon und dem nachfolgenden wiederherstellen lässt.*

Dic. Abbr. Chron ib. 543 nur B [a] Anno ab Incarnacione Domini 524 Arturus rex Britonum Britanniam exiens, sibi Franciam subjugavit et comicia suis distribuit.[1] In ultima Britannia, quam Arturus optinuit, precipua ferri materia est, sed aqua ferro violentior, quippe temperamento ejus ferrum acrius redditur. Nec ullum apud eos telum probatur, quod non fluvio Calibi tinguatur. Unde etiam finitimi [b] gladium ejusdem Arturi Caliburch dicunt.

" Anno ab Incarnacione Domini 543 Arturus Lucium reipupplice procuratorem occidit. In Britanniam rediens, Modredum nepotem suum devicit, sauciatus in insulam Avallonis ad vulnera curanda secessit.

Galfr Mon. XI, 2 Anno ab Incarnacione Domini 542, sicut invenitur in libro, qui loquitur de Bruto, Arturus Modredum nepotem suum devicit et occidit, et ipse Arturus letaliter vulneratus in insulam Avallonis ad vulnera sua curanda perrexit . . . . .

Dic. I, 102 nur B [c] Anno ab Incarnacione Domini 594 Gormundus rex Affricanorum et Yfembertus [d] nepos regis Francorum armati navi Britanniam intraverunt, succenderunt urbes et patriam vastaverunt. Theonus autem Londoniensis archiepiscopus et Bdrocenus [e] Eboracensis, dum ecclesias sibi subditas destructas vidissent, sedes proprias relinquentes, transfugerunt ad Walliam.

---

a *Am unteren Rande von fol. 4 v. in der Hand des Textes.* b finitivi *cod.* c *Am unteren Rande von fol. 6 v. in der Hand des Textes.* d Ysembertus *Dic.* e Kadiocenus *Dic.*

[1] *Diese und die folg. Nachr. gehen zwar auf Galfr. Monm. zurück, stehen hier aber in den Worten Diceto's.*

Dic. Abbr. Chron. [a] Anno Domini 652 Sanctus Oswaldus rex Northanimbrorum occisus est a Peanda rege Merciorum.

„ Anno Domini 654 Sancta Ositha filia Fredewaldi et Wilburge filie Peande regis Merciorum, uxor fuit Siheri regis Anglorum [2] Orientalium, quam Hecca et Baldewynus episcopi Orientalium Anglorum Deo dedicaverunt . . .

Dic. 808 806 Alcwinus de Britannia magister Karoli nobilissime claruit . . .

Tax. Jul. 849 Alfredus vel Aluredus filius regis Aethelwlfi nascitur cujus genealogia tali serie texitur a Mariano: Alfred rex filius [E]thelwlfi regis — qui fuit Adam. Mater quoque ejus Osburh nominabatur. Juxta cronica Malmesberi ita continuatur genealogia regum Anglie: *Malm II, 172* Athelwlfus fuit filius Egbricti — filius Noe in archa natus . . .

870 Sanctus Edmundus rex Orientalium Anglorum a duce gentili, nomine Ynguar occisus [f] est apud Eilesdone, quod alio nomine Hoxne [3] dicitur . . .

Tax. Jul. Dic. 1063 Haroldus juravit Willelmo se — regnum — servaturum. Sed cum reversus fuisset in Angliam, perjurii crimen elegit [4] . . .

1095 [5] Hoc anno, qui fuit annus regni Willelmi junioris Anglorum regis circiter 8, *Aug. 29* kalendarum Septembrium die ferme quarto, Londoniensi antistite presente Mauricio, permensum est, favente Deo, Colecestrense cenobium extra muros ejusdem urbis a parte videlicet australi, ubi mons modicus erat. In cujus aquilonali declivo [g] quedam sub beati Johannis Ewangeliste memoria capellula consecrata habebatur, tabulatu ligneo ab antiquis compacta temporibus. Que ab illius loci incolis plurimum honoris et reverentie promeruerat; eo maxime, quod nonnullis eam aliquando comperissent divinitus illustratam fuisse miraculis. Annoque sequenti, exacta celebritate paschali, fertur opus inceptum. Primum lapidem vir illustris Eudo jecto in fundamento, secundum serenissima conjux illius Rohasia, tercium ejus-

---

f occiosus *cod.* g declino *cod.*

[2] *Vielmehr* Saxonum. [3] *Dieselbe Ortsangabe Bromton (X SS. ed. Twysden) c. 805. — Hoxon, Suffolk cf. Blomefield, History of Norfolk II, 24.* [4] *Statt dessen Tax. Jul.:* Inicium dolorum hec. [5] *cf. Monast. IV, 608 = Bouquet XII,* 789, *wo die Anm. Mutter u. Tochter verwechselt.*

dem matrone germanus, comes videlicet Gilbertus de Clara, quartus et deinceps pro virorum nobilium, qui presentes affuerant, numero pariter et ordine positi memorantur. Brevi post hec spacio temporis elapso, duo Rofensis [h] ecclesie monachi, predicto Eudone supplicante et Gundulfo ejusdem ecclesie Rofensis episcopo procurante, Colecestriam sunt transmissi, summoque [i] cum gaudio a predicto fuisse referuntur Eudone suscepti. Traditur in continenti novis hospitibus noviter cepti operis custodia, diebusque multis memorati Eudonis aluntur stipendiis. Cumque crebro minus abunde quam cuperent ministrarentur fercula recumbentibus, solitoque rarius propinarentur pocula sitibundis, pertesi continuo parcioris pastus, monasterium, unde regressi fuerant, repedare maluerunt. Post quos memorati antistitis cura et opera Colecestriam alii ejusdem loci destinati sunt, inter quos sane vir unus, Radulphus nomine dictus, conversationis atque probitatis insignis [k] illuc advenisse perhibetur. Qui modis omnibus domino instititt persuadere Eudoni, quatinus fundato noviter monasterio tantum terrarum reddituumque conferre satageret, unde sibi secumque degentibus in victu ac vestitu sufficienter necessaria ministrari valerent; inhonestum nimis fore protestans, monastice institucionis legi subactos necessaria diebus singulis a laica manu sperare, eorum et pro libitu cotidianum accipere victum. — Talia illo proferente pro loci temporisque oportunitate, sed parum sive [l] nichil proficiente, supra modum doluit et perinde, ut alii, loco cedendum ducens, proprium monasterium, junctis sibi sociis, omni sublata spe reversionis, adivit. Quapropter predictus Eudo Stephanum Eboracensem abbatem, cujus opera ac studio Eboracense cenobium noviter constabat exstructum, adiit. Hujus itaque religionis fama [m] longe lateque in omnium ore celebris habebatur. Convenientibus igitur

h Rosensis *cod.* i summaque *cod.* k *in anderer Tinte am Rande.* l sum *cod.* m que *ins. cod. Aber fast fortradirt.*

utrisque, habitus hinc inde sermo sortitus fuerat exitum, ut idem abbas venerabilis monasterii Colecestrensis de cetero curam gereret ac, nonnullis e suis monachis illo directis, ejus promocioni, quoad proprii monasterii debita solicitudo permiteret, studiosius incumberet; dummodo Eudo sufficientes in opus novum subministraret expensas servisque Dei illic aggregandis tam in terris quam in redditibus vite presenti necessaria abundancius provideret. Brevi post hoc elapso tempore, memoratus abbas, sponsionis sue haud [n] executor, ex Eboracensi cenobio bone opinionis viros numero tresdecim electos cum nonnullis codicibus aliisque divino cultui necessariis Colecestriam destinavit, uni [o] eorum, Hugoni nomine, honesto valde viro, prioratus munere prudenter, ut decuit, in ceteros contradito. Quem et eisdem designavit abbatem in posterum, si forte eorum succrescens divino nuto collegium hujuscemodi appellacionis pastorem sibi prefici exposceret. Quod ita postmodum [p] contigisse haud dubium est. Venientes itaque supradicti viri Colecestriam ab Eudone sunt debita cum veneratione suscepti. Qui protinus, ut anterius erant edocti, sese totos intra virtutum fines colligentes cultui divino operam modis omnibus indulserunt. Quapropter amor omnium in illos crescebat, multiplicabatur, disseminabatur. Fama quoque in ulteriora ferebatur; tota etiam erga illos patria obsequiis et amore atque honore certabat. Ipsi quoque Eudoni merito religionis admiracioni fuerunt pariter et honori. Hinc et cepti operis provectum totis insistens conatibus urgebat, id quod terrarum reddituum crebriori donacione modis omnibus locupletare satagebat. Quapropter, crescente numero fratrum, idem Hugo prior ejusdem ecclesie abbas efficitur [q] . . .

Tax.? 1114 Tamisia exsiccatur et mare X miliaria duobus diebus.[6]

---

n *ergänze* segnis. o · VIII · *cod., später geändert in* uni. p *Lücke mit Rasur.* q *in anderer Tinte am Rande.*

[6] *Fehlt Jul. Aber vielleicht aus Ann. S. Edm. (oben p. 131) in ein anderes Taxter-MS. übergegangen.*

Tax. Iul. 1115 Albuldus prior Sancti Nichasii [7] de Mollent [in Normannia] [r] factus est abbas Sancti Edmundi. Dedicata est ecclesia Sancti Johannis Colecestrie a Ricardo Londoniensi et Hereberto Norwicensi episcopis. Eodem anno mense
Aug. Augusto Hugo primus abbas Sancti Johannis Colecestrensis cessit [8] cura pastorali, rediensque [s] Eboracum...

1117 Gilbertus monachus Becci factus est abbas Sancti Johannis Colecestrensis . . .

1120 Obiit [9] Eudo dapifer, fundator abbacie Sancti Johannis
Febr. Colecestrensis, mense Februario in Normannia, qui in capitulo Sancti Johannis Colecestrie tumulatur.

[t] [Et ibidem per 200 annos, videlicet usque ad annum Domini 1320, requievit. Sed mox per abbatem Walterum II et conventum predicti loci de licencia magistri Stephani de Graveshende, tunc episcopi Londoniensis,
,, 17 a dicto capitulo in novum presbiterarium 14 kal. Marcii ob ejus reverenciam et pluri[*m*]orum devocionem transferebatur: tali tamen condicione, ut totus conventus qualibet die, capitulo finito, cum psalmis 'Verba mea etc.' in chorum rediret et ebdomodarius magne misse [9a] usque ad capud suum progrediens et ibidem absolucionem mortuorum faciens, in fine adjungeret 'Anima Eudonis et anime omnium fidelium defunctorum per miseriam Dei in pace requiescant'] . . .

1121 Obiit Roasia Eudonis uxor dapiferi 7 Idus Januar., que
Jan. 7 in monasterio (Beccensi) [u] in Normannia sepelitur . . .

1133 Ecclesia Sancti Johannis Baptiste Colecestrensis cum omnibus officinis suis simul et cum magna parte ejusdem ville incensa est; quam abbas Gilbertus primus reedificavit et officinas a parte [v] australi ipsius ecclesie possuit, que tamen primo a parte [v] aquilonali fuerunt . . .

---

r *am Rande in anderer Tinte.* s *sic cod.* t *Das Folgende in anderer Tinte, aber gleichzeitiger oder gleicher Hand am unteren Rande.* u *In anderer gleichzeitiger Hand auf Rasur.* v apte, p *unten durchstrichen cod.*

[7] *Richtig. Jul.:* Nicholai. [8] *Die Erwähnung des Zwistes zwischen Abt und Patron wahrscheinlich hier unterdrückt.* [9] *Ausführlicher Monast. IV, 606 b unten.* [9a] hebdomadarius *heisst der Mönch, an dem die Reihe ist, in der betreffenden Woche das Hochamt zu halten.*

Aug. 1140 Obiit Gilbertus, sancti Johannis Colecestrensis abbas secundus, mense Augusto. Cui successit Willelmus ejusdem ecclesie monachus . . .

1142 Obiit Willelmus tercius abbas Sancti Johannis Colecestrensis, cui successit Hugo ejusdem ecclesie monachus...

Nov. 14 1148 Translatio Sancti Erkenwaldi XVIII kal. Decembris[10]...

Cogsh 1149 Facta est abbatia de [Sibetuna][w] [11] . . .

„ 1150 [11a] Hoc anno gelare cepit a quarto Idus Decembris usque XI kal. Martii, et Tamisia sic gelata est, ut pede et equo transiretur . . .

1155 Ecclesia conventualis de Snapes[12] fundata est. [x] [Fundacio ecclesie de Snapes Suffolcensis] . . .

1158 Obiit Hugo de Haya quartus abbas Sancti Johannis Colecestrensis, cui successit Gilbertus ejusdem ecclesie monachus . . .

Tax. Jul. Juni 3 1162 [12b] Thomas archidiaconus Cantuariensis et regis cancellarius consecratus est in archiepiscopum 3 Non. Junii, dominica prima post Pentecosten . . .

Dic. Cap. Ym. 1163 Rex consuetudines, quas avitas appellant, a domino papa peciit confirmari, sed non optinuit, Thoma archiepiscopo resistente...

I, 270 1168 Eodem anno Gilbertus secundus, Sancti Johannis Baptiste Colecestrensis abbas quintus obiit, cui successit Walterus ejusdem ecclesie monachus . . .

Tax. 138 1170 Henricus regis filius consecratur . . . apud Westmonasterium...

Anno milleno centeno septuageno
Anglorum primas corruit ense Thomas. . .

Febr. 22 1171 Fundata est ecclesia Sancte Marie de Butelle[13] in Cathedra Sancti Petri . . .

Tax 154 1178 Rex dotavit Galfridum filium suum cingulo militari apud Wodestoch . . . .

Cogsh 1178 Hoc anno reliquie sancti Amphibali martyris, qui beatum Albanum Anglie prothomartirem ad fidem Christi convertit, sicut

w *Am Rande in gleichzeitiger Hand; im Texte stand* Siberuine. x *Am Rande in wenig späterer Hand.*

[10] *In der Paulskathedrale zu London. Ohne Datum Coggeshale Ms. S. Victor; Datum ebenso Matth. Paris Chr. Maj. II, 183; Missale Sarisbur.* a. 1504. [11] *Sibton, Cistercienser-Abtei in Suffolk.* [11a] *In Cogsh. V. ist die Nachricht undatirt.* [12] *In Suffolk, Celle von S. John, Colchester.* [12b] *Nicht in Thorpe's Druck.* [13] *Butley, Suffolk.*

in Historia Britonum [14] legitur, invente sunt. Et [15] lapides pluebant . . . .

1183 . . [y] Eodem anno facta est abbacia de Leistun [16] . . .

1184 Obiit Walterus Sancti Johannis Colecestrensis sextus abbas . . . .

Cogsh. 1185 Hoc anno misit rex Henricus II Johannem filium suum in Hiberniam cum valida manu . . . Osebertus prior de Sn[a]pes, professus ecclesie Sancti Johannis Colecestrensis, ejusdem loci efficitur abbas post mortem Walteri abbatis . . . .

Tax. 156 1186 Guido Jopensis consecratur in regem Jerusalem, vero posthumus est natus post exequias genitoris. [16a]

Dic. II, 48 1187 Constancia Britannie comitissa, quam maritus suus filius regis Anglorum Galfridus vita decedens reliquerat gravidam, die festo Pasche peperit filium, quem Britones vocaverunt Artur, scilicet 4° kal. Aprilis. Constancia comitissa Britannie peperit Arturum filium posthumum. *Tax. ib. vor Sept. 8* Hoc anno ante Nativitatem beate Marie apparuit sol ab hora 6ª usque post decimam quasi luna prima. Et cito post Nativitatem beate Marie crux Christi capta . . . *Dic. II, 50* Ricardus comes Pictavie primus inter proceres regni Francorum crucem suscepit de manu Bartholomei Turronensis archiepiscopi, non exspectato patris sui consilio nec voluntate . . . .

Tax. 157 1188 Reges Francie et Anglie, scilicet Philippus et Henricus II crucem post Nathale Domini *Dic. II, 51* susceperunt de manibus archiepiscoporum Tyrensis scilicet et Rothomagensis . . . Hoc anno dedicata est ecclesia conventualis Sancte Marie de Buttele 8 kal. Octobris *Sept. 24* a venerabili patre Johanne [18] de Oxonia, episcopo Norwycensi ad instanciam Ranulphi de Glanvilla, fundatoris ejusdem ecclesie . . .

Tax. 157 1189 Ricardus rex dedit Cisterciensibus centum marcas annuas ad procurandum capitulum de diversis terrarum spaciis ibidem convenientibus. Hoc anno Godefridus, qui fuit filius Ricardi *Dic. II, 69* de Luci, factus est episcopus Wintonie et Hubertus cle-

---

y *Am Rande von der Hand des Textes.*

[14] *Galfr. Monm. V,* 5. [15] *Fehlt Cogsh. H.* [16] *Leystone, Suffolk.* [16a] vero—gen. *muss wol zu der folgenden Nachricht über Arthur gehören.* [18] *cf. Monast. Angl. VI,* 379.

Oct. 23 ricus Ranulfi de Glanvilla Walteri episcopus Salesbiriensis post festum sancti Michaelis [18a] . . .

Dic. II, 84 1190 Circa festum Nativitatis sancti Johannis Baptiste Baldewinus Cantuariensis archiepiscopus et Hubertus **Walteri** episcopus Salesbiriensis et Ranulphus de Glanville quondam Anglie regni justiciarius et **multi alii** itinere recto tendentes versus Jerosolimam a sinistra reliquerunt Siciliam et post pericula multa tandem apud Tyrum applicuerunt circa festum sancti Michaelis.
Cogs. Philippus **vero** rex **Francie** et Ricardus rex Anglie non multum post iter apud Jerusalem arripuerunt. Sed Philippus rex Francie infirmitate gravatus cito rediit . . .

1191 . . . Hoc anno inventa sunt apud Glastingeberi ossa famosissimi
p. 36 Arturi quondam regis Britannie in quodam vetus[*ti*]ssimo sarcofago [z] recondita, circa quod due antique piramides stabant erecte, in quibus littere quedam exarate erant, sed ob nimiam barbariem et deformacionem legi non poterant. Inventa sunt autem hac occasione: dum enim ibidem terram effoderent, ut quendam monachum sepelirent, qui hunc locum sepulture **sue** vehementi desiderio in vita sua preoptaverat, reperiunt quoddam sarcofagum [z], cui crux plumbea superposita fuerat, in qua ita exaratum erat: 'Hic jacet inclitus rex Arturus in insula Avallonis sepultus.' Locus autem ille olim palludibus inclusus insula Avallonis, id est insula pomorum, vocitatus est [19] . . .

1192 . . Hoc anno Gilbertus primus prior ecclesie Sancte Marie de Butele resignavit prioratum suum. Iste autem Gilbertus fuit canonicus et precentor apud Blitheburge [20], quando sumptus fuit de eadem et factus prior de Butele.[zz] Cui successit Willelmus de Boytone et
Juni 24 factus est prior de Buttele die sancti Johannis Baptiste . . . .

Tax. 159 1193 Dux Austrie [a] pro pecunia tradidit regem Anglie Henrico imperatori Rome, qui vinxit eum in loco, qui dicitur Trivallis, **a** quo carcere nullus ante dies istos exivit. — Crebri concursus facti sunt prelatorum et magnatum in Alemannia ad regem videndum. Transivit [b]

z sartof. *cod.* zz Butetele *cod.* a Castrie *cod.* b *Unter der letzten Zeile des MS., als Beginn der jetzt verlorenen nächsten Seite.*

[18a] *Vielmehr am 15. Sept. wie Dic. II, 69 richtig sagt.* [19] *Die ähnlichen Berichte in Ann. Margan und Brompton col. 1152 weichen in den Worten etwas von dem Coggeshale's, welchem auch Wendover-Paris folgt, ab.* [20] *Bliburgh od. Blythburrow, Suffolk.*

XIII. Annales Sancti Albani

a. 1200—1214.

Dem Roger von Wendover lagen für seine Flores Historiarum bereits mehrere geschichtliche Arbeiten seiner eigenen Klosterbrüder vor, darunter der hier gedruckte Anhang zu einer bald nach a. 1200 gefertigten Copie des Radulfus de Diceto, MS. Brit. Mus. Reg. 13 E VI. (Ihre Randnotizen aus S. Alban's sind bereits in Twysden's X SS. und zwar irrig als Diceto's Text, jetzt in Stubbs' Ausgabe [1] in den Anmerkungen veröffentlicht).

In diesem Anhange ist fast jeder Absatz von dem folgenden in Tinte oder Hand verschieden und durch mehrere offene Zeilen getrennt. Doch gehören die Schreiber sämmtlich dem Anfange des XIII. Jh. an. Wenn Johann 1211 die Aebte und Prioren vorlädt und unser Mönch dazu sagt: 'den Grund, weshalb sie gerufen wurden, weiss Gott', so ist das gewiss ein zeitgenössischer Seufzer. — Dagegen wird eine Oster-Krönung des Königs zu Canterbury unter 1202 mit dem entsprechenden Datum des 14. April gesetzt; ein Fehler, den — was bisher unbemerkt geblieben — Wendover-Paris II, 480 abschreibt. Johann war damals in der Normandie; die gemeinte Krönung hatte ein Jahr vorher, Ostern 1201, am 25. März stattgefunden. Folglich muss der 14. April nachträglich aus einer Ostertafel herausgelesen sein: für die Kritik der Chronologie ein Beispiel, wie die Häufung in sich harmonirender Merkmale eines Datums noch nicht dessen Glaubwürdigkeit beweist.

An welchen Stellen Wendover aus diesen Notizen geschöpft hat, bemerkt Luard, der Herausgeber von Matthäus Paris' Chronica Majora, von II, 484 an. Aber auch in den Gesta Abbatum mon. S. Albani sind sie mehrfach copirt worden und zwar unter 1212 sicher fehlerhaft. Möglich, dass

---

[1] *Beschreibung dieses cod. I, XCI.*

ebenso auch das abweichende Datum der Wahl des Abtes Wilhelm 1214 hier richtiger ist.

Für die Geschichte der Abtei findet man fast unter jedem Jahre Thatsachen verzeichnet, die sonst nicht berichtet sind, meist Weihen durch fremde, besonders Irische Bischöfe und den Abt selbst, mit Ausschluss des Diöcesan's, von dessen Gewalt, wie wiederholt betont wird, das Kloster eximirt war.

Die Notizen über allgemeine Geschichte sind z. Th. in Wendover übergegangen und meist bekannt. Nur unter 1211 erscheinen für Johann's Zug gegen Wales und die Ankunft Pandulf's beachtenswerthe Daten.

1200 Obiit pie memorie Hugo Lincolniensis episcopus mense
Nov. Novembri.

1201 Facta est finalis concordia in curia domini regis Johannis inter ecclesiam Beati Albani et Robertum filium Walteri et heredes ejus super nemore de la Norhawe. [1]

1202 Coronatus est Johannes rex Anglie apud Cantuariam per manum Huberti Cantuariensis archiepiscopi die
14. April Pasche 18 kl. Maji. [2]

1203 Radulfus episcopus Dunensis [3] ordines celebravit apud Sanctum Albanum in capella Sancti Cuthberti, Sabbato ante dominicam qua cantatur 'Isti sunt dies', XI [a] kl.
22. März Aprilis. — [4] Magister Willelmus Blesensis precentor Lincolniensis creatus est episcopus ejusdem ecclesie, con-
25. Aug. secratus die beati Bartholomei a Willelmo Londoniensi episcopo, Gilleberto Rofensi episcopo contradicente sed non optinente. [b] Archiepiscopus enim Hubertus tunc gravi laborabat infirmitate.

1204 Herlewinus episcopus Leyhelinensis [5] monachus Christi

---

a XV *cod., aber corrigirt.* b optinente *corr. in* obtinente.

[1] *Northaw, cf. Gesta Abbatum S. Albani ed. Riley (Rolls Ser.) I,* 220. [2] *Falsch, s. Einl. Ebenso Wendover in Paris ed. Luard II, 480.* [3] *von Down, Irland.* [4] *Dies steht fast wörtlich auch in Wendover-Paris II, 484.* [5] *von Leighlin, Irland.*

Cantuarie in basilica Sancti Albani ad majus altare,
presente domino Johanne abbate et toto conventu, in
22. April Cena Domini videlicet X° kalendas Maji crisma confe-
cit et oleum sanctum et cetera queque episcopalia, que
ad diem ipsum pertinent, fultus virtute privilegiorum
loci illius sollenni peregit officio. — [6]Hoc anno fuit ul-
25. „ timum Pascha, die videlicet sancti Marci Ewangeliste. —
19. „ Idem episcopus Herlewinus hoc eodem anno feria se-
cunda post Ramos Palmarum tercio decimo kalendas
Maji dedicavit ecclesiam de Watford in honorem beate
20. „ Marie Virginis, feria III[a] ecclesiam de Rikemareswr-
21. „ the [7] in honorem ejusdem Virginis, feria IIII[a] ecclesiam
de Saret. [8]
Sept. Godefridus Wintoniensis episcopus migravit ad Domi-
num mense Septembri.

1205 Hubertus Cantuariensis archiepiscopus viam universe
13. Juli carnis ingressus est tercio idus Julii.

1206 Willelmus Lincolniensis episcopus solvit debitum nature
Mai mense Majo. — Concilium apud Radingum presidente
Johanne diacono cardinali tituli [c] Sancte Marie in Via
Lata apostolice sedis legato die sancti Luce Evange-
18. Oct. liste. [9] — Jocelinus Wellensis creatus episcopus Batto-
niensis consecratus est per manum Willelmi Londonien-
sis episcopi.

1207 Natus est Johanni regi Anglie filius legitimus et voca-
tus est Henricus. — Monachi Cantuarienses elegerunt
apud Romam magistrum Stephanum de Langetune in
archiepiscopum, quem dominus papa Innocencius III[us]
17. Juni consecravit Viterbii XV° kl. Julii.

23 März 1208 X kl. Aprilis [d] interdictum generale in Anglia, nullo
obstante privilegio aut libertate, quod monachi Cister-
ciensis ordinis violantes cum maxima confusione com-
pulsi sunt observare. — Obiit Philippus Dunelmensis

---

c titulo *cod.* d *Ueber der Linie.*

Ebenso Wendover-Paris II, 489. Luard ib. citirt irrthümlich auch für das Nordlicht unsere Hds. als Quelle. [7] *Rickmansworth, Herts.* [8] *Sarratt, Herts.* [9] In crastino S. Lucae *Wendover-Paris II, 495.*

episcopus. — Natus est Johanni regi Anglie filius et
vocatus est Ricardus.. — Obiit Gaufridus Cestrensis
episcopus.
1209 [10] Otto nepos Johannis regis Anglie electus in Romanum imperatorem consecratus est a domino papa In-
4. Oct. nocencio III° Rome quarto nonas Octobris. — Hugo archidiaconus Wellensis electus ad episcopatum Lincolniensem consecratus est a Stephano Cantuariensi ar-
20. Dec. chiepiscopo 13° kl. Januarii.
1210 Johannes rex Anglie profectus est in Hiberniam cum
6. Juni exercitu magno [e] circa festum Pentecostes VIII° idus
Junii. — Johannes rex Anglie revertens de Ybernia
cum exercitu suo prospere appulsus est in Angliam
29. Aug. IIIIto [11] kl. Septembris.
1211 Ex precepto regis Johannis vocati sunt Lundoniam generaliter tam abbates quam priores utriusque ordinis
17. April monachorum et canonichorum XV kl. Maji. Causam
quare vocati fuerint, Deus scit. — Rex Johannes congregato magno excercitu, apud Norhamtonam octavo
8. Mai idus Maji [12] profectus est in Walliam. — Nuntii domini
pape, magister Pandulfus et frater Durandus venerunt
2. Juli in Angliam 6 nonas Julii. [13] — [14] Johannes rex Anglie
congregato exercitu magno apud Album Monasterium [15]
8. „ VIII idus Julii profectus est in Walliam. — Johannes
15. Aug. rex Anglie prospere rediens cum exercitu suo de Wallia die assumptionis beate Marie venit ad Album Monasterium. — Nuntii domini pape occurrerunt Johanni
29. „ regi Anglie apud Norhamtonam IIIIto kl. Septembris. [16]

---

e *Das Folg. in blasserer Tinte von gleicher Hand.*

[10] *Wendover-Paris II, 525.* [11] *Einen Tag später Paris II, 530, nicht Wendover. Johann ist am 26. gelandet, am 28. noch in Wales, am 30. in Newport laut Hardy's Itinerar, vor der Ausg. der Rotuli litterarum patentium.* [12] *Johann war am 2. in Norwich, am 12. in Nottingham.* [13] *Annal. Winton. (ed. Luard in Ann. monast.) II, 81:* circa 24. Juni; *Annal. Waverlei ib. 266:* nach 25. Juli. [14] *Ebenso Wend.-Paris II, 531.* [15] *Whitchurch, Shrops.* [16] *Datum fehlt Wendover; stimmt mit Itinerar.*

30. Dec. — Obiit pie memorie Sanson abbas ecclesie Sancti Edmundi regis et martiris III kl. Januar.[17]

[*1212*] Johannes rex Anglie donavit armis militaribus Alexandrum filium et heredem Willelmi regis Scotie Londoniis apud Sanctam Brigidam, dominica qua cantatur
4. Mar. 'Letare Jerusalem' IIII^to^ non. Martii. — Sextodecimo
17. „ kl. April. auditum est tonitruum in Anglia. — Quoniam per antiqua Romanorum pontificum privilegia concessum est abbati ecclesie Sancti Albani jus pontificale in tota terra Sancti Albani, Johannes, Dei gratia abbas ejusdem monasterii, volens ecclesie Beati Albani libertatem et ingenue matris dignitatem modernis memoriter commendare et posteris integram reconsignare, [18]tam jure pontificali quam privilegio speciali anno prelationis sue septimo decimo in territorio Sancti Albani quod dicitur Sopwella, benedixit novem, in sollemnitate sancte
29. Mai Trinitatis tercio decimo[19] kl. Junii, sanctimoniales. — Idem ipse Johannes abbas anno prelationis sue nono,
1203? anno videlicet Dominice incarnationis millesimo ducen-
1. Juni tesimo quarto[20] benedixit quinque sanctimoniales in eodem loco et in eadem sollemnitate kl. Junii. — [21]Maugerius Wigorniensis episcopus cum Lunduniensi episcopo Willelmo et Elyensi Eustachio ob libertatem ecclesie Anglicane et executionem justicie exul et proscriptus apud Pontiniacum diem clausit extremum kl.
1. Juli Julii.

1213 Stephanus Cantuariensis archiepiscopus cum Londo-
16. „ niensi W[illelmo], Elyensi E[ustachio], H[ugone] Lincolniensi episcopis reversus est in Angliam 17 kl. Au-
20. „ gusti die Martis. Sequenti die Sabbato Johannes rex

[17] *Datum fehlt Wendover, bestätigt von Ann. S. Edmundi, oben S. 150.* [18] *Das Folgende ungenau benutzt von Gesta Abbatum I, 232.* [19] tercio decimo *fehlt durch Ueberspringung der nächsten Zeilen in Gesta abb., wo daher innerer Widerspruch.* [20] *Hier ist ein innerer Widerspruch im Datum: Trinitatis war 1204 am 20. Juni. Vielleicht ist das Jahr 1203 gemeint, wo Trinitatis auf den 1. Juni fiel.* [21] *Benutzt von Wendover-Paris II, 553.*

Anglie ab eodem archiepiscopo in facie ecclesie, cau-
tione tam fidejussoria quam juratoria prestita, absolu-
tionem petiit et impetravit die beate Margarite Winto-
14. Oct. nie in episcopali ecclesia. — Obiit Gaufridus filius Pe-
tri Anglie justiciarius 2 idus Octobris.
1214 Johannes rex Anglie cum exercitu magno profectus est
Febr. in Pictaviam mense Februario.[22] — Gillelmus de Glan-
24. Juni vile Rofensis episcopus obiit octavo kal. Julii. — Re-
laxatum est generale interdictum in Anglia VI[to] non.
2. Juli Julii.[23] — Johannes abbas ecclesie Sancti Albani[24] cum
presedisset annis 19 duobus diebus minus viam uni-
17. „ verse carnis ingressus est sexto decimo kl. Augusti,
quinta feria abbas electus et quinta feria mortuus. —
Ricardus Salusburiensis decanus ad Cicestrensem,[25]
Walterus de Grai, Anglie cancellarius ad Wigornensem
ecclesias consecrati sunt episcopi Cantuarie per manum
Stephani archiepiscopi Cantuariensis III° non. Octo-
5. Oct bris. — Johannes rex Anglie prospere rediit a Pictavia
19. „ in Angliam XIIII° kl. Novemb.[26] — Johanni abbati
Sancti Albani vicesimo primo successit Willelmus de
corpore ejusdem monasterii consona voce omnium et
27. „ unanimi voluntate in vigilia Apostolorum Symonis et
Jude[27] electus et ab episcopo Elyensi Eustachio in ec-
clesia Beati Albani ante majus altare presente conventu
solempniter et pontificaliter benedictus dominica prima
30. Nov. Adventus Domini die beati Andree apostoli. — [28] Tho-
mas Dunensis episcopus vocatus a Willelmo abbate
Sancti Albani celebravit ordines sollennes sollempniter

---

[22] *Am 9. in Yarmouth, am 15. in La Rochelle.* [23] *Wendover-Paris II, 575: 29. Juni, aber die meisten Gleichzeitigen wie hier. S. o. S. 102.* [24] *Erwählt 20. Juli 1195.* [25] *Richard wurde erst im Jan. 1215 geweiht. Wahrscheinlich ist er mit Simon von Exeter verwechselt, der mit Walter gleichzeitig am 5. October geweiht wurde. — Wendover (MSS. O, W, nicht Paris II, 582) schreibt diesen Fehler nach.* [26] *Johann war zwar 19. Octbr. noch an der Küste, aber schon 15. October gelandet.* [27] *Dagegen Wendover-Paris II, 583 und Gesta Abbatum I, 253:* feria quinta, am Edmundstage = 20. Nov. [28] *Das Folgende bis zu Ende in den Gesta abbatum I, 269 benutzt.*

20. Dec. in ecclesia Sancti Albani ad majus altare XIII° kl. Januar. — Idem ipse episcopus dedicavit poliandrium conventuale apud Sanctum Albanum, in quo sepulta fuerunt corpora fidelium tempore interdicti XI° [29] kl.
22. „ Januar.

1215 Idem ipse episcopus dedicavit cimiterium Sancti Petri
26. „ 1214 in villa Sancti Albani VII° kl. Januar. Item idem ipse episcopus dedicavit cimiterium Sancte Marie de Prato [30]
27. „ 1214 VI° kl. Januar. Item idem ipse episcopus dedicavit altare in honorem sancti Leonardi et Omnium Sanctorum apud conventualem ecclesiam Sancti Albani V° kl.
28. „ 1214 Januar.

---

[29] XVI *G. Abbat. I, 270 N.* [30] *des Prez.*

XIV. Annales Wintonienses in monasterio de Waverley adaucti

a. 1201—60.

Während der litterarischen Renaissance im Kreise des geschichtskundigen Heinrich II. gehörten die wichtigsten Historiker Englands der Welt-, ja der Hofgeistlichkeit an. Dagegen das, was über das XIII. Jh. heute — und nicht aus Urkunden — bekannt ist, haben Mönche aufgezeichnet. Meist arbeiten diese anonym: — so selbst in absichtlicher Bescheidenheit der ebenbürtige Fortsetzer der beiden bedeutendsten dieser Klosterannalisten: des Wendover und Paris, deren Namen uns ausnahmsweise erhalten sind — und zeigen sie an Stelle bunteren Stoffes und individuellen Hauches, der uns etwa aus den Schriften des Johann von Salisbury, Map, Giraldus modern anweht, beschränkteren Corporationsgeist. Der Wykes genannte Augustiner steht an historischer Begabung und Höhe des Ziels über dem Durchschnitt: es ist eine seltene Ausnahme, dass er zu den Royalisten und der neben ihm das Jahrbuch des Hauses, Osney, verfassende Canoniker zur Gegenpartei gehört.

Mit dem Mangel an Individualität hängt ein die Kritik erschwerender Charakterzug aller Kloster-Annalen zusammen: der eine Mönch eignet sich nämlich leicht das Werk des anderen an, und zwar nicht bloss des Stifts- oder auch nur Ordensgenossen und auch nicht lediglich eines Vorgängers als Gewährsmannes für frühere Geschichte. Vielmehr plündert manchmal der Benedictiner den zeitgenössischen Augustiner (so der von S. Swithin's den Domherrn von Southwark) und verleiht sein Werk wieder einem Cistercienserhause (Waverley) zur Abschrift. Angesichts der mannichfaltigen Gleichklänge zwischen den Klosterannalisten des XIII. Jh. scheint es, als hörten wir Einen grossen Stamm die Stimme erheben und könnten nicht in dem Gewirre unterscheiden, was die einzelne Mönchsfamilie oder gar das Individuum der Nachwelt hat erzählen wollen.

Das Wichtigste dieser Ueberlieferung hat Luard im Wendover-Paris, den Annales Monastici, und Bartholomäus Cotton herausgegeben mit fleissigen Nachweisen, wo schon anderswoher bekannter Stoff begegnet. Einige noch dunkele Wechselbeziehungen möchte der nachfolgende Abdruck des Vespasian-MS. etwas mehr aufhellen.

Hier seien zunächst einige Abkürzungen eingeführt: Suthw. bedeute Annalen von Southwark in MS. Cotton Faustina A VIII; Wend. = Roger von Wendover in Matthäus Paris Chronica Majora ed. Luard; Par. = Matthäus Paris Chr. Maj.; West. = sog. Matthäus von Westminster; Wint. Lu. = Ann. von Winchester in Luard's Ann. Monastici II; Wav. = Ann. von Waverley ib.; Wig. = Ann. de Wigornia, ib. IV; und endlich Vesp. = MS. Cotton Vespasian E IV, aus dem der folgende Text genommen ist.

Vesp.[1] *bietet auf fol. 153—96 r. eine Chronik von a. 1—1280 die von Einer Copistenhand (oder mehreren sehr ähnlichen) etwa kurz vor a. 1300 geschrieben ist. Der Hauptheil der Nachrichten gehört nach Winchester und deshalb wird jetzt meist mit Unrecht angenommen, der Band stamme dorther.*[2] *Allein die Localnachrichten über Waverley 1268, 74—6 rechtfertigen den oben gewählten Titel. Auch Tanner's Notitia monastica und das ursprüngliche Inhalts-Verzeichniss aus dem XVII. Jh. weisen die Handschrift Waverley*[3] *zu.*

Der grösste Theil von Vesp.'s Inhalt ist in Wig.[4] *mit allen Fehlern und späteren Hinzufügungen sklavisch*[5] *copirt,*

---

[1] *Cf. Luard's Beschreibung, Ann. Monast. IV, XXXVII. S. Anm. hinter a. 1247.* [2] *Auch die farbigen Schnörkel zu den Localnachrichten von Winchester 1171, 2 könnten zu dieser Voraussetzung verleiten.* [3] *Zu 1199, 1200 begegnen Randnotizen, die entschiedenes Interesse für Reading zeigen; es erhellt nicht, woher.* [4] *cf. Luard ib., wonach II, XXXVIII zu ändern.* [5] *Nur 1278 Anfang liest Wig. richtig* Rogerus, *wo Vesp.* Reginaldus *bot. Das mag Zufall sein, wie denn Wig. p. 387 N. 2 aus richtigem* Reginaldus *falsch* Rogerus *macht. Vorweg sei hier bemerkt, dass Wig. von den Quellen Vesp.'s (aus Suthw., Winchester, West.) nur das von Vesp. selbst Gebrachte kennt. Sogar Vesp.'s späteres Einschiebsel hinter 1285 vor dem zweiten Anhange (s. Text) schrieb Wig. mit ab.*

von Luard in Wig. klein gedruckt und deshalb hier fortgelassen worden. Der folgende Text bringt nur:

I. *bis a. 1200 die wenigen Sätze, die nicht in Wig. übergegangen sind;*

II. *den Theil 1201—60 vollständig, da er nur sehr selten von Wig. benutzt ist;*

III. *von dem Ende 1261—81 sammt den zwei aus West. stammenden Anhängen 1281—5 und 1274—80 nur:*

a. *Anfangs- und Schlussworte jeden Absatzes, indem für die Mitte die Seite in Wig. citirt wird;*

b. *alle mehr als orthographischen Abweichungen Vesp.'s von Wig., also insbesondere die in Wig. ausgelassenen Stücke, ausser wo sie aus West. herrühren und durch Hinweis auf diesen ersetzt sind.*

Die unter III. erwähnten zwei Anhänge beginnen nach einem Absatze wahrscheinlich in anderer wiewol ähnlicher Hand, jedenfalls nicht in demselben Zuge auf fol. 196 v. Da der erste in demselben Jahre 1281 anfängt, in dem die Chronik endet, so wird er meist als Fortsetzung letzterer bezeichnet. Hinter 1285 aber, wiederum nach einem Absatze, trägt derselbe Schreiber ebenfalls aus West. das Stück 1274—80 nach, das er durch eine Randnotiz zu den in der Chronik schon vorgekommenen Jahren bezogen wissen will. Genau dieselben Theile aus West. und nur diese stehen denn auch zum richtigen Jahre eingeschaltet: 1) wörtlich in Wig., wo Luard am Rande die Seitenzahl West.'s bemerkt; 2) — was bisher unbeachtet — finden sie sich im späteren Theile von Wav. (der frühere —1266, original und gleichzeitig, kommt hier nicht in Betracht), der freilich daneben eine vorzügliche Geschichte Winchester's (darüber s. unten) gebrauchte und reiche eigene Kenntniss besass, also nicht so sklavisch als Wig. dem Vesp. folgte: z. B. a. 1274 verschmähte er West. gänzlich.[6]

Schon hieraus folgt, dass Vesp. nicht aus Wav. abgeschrieben hat: denn wie könnte er West.'s Stellen herausgefühlt und zusammengruppirt haben? Auch hat Wav., wie gesagt,

---

[6] *Die folg. Anm. notiren die aus West. in Wav. durch Vesp. übergegangenen Stellen.*

weit weniger Stoff als Vesp. aus West. übernommen. — Ebenso unmöglich ist, dass Wav. unabhängig von Vesp. den West. benutzt habe: denn es wäre ein zu merkwürdiger Zufall, wenn zwei Historiker genau dasselbe Stück aus einer grossen Chronik ohne ersichtlichen Grund auswählen. —

Dass vielmehr in der That Wav. aus Vesp. schöpfte, erhellt auch aus dem früheren Theile, der nichts mit West. zu thun hat. Z. B. erzählt Vesp. (474 in Wig.) Waverley's Kirchweihe 1278 a venerabili patre domino Nicholao Wintoniensi episcopo *(wo Wav. 390 kurz* a dom. N. de Hely W. e.*) viel ausführlicher, und mit Daten, die nur ein Augenzeuge kennen konnte. — Vesp. (in Wig. 479) erzählt die Wahl für Beaulieu 1281 wie Wav. 397, aber mit dem Zusatze* de Waverle, de Gratia Dei, de Thame abb,atibus tunc presentibus. — *Vesp. (in Wig. 476) sagt, die Abdankung des Abtes von Combe sei vom* pater abbas *[von Waverley] erlaubt worden, wo Wav. 392* a priore abbatiae *liest. — Gegen die Klauenseuche berührt Vesp. (in Wig. 473) eine Medicin,* quae plenius patet alibi; *diese 4 Worte lässt Wav. 389 aus.* [7] — —*1276 folgte in Waverley (s. Text) dem abdankenden Wilhelm* Hugo eodem die videlicet in die S. Edmundi; *Wav. lässt* eodem die *aus, wodurch* videlicet *unnütz erscheint. — Auch die Wav. fehlende Nachricht vom Processe Waverley's gegen den Rector von Dummer (s. Text) a. 1275 spricht für zeitgenössische, d. h. vor Wav.'s Entstehung liegende Abfassung Vesp.'s.*

Wo die Verwandtschaft zweier Quellen nur aus inneren Gründen nachgewiesen wird, hindert natürlich Nichts, unbekannte Zwischenglieder anzunehmen. An wenigen Stellen klingt Wav. deutlich an Vesp. an und liest doch besser. Man kann sie wol alle aus der ergänzenden eigenen Kenntniss Wav.'s erklären, da ja Wav. sehr viele werthvolle Nachrichten unabhängig bietet. Und für die Hypothese einer verlorenen, fast genau mit Vesp. gleichlautenden Quelle spricht nur die Nachricht Wav. 392 von der Wahl für Dublin, wo Vesp. (in Wig. 476) deutlich dieselben Worte braucht, jedoch in archiepisco-

[7] *Wav. 388* multum *sinnlos gegen Vesp. (in Wig. 473) ausgelassen.*

pum de Dyvelin *auslässt und statt* consecratus *irrig* confirmatus *setzt. Diese verlorene Hds. könnte Vesp.'s Original gewesen sein (wie oben gesagt ist letzteres kein Autograph); Einfachheit halber mag es hier mit seiner Copie identificirt sein.*

Somit ergibt sich:

1) Vesp. ist von Wav. benutzt;

2) Stoff aus West. ist in Wav. übergegangen:

3) und zwar nur durch Vesp.'s Vermittelung;

4) das Stück 1274—85 des sog. Matthäus von Westminster existirte vor Ende s. XIII. einheitlich:

5) für den Text West.'s verdient Vesp.[8] *als wahrscheinlich früheste Hds. Beachtung.*

Aber auch mit Wint. Lu. lauten Vesp. oder Wav. oder beide an vielen Stellen wörtlich gleich, was auch Luard nicht entging. — In Wint. Lu. bildet 1202 einen Abschnitt: da wechselt die Handschrift und a. 1200—2 füllen 6 Seiten, während nur eben so viele dem Fortsetzer für 1202—28 genügen; letzterer wiederholt auch Arthur's Gefangennahme, mit der die ältere Chronik endete. Hier kommt nur die Fortsetzung in Betracht.

6) Wint. Lu. war nicht Vesp.'s Quelle. Denn Vesp. liest richtig: 1206 *Palmsonntag* 7 kal. Apr. *(Wint. Lu.* 7 id. Apr.*);* 1209 *Verhandlung mit Langton* aput Doveram *(Wint. L.* Doroberniam*);* 1244 *Bonifaz' Ankunft* die s. Georgii *(W. L.* Gregorii*);* 1257 Rex res intestatorum vendicavit *(W. L.* vendebat*);* 1276 *Wig. 470 Translation S. Richard's* 16 kal. Jul. *(W. L.* Jun.*);* 1273 *überspringt Wint. Lu. 113 Z. 13 eine Zeile Vesp.'s = Wig. 462, 10 v. u.*

7) Ebensowenig schöpfte Wint. Lu. aus Vesp., denn es bewahrt 1209 *zwei Zeilen und* 1216 *einige Worte, die Vesp. sinnlos überspringt, und liest richtig z. B.* 1223 Johannes rex Jerosolime *(Vesp.* Saxonum*);* 1245 parliamentum de tributo pape 15 kal. Julii *(Vesp.* Aprilis*).*

---

[8] *Beispiele besserer Lesart als Parker's West.: öfters* dominus *vor* rex, *dagegen Vesp. (in Wig. 468 Z. 8 v. u.)* pristinam, *wo Parker besser* praestitam.

8) *Folglich entstammt das Wint. Lu. mit Vesp. Gemeinsame einem von beiden benutzten Werke, das Wint. dep. (Wintonienses deperditi) heisse. Alle in Wint. Lu. gedruckten Stellen erscheinen nachfolgend in kleinen Typen unter der Marginalie* Wint. dep. cf. Lu. *(d. h. Wint. Lu.) mit Luard's Seitenzahl. Ueberblickt man sie, so bemerkt man deutlich das Interesse für S. Swithin's Kathedrale, das jenen Namen rechtfertigt.*

9) *Wint. dep. scheint um 1250 gleichzeitig.*

10) *Weder Vesp. noch Wint. Lu. gleichen dem Wint. dep. Denn bald **nur** hier, bald **nur** dort stehen locale zeitgenössische Nachrichten derselben Art, wie sie anderswo in beiden, d. h. also in Wint. dep., begegnen. Z. B. meldet Wint. Lu. allein: 1231 Tod des Archidiacon, 1248 Assisen, 1242 Besuch des Königs in Winchester; 1245 Rückkehr des Bischofs; 1247, 9 Priorensuccession, 1248 Thurmeinsturz, 1245 Rückgabe eines Privilegs von S. Swithin's; 1263 Tod des Abtes von Hyde. — Dagegen berichtet Vesp. allein: 1207 Tod des Archidiacon, 1219, 28, 38 Assisen, 1230 Besuch des Königs in Winchester; 1245 Reise des Bischofs; 1276 Streit zwischen Bischof und Convent (in Wig. 470 u.); 1254 Privileg für S. Swithin's; 1231 Datum des Brandes von S. Giles*[9]*; 1248 Tod des Abtes von Hyde. — Alle diese Localnachrichten stammen vermuthlich aus Wint. dep., dessen Lesart also theils aus Vesp., theils aus Wint. Lu. zu reconstruiren wäre. Z. B. 1238 setzt Vesp. den Tod des Bischofs* id. Jun., *Wint. L.* 5 id. Jul., *wo das Original richtig* 5 id. Jun. *geboten haben wird.*

11) *Im Ganzen freilich bewahrt Wint. Lu. mehr Locales aus Wint. dep. als Vesp. aufnimmt.*

12) *Den Wint. dep. lag Suthw.*[10] *bis mindestens 1208 vor.*

[13) *Suthw. bis 1222 ward häufig auch von einem anderen*

---

[9] *Wint. Lu. fügt hier und öfter ähnlich hinzu* Wintonie, *was wol Wint. dep. so gut wie Vesp. als selbstverständlich ausliess.* [10] *In den Anm. ist die Benutzung der Suthw. überall angemerkt; kleine Typen wurden nicht angewandt, weil Suthw. noch ungedruckt.*

Werke der Annales Monastici benutzt, nämlich denen von Bermondsey, s. S. 103, die mit Wint. dep. oder Wav. nichts zu thun haben.]

14) *Wint. Lu. und Vesp. kennen Suthw. nicht direct (sondern nur durch Wint. dep.) Denn bei beiden enden die Suthw.-Stücke 1208 und zeigen gleiche Einschaltungen, Aenderungen, Fehler (z. B.* 1205 *Tod Hubert Walter's nach Wint. Lu. und Vesp.* VI id. Jul., *wo Suthw. richtig* III; *Dauer des Frostes Wint. Vesp.* XX *Wochen, wo Suthw.* IX*).*

15) *Folglich standen auch die Suthw.-Stücke, welche nur in Vesp. (z. B. 1207) oder nur in Wint. Lu. (z. B. 1204) vorkommen, bereits in Wint. dep.*

16) *Folglich ist der Anfang Vesp.'s, der meist auf Suthw. zurückgeht, aus Wint. dep. entnommen oder ausgewählt; er bringt bis etwa a. 1000 von je zwei Eintragungen Suthw.'s je eine, die Auswahl folgt keinem Grundsatze [während dagegen in Wint. Lu. das Stück bis 1066 bekanntlich ein besonderes Werk bildet, das hier nicht einschlägt]. Der Anfang Vesp.'s ist, wie gesagt, in Wig. fast ganz gedruckt; das wenige Ausgelassene steht nachfolgend und zwar, sofern es mit Suthw. (MS. Faust.) stimmt, unter der Marginalie Wint. dep. ex Suthw.*

17) *Nur durch den Canal Suthw. floss der Rouen-Südenglische Stoff (s. Stück VI), den Suthw.* [11] *etwa bis 1125 benutzt [in Wint. dep. und daraus] in Vesp. hinüber.*

18) *Wav., das, wie in 1) gezeigt, Vesp. benutzte, lautet Seiten lang, z. B. 1266/7 wörtlich wie Wint. Lu. im Gegensatz zu Vesp. Diese Seiten druckt Luard klein und bemerkt die p. von Wint. Lu. am Rande.*

19) *Wint. Lu. stammt nicht aus Wav.: z. B. 377* [1] *bietet letzteres* Sept., *wo Wint. und Vesp. richtig* Dec. *lesen.*

20) *Nicht Wint. Lu.* [12] *selbst, folglich sein Original (das hier Wint. dep. heisst) lag Wav. vor. So Luard II, XXXVIII.*

---

[11] *und zwar mit demselben Fehler zu 962 wie S. 69.* [12] *Dies folgt jedoch nicht daraus, dass Wint. Lu. eine Zeile überspringt, die Wav.*

21) *Zur Bestätigung der obigen Behauptung, dass Vesp. nicht aus Wav. abschreibt, dienen die Stellen, wo ersteres mit Wint. Lu. gleich klingt, d. h. die Lesart von Wint. dep. giebt, während Wav. auf eigene Hand abweicht, z. B. Wint. Lu. 125, 1 = Vesp. (in Wig. 472, 37)* competentem, *während Wav. 388, 22* aequipollentem.

22) *Wint. dep. reichte über 1277, wo Wint. Lu. aufhört, hinab und enthielt wol alle jene Winchester'schen Nachrichten, die in Vesp.*[13] *bis zu Ende, 1281, begegnen. Denn eine von ihnen steht in Wav.*[14] *in besserer Lesart, ist also wol nicht aus Vesp., sondern aus Wint. dep. direct geschöpft.*

23) *Dass Wig. neben Vesp. eine Quelle benutzte, die auch in Tewkesbury copirt wurde, ist bekannt.*

24) *Die Genealogie dieser Kloster-Annalen stellt sich also in den Hauptlinien*[15] *so:*

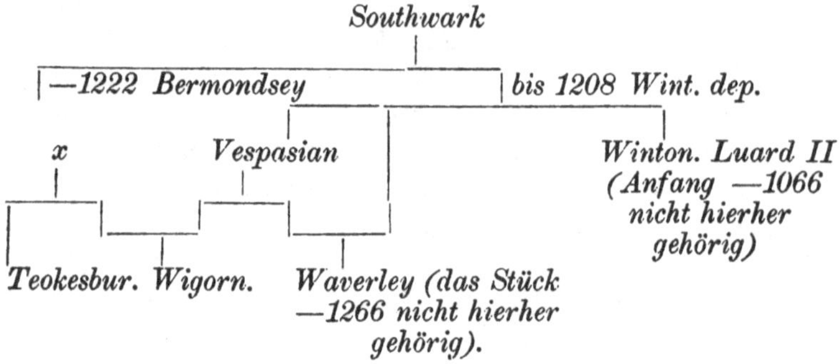

Nachrichten, die von späteren Gliedern obiger Stammtafel in wörtlichem Gleichklang mit dem Stammwerke erzählt werden, dürfen also nicht als von mehreren Gewährsmännern be-

---

379 bietet, denn dieser Satz steht auch in Vesp., woher ihn also Wav. mit entnommen haben könnte. [13] *Streit mit dem Bischof* 1278/9 *Wig. 473 = Wav. 389; 475 = 391; Wig. 476;* 1280 *des Königs Besuch Wig. 477, 4 und 26; Assisen Wig. 477; 479; Bischofswahl 478;* 1281 *Romreise des Erwählten 479.* [14] *391, 8 Streit zwischen Bischof und Convent von S. Swithins. Vesp. (in Wig. 475, 11) lässt* unde dominus rex *aus, wodurch der Sinn leidet.* [15] *Unzweifelhaft existiren noch Mittelglieder handschriftlich.*

zeugt gelten. Handelt es sich z. B. um die Frage[16], *ob Robert Kurzhose wirklich von Heinrich I. geblendet worden sei, so kommt Wig. nicht in Betracht, weil es Vesp. (s. Text a. 1134) und dieses wieder Wint. dep. folgte. Ob die letzteren das zweifelnde* ut fertur *zusetzten, welches die andere Ableitung, Wint. Lu. 50 bringt — wie ähnlich oft:* ut dictum est *u. s. w. — bleibt zweifelhaft. Jedenfalls geben die drei Chroniken nur Ein Zeugniss.*

Die historisch werthvollen Sätze Vespasian's in dem hier gedruckten Stücke werden z. Th. nächstens in ihrer Urquelle von Southwark veröffentlicht, z. Th. sind sie aus den Wintonienses, der anderen Ableitung ihrer Quelle Wint. dep., schon bekannt. Von dem Reste beachte man zunächst die Localnachrichten: 1219, 28, 38, 57 Assisen und 1231 Kirchenbrand zu Winchester; 1235 Brand von Chertsey; ferner zur Geschichte der Bischöfe: 1227 Kreuzzug, 1243 Datum der Wahlbestätigung, der Abreise und 1244 der Besitzübernahme, 1245 die Concilsreise, 1260 die Ueberführung der Leiche Ademar's nach Valence. — 1248 ist der Tod des Abtes von Hyde datirt; 1207 der des Archidiacon Roger, 1257 der der Aebtissin von Wherwell, 1215 die Kirchweihe von Wherwell, 1275 der Process des Klosters Waverley gegen den Rector von Dummer erwähnt.

Auch allgemein interessante Ereignisse, die Vesp. meldet, knüpfen manchmal an Winchester an: so Heinrich III. Anwesenheit zu Winchester Mitte April und Ende October 1230; die Betheiligung Peters von Rievaux (eines Sohnes Bischof Peters) an der Kreuznahme des Königs 1250; das Parlament zu Winchester Anfang Juli 1258, kurz nach den Oxforder statuta per commune consilium tocius Anglie. *Ebenfalls für die Verfassungsgeschichte kommen in Betracht: die Worte über den Kampf von 1214 um die Freiheitscharte des alten Gewohnheitsrechts von England, die die Barone bestätigt haben*

---

16 *Eine neuere Untersuchung übersieht den wichtigsten Be- und Entlastungszeugen: Benedict. II, 330 resp. Joh. Sar. Policr., den schon Lappenberg II, 239 citirte.*

wollten, 'worüber man sich lange mühte und nichts vollbrachte' — und über 1260 (d. i. vor Ostern 1261): Heinrich III. bittet die Curie, ihn und seine Partei vom Eide auf die Oxforder Provisionen zu entbinden, 'in deren Beobachtung jedoch die Grafen von Leicester, Gloucester und Derby männlich beharrten.' — — 1213 wird die Verbrennung der Französischen Flotte in Flandern Gottfried von Lucy zugeschrieben, 1241 Ware als Ort, wo Gilbert Marshal starb, angegeben und 1216 die Ankunft des Legaten Walo und 1244 die des für Canterbury Erwählten genau datirt.

Stücke, welche nicht in die Annales de Wigornia (ed. Luard, Annales monastici IV) übergegangen sind.

Wint dep. 541 [Arthurus occiditur]. [a]

ex Suthw 813 Karolus imperator obiit; initium regni Ludowici filii ipsius.

„ 831 [1] Hoc anno dereliquerunt Franci Lodowicum et elegerunt Lotharium filium ejus in regem.

„ 833 [1] Hoc anno redditum est Lodowico regnum.

837 Sanctus Swithunus claruit.

„ 916 [1] Obiit Rollo primus dux Normannie; cui successit Willelmus filius ejus.

„ 962 Obiit Willelmus dux Normannorum filius Rollonis; cui successit Willelmus Longaspata. [2]

cf. Lu. 42 1105 [3] Corpus sancti Cuthberti translatum est.

ex Sw 1109 Undecimo kalendas Maji obiit Anselmus archiepiscopus.

„ 1120 Bis lumen venit ad sepulcrum Domini.

Willelmus filius regis Henrici naufragio periit.

cf. Lu. 50 1134 [4] Robertus dux Normannie jussu Henrici fratris sui pelve cicatus et postea obiit aput Gloucestre in carcere.

„ *52* 1146 Lodowicus rex Francorum cum Alienora uxore sua Jherosolimam profectus est.

---

a *Spätere Hand.*

[1] *Suthw. benutzt hier die Normann. Annalen, s. Stück VI, XI.* [2] *Wie p. 69.* [3] *Richtiger* 1104 *Wint. Lu. Alles klein Gedruckte steht auch in Wint. Lu., das aber nicht Vesp.'s Quelle.* [4] *Dies ist nur theilweise in Wig. 378 benutzt. Am Rande lies dort statt* Wint.: Vesp.

Wint dep. ex Suthw 1163 Duellum inter Robertum de Munfort et Henricum de Essexe aput Radinge.

1170 Archidiaconus Thomas *statt* archiepiscopus Th.

„ 1171 [b] Obiit Henricus episcopus Wintonie.

cf. Lu. 60 1172 [a] Henricus rex **junior** cum uxore sua Margareta aput Wintoniam coronati **sunt**.

ex Sthw. 1176 Item Hugo Petri Leonis sue legationis in Angliam cancellario cursu transfretavit. Obiit comes Willelmus de Arundel.

cf. Lu. 61 1178 Ecclesia de Theokesbyre combusta est.

ex Sw. 1191 Acres autem postea capta est quarto idus Julii.

„ 1196 Hoc anno Johannes decanus Rothomagensis in episcopum consecratus est. Et Willelmus filius Osberti cognomine a la Barbe et 9 socii ejus aput Londonias patibulo [5] suspensi sunt.

cf. Lu. 69 1198 Et Gaufridus ep. Cic et Anselmus abb. de Spersore [*facti sunt*] [6]. Obiit Hugo . . .

„ *71* 1199 Hoc anno Ricardus rex Anglie **obsidens castellum** [7] de Chaluz, quod **Cantus** [8] Lupi **dicitur, vulneratus est** [9] . . . . [10] [Hoc anno etiam assumptus est Hugo abbas Radingensis ad regimen monasterii Cluniacensis. Qui 14 annis strenue rexit, cui successit bonae memoriae Helyas camerarius vir per omnia laudabilis.]

1200 . . . . . [11] [Helyas abbas Radingie benedicitur.]

Von hier ab ist der Abdruck vollständig.

„ *74* 1201 [12] Terremotus **factus est** apud Montem Acutum ita quod chorus monachorum tremere visus **est**.

cf. Lu. 79 1202 Arthurus nepos Johannis regis filius comitis Galfridi **de** Britaine captus est **ad** oppidum **de** Mirabel. Obiit Gaufridus comes de Pertico.

ex Sw 1203 Hoc anno Willelmus de Bleis in episcopum Lincolniensem

---

b *Mit farbigem Schnörkel.*

[5] pat. *fehlt Sthw.* [6] *Diese Worte zu ergänzen aus Lu. 69, nicht* obierunt! [7] obs. cast. *aus Sthw.* [8] Casus *Wint.*, Castellum *Wig.* [9] vuln. e. *aus Sthw.* [10] *Das Folgende in anderer Tinte am Rande Vesp.; im Texte Wig., wol nicht verwandt mit derselben Nachricht in Wint. Lu. 73; fehlt Suthw.* [11] *In blasserer Tinte nachträglich Vesp.; im Texte Wig.; fehlt Wint. Lu.*; *Suthw.* [12] *Wörtlich Wig. 390, wo für die folgenden Jahre Nichts mit Vesp. Verwandtes bis a. 1219.*

Wint dep. consecratus est. Obiit Willelmus de Oxeneford prior
de Suwerke.

Sept. 11 1204 Obiit Godefridus de Luci episcopus Wintonie in festo [13] sanctorum Prothi et Jacincti. Obiit Alienora regina. Rex Francorum subjugavit sibi Normanniam et alias terras regis Anglie. [14] Symon archidiaconus Wellensis factus est episcopus Cicestrie.

1205 [15] Obiit Hubertus Wauter archiepiscopus Cantuariensis 6 [16] idus Julii. Petrus de Rupibus Rome aput Sanctum Petrum ab Innocentio papa consecratus est in episcopum Wintoniensem [17] do-
„ 25 minica pr[*ox*]ima ante festum sancti Michaelis. Hoc anno duravit gelu per viginti [18] septimanas. Obiit Ricardus de
ex Sthw. Sancta Mildrida prior de Suwerke. Quedam mutacio facta est de moneta.

1206 Petrus Wintoniensis episcopus Roma reversus in Angliam aput Wintoniam sollempni processione receptus est et in cathedra pontificali intronizatus est dominica, que est in Ramis Pal-
März 26 marum [19], scilicet 7 kal. Aprilis. Item [20] Johannes Florentinus
Mai cardinalis legatus sedis apostolice [21] venit in Angliam mense
ex Sthw. Maji [22] et remansit in Anglia circueundo ecclesias An-
Apr. 2 — Nov 11 glicanas a Pascha usque ad festum sancti Martini. Item Johannes rex Anglie transfretavit in Aquitanniam circa festum
c. Juni 11 sancti Barnabe.

ex Sthw. 1207 Hoc anno facta est eclipsis solaris circa horam sextam et duravit usque ad horam nonam. Obiit Rogerus ar-
„ chidiaconus [23] Wintonie. [24] Hoc anno cepit Johannes rex Anglie terciam decimam partem catallorum et averiorum tocius Anglie per vicecomitem et ballivos, tam a domibus religiosis quam a laicis; et incepit hec col-
Feb. 2 — Sept. 29 lecta a Purificacione beate Marie et duravit usque ad festum sancti Michaelis et fuit summa tocius collecte

---

[13] = 3 id. Sept. *Stw.*, *Wint.* [14] *Statt dessen gibt Wint. genau die Worte von Stw.* [15] *Ausser dem letzten Satze ganz aus Sthw.* [16] 3 Id. *richtiger Southw.* [17] = 7 k. Oct. *Sthw.* [18] IX ebdomadas *Sthw.* [19] *Palmsonntag war* 7 kal. Apr. *Wint. liest irrig* VII id. (*nicht wie Luard druckt* XII id.). [20] *Die folg. zwei Sätze aus Suthw.* [21] s. ap. *fehlt Sthw.* [22] m. M. *fehlt Sthw.* [23] *Le Neve-Hardy: Roger Archidiacon von Winchester* 1181. [24] *Stw. auch benutzt in Bmds. p. 450; weniger ausführlich Wint. p. 79.*

Wint dep. XIII[25] C. milia marcarum. Monachi ecclesie Christi Cantuariensis exulati sunt propter electionem Stephani de Langetone, qui consecratus est Rome a papa Innocentio; et tamen[26] expulsi sunt una die **44**[27] monachi per *cf. Lu. 80* Falconem et Robertum de Cantelo **et Reginaldum** de Cornhulle[28] et per alios. Natus **est** regi Johanni filius **ex** regina *Oct. 1* **sua** Ysabella kal. Octobris Wintonie et in die sancti Remigii vocatus[29] est nomine avi sui Henricus.

1208 [30] Hoc anno factum est interdictum generale **per** totam Angliam **a domino** papa Innocentio III **per** episcopos hujus interdicti executores scilicet Willelmum [c] Londonien**sem**, Eustachium Elien**sem** et Maugerum Wigornen**sem**, quia dominus Johannes rex noluit admittere magistrum Stephanum de Langetone[31] in sede sui archiepiscop**atus**[32] neque monachos ad institucionem domus sue; incepit **autem** hoc interdictum feria secunda *März 24* **in** Passione Domini.[33]

1209 Philippo fratre imperatoris H[enrici] a quodam duce occiso * [d]. Hoc anno Johannes rex duxit exercitum suum usque ad *c. Juli 25* confinium Scocie circa festum sancti Jacobi et accepit duas filias regis obsides pacis. Et tunc venere prefati episcopi Dorobernie, et ibi confecta est forma pacis inter ecclesiam et regem. Item de Scotia rex reversus homagia ab universis hominibus liberis Anglie suscepit; et *Aug. Sept.* facta sunt hec mense Augusti et Septembris. Octo filius Henrici ducis Saxonum et Matilde ducisse filie regis Anglie coronatus **est** in imperatorem **Rome** aput Sanctum Petrum **a** papa Innocentio tercio; qui statim persequi cepit ecclesiam Romanam. **Item** rex misit literas **suas** ad archiepiscopum Can-

---

c Will's *cod.* d *Ergänze:* Oto ab universis Alemannie optimatibus in imperatorem electus est. Regina Isabella peperit filium nomine Ricardum, in die [34] Epiphanie *aus Wint.; Vesp. hat zwei Zeilen übersprungen.*

[25] coll. terciedecime *dahinter Lücke Sthw.* [26] *Von hier an wörtlich aus Suthw.* [27] LXIV *Sthw.*, *Wint.* [28] *Wint.* Rogerum de Tornhelle, *Wend.-Paris II, 516* Henricum de Cornhelle. [29] in d. S. Rem. et voc. *ohne* Wintonie *Suthw.* [30] *Dieses Jahr wörtlich aus Suthw.* [31] de L. *fehlt Suthw.* [32] patriarchatus *Sthw.*, *was Bermondsey 451 beibehält, also ist dieses letztere unmittelbar aus den Annalen von Southwark geflossen.* [33] f. s. in P. D. *nicht in Suthw.* [34] *Richard ward in der Nacht vorher geboren cf. Ann. Tewkesbury 59*, *Bmds. 451.*

Wint dep. tuariensem, ut veniret loqui secum aput Doveram.[35] Qui veniens prestolabatur eum ibi, recurrentibus inter illos nuntiis; infecto negocio, archiepiscopus rediit in Gallias.

cf. Lu.81 1210 Hoc anno Judei tocius Anglie multis miseriis sunt affecti. Ecclesie et domus religiosorum maximis exaccionibus vexate fiscum non sine gravi dispendio ampliarunt.[36] Rex, convocato exercitu, Galliam[36a] ingressus est et a Gallia proficiscens Hiberniam ingressus est et Hugonem de Laci effugavit et ceteros subiciens, leges Anglie in illa primus instituit. Uxor Willelmi de Braosa cum filio suo Willelmo juniori aput Windesores fame periit.

1211 Hoc anno duxit rex Johannes exercitum in Walliam circa mensem
Aug. Augusti et pervenit usque ad Snoudone et ibi accepit obsides eorum de pace et fecit ibi quedam castra, que in sequenti
[1212] anno Walenses destruxerunt; cum viderunt sibi duras conditiones pacis imponi. Eodem anno nuntii domini pape, magister
c. Juni 24 Pandulphus et Durandus circa festum sancti Johannis ad peticionem regis venerunt in Angliam et moram fecerunt usque ad
–Sept. 29 festum sancti Michaelis; set infecto pacis negocio recesserunt.

cf. Lu.82 1212 Hoc anno factus est motus Christianorum in Hispaniam contra Saracenos. Ubi multi Saraceni sunt occisi a Christianis, quorum numerus estimatus est 60 milium.[37] Item obiit Gaufridus Eboracensis et Johannes Dublinensis et Mauger Wigornensis episcopi. Item magna pars Londoniarum scilicet Suwerke cum capella Sancti Thome et ecclesia Sancte Marie canonicorum cum omnibus ejusdem dom[*ib*]us, exceptis refectoriis, combustum est.

1213 Philippus rex Frantie permissione pape Innocentii venit aput Kaleys et navigium ibi paravit, cujus naves Gaufridus
c. Anf. Juni de Lucy[38] ibidem comburi fecit. Tunc fuit dominus Johannes rex aput La Rie cum exercitu Anglie. Tandem tradidit coronam suam in manus Pandulphi et fecit se tributarium Romane ecclesie, reddendo annuatim mille marcas. Stephano archiepiscopo vix suscepto, absolutus est in die sancte
Jul. 16 Margarete aput Wintoniam, durante interdicto. Quidam pseudopropheta Petrus[e] de Puntfreit quia prophetavit de rege,

---

e Petrum *cod.*

[35] *Wint. Lu. irrig* Doroberniam. [36] *Das Folg. irrig* 1211 *Wint. Lu.* [36a] Walliam *Wint. Lu.* [37] ut dicitur *ins. W. Lu. 82.* [38] *Ein Theil der franz. Flotte ward durch die Engländer im Hafen von Brügge zerstört, während Philipp II. Gent belagerte. Cf. Winkelmann, Otto IV, 363. Lucy wird hierbei sonst nicht erwähnt.*

Wint dep. se non diu regnare, equis distractus est aput Corfe per campos et postea suspensus. Obiit Gaufridus filius Petri justiciari[*us*] [f] Anglie.

1214 Hoc anno Johannes rex transfretavit Aquitanniam **statim** post *nach Feb. 2* Purificacionem; cumque applicuisset, susceptus est fere ab omnibus magnatibus terre illius. Nicholaus Thuscalensis **episcopus** legatus in Angliam a domino papa missus et venit in An- *nach Mai 18* gliam in ebdomada Pentecostes. Item solutum est inter- *Juli 2* dictum in **die** sancti Swithuni. Item Philippus rex Frantie movit exercitum suum contra Ottonem imperatorem, cum quo confligens cepit Saresburiensem, Flandrensem et Bononie comites. Item Walterus le Gray, cancellarius domini regis, episcopus Wigornensis factus est. Item orta est dissentio inter regem et barones Anglie pro carta fruenda de libertate antiquarum consuetudinum Anglie, quas petebant barones confirmari; unde diu laboratum est et nichil perfectum.

1215 Innocentius papa **tenuit** generale concilium aput Lateranum die *Nov. 11* sancti Martini. Item Ricardus decanus Sarum factus est episcopus Cicestrie, et Walterus [39] de Cornhulle episcopus Cestrie, magister Benedictus episcopus Rovecestrie. Item Johannes rex suscepit crucem in ecclesia Sancti Pauli Londoniis a Willelmo ejusdem sedis episcopo, scilicet *März 4* feria quarta in capite jejunii. Item rex obsedit Rovecestriam et cepit eam et barones qui fuerunt in ea, licet viriliter restitissent. Item ecclesia de Werewelle dedicata est.

1216 Saerius de Moun [40] et alii plures barones, transfretantes in Galliam [g], adduxerunt in Angliam Lodowicum *Mai 21* filium Philippi regis Frantie. Hic post Ascensionem Domini sabbato cum multis armatis applicuit in Tenet. Item *„ 20.* Gwales legatus venit in Angliam feria sexta post As- *„ 29.* censionem Domini. Item in [41] die Pentecostes post pro-

f justiciarii *cod.* g et *ins. cod.*

[39] *Lies:* Willelmus. [40] *Wol* Quinci *gemeint.* [41] In vigilia Pentec. venit Johannes Wyntoniam et Galas legatus. In crastino Pent. sc. feria 2, veniente Lodovico, rex recessit cum P. Wynt. episcopo qui die Pent. *W. Lu.*

Wint dep. cessionem, presente rege, episcopus Wintoniensis excommunicavit Lodowicum nominatim et omnes complices ejus, qui ei auxilium contra regem prestabant. Item *Mai 30* Gwales legatus venit in Wintoniam feria secunda Pentecostes. Item Lodowicus tetendit versus Wintoniam: [42] tradentes civitatem Wintonie cum castello *[43] de Maulion, qui statim recesserunt et suburbium Wintonie incendi fecerunt; Lodowico enim adveniente, cives ei reddiderunt civitatem; Lodowicus obsedit castellum, quod post multos dies redditum est per consilium Saverici. Obiit Innocentius papa, cui successit Honorius. Obiit *Oct 19* Johannes rex aput Ware[44] in crastino sancti Luce Ewangeliste, et corpus ejus humatum est in ecclesia Wigorniensi. Et Henricus filius ejus etate decem annorum in die apostolo- *„ 28* rum Symonis et Jude coronatus est in regem Anglie aput Gloucestram a legato Gwales et multis aliis episcopis tunc ibi presentibus.

cf. Lu. 83 1217 Lodowicus rediit in Frantiam et quam citius potuit reverti- *nach März 26* tur, scilicet statim post Pascha.[45] Quidam ex baronibus capti fuerunt in Lincolnia, et occisus fuit ibi comes de Pertico. Item Lodowicus misit in Frantiam propter auxilium, quod quidem destructum fuit in mari. Item Lodowicus absolutus recessit ab Anglia. Obiit Herebertus episcopus Saresburiensis.

1218 Stephanus de Langetone archiepiscopus Cantuariensis venit in Angliam. Item Radulphus monachus Norwicensis factus est episcopus.[46] Translatus est sanctus *Juni 7* Wlstanus Wigornensis 7 idus Junii. Item facta est plena confirmatio per juramentum de pace tenenda et fidelitate tenenda regi ab omnibus episcopis et principibus Anglie. Item comes Cestrie cum aliis multis Jerusalem adiit. Damieta obsessa est a Christianis.

1219 [47] Hoc anno Henricus filius Johannis regis primo habuit sigillum scilicet tercio regni sui anno et etatis sue anno 12. Obiit Hugo Herefordensis episcopus; cui successit Hugo Foliot. Obiit Willelmus Marescallus senior. Item soluta est vicesima pars redditus trium annorum ab ecclesia An-

---

[42] *Ergänze* rex et Petrus episcopus recesserunt *aus W. Lu.* [43] *Ergänze* Savarico *aus W. Lu.* [44] Newerke *Wint.* [45] Tempore Quadragesimali *Wend.*, *kurz vor* med. Quadrages. *Walt. Cov. 236.* [46] *Ergänze* Cicestrensis. [47] *Dies copiren Wig. 411.*

Wint. dep. *Nov. 6* glie Romane ecclesie. Item Damieta reddita est Christianis 8 idus Novembris. Justiciarii itinerantes sederunt aput Wintoniam.

1220 Hoc anno rex Henricus III[us] primo portavit coronam aput *Mai 17* Londonias die Pentecostes, Stephano de Langetone archiepiscopo Cantuariensi ei imponente. Item sanctus Thomas *Juli 7* Cantuariensis archiepiscopus translatus est nonas Julii rege presente. Item Pandulphus legacionem amisit.[h] Obiit Willelmus comes de Arundel et H[enricus] de Hereforde.[i] [48] Item ecclesia Novi Loci[49] a Petro epi- *Sept. 27* scopo Wintoniensi fundata ab eodem dedicata est quinto kal. Octobris.

cf. Lu. 84 1221 [50] Willelmus episcopus Londoniensis renuntiavit episcopatui; subrogatus est ei Eustachius et consecratus est a Roffensi episcopo. Petrus episcopus Wintoniensis profectus est ad Sanctum Jacobum. Crux reddita est Christianis. Quidam presbiter crucifigi se fecit a duabus mulieribus.

1222 Stephanus archiepiscopus celebravit concilium aput Oxoniam. Commotio aeris facta est tam magna, quod turres et domos et arbores prostravit. [51] Obiit Ranulphus episcopus Cicestrie.

1223 Johannes rex Saxonum[52] peregrinando venit in Angliam. Obiit Philippus rex Frantie; cui successit Lodowicus filius ejus. Obiit Symon episcopus Londoniensis[53] et W[illelmus] episcopus Cestrie.

1224 Willelmus Marescallus accepit sororem regis in uxorem. Item Petrus episcopus Wintoniensis excommunicavit molestatores et insurgentes contra jura ecclesie in pleno synodo. Item[54] dominus Henricus rex obsedit castrum de Bedeford et ipsum cepit et omnes in ipso inventos suspendi fecit. Item Rochella capta est.

1225 Concessa et collecta est XV[a] pars Anglie domino regi pro carta habenda de antiquis libertatibus. Ricardus comes *Juni 24* transfretavit ad Burdigalim cum 70 militibus. Item in nocte sancti Johannis Baptiste nix inmensa fuit et fulgur et tonitrua.

---

h admisit *cod.* i arch' *ins. cod.*

[48] *Das Folg. aufgenommen in Wig. 413.* [49] *Newminster.* [50] *Wig. 414.* [51] *Das Folg. Wig. 415.* [52] Jerosolime *W. Lu. richtig.* [53] *Irrig statt* Exoniensis. [54] Item — fecit *Wig.*

Wint dep. 1226 Obiit Lodowicus rex Francorum, cui successit Lodowicus filius ejus. Obiit Ricardus de Marisco episcopus Dublinensis [55] et Pandulphus Norwicensis et Benedictus Rovecestrensis et Willelmus comes Saresberiensis et Willelmus de Mandevile et Willelmus de Bruere.

cf. Lu. 85 1227 Obiit Honorius papa, cui successit Gregorius. Dominus [56] Henricus rex Anglie dedit Ricardo fratri suo comitatum Cornubie et Huberto de Burgo comitatum Cantie. Item Petrus Wintonie et W[illelmus] Exonie episcopi iter arri-
Juli 15 puerunt versus Terram Sanctam idus Julii. H[enricus] factus est episcopus Rovecestrensis et [57] Thomas de Norwico.

„ 7 1228 Obiit Stephanus Cantuariensis archiepiscopus [58] nonas Julii. Item justiciarii itinerantes sederunt aput Wintoniam.
Mai 4 Frater comitis Gloucestrie die [59] Ascensionis Domini aput Londonias occisus est. Dominus Henricus rex collegit exercitum et eum duxit in Walliam. Orta est discensio inter Gregorium papam et Fretheericum imperatorem. Papa exegit decimam partem ab Anglicana ecclesia.

1229 Robertus de Bingham factus est episcopus Sarum. Ricardus cancellarius Lincolliensis factus est archiepiscopus Cantuarie 4
Juni nonas [59a] Junii. Item Jerusalem recuperata est a Christianis.
nach Sept. 29 Henricus rex cum exercitu suo post festum sancti Michaelis fuit aput Portesmue. Comes Britannie venit in Angliam.

Apr. 14 1230 Henricus rex venit aput Wintoniam 18 kal. Maji et 16
16 kal. ejusdem mensis recessit et perrexit versus Portesmue et ibi congregavit exercitum suum Anglie; in die apo-
Mai 1 stolorum Philippi et Jacobi misit se in mare, profecturus in Britanniam. Willelmus de Brewes occisus est a Neulino. [60] Item pacificati sunt dominus papa G[regorius] et imperator Fretheericus. Item Henricus rex rediit in Angliam, subjugatis sibi multis ex magnatibus Aquitannie; et in [61] vigilia Om-
Oct. 31 nium Sanctorum in ecclesia Sancti Swithuni Wintonie a con-

---

[55] *Lies* Dunelmensis. [56] 1225 *irrig W. Lu.* [57] *Richtiger* 1226. [58] 9 kal. [*Lies* die?] Julii *Ann. Teok.* 8 id. Jul. *Wend.*, 7 id. Jul. *Paris, dem jedoch das Datum der Beerdigung widerspricht, cf. Madden, Hist. Anglor. II, 302.* [59] *Ebenso Teok.* [59a] Idus *Wend. IV, 204.* [60] Lewelynci *Wint. (Llewellyn).* [61] post festum *Wint.*

Wint dep. ventu sollempni processione susceptus est, presente R[icardo]
archiepiscopo Cantuariensi.

1231 Henricus rex firmavit castrum Matildis. Obiit Willelmus Mare-
Apr. 6 scallus junior 8 idus Aprilis[62] et Ricardus archiepiscopus
Lu. 86 peregrinus. In vigilia sancti Johannis Baptiste com-
Juni 23 busta est ecclesia Sancti Egidii. Petrus Wintonie episcopus re-
Aug. 1 versus a Terra Sancta receptus est die sancti Petri ad Vincula
in ecclesia sua **Wintoniensi** et optulit pedem sancti Philippi.

1232 Henricus rex **Anglie** commisit Petro Wintoniensi episcopo plu-
rimos comitatus et castella in custodia et Petro de Rivallis the-
saurum suum. **Item** captus est Hubertus de Burgo et incarce-
ratus aput Divises. Obiit Willelmus le Bruere junior.
Puer quidam nomine Stephanus cruciatus est et occisus a Ju-
Oct 17 deis Wintonie 16 kal. Novembris.

1233 Hoc anno electus magister Edmundus thesaurarius Sarum in
archiepiscopum Cantuariensem et a domino papa confirmatus
Aug. 19 est. Item raptus est Hubertus de Burgo de Divises[63] in vigi-
lia sancte Margarete. Inundatio maxima pluvie, per quam ma-
gna pars Anglie periclitavit, et hoc ad festum sancte Mar-
„ 20 garete virginis.

1234 Hoc anno magister Edmundus de Abendone consecratus est
Apr. 2 in archiepiscopum Cantuariensem 4 nonas Aprilis. Ricardus Ma-
rescallus occisus **est** in Hibernia. Orta est dis**centio** inter re-
gem Henricum et Petrum episcopum **de** Wintonia **pro** Petro de
Ravallis, et inhibita **est** eorum transfretacio aput Dovere; **et**
Juni 28 in vigilia apostolorum Petri et Pauli venerunt aput Wintóniam;
in Deposićione sancti Swithuni venit Ricardus Siward et multi
Juli 2 alii **ad Wintoniam**[64], querentes Petrum de Rivallis, quem mi-
cf. Lu. 87 nime invenientes equos episcopi et **prioris** violenter abduxe-
runt [i]; episcopus vero **omnes illos** excommunicavit, et inter-
dicta est ecclesia et tota civitas; mane autem **facto**, penitue-
runt et absoluti sunt; in crastino reconciliata est ecclesia et
tota civitas. Obiit Hugo Herefordensis episcopus.

1235 Fretherícus imperator **duxit** uxorem Ysobellam, sororem regis
Henrici Anglie. Magister Robertus Grosseteste factus est epi-

---

i adduxerunt *cod.*

62 *Ebenso Teok.*, *Wykes.* 63 *Die Worte* in v. S. M. *sind in Wint. zum folgenden Satze gezogen; wol richtiger denn* in vig. Sancti Michaelis *setzt Wend. III, 249 die Entführung Hubert's.* 64 *Ann. monast. II, XXII.*

Wint dep. scopus Lincolnie et consecratus est aput Radingiam 15 kal.
Juni 17 Julii. **Item** pacificati sunt Gregorius papa et Romani. Abba-
Mai 7 thia de **Certeseye**[65] combusta est nonas Maji. Gibertus Ma-
rescallus duxit uxorem sororem regis Scotie. **Item** Henricus rex
Anglie duxit uxorem Alienoram filiam comitis de Provins.
1236 Hoc anno Petrus episcopus a Roma rediens venit ad Winto-
Nov. 30 niam die sancti Andree. Henricus rex convocavit omnes ma-
Jan. gnates Anglie aput Londoniam mense Januario, et de consilio
eorum quasdam leges constituit per Angliam. Quedam balena
Sept. capta fuit aput Mulebrok mense Septembris, que adjudicata est
coram rege priori et conventui Wintonie. Ricardus comes **Cor-
nubie** et Gilbertus Marescallus crucem acceperunt.
Aug. 1237 Hoc anno Otto legatus venit in Angliam mense Augusti; in
Nov. 18 octava sancti Martini celebravit concilium apud Londonias. Ed-
mundus Cantuariensis archiepiscopus profectus est Romam. Tri-
cesima tam clericorum quam laicorum propter libertates suas
soluta est regi Anglie. Archiepiscopus vero Edmundus a
Roma reversus venit[66] in Angliam.
cf. Lu. 88 1238 Hoc anno obiit Petrus episcopus Wintoniensis[k] [5][l] idus Junii.[67]
Juni 9 Justiciarii de foresta sederunt aput Wintoniam. Otto le-
gatus propter quamdam turbationem clericorum Oxonie **inde**
fugit Osenee.
1239 Edwardus primogenitus regis Henrici et Alienore regine natus
,, 18 est Londoniis 14 kal. Julii. Item Willelmus de Ralye consecra-
tus est in episcopum Norwicensem ab Edmundo **Cantuariensi**
archiepiscopo **aput** Londonias. **Item** Gregorius papa exegit
quintum decimum ecclesiarum Anglie. Otto legatus interdixit
ecclesiam Wintonie, quia non potuit videre thesaurum **ecclesie.**
1240 Postulatio Willelmi de Ralye in episcopum Wintoniensem 6 idus
,, 8 Junii. Ricardus comes Cornubie **frater regis** iter arripuit ver-
Juni sus Terram Sanctam 6[68] kal. Julii. Item[69] Edmundus archi-
episcopus Cantuariensis transfretavit, quia non potuit facere
officium suum pro rege et Ottone legato; et obiit **aput** Pun-
Aug. 22 teny 11 kal. Septembris; ibidem sepultus est; cujus mira-
cula florent. Item Otto legatus transfretavit versus Romam,

---

k episcopus *wiederholt cod.* l *aus W. Lu.*

[65] Corrēs *Wint. MS. Domit. A XIII. Luard druckt grundlos* Torreus (Torre). *Offenbar ist das Wort verlesen aus* Certes̄. [66] 1238 mense Februario *W. Lu.* [67] Julii *W. Lu. irrig.* [68] XV *W. L.*, *Osney;* 10. Juni *Dunstaple*, *Waverl.*; 3. Juni *Wykes.* [69] Sanctus *ins. W. Lu.*

Wint dep. Fretherlcus cepit eum et legatum Frantie cum clero multo
et magno thesauro.

Mai 9 1241 Feretrum sancti Swithuni fractum est die Ascensionis per
flabellum [70] de magna turri cadente; reliquie ejusdem sancti
Aug. 21 ostense sunt. Obiit Gregorius papa mense Augusti infra oc-
tabas Assumptionis [71], cui successit Celestinus. Obiit Gilber-
tus Marescallus aput Ware. [72] Henricus rex sibi subjugavit
Walliam et posuit ibi leges Anglie.

cf. Lu. 89 1242 Hoc anno die [*Translationis*][m] sancti Nicholai misit se in mare
Mai 9 Henricus rex cum regina et Ricardo fratre suo et Rogero de
Bigod marescallo aput Portesmue versus Vasconiam.

1243 Hoc anno rex rediens de Wasconia applicuit apud Portesmue
Spt. 25 7 kal. Octobris; et in vigilia sancti Michaelis venit aput Win-
„ 28 toniam. Item die apostolorum Petri et Pauli Willelmus de
Juni 29 Ralye episcopus Norwicensis translatus est in episcopum Win-
Sept. 7 toniensem et confirmatus in vigilia Nativitatis beate Ma-
Dc. 24 rie. Item in vigilia Natalis Domini consequenter idem
episcopus venit ad Wintoniam, set intrare non potuit et ac-
cessit nudis pedibus ad singulas portas civitatis, que clause fue-
runt contra ipsum per preceptum domini regis; hoc viso epi-
„ 30 scopus simpliciter recèssit et in crastino sancti Thome Marti-
ris venit ad portam de Kingate et predicavit populo verbum
Dei, post sermonem interdixit matricem ecclesiam et omnes
ecclesias infra muros et excommunicavit monachos et clericos et
majorem [73] civitatis cum omnibus ballivis. Item transfretavit
Febr. 19 11 [74] kal. Marcii, quia quidam machinabantur ei malum. Bone-
fatius admissus est ad sedem Cantuarie. Ricardus frater regis
duxit filiam comitis Provincie in uxorem, nomine Senchiam
Nov. 22 *in* [n] die sancte Cecilie. Alienora regina peperit filiam
in Vasconia, nomine Margaretam.

1244 Hoc anno mense Maji Bonefatius Cantuariensis electus venit
Ap. 23 in Angliam die sancti Georgii. [76] Orta est discordia inter regem
cf. Lu. 90 Anglie et regem Scotie et Walenses, et facta est pax inter regem
Anglie et regem Scotie; rex movit exercitum suum versus Wal-

---

m *aus W. Lu.* n item *als Beginn eines neuen Satzes cod.*

[70] flabellum *erklärt Luard, Ann. mon. II, XXIII.* [71] b. Virginis *W. Lu.* [72] *Ebenso Wav. Ungenau Par. Chr. IV, 157 und Hist. II, 451* apud Hertford; *dort fand das verhängnissvolle Turnier statt.* [73] majores *W. Lu.* [74] 9 *W. Lu.* [76] Gregorii *W. Lu.*; 22. April *Wav. 333.*

Wint dep. liam. Item Willelmus Wintoniensis episcopus ad mandatum
domini regis a transmarinis partibus repatriavit; et dedit
ei rex osculum pacis; solutum est interdictum ecclesie Winto-
Aug. 29 niensis die Decollationis beati Johannis Baptiste; die vero
Sept. 10 Translationis sancti Adelwoldi recepit Willelmus episcopus
possessionem episcopatus Wintoniensis. Alienor regina peperit
Jan. 16 Edmundum f[ilium] [n] 17 kal. Febr.
1245 Innocentius papa celebravit generale concilium aput Lugdunum,
in quo concilio excommunicavit Frethericum imperatorem —
et ad illud concilium [77] transfretavit episcopus Winto-
niensis — et in eodem concilio degradavit Frethericum
predictum, necnon Henricum Landegrave loco imperatoris in-
stituens. Henricus rex tenuit parliamentum suum aput Londo-
Juni 17 nias 15 kal. Julii [78] de tributo pape.
1246 Henricus rex habuit grande colloquium cum magnatibus terre
Jul. 15 aput Wintoniam idus Julii; ubi seisivit comitissam de Warenna
Febr. 19 de virga marescaltie. Item 11 kal. Marcii terre motus magnus
per totum occidentem. [o]
cf. Lu. 91 1247 Translatio sancti Edmundi Cantuariensis archiepiscopi aput Pun-
Juni 9 teny 5 idus Junii. Item Henricus rex fuit aput Wintoniam
Dec. 25 ad Natale Domini. In octava Epiphanie escambium nove mo-
Jan. 13 nete et aliorum denariorum aput Wintoniam.
Apr 3 1248 Hoc anno obiit Walterus de Hida abbas 3 nonas Aprilis.
Cui successit Rogerus de Sancto Valerio. Magister Thomas
archidiaconus [p] Lincolniensis consecratus est in episco-
pum Sancti David. Item Lodowicus rex Frantie cruce si-
„ 17 gnatus [q] iter arripuit versus Terram Sanctam 15 kal. Maji.
Juni 1249 Hoc anno rex Frantie cepit Damietam 7 [79] idus Junii. Bo-
nefatius archiepiscopus Cantuariensis applicuit in Angliam die sancti
Sept. 21 Matthei apostoli. Item Bonefatius archiepiscopus Cantuarien-
Nov. 1 sis intronizatus est in festo Omnium Sanctorum. Henricus rex
Dc. 25 tenuit Natale suum aput Wintoniam, et Bonefatius Cantuarien-
sis archiepiscopus missam celebravit, et ibi Gasconius de
Lu. 92 Bierne et alii multi de Wasconia reddiderunt se domino

n f. *ins. cod.* suum? o *Die letzten Worte von* comitissam *an standen schon am Ende von 1245, sind dort aber roth durchgestrichen. Ein Beweis, dass Vespas. eine Abschrift ist.* p archiepiscopus *cod* q cruce signata *cod.*

77 *Die Rückkehr von dort gibt W. Lu.* 78 *Lies* Aprilis *W. Lu.* 79 *Richtiger* 8 *W. Lu.*

Wint dep. regi tributarios. Item Henricus rex cruce signatus est die do-
Mrz. 6 minica in medio Quadragesime et Willelmus de Valentia
1250 et Petrus de Rivallis et multi alii magnates terre.

1250 Hoc anno Ricardus comes reversus[*a*] Lugduno. [r] Orta est gravis dissentio inter B[onefatium] Cantuariensem archiepiscopum et episcopum Londoniensem et canonicos Sancti Pauli pro visitacione facienda in ipsa ecclesia. Item obiit Willelmus episcopus Wintoniensis Thuronis et ibidem sepultus kal. Septembris, *Sept. 1* post quem electus est Adomarus frater domini regis 2 non. *Nov. 4* Novembr. et in crastino sancti Hilarii [80] a domino papa *14. Jan* confirmatus est.

Juni 4 1251 Hoc anno Henricus rex fuit aput Wintoniam in die Pentecostes. Item congregatio Pastorum in Gallia numero, ut dictum est, 30 milia, clericos omnino suspectos habuerunt et secundum posse occiderunt et heretice contra fidem predicaverunt. *„ 24* Adomarus electus Wintonie applicuit in Angliam die sancti Johannis Baptiste *Jul. 23* et in crastino sancte Marie Magdalene venit ad Wintoniam et ibi cum magna processione receptus est, domino rege presente et multis aliis. *Lu. 93*

1252 Hoc anno data fuit sententia diffinitiva Lugduni a domino papa pro domino Bonefatio Cantuariensi archiepiscopo contra episcopum et canonicos Londonienses pro visitacione facienda in ipsa ecclesia et in cunctis sue provintie ecclesiis. Item tanta *März 31 — Spt. 29* siccitas fuit a Pascha usque ad festum sancti Michaelis, quod segetes et herbe omnino aruerunt. Magna discordia fuit inter Bonefatium archiepiscopum et Adomarum electum Wintoniensem; set bene [s] pacificati sunt. Obiit [81] domina Blanchia regina Frantie.

1253 Hoc anno Henricus rex duxit exercitum suum in Wasconiam et terram Anglie domine regine et B[onefatio] Cantuariensi archiepiscopo et Ricardo comiti commisit custodiendam. Obiit [82] *Lu. 94* sanctus Robertus Grosseteste episcopus Lincolniensis. Item congregatio omnium abbatum et priorum nigri ordinis aput Oxoniam in crastino sancti Mathei apostoli propter quoddam pri- *Spt. 22* vilegium a domino papa omnibus episcopis Anglie transmissum in gravamen monastici ordinis. Item obiit Hugo de Rupibus

---

r rev. Lugdunum *cod.* s bn (*vielleicht verlesen aus* tm) *cod.*, tandem *Wint.*

80 = 19 kal. Febr. *W. Lu.* 81 Obiit — Fr. *Wig.* 1253. 82 *Von hier an Wig.*

Wint dep. archidiaconus Wintonie. Alienora regina peperit filiam nomine Katerinam.

1254 Hoc anno Alienora regina et E[dwardus] primogenitus regis transfretaverunt in Wasconiam ad regem. Rex Frantie rediens a Terra Sancta venit in Galliam. Edwardus primogenitus cum B[onefatio] archiepiscopo profectus [t] est in Hispaniam et ibi desponsavit filiam regis Hispanie et ibidem factus est miles et multi alii. Item Henricus rex, subjugata sibi Wasconia, recessit, et transiens per Frantiam cum Alienora regina venit
cf. Lu.95 Parisius et ibi cum magno honore a rege Frantie susceptus est,
Dec. 25 et inde recedens venit in Flandriam et tenuit Natale suum aput Boloniam. Item concessa est domino regi decima omnium ecclesiarum Anglie. Item traditum est sigillum domini regis Henrico de Wingham. Innocentius papa de consens.: fratrum contulit et concessit W[illelmo] priori Wintoniensi et successoribus suis prioribus pontificalibus uti, scilicet mitra, baculo pastorali, anulo et sandalis. [u]

1255 Obiit Walterus de Gray archiepiscopus Eboracensis. Item Henricus rex tenuit consilium suum aput Westmonasterium et voluit habere tallagium per totam terram. Set magnates non consenserunt, set ad cautelam tempus prolongaverunt. [v] Item dominus papa concessit domino regi decimam omnium religiosorum virorum tocius Anglie. Item voluit dominus Henricus rex Anglie pacificare conventum Wintoniensem et electum suum, set conventus, sperans meliorem pacem consequi per dominum papam, pacem renuit et deceptus fuit.

1256 Rex Scocie cum sua regina filia regis Henrici venit in Angliam, et propter ejus adventum tenuit rex magnum festum aput Wodestoke. Obiit Willelmus episcopus Sarum; cui
Lu 96 successit Egidius de Brideport. Item Ricardus comes frater regis electus est in imperatorem et regem Alemannie mense
Nov. Novembris. Item justiciarii [82a] de foresta sederunt aput Wintoniam. Adomarus electus Wintoniensis transfretavit in pa-
Jan 25 triam suam in Conversione sancti Pauli.

1257 Hoc anno magnum parliamentum magnatum Anglie aput Lon-
April donias mense [83] Aprilis de rebus intestatorum, quas dominus

---

t prefectus *cod.* u sindalis *cod.* v perlongaverunt *cod.*

[82a] itinerantes *nach Jan. 13 (1257) W. Lu.* [83] 15 kal. *Wint. Lu. richtig, cf. Ann. Burton. 384.*

Wint. dep. Apr. 8 rex vendicavit[84], per litteras domini pape super hoc sibi concessas. Item Henricus rex tenuit Pascha suum Londoniis et multi magnates cum eo. Ricardus comes electus Alemannie paravit se ad transfretandum in Alemanniam, qui postea 16 kalendas Junii aput Eys in regem coronatus est. *Mai 17* Obiit Eufemia abbatissa de Werew[e]lle. Item convocatio omnium prelatorum Anglie aput Londonias in octava Assumptionis [*b. Mariae*][w] coram domino B[onefatio] Cantuariensi archiepiscopo ad tractandum de statu Anglicane ecclesie. *Aug. 22* Set negocium remansit imperfectum ratione guerre regis in Walliam

cf. Lu. 97 Mai 13 1258 Hoc anno Henricus rex tenuit Pentecosten suum apud Wintoniam et inde recessit aput Wodestoke. Congregatio comitum et baronum et omnium magnatum Anglie aput Oxonias ad parliamentum, ubi formata sunt[85] statuta Oxoniensia per commune consilium tocius Anglie. Unde Willelmus et tres fratres sui et alii alienigene ibidem existentes dictis statutis parere renuerunt. Ideo inde latenter fugierunt usque Wintoniam. *Juli 2* Item circa festum Deposicionis sancti Swithuni magnates Anglie Wintoniam venerunt et parliamentum[86] tenuerunt et ibi morabant[ur] usque post festum Translationis sancti Benedicti. *nach Jul. 11* Ubi exulaverunt W[illelmum] de Valentia cum tribus fratribus suis. Item ibidem pacificati sunt dominus H[enricus] et E[dwardus] primogenitus ejus. Item Andreas de Londoniis resignavit prioratum Wintonie 4 Idus Julii, *„ 12* eodem die electus est in priorem per compromissionem ratione minarum comitis Glovernie et aliorum magnatum. Item conventus Wintonie elegerunt H[enricum] de Wingham in episcopum Wintoniensem per compromissionem.

cf. Lu. 98 April 22 1259 Hoc anno fuit convocatio omnium magnatum Anglie Londoniis ad Hockeday. Et tunc Hugo de Bigod venit et Gilebertus de Prestone et Robertus Walerand justicarii Wintoniam 10 kal. *Mai 23* Junii[x], ubi[86a] ductus fuit Walterus de Scotini miles et judicatus pro morte Willelmi de Clare equis distractus est. Item Henricus de Wingham electus est in episcopum Londoniensem.

---

w *aus W. Lu.* x *aus W. Lu.;* Julii *Vesp.*

[84] vendebat *W. Lu.* [85] *cf. Prothero, Simon de Montfort, 191.* [86] secundum parliamentum *Teok. cf. ib. 202.* [86a] *cf. Teok.; Paris' letzte Zeilen.*

Wint dep. 1260 Inter regem et barones orta est maxima discordia occasione provisionis Oxoniensis. Misit autem rex ad curiam Romanam[86b], ut a sacramento, quod fecerat de observatione dictarum provisionum, a domino papa ipse et complices sui absolverentur. Ricardus autem comes Glovernie et S[ymon] de Monteforti comes Leycestrie et Robertus comes de Ferariis[87] et multi alii baronum in proposito suo de dictarum provisionum observatione viriliter permanserunt. Item maxima tempestas et ingens tonitruum, choruscatio et grando nimie magnitudinis in nocte *Iuni 24* sancti Johannis Baptiste. Item obiit comes de Albamara et Rogerus de Tuskeby. Adomarus electus Wintoniensis a summo *cf. Lu. 99* pontifice in episcopum consecratur, post non multum vero tempus consecrationis sue idem episcopus versus Angliam iter arripuit, set inmatura morte preventus Parisius diem vite sue clausit extremum. Corpus suum in transmarinis partibus aput Valenciam[88] humatum est, post mortem vero dicti episcopi[y] conventus ecclesie Wintoniensis electionem ad sedem episcopalem fecerunt, unde quidam elegerunt Willelmum de Tantone abbatem de Middeltone, quidam vero elegerunt Andream de Londonia priorem suum in episcopum.

1261 [89] Hoc anno Andreas... *Siehe in Annales de Wigornia IV, 447* — miracula.

1262 [90] Obiit Ricardus *448* — Alemannie.

1263 [91] Symon de Monteforti *449—50* depredati.

1264 [92] Exiit *450—3* Oxonie.

1265 [93] Hoc anno circa [a] *453—6* transfretavit.

1266 Hoc anno obiit Walterus de Cantilupo episcopus Wigorniensis; cui successit Nicholaus de Ely.

---

y ipi *cod.* a *Varianten: 454, 6* Ipse *statt* Item; *455, 11* affectus *statt* effectus; *Z. 12* beate *statt* sanctae; *456, 13* recepturus *statt* accept.

[86b] *cf. Prothero 230.* [87] *Diesen nennt* fidus nec regi nec baronibus *Rishanger Contin. Matth. Paris. 1263.* [88] zu Paris *Tewkesb* a. 1261 *wol Confusion mit dem Orte des Todes.* [89] *W. Lu. II, 99. Von hier an ist wieder fast alles in Wig. übergegangen.* [90] *ib. 99—100.* [91] *ib. 100—1.* [92] *ib. 101—2.* [93] *Deutliche Spuren gemeinsamer Quelle ib. 103 Z. 5—8.*

Wint dep. Item [94] Londoniensis [b] *456—57* de Ferrariis.

1267 [95] Sexto idus *457—58* confirmatus.

1268 [96] Nono kal. [c] *458* — Waverleye.

1269 [97] Obiit Warinus *458* — profectus est.

1270 [98] Hoc anno tenuit *459—60* versus Londonias.

1271 [99] Hoc anno 3 non. *460—61* Stanleye. Hoc anno tenuit *461*-Domini.

1272 [100] Hoc anno recessit *461* [d] — *62* ejusdem.

1273 [1] Hoc anno post festum *462—63, 8 v. u.* intestato. De legatis in Terram Sanctam. De legatis ecclesie R. — *464* Wasconiam.

1274 [e] Hoc [2] anno magister [f] *465—66, 2 v. u.* Isabellam.

1275 Hoc anno Robertus *467—Z. 13 v. u.* relatum [3] est. Item [4] anno eodem facta est conventui de Waverle spoliatio quarundam garbarum in campis de Dummere [5] a rectore ecclesie de Dummere; unde dictus conventus dictum rectorem traxerunt in causam in consistorio Wintoniensi, et ab eodem consistorio devoluta est eadem causa per appellationem ad curiam Cantuariensem, et ibidem fere per annum ventilata et tandem, communibus amicis mediantibus, quievit lis per compositionem, remissis expensis hinc inde; cujus quidem compositio-

---

b *457, 11* depredaverunt. c *458, 15 fehlt* item. d *461, 18 u. 26* Eadmundus. e *am Rande* ⪢—, *s. darüber hinter* a. 1285. f *465, 11* prefato *statt* predicto, *was auch in Winton. Lu. 118 und Waverl. 383.*

[94] *z. Th. in W. Lu. 103 = Wav. 373, in dem allein Z. 6 v. u. die Worte* omnium ecclesiarum. [95] *Voller W. Lu 105 = Wav. 374.* [96] *Nur wenige Anklänge an W. Lu. 107; genauer stimmt Wav. 375.* [97] *Ueber die Translation Edward's wörtlich gleich W. Lu. 108 = Wav. 375.* [98] *Wörtlich W. Lu. 108 = Wav. 377.* [99] *Wörtlich* W. *Lu. 110, während in Wav. mehrere Sätze ausgelassen sind.* [100] *Wörtlich = W. Lu. 111 = Wav. 378.* [1] *Wörtlich = W. Lu. Doch sind die Artikel etwas umgestellt und in Vespas. lückenhaft.* [2] *W. Lu. 117, 8 v. u. Die Seiten 116, 117 lässt Vespas. aus; wo dagegen 466 ein Bericht über den Kampf des Prior Andreas gegen den Convent von Winchester, welcher W. Lu. fehlt. Die Nachricht über Waverley 466 unten = Wav. 383 u.* [3] dictum *W. Lu. = Wav., wo der letzte Satz einige Zeilen früher.* [4] *Die hier folgende Localnotiz fehlt Wav., Wint. L. und Wig.* [5] *Dummer, Hants.*

Wint dep. nis signatio tepide fuit executa. Item[6] mense Octobris — *Z. 2 v. u.* Terra Sancta. Item anno eodem peperit[7] *468* [g] — *Z. 22* et amplius.

1276 [8] Hoc anno 3, *469 Mitte — 470, 7* custodienda. Item[9] cum dissentio inter cives Wintonienses orta annis pluribus elapsis usque ad hec tempora perdurasset, et eorum discordia coram domino rege esset exposita, ut manus apponeret regie correctionis, precepit idem dominus rex ut pax inter eos conformaretur, qua inita et reformata, iram suam remittens concessit eis omnes municiones et libertates, que ad villam pertinebant in pristino statu optinendas; cito autem post supervenerunt quidam ex parte domini regis et pacem inter illos reformabant, quo facto, majorem prefecerunt et alios ballivos, prout moris eorum ante fuerat. Item anno[10] eodem obiit Johannis *ib. p. 470, 8* [h] — *9 v. u.* priorem instituit. [11] Item anno eodem cessit Willelmus de Hungerford abbas de Waverle, eo quod quadam paralitica infirmitate gravatus ulterius abbatizare non potuit; cui successit frater Hugo de Leukenore *Nov. 16* die eodem videlicet die sancti Edmundi archiepiscopi electus et creatus[12] a domino Johanne Tinterniensi tunc abbate.

1277 Hoc[13] anno quinto die mensis Maji *472* [i] — *73, 16* patet alibi.

1278 Hoc[14] anno mense Januarii obiit Reginaldus [k] ep. Norwic. *473* [l] — *74, 6* collocare. Item[15] hoc anno die sancti Mathei *474, 25* [m] — *475, 8* remearunt.

Item[16] in medio mensis Octobris *474, 6 — Mitte* inventi sunt.

Item[17] circa festum beate Margarete [n] *475, 9—17* Portuensis.

---

g *468, 16* quod *statt* qui. h *470, 22* R. Cantuariensi arch. *wie Wav. 387.* i *472, 16* circa vero festum, *wie Wav.* k Rogerus *richtig Wig. Wav. 389.* l *473, 16 v. u.* electus, et ab. m *474, 7 v. u.* eodem die ibidem ad dictam. n *475, 12 hinter* regis *wie Wav.:* unde dominus rex cepit.

[6] *W. Lu. 119, 17.* [7] *Die ersten Sätze fehlen W. Lu. 468, 13—4 = Wav. 385.* [8] *W. Lu. 120.* [9] *W. Lu. 121.* [10] *W. Lu. 121.* [11] *Der folg. Satz wörtlich wie Wav. 387, nicht W. Lu.* [12] *So auch Wav. Ms. Vesp. A. XVI; nicht* consecratus, *wie Luard druckt.* [13] *Theils W. Lu 124, theils Wav. 387—9. Nur der Hinweis auf das Recept gegen Klauenseuche ist Vesp. eigenthümlich.* [14] *Theilweise = Wav. 389 Mitte. Wint. Lu. enden* 1277. [15] *Wav. 390 weniger ausführlich.* [16] *Abgekürzt Wav. 390, 14 v. u.* [17] *Wav. 391, 5, wo Tod des Robert Kilwarby fehlt.*

Wint dep. ? bis hier 1279 Hoc [18] anno quarto *476, 13—477, 6* Epiphaniam.
1280 Hoc [19] anno in crastino [o] *477 letzter Absatz — 479, 3* Belli-Loci Regis.
1281 [20] Hoc anno Ricardus *479, 12—22* Martinus IIIus.

Matt. West [p] 1281 [21] Post festum beati Michaelis *481 s. a. 1282 — 483, 3ter Abs.* defecerunt.

1282 [22] Qui est annus regni Edwardi *485 letzter Abs. unter a. 1283— 486 letzter Abs.* venienti.

1283 [23] Rex Eadwardus aput Aberconewey *488 letzter Absatz unter a. 1284 — 489 erster Absatz* electus.

1284 [24] Die sancti Marci *490 Mitte unter a. 1285 — 491 erster Abs.* celebraverunt.

1285 [25] De terra sua *491 letzter Abs. unter a. 1286 — 492 Absatz* rabiem truculentam. [r] [Hoc anno obiit Alexander, rex Scotie XV kal. Aprilis]. [s]

⋟— [t] [Quere tale signum in margine decimi folii supra.]

1274 [26] In ecclesia Westmonasterii *467, 3 [Matth. Westm. ed. 1601, 407] — zweiter Absatz* consederunt.

1275 [27] Rex ad parliamentum *468 3ter Absatz – 469 2ter Absatz* discerptus.

1276 [28] Post Pascha ad parliamentum *470 letzter Abs. — 471 zweiter Abs.* loricatos.

1277 [29] In quindena Pasche, *nicht in Wig. übergegangen (ausser 473 3ter Absatz zwei Zeilen), aber auch aus Westm.* [u] *408 letzter Absatz — 409 erster Abs.* interfecto.

---

o *477, 4 v. u.* nuper ante dedic. *wie Wav.; letzte Z.* Qui de Dei. p *Nach Freilassung der letzten Zeile der vorigen Seite beginnt hier eine neue Handschrift auf fol. 196 verso. Alles in Vesp. Folgende ist aus Matthäus von Westminster.* r *Die folg. neun Worte in späterer Hand; sie stehen in Wig. 492, 26.* s *Der Rest von fol. 199 r. ist leer.* t *Roth; links oben auf 199 v. Das betr. Zeichen begegnet oben zum Beginn des Jahres* 1274, *s. d.* u *Z. 12 v. u.* per tempus aliquot.

[18] *Zum Theil Wav. 392, 15 v. u., wo aber Cisterciensernachricht 476, 14 v. u. fehlt.* [19] *Wav. 393, doch ohne Ablass für die, welche für des Bischofs von Winchester Seelenheil beten.* [20] *Wav. 395.* [21] *Wav. 395, wo der Anfang etwas von Matth. Westmon. Lesart abweicht und das Ende desselben fehlt.* [22] *Wav. 397, wo jedoch Stücke aus Westm. fehlen.* [23] *Wav. 400 nicht so genau wie Westm.* [24] *Wav. 401 nur theilweise.* [25] *Wav. 402.* [26] *Nicht in Wav.* [27] *Etwas davon in Wav. 385, letzte Zeilen.* [28] *Wav. 386.* [29] *Wav. 387 letzte Zeilen.*

Matt. West 1278 [30] Rex Eadwardus regiam *Wig. 475 2ter Abs.—476, 4* Henrici tercii. **Hiis[31] temporibus** pro rasura monete **multi** Christianorum **et** Judeorum suspendio perierunt **et multi tam de Christianis quam Judeis ad caudas equorum tracti.**

1279 [32] Qui est annus *477 erster Abs. — 3ter Abs.* convenerunt.

Aug. 22 1280 [33] Rex pontifices *479, 4 — erster Abs.* conjuncti. Undecimo kal. Septembris obiit Nicholaus papa tercius; cui successit Martinus

Febr. 22 [1281] papa quartus octavo kalendas Marcii. [34]

---

[30] *Wav. 389 erster Absatz.* [31] *Inhaltlich aus Westm. 409, 26; fehlt Wig.* [32] *Daraus Wav. 391.* [33] *Daraus Wav. 392, 2 v. u.* [34] *Auch aus Westm. 410, 1; fehlt Wig.*

XV. Heremanni archidiaconi Miracula sancti Eadmundi.

Inhalts-Uebersicht.

[Den §§ entsprechen im MS. Tiber. B II meist, doch nicht überall Absätze, die aber nicht beziffert sind. — Die mit [Martene] bezeichneten Sätze stehen bereits in Martene et Durand, Veterum Scriptorum . . ampl. collectio VI c. 821—34 und sind deshalb im folgenden Texte nicht gedruckt. Für diese mussten die sachlichen Anmerkungen daher schon in der Uebersicht gegeben werden.]

§ 1. *[Martene 821 B].* Prolog. S. Edmund's Wunder zu erzählen nach glaubwürdiger mündlicher Kunde und Schriften harten Stiles, veranlasst uns die Aufforderung des Abtes Balduin [1] guten Andenkens und seines Convents [von S. Edmund's].

§ 2. *[Mart. 823 D].* Laut Chronica Anglica [2] fiel Edmund a. 870 und ward laut Erzählung der Alten nahe dem Orte des Martyriums [3] zu Sutton und aus Furcht vor den Dänen nicht an einem bekannten Orte beigesetzt, in kleiner Kapelle, wo das Grab wunderbar erglänzt.

§ 3. Dem h. Edmund folgt in Ostanglien kein weltlicher Herrscher. Damals war zwar England noch getheilt, der grössere Theil aber gehorchte Wessex unter Aethelred [I.]. Das Christenthum bestand ausser in dem von den Heiden zerrütteten Ostanglien, worüber s. [Abbo's] „Leiden des Heiligen". Unter Aethelred landete dieser Heidensturm in England und drang ebenso nach Paris, 'das blüht wie's Paradies', ward aber von den Franzosen in sein gewohntes Meer zurückgejagt und überfiel England wieder unter Aelfred's 28jähriger Regierung, die der Piraterie ein Ende setzte. Noch erglänzten Edmund's Wunder nicht. Inzwischen herrschten Aethelred, Aelfred der Wahr-

---

[1] *Starb* 1097 *um* Christes maessan *Ann. Agsax.; am* 29. *Dec. (Battely, Antiq. S. Edm. Burgi 50 und Flor. Wigorn.) oder am* 4. *Januar* 1098 *(Battely ib., aber nicht* 1097, *nach Necrolog von S. Denis bei Félibien, Hist. de S. Denis CCVII). S. § 32.* [2] *MS. C der Ags. Ann. gibt* 871, *lag also dem Vf. nicht vor.* [3] *Cf. p. 159. Der Name des Ortes, wol Stutton westl. Hoxne, nicht bei Abbo.*

haftige, für den Papst Martin ein Stück vom Kreuze Christi schickte und die Englische Schule zu Rom freigab, und in Frankreich Karl der Kahle. Aelfred folgten Eadward d. Ä., dann Aethelstan, der das lange gespaltene England sich ganz unterwarf, dann Eadmund, Eadred Schwachfuss, Edwi und anfangs mit, bald nach ihm sein Bruder Eadgar; dann erst der unserem Patron (S. Edmund) gleiche Eadward der Märtyrer; hierauf Aethelred, im selben Jahre zu Kingston gekrönt, wechselnden Glückes. Nun that S. Edmund Wunder in Beodricsworth, wo ihm einige Weltgeistliche dienten. Ihre Namen — wir geben nur Bezeugtes —: die Priester Leofric, Alfric, Bomfield, Eilmund, die Diaconen Leofric, Kenelm. Der Diöcesan [von Elmham] Adulf aus Cambridgeshire kam aus S. Edmunds.

§ 4. *[Mart. 824 B].* Leofstan, Sheriff in Ostanglien, presst am 1. Mai auf dem Dunghoge-Gemot [4] dem Volke Geld ab: diese Beamten freuen sich, wenn das Volk in Geldstrafe fällt. Eine Delinquentin sucht Zuflucht am Grabe S. Edmund's, wird durch Büttel weggerissen unter Protest des Priesters Bomfield und des Diacon Leofric. [5] Der Sheriff dringt in die Kirche nach bis zum Grabe des Priesters Bond. Dort wird er zur Strafe wahnsinnig und endet übel. Die Delinquentin wird befreit. — § 5. *[Mart. 825 C].* Swen will zu Dänemark auch England erobern, wo der friedliche Aethelred, der Vater des berühmten Eadward [d. Bek.], herrscht, und landet bei Gainsborough. Aethelred flieht nach der Normandie. Swen verheert und legt überall das unselige Dänengeld auf, das England (wohlhabend ohne den Steuerdruck) noch heute [6] bezahlt. Die Steuereintreiber werden in Beodricsworth (das nach S. Edmund's Vorgänger, Beodric [7] von Ostanglien benannt und von den Königen der Kirche S. Edmund's geschenkt ist) von den Einwohnern, die nur dem Heiligen zinsen wollen, abgewiesen und kehren zu Swen zurück. — § 6. *[Mart. 826 C].* Durch Aegelwin, den ersten Mönch dort, der die Reliquien [8] wusch und kämmte und deshalb S. Edmund's Kämmerer hiess, erflehen die Einwohner Abschaffung des Tributs von ihrem Heiligen. Dieser schickt Aethelwin zu Swen. Er [9] warnt Swen vor fernerer Besteuerung, in Gegenwart Englischer und Dänischer Magnaten auf dem Reichstage zu Gainsborough, wird aber fortgejagt. Auf dem Heimwege hinter Lincoln hört er mitreisende Ritter Dänisch reden und argwöhnt in ihnen Steuereintreiber. Einer erkennt ihn vom Reichstage her und erzählt, Swen sei Nachts darauf durch einen Speerwurf [10] übel verstor-

[4] *Cf. Anm. 39.* [5] *Cf. 6 Z. vorher.* [6] *cf. Huntingdon p. 749 B.* [7] Bedrici Curtis *Abbo;* Beodricus fuit antiquitus dominus istius ville *Jocelin 75.* [8] *Der Vf. sagt stets* corpus *mit dem strengen Sprachgebrauch für die ungetheilten Gebeine.* [9] *Nach Malm. Reg. § 179 = Pont. p. 155 wird Swen durch einen Traum gewarnt.* [10] *Dass Swen von S. Edmund getödtet sei, erzählen Florenz, Malmesbury, Orderich, Snorre.*

ben [Febr. 1014]. Hierdurch wurden die Armen des Dorfes steuerfrei, und die Wuth der Invasion nahm in ganz England ab. — § 7. *[Mart. 828 D].* In Essex offenbart ein Sterbender Swen's Tod durch Edmund's Speer noch in selbiger Nacht.

§ 8. Dies bestätigen die Englischen Annalen über die Könige und darunter Swen. Zehn Jahre litt England unter der Invasion; nur Ostanglien schützte der h. Edmund. Hier ward (wie uns die Klausnerin Aelfwen bei S. Benet Holme aus eigener Erinnerung erzählte), das Dänengeld in einigen Gegenden weder bewilligt noch gesammelt; aus andern, z. B. aus Flegge, zwar von Aelfwen's Vater Thurcytel nach Thetford gebracht, aber auf die Nachricht von Swen's Tode jedem zurückbezahlt. — § 9. *[Mart. 829 A].* Swen's Leiche [11] ward eingesalzen nach der Heimath [Dänemark] verschifft.

§ 10. Aethelred, mit starker Flotte 1014 heimgekehrt, regiert wieder zur Freude der Engländer, doch mühevoll. Ihm folgt Edmund Eisenseite auf ein Jahr, neben dem Cnut herrscht; doch behält jener die Krone bis er am 30. Novemb. durch Eadric Streone ermordet und bei Eadgar dem Friedfertigen begraben wird. Er wollte viel für S. Edmund's thun, starb aber zu früh.

§ 11. *[Mart. 829 B].* Der Däne Thurkill landet [1010] [12] bei Ipswich und verheert. Aethelwin flüchtet mit den Reliquien hin und her, grosse Gebäude vermeidend, ängstlich wie ein Messreisender Beraubung fürchtend. Der Priester Eadbriht in Essex, der Vater des nachherigen Abtes Aelfwine von Ramsey [13], lässt ihn aus Furcht vor Feinden nicht ein; sein Haus verbrennt zur Strafe. Der Reliquienwagen läuft vor den Feinden von selbst fort und § 12. *[Mart. 830 C]* bei einer zu schmalen Brücke mit dem rechten Rade in der Luft. Aethelwin fährt [14] nach London.

§ 13. *[Mart. 830 E].* Freue dich, London, reichste Stadt Englands; gross durch deine Grossen, bisher aber unfruchtbar an Heiligen, jetzt durch S. Edmund sicher!

§ 14. *[Mart. 831].* Bei der Einfahrt des Heiligen von Aldgate [15]

---

[11] *Anfangs in York, dann zu Roeskilde begraben Lappenberg, Gesch. v. England I, 449. Dazu Orderich I, 176.* [12] *S. § 19. Vf. setzt irrig die Vorgänge von a. 1010—3 in § 11—16 hinter Edmund's Tod; vgl. im Text Note 50 und y.* [13] *Er wurde* 1049 *zum Reimser Concil gesandt (und* 1054 *zum Kaiser laut Freeman, Norman Conquest II, 373), dankte zwischen* 1061 *und* 66 *ab, zeugt jedoch noch kurz vor* 1081 *für S. Edmunds, s. § 43.* [14] *Er hiess deshalb später* auriga S. Eadmundi. *Nach Yates, History of S. Edmunds p. 60 war er durch den Diöcesan zum Reliquienhüter bestellt.* [15] *Tradition leitete vielmehr den Namen* Cripplegate, *der unter dem Eroberer erscheint, von dieser Heilung der Krüppel her cf. Stow, Survey of London ed. 1876 p. 13. Ealdgate kommt unter Eadgar vor.*

bis zur Gregorikirche [16] werden 19 Kranke geheilt. Aethelwin hütet in S. Gregor drei Jahre die Reliquien. Viele Wunder sind durch Nachlässigkeit der Früheren vergessen.

§ 15. *[Mart. 831]*. Aber wir erzählen das wahre Gerücht. Die Verehrung und Beschenkung des Heiligen wachsen. Ein Däne blickt unter die Decke der Reliquien, erblindet, bereut und schenkt dem Heiligen seine beiden goldenen Armspangen, denn er war vom Magnatenrang.

§ 16. *[Mart. 832 A]*. Als S. Edmund aus London heimreisen will [1013], versucht scheinbar aus Devotion, in Wahrheit um ihn für den S. Pauls-Dom zu stehlen, Bischof Alfhun umsonst [17] ihn aufzuheben. Nur von Aegelwin lässt er sich heben; er beschützt Beodricsworth und Ostanglien.

§ 17. Cnut, Swen's Erbe, besser als erwartet (wie der Wolf nicht so gross ist, als man denkt), hält die beste Verfassung, bestätigt im Reichstag zu Windsor die heiligsten alten Gesetze, beschenkt S. Edmunds mit Gütern und Zollfreiheit.

§ 18. Auf eigene Kosten übergab Cnut dem Clerus nicht sowol [gross]freie Knaben zur Ausbildung, als tüchtige ärmere, wie er sie auf den Rundreisen fand; wo er denn auch einige nach Königssitte freiliess. — § 19. Er theilt England in Tetrarchien, behielt Wessex für sich, und gab Mercia Eadric, Northumbrien Eric, Ostanglien Thurkill.

§ 20. Unter Letzterem wird 1020 S. Edmunds mit Mönchen besetzt (unter Erlaubniss des Königs, Beistimmung der Grossen, und Ermahnung des Diöcesan Aelfwin, eines Mönches von Ely) und beschenkt.

§ 21. Cnut stirbt nach guter Regierung als Greis zu Shaftesbury am 12. Nov., wird zu Winchester begraben zum Leide Englands. Ein Jahr später empfing es die Regierung beider Söhne Cnut's, des Harolds für $2^1/_2$, des Hardecnut für $1^1/_2$ Jahr, unter denen es sank. S. Edmund aber that Wunder, zur Zeit des ersten Abtes Uvi. — § 22. Endlich schenkt Gott Aethelred's Sohn Eadward als guten König, der nach des Vaters [Tode] lange von vielem Unglück umhergetrieben Ostern a. 1043 gekrönt wird. Unter ihm genoss England gute Gesetze.

§ 23. Er pilgert mit seinen Grossen nach S. Edmunds, schenkt ihm $8^1/_2$ Centurien (Englisch: Hundreds) den Hof Mildenhall und eine Urkunde der Freiheit, deren S. Edmund's heut geniesst und ohne die Bosheit der Menschen noch besser geniessen würde.

§ 24. Eadward herrscht gerecht, kirchlich, freigebig, so dass viele Gelehrte nach England kamen.

---

[16] *Castle Baynard Ward, sw. bei S. Paul's cf. Stow p. 138. — Später besass S. Edmunds eine Pfarre in London ib. 76.* [17] *s. u. § 62.*

§ 25. S. Edmund heilte damals Kranke: [*Mart.* 833 A], so die lahme Aelfveve, eine Adliche aus Essex.

§ 26. Eadward befreundet sich durch friedfertige Milde das eigene und die benachbarten Länder. Damals unter Abt Leofstan, einem scharfsinnigen Manne, wirkte S. Edmund weniger Wunder.

§ 27. So gab er der stummen Aelfgeth aus dem Gebiet von Winchester die Sprache. § 28. Sie lebte später als Nonne bei dem Heiligen und hörte in Visionen seine Befehle. § 29. Sie soll den Abt zu grösserer Sorge für die Reliquien ermahnen. Nach 8tägigem Fasten erfolgt am Donnerstage die Erhebung der Gebeine: Aegelwin, vor Alter blind, findet sie unversehrt; auch auf der Brust noch das Amulet vom heil. Kreuze, das ihm [c. 1011] Erzbischof Aelfeah zu London vergebens hatte abkaufen wollen; die pfeildurchlöcherten Kleider sind noch blutig; das abgeschlagene Haupt findet der Abt mit dem Rumpfe verwachsen; zur Strafe werden ihm die Hände steif.

§ 30. Ueber Osgod Clap die Wahrheit kurz zu erzählen ist leicht, da Engländer, Dänen, Fürsten, Gebildete und Ungebildete sie im Munde führen; auch meiner Wenigkeit ist daher Edmund's Einfluss bei Gott bekannt, besonders aus unsrer Zeit. Die Erzählung lautet: § 31. An einem Sommersonntag hielt Eadward in Beodricsworth unter Frohsinn der Dänen und Engländer Hof. Unter ihnen kommt der major domus Osgod Clap Dänisch gerüstet, mit Pelzen, Armspangen und von der Schulter herabhängender vergoldeter Axt hochmüthig in die Kirche zum Chor, stürzt besessen hin. Nach Fürbitten des Königs (der gerade im Capitel die Brüderschaft des Klosters erwirbt) und durch Aegelwin's Beistand geheilt, verspricht er nie mehr die Klostergüter zu schädigen. Nur die Hände bleiben ihm schwach.

§ 32. Leofstan stirbt als chiragrischer Greis. Edward lässt den Hofarzt Baldwin aus dem ruhmreichen Frankreich, Mönch von S. Denis, Probst von Leberau im Elsass, am Hofe zu Windsor wählen, in seiner Gegenwart am 15. Aug. [1065] weihen und von königlichen Beamten einführen.

§ 33. Edward stirbt zu Westminster, das er gebaut, am 5. Januar [1066]. Am 6ten Morgens wird Harold auf den Thron erhoben durch schlaue Gewalt und daher nur 10 Monate König. Er bestätigte Baldwin die alte Freiheit von S. Edmunds, wollte mehr thun; aber Wilhelm nahm mit mächtiger Flotte England in Besitz als des guten Eadward Vetter und einem Gerücht zufolge auch durch dessen Vermächtniss zum Erben berechtigt. Er landet bei Hastings, Harold fällt. Ein Komet hatte dies im Sommer vorgedeutet.

§ 34. Hier ende ich die Geschichte der 15 Könige nach Edmund's Martyrium (nach der Englischen Chronik) bis Wilhelm I., unter dem Französische Sitte in England aufkam und der Englische Staat sich änderte.

§ 35. Unter Wilhelm I., seit 1066 König, daneben Graf der Normandie, war Baldwin ein Vater für seine Abtei, dem Könige durch Güte und Heilkunst wohlgefällig; und schützte S. Edmund die Seinen, wie sich zu unserer Zeit zeigte.

§ 36. Ein Normannischer Höfling Wilhelm I. besetzt mit der diesen Leuten eigenen Habgier ein angrenzendes Abtei-Manor, leugnet im Abtei-Gericht und sagt, es sei ihm als königlichen Beamten mehr nütze, als dem schlafenden Edmund. Er wird mit Kopfweh gestraft und behält einen weissen Fleck auf der Pupille. Die Wachskerze, die er zur Sühne sendet, zerbricht.

§ 37. Arfast Bischof beider Shires von Ostanglien, weltlich tüchtig und wacker, aber von Schmeichlern übel berathen, will sich die Abtei trotz königlicher und bischöflicher Freibriefe allmählich unterwerfen, obwol er keine Urkunden, sondern nur illegale Zeugen für sich hatte; er kauft vom König die Erlaubniss, den von einem Vorgänger bewilligten Bischofsstab der Abtei fortzunehmen.

§ 38. Balduin reist mit königlicher Erlaubniss nach Rom (damals waren Lanfranc und Thomas wegen des Palliums ebenfalls dort), wo ihn Alexander II. zum Priester weiht und gemäss den königlichen Freiheitsbriefen privilegirt. Arfast wüthend, verklagt den Abt vor der Synode, dass er ohne seine Genehmigung nach Rom gereist sei, dieser beruft sich auf die Erlaubniss des Königs und Erzbischofs und appellirt an letztere.

§ 39. Vor mir — ich schäme mich's zu sagen — hat der Bischof mit dem König verhandelt über die Verlegung des Bischofsitzes in die Abtei, indem ich selbst für ihn die Briefe verfasste und schrieb, über's Meer trug und die Antworten, bald geneigte bald ablehnende, las.

§ 40. Und weil 'zu Rom alles käuflich', bietet der Bischof dem Könige 100 Mark Gold für die Erlaubniss, bei ihm zu processiren; doch wurde dieses Oblatum nicht fest abgemacht.

§ 41. Dem Bischof schlägt beim Waldritt ein Zweig die Augen aus. Ich sah ihn wie einen Geblendeten daliegen und sage kühn: 'Dir hilft kein Arzt, bitte S. Edmund und Abt Balduin um Vergebung und Heilung!' Er verzweifelt anfangs, aber auf unser aller Rath schickt er mich am 28. October zu Balduin, welcher die Kur verspricht.

§ 42. Arfast kommt nach S. Edmunds, bekennt seine Schuld im Kapitel (damals im Vestiar), vor den älteren Mönchen und den Hofbeamten, welche gerade in Bury Assise hielten, (nämlich Hugo Montfort, Roger Bigod, Richard Clare, Turold von Lincoln, Alfred von Spanien u. A.), lässt den Abtsstab, für den er als Pfand seinen eigenen gibt, aus Thetford zurückholen und begiebt sich aller Ansprüche gegen S. Edmunds. Darauf absolvirt wird er, wie ich sah, schnell geheilt, bis auf die eine Pupille und predigt von diesem Wunder am Edmundstage.

§ 43. Darauf leugnet er aber vor dem Könige, dass er von der Klage zurückgetreten sei. Der König schickt zur Inquisition in der Grafschaft Lanfranc nach Bury. Durch [Geschworene aus] 9 Shires wird nach Aelfwin's, des greisen Abtes von Ramsey, Aussage über den Zustand unter Cnut, die Freiheit der Abtei bezeugt. Hier war der Bischof ausgeblieben, seinen Grimm verbeissend.

§ 44. Später klagt er nochmals beim König, er will jetzt die 100 Mark voll bezahlen. Im Processe Ostern 1081 vor dem Reichstage Gross-Britanniens nennt er als Zeugen (durch Eingebung des Heiligen übereilt) den Hundewärter, wodurch er ohne legales Beweismittel erscheint. Hierauf werden königliche und päpstliche Urkunden für S. Edmunds verlesen; dass die 51 Jahre alte Freiheit der Aebte, sich von einem beliebigen Bischof weihen zu lassen, weiter bestehen solle; wie Uvi vom Bischof von London, Leofstan von dem von Winchester, Balduin zu Windsor vom Erzbischof geweiht sei.

§ 45. Der König lässt Urtheil sprechen durch die kirchlichen Richter, Prälaten nnd rechtsverständige Grafen. Auf Grund der Urkunden und der Verjährung wird die Klage abgewiesen. — § 46. Als das Urtheil dem König überbracht wird, schilt es der zornige Bischof; daher straffällig muss er den Bischofstab dem König als Pfand lassen; zu dessen Auslösung hat er 1100 Mark bezahlt, wie er mir acht Tage vor seinem Tode klagte, ohne das Ende der Verschuldung abzusehen.

§ 47. Wilhelm giebt S. Edmunds eine auch von der Königin und den Grossen unterzeichnete Urkunde über die Exemption aus der Diöcese 1. Juni 1081 zu Winchester.

§ 48. Auf der Romreise vertheilt Balduin Reliquien von Kleidern des S. Edmund, dem zu Lucca in der Martinskirche ein Altar geweiht wird. An diesem genest der einzige, gelähmte Knabe einer reichen Familie, dem bisher viele Aerzte und Kirchenbeschenkung nichts geholfen hatten: er greift nach dem Thymian, mit welchem der Boden der Kirche bestreut war. Dies berichteten uns Probst Eadric und Priester Siward, die es auf der Romreise zu Lucca von ihrem Gastfreunde Petrus, einem Augenzeugen, gehört hatten. Dieses Wunders halber besucht das dortige Volk jährlich jenen Altar.

§ 49. Zur Zeit Wilhelm's I. — so erzählt ein Bruder — kommt der Franzose Werner, Abt von Rebais, fromm, litterarisch und musikalisch gebildet nach S. Edmunds, wird mit gewohnter Gastfreundschaft empfangen, componirt ein Lied von vier Antiphonen auf den Heiligen und wird mit Kleiderreliquien beschenkt. Auf dem Heimwege durch Ponthieu wird er geplündert, kommt nach S. Riquier, dessen Abt Gerwin von weltberühmter Heiligkeit den Räubern nachreitet und das Geraubte zurückbringt. Nachträglich vermisst jedoch Werner die Reliquien, die er, nächtlich in der Marien-Crypta um Verzeihung seiner Nachlässigkeit betend, durch eine Vision auf der Brust wiederfindet und auf einen Tragaltar legt.

§ 50. Balduin als königlicher Hofarzt und Gesandter viel beschäftigt, schickt aus der Normandie, wo er bei dem Königspaare verweilt, den Normann nach S. Edmunds, um ihm u. a. ein Amulet (mit Kleiderreliquien) zu holen. Dieser Ritter besteigt auf der Heimreise ein Schiff, das schon mit 60 Menschen, 36 Thieren und 16 Pferden mit Handelswaaren belastet war. Bei dreitägigem Sturm werden Waaren und Thiere über Bord geworfen. Eine Vision erinnert Normann (der jedoch sein Ritterross noch behalten hat) an sein Amulet: man betet zu S. Edmund und wird gerettet. Der hilft also auch zu Wasser, wie S. Nicolaus.

§ 51. Normann landet zu Barfleur, wo ihm der Mantelsack gestohlen wird. Er reitet mit einem Priester zur Stadt, wo ihm nach seinem Gebet zu S. Edmund eine Alte den verlorenen Mantelsack nachweist; dann,

§ 52. mit dem Priester hinter sich, durch eine bisher unpassirte Furth, vertrauend auf sein Amulet.

§ 53. Wilhelm Fitz Askitil, ein fieberkranker Franzose aus Herefordshire, wird in einer Sänfte an's Grab des h. Edmund getragen, der ihm erscheint und Heilung schenkt, wie er mir einige Jahre später im Kapitel erzählt hat.

§ 54. Ein normannischer Höfling Wilhelm I., Ranulf, reitet, ritterliche Thorheiten im Kopfe, mit einem Genossen nach Chichester, erkrankt plötzlich, träumt, er fliehe vor S. Edmund, der ihn vom Pferde wirft und ihm die Lanze — wie ein Ritter im Zweikampfe dem Ueberwundenen — auf die Brust setzt; er bittet um sein Leben. Edmund bekreuzt seinen Scheitel: damit könne er befreit werden. Der Kranke genest und wird auf den Rath der Hofcleriker, u. A. des Samson, Mönch; wie er denn schon vorher geschult, aber zum Laienstande zurückgetreten war. Ich sah ihn später als Mönch und Priester.

§ 55. 1087 folgte, wie es heisst durch Geschenk des Vaters, Wilhelm Langschwert in England. Unter ihm ward ein schwachsichtiger Knabe, auf Befehl des Vaters, der mit dem königlichen Heere gegen Schottland gezogen war, zum Grabe S. Edmunds gebracht und geheilt, denn ein 14- und mehrtägiges Liegen in der Kirche Binham, wo er Chorknabe und Schüler des Mönches Herrmann war, blieb fruchtlos. Letzterer glaubte nicht an den Englischen Märtyrer, wie er mir, dem gleichnamigen, unter Thränen bekannte, als ich ihn voriges Jahr über dieses Wunder befragte.

§ 56. Die Rebellion gegen Wilhelm II. 1088 bot den Rittern Gelegenheit, sich in der Herren-Burg einzufinden und [für ihre Dienste] Unrechtmässiges zu fordern, und (bei dem ungenauen Verfahren der Laien) leicht zu erhalten. Robert von Courçon wird von seinem Lehnsherrn Roger Bigot in Norfolk gestattet, auf dem S. Edmunds gehörigen Manor, Southwold, zu fouragiren. Als er mit seinem Truchsessen Turolf und Gyreneu de Mounteneyn dort hinreitet, erstarrt er vor Schrecken durch ein Unwetter (wie später jeder Naturverständige auf seinem Gesicht lesen konnte). Nur die beiden enderen Ritter reiten mit ihren Knappen weiter und berauben das Manor; werden jedoch, wie ich später sah, ebenfalls von Wahnsinn betroffen.

§ 57. Ich kannte den Villan Wulmar von S. Edmunds, welcher mit anderen aus Rom heimgekehrt, am Sonntag Abend beim Verlassen der Kirche, der er eben Marmor und Krystall geschenkt hatte, plötzlich geisteskrank wurde und vom nächsten Freitag bis Montag dem Tode nahe lag. Der Pfarrer Goding mit seinen Schülern reicht ihm das Abendmahl. Montag feierte das Kloster, nicht das Dorf, die Erhebung S. Edmunds durch Leofstan; Dienstag früh erscheint ihm der Heilige und heilt ihn. Er erzählt das Wunder in der Kirche, wo er vier, neulich aus Rom mitgebrachte Krystalle schenkt, dem Schliesser Mönch Tolin. Abt Baldwin beruft die Dorfpfarrer Siward und Goding und einige Klosterschneider, die bei dem Kranken gewacht hatten, als Zeugen des Vorgangs und lässt dann predigen und Glocken läuten.

§ 58. Wilhelm, ein Geistlicher aus Colchester, schickt seine dreijährige, kürzlich erblindete Tochter mit der Wärterin nach S. Edmunds, die in der Nacht vor Mariae Geburt genest.

§ 59. Wir gehen zur Uebertragung der Gebeine über.

§ 60. Die 'Passio' berichtet über S. Edmunds erste Holz-Kirche in Beodricsworth. Zur Zeit Cnut's und Emma's bauten die Mönche nach einfachem Plane, nicht so künstlich wie man heute baut, eine steinerne, die Erzbischof Eadnoth weihete und die bis zu unserer Zeit bestand. Da Wilhelm I. Hilfe zum Neubau verspricht, errichtet Baldwin eine gewölbte Basilica, so dass jeder sagt, er habe keine schönere gesehen.

§ 61. Sie war 1094 fertig. Wilhelm II. erlaubte anfangs Weihe und Reliquienübertragung, dann aber nur letztere. Er verlässt England. So unterbleibt 1094 Beides.

§ 62. 1095 leugnet das Gerücht bei Hofe — wie mir ein Ohrenzeuge berichtet — dass S. Edmund's Leiche in Beodricsworth ruhe; man solle seinen Schrein zu Kriegssold versilbern. Mittwoch 25. April kommen Walkelin Bischof von Winchester und Ranulf ein königlicher Caplan hierher, um bis Sonnabend die königlichen Geschäfte [Assisen] zu besorgen. Beide sind zur Translation nach königlichem Auftrag bereit. Herbert der Diöcesan sucht vergeblich sich einzumengen, da königliche und Alexander II. Privilegien die Abtei von der Diöcese eximiren. Walchelin vollzieht am 29. April die Kirchweihe und lässt die Gebeine übertragen (dazu hielt er selbst sich zu unwürdig), auch die Botulf's und Jurmin's. S. Edmund macht sich, wie gewöhnlich, schwer, als er zum Südthor der alten Kirche hinausgetragen wird.

§ 63. Ein Ritter aus Hampshire reisst sich dabei — wie mir ein Ritter mit legalen Zeugen versichert — die Hand blutig, vermeidet, dass Blut in die Kirche fliesst; während er die Predigt vom Hochaltar anhört, heilt die Hand. § 64. Inzwischen predigt der Bischof draussen für's Volk, lässt dann die Reliquien wieder herausholen, wo erfolgreich um Regen gebetet wird und ertheilt Ablass für die S. Edmund's-Pilger, was viele herbeilockt.

§ 65. Am 24. Juni wird eine Gelähmte geheilt, die an Krücken ging; und

§ 66. am Edmundstage 1095 die seit einem Jahre erblindete Lyeveva, die, als wir beim Magnificat neben Abt Baldwin das Weihrauchfass trugen, am Boden lag.

§ 67. In der Nacht vor dem 17. Mai (1096) gerathen einige von Rom nach England heimkehrende Pilger in einem 64 Personen fassenden Kahne in Gefahr . . .

Die Mirakelsammlungen des Mittelalters öffnen der Geschichtsforschung Blicke in manche Gebiete, die ihre Verfasser nur durch bewusste Abschweifung vom Thema oder durch zufällige Aeusserungen berühren.

Man erfährt da den Eindruck, den der Heilige auf Mit- und Nachwelt machte, besser freilich, wenn die Mirakel unmittelbar von dem noch lebenden Heiligen, als wenn sie — wie hier — nur von der Leiche eines zwei Jahrhunderte todten (§ 2) ausgehen. Auch vom Jenseits her setzt Edmund seine irdische Thätigkeit fort als Unterkönig von Ostanglien, oft als Local-, nicht Nationalpatron (§ 3, 4, 6, 8, 13, 53), der sein Volk gegen die Bedrückung so der Staatsgewalt (Mart. 827 B) wie der Feinde schützt, seine Gegner ritterlich — ein naiver Anachronismus — erlegt (§ 6, 54), dessen Leiche die Spuren des rühmlichen Martyriums aufweist (§ 29).

Oder aus den Mirakeln erhellen die den Gläubigen besonderen Bedürfnisse, denen sie abhelfen: der Heilige des Engländers wirkt hülfreich auch zur See, Edmund tritt S. Nikolaus zur Seite (§ 50, 67).

Da die Aufzeichnung meist für oder durch das Stift (§ 1)

geschah, welches die Reliquien besass, so knüpft sich leicht an die Translationen (11—16, 29, 59—64), auch Botulf's und Jurmin's (62) die Geschichte des Kirchenbaues (2, 60) und der Abtei überhaupt (3—6, 11, 16, 20, 57) an: Abt Uvi ist in § 21, 44, Leofstan in 26, 29, 32, 44 erwähnt und besonders ausführlich Balduin (32/3, 35, 38, 44, 60—62, 66) und der Reliquienhüter Aethelwin (6, 11/6, 29, 31); zur Geschichte der Besitzungen beachte man § 23, 30/1, 36, 56. — Schenkungen der Könige kommen § 5, 17, 20, 23, 33, 47 vor; aber auch ihr willkürliches Schalten 20, 32, 37—40, 61/2. — Die Exemption aus der Diöcese ist eingehend behandelt (§ 37—47, 62); von den Bischöfen erfährt man Einiges über Adulf (§ 3), Aelfwin (20), Arfast (37—46); Beziehungen zu Rom erhellen aus 38, 48, 57, 67. Das Verhältniss zu Lanfranc erscheint bei Hermann falsch dargestellt durch Verschweigungen, die doch höchst wahrscheinlich tendenziös sind.

Die Englische Geschichte des 9/10. Jh. streift § 3. Aethelred und Swen werden in § 5—11 geschildert, dann Cnut (10, 17—21), Eadward (5, 22/4, 26, 31/3), die Eroberung (33/4), Wilhelm I. (33/5, 37—40, 43—7, 50, 55, 60), Wilhelm II. (55, 61/2).

Des Auslandes gedenkt § 26, sonst werden Paris (§ 3), S. Denis (32), Rebais und S. Riquier (49), Leberau (32), Lucca (48) berührt. Für England sind die Localnachrichten über London (§ 12—16, 29) und Binham (55) neu.

Von Magnaten treten auf: der Tetrarch Thurkill (19, 20), Osgod Clap (30/1), Montfort und Clare (42), Bigot (42, 56), Courçon (56); von Geistlichen: S. Aelfeah (29), und aus des Eroberers Zeit: Lanfranc (38, 43), Walchelin (62, 64), Samson (54), Aelfwine von Ramsey (11, 43), Ranulf Flambard (62).

Freilich die Mehrzahl der in diesen Sammlungen besprochenen Personen ist ungenannt, oder sonst nicht nachweisbar; und oft wird nur die nackte Thatsache, dass an ihnen ein Mirakel geschah, catalogisirt; häufiger jedoch wirft eine zufällige Nebenbemerkung ein Schlaglicht auf Bildung, Sitte, Institutionen jener Zeit. Gerade was dem Vf. nur zur Begleitung des Hauptthemas diente, dem Leser gar nicht als merk-

würdig an sich gelten sollte, wird als das Gewohnte, Regelmässige den Culturhistoriker interessiren. So bieten § 4 typische Züge vom Sheriff, 36, 54 von Rittern des Hofes; Dänische Ritter erscheinen § 6, 15, 31; ein Idyll aus dem Bauernleben 57; ein verheiratheter Cleriker 58; die Dummheit der Laien 50, 56. Zur Geschichte der geistigen Bildung [1] vergleiche man § 18, 24, 49. Ueber die Verfassung berichten § 4, 6, 17, 22, 24, 44—6; über das Recht 17, 37, 40, 43—6; über das Dänengeld 5, 6, 8. — Vom Seeverkehr handeln § 50, 67.

Bedecken auch diese Nachrichten den grössten Theil des Raumes unserer Handschrift — so dass man die Berechtigung des obigen Titels bezweifeln könnte — Hauptabsicht des Vf. war doch, weder historische Thatsachen oder gar Culturbilder für die Nachwelt zu liefern, noch auch (wie die nüchterne Beschränkung fast nur auf Selbsterlebtes beweist) durch Legenden (§ 6) oder Sagen (§ 18), Kleinmalerei (§ 48) oder grossartige Scenerie (§ 49, 56) zu unterhalten, sondern vielmehr die Mirakel des h. Edmund zu verkünden; mag nun das Kloster (vielleicht durch Bezahlung) oder Liebe zu demselben, mag Eitelkeit oder Hoffnung auf himmlischen Lohn (§ 3) zu ihrer Abfassung getrieben haben. Bei den meisten bürgt er selbst für die Wahrheit; aber seine Betheuerungen derselben (§ 3, 8, 15, 62/5) erwecken eher Misstrauen. Von der Kritik dieser Hauptsache muss auch die Glaubwürdigkeit der obigen Nebenumstände abhängen, von denen viele nur hier berichtet sind. —

Wenn einst [2] ein frommer Abt Mirakel geheim hielt, um die Verweltlichung seines Klosters zu verhüten, so gilt jetzt als religiöse Pflicht, die Verehrung des Heiligen zu verbreiten (§ 1, 48); und mit unverhohlener Freude befördert man dadurch auch die materielle Blüthe des eigenen Stiftes (§ 15, 21, 53). Nicht nur, dass jedes Mirakel dessen Ansehen hebt —

---

[1] Die litterarische Bedeutung des Werkes und Verfassers s. u. [2] Gieseler, Kirchgsch. 3 A. II, 1 p. 129, 267.

die meisten geschehen sogar direct zum Schutze der Reliquien (die sich nicht ungestraft vernachlässigen, aber auch nicht besichtigen d. h. bezweifeln lassen), der Kirche, der Abtei, ihrer Besitzungen und Angehörigen, sowie zur Bestrafung ihrer Beleidiger (§ 4, 6, 11, 15, 28/9, 31, 35/7, 41, 44, 56, 62/3). Indem der Vf. wol von anderen Kirchen (§ 48, 55), aber nie von der eigenen, Nichterfolge der Gebete um Mirakel-Heilungen berichtet, die Aerzte verspottet (§ 57) und nur bei materieller Nähe der Reliquien Wunder geschehen lässt, scheint er lediglich das dumme Volk — wie die Aufklärer sagen würden — zu Wallfahrten (§ 64) und Opfern an die Mönche verlocken zu wollen. Aber eine Statistik der Erfolge und Nichterfolge ist nicht des Vfs. Thema. Er berichtet nur die ersteren; hält man die an sich denkbaren Heilungen lediglich der Seltenheit wegen zweifelhaft, so mag man eine beliebige Anzahl vergessener Nichterfolge hinzudenken. Die Reliquien helfen denen, die gläubig und rein beten (§ 25, 58), d. h. den Anderen nicht; das Wunder bleibt mehrfach unvollkommen (§ 27, 31, 36, 41, 52, 63) — gewiss ein unnöthiger Zusatz, wenn man lügen wollte. Als ein wie seltenes, freudiges Ereigniss (§ 25) ein Mirakel galt, zeigt sich darin, dass der Abt, sobald es bezeugt war (57, 65), läuten und predigen (57, 66) liess [3]; auch weiss der Vf. im Laufe eines Viertel-Jahrhunderts doch nur von etwa zwanzig wunderbar scheinenden Fällen zu berichten, obwohl er sicherlich eifrig nachgeforscht hat.

Vielleicht trifft den Clerus jener Zeit der Vorwurf, aus falscher Standesehre zur Vermeidung des Scandals die Entlarvung und Bestrafung der Wunderfälscher (wie der anderen geistlichen Verbrecher) unterlassen zu haben, besonders wenn der Betrug nicht blossen Gewinn bezweckte. Aber auch Historiker, wie Wibert von Nogent und Heinrich von Huntingdon, die heftig die unechten Wunder ihrer Gegenwart verdammten, copirten doch anstandslos die ausschweifendsten Märchen, wenn dieselben nur von einem angesehenen Gewährsmann kamen; sie misstrauten nur denjenigen Erzählungen, die von ruhmlosen Wunderthätern ausgingen und gar zu selt-

[3] *In Lucca wird sogar der Jahrestag der Heilung gefeiert § 48.*

sam klangen. [4] *Aber grundsätzlich sah kein Theolog im Eingriffe Gottes in die doch vollkommene Schöpfung und kein Philosoph in der Verrückbarkeit der Naturgesetze (§ 27) einen Widerspruch. Die Geistlichen sind wie die Laien im Wunderglauben befangen und nur auf dessen Grad müsste es der Culturgeschichte ankommen. Sie scheint ihn als zu gleichmässig zu betrachten und mit Unrecht anzunehmen, dass er seit dem XII. Jh. mit der steigenden Bildung gesunken sei. Der radicalste Zweifler in Hermann's Periode war Wilhelm II., nicht etwa durch Bildung oder Nachdenken, sondern weil er ein beglücktes Kind der Welt in wilder Sinnlichkeit die Ideen der Kirche nicht verstand; sie um ihre Reichthümer und Macht beneidete, ihre Diener auch den religiösen Anselm für Heuchler hielt und jeden Zügel der Willkür hasste. Wie die Mönche den Glauben an die Reliquien zum Theil aus eigensüchtigen Motiven befördern, so setzt sie der Hof Wilhelm II. herunter aus Gier nach Säcularisation der Kirchenschätze (§ 36, 62). Die Bezweifler der Reliquienwunder beziehen ebenso wie die Gläubigen die Vorgänge der Natur (z. B. Wetterveränderungen § 56) auf sich als Mittelpunkte der Welt; auch sie vermengen das, was ihre Sinne wahrnehmen und was ihr Verstand hinzudenkt, auch sie sind von der Unfehlbarkeit beider überzeugt und nehmen folglich überirdische Einflüsse an, wo ihnen die unmittelbare Ursache unentdeckbar scheint. Somit fehlen denn diesen Köpfen die Grundbedingungen der Aufklärung; und höhere Bildung, weit entfernt den Aberglauben zu vernichten, konnte ihm nur bunteren, merkwürdigeren Stoff liefern: statt der Miracula glaubte man Mirabilia.* [5]

Welcher wahre Keim in den bloss den Vorfahren nachgesprochenen Berichten schon dem ersten Beobachter wunderbar erschien, das lässt sich nur durch schwierige Kritik und

---

[4] *So sträubt sich z. B. die Zeit gegen Todtenerweckungen; sie misslingen Norbert und Bernhard.* [5] *So reisst Walter Map über S. Bernhard's Wunder Zoten nicht aus Aufklärung, sondern aus Hass gegen die Cistercienser. Dagegen die Wunder des h. Peter von Tarentaise glaubt er und welche Mirabilien!*

doch nicht sicher feststellen. Denn wenn bei allen Traditionen trübende Erinnerung und subjectiv spiegelnde Erzählung das Licht brechen, so sind hier die Mirakel nur als solche, also mit der Neigung zum ferneren Wachsen in's Wunderbare und zum Verluste der natürlichen Nebenumstände überliefert worden; ausserdem übertreibt die moralische Absicht gut und böse und aus älteren Legenden waren feste Wunderformen [6] *bekannt, denen die neuen Mirakel sich anzupassen streben: zunächst entnimmt man dorther die bloss stilistische Einkleidung, die dann die Nachwelt vom Inhalt nicht trennt. Diese mündlich (§ 30) überlieferten Wunder (Vf. bedauert den Mangel an Schriften) sind alberner* [7] *(§ 11, 12, 16) und massenhafter (§ 14) als die selbsterlebten und er fügt jenen mehrfach ein 'ut ajunt' bei (§ 27). Freilich blosse Erfindung sind sie alle nicht, nur wo es ganz unbestimmt ohne alle Nebenumstände heisst: 'Es geschahen (§ 3, 25, 26) Wunder', da wusste Vf. wol nichts und schöpfte die blosse Phrase gleichsam aus dem Programm der Reliquien, das ja auf Wunder thun lautete.*

Im Gegensatz zu anderen Mirakelschreibern spricht Vf. meist von seiner eigenen Zeit (§ 30) und verlegt die Wunder verhindernde Schlechtigkeit der Menschen (§ 3, 14, 26) in das Xte Jahrhundert. Allerdings keines der Wunder geschieht an dem Vf. selbst, und auch unmittelbarer Augenzeuge ist er doch nur ausnahmsweise (§ 57, 64, 66). Dennoch sind alle von Zeitgenossen [8] *ihm erzählten (§ 50, 63, 67) Mirakel keine ausschweifenden Merkwürdigkeiten (deren Erklärung unmöglich wäre, weil sie zu vereinzelt dastehen, als dass sich ihre Nebenumstände aus ähnlichen Beispielen ergänzen liessen), sondern häufig begegnende, typische Geschichten niederen Grades: Herder würde sie zum 'kleinen Apparat der Kirche' zählen. Leider hat die Culturgeschichte sich meist an auffällige Proben*

---

[6] *Vielleicht gehört hierher die sonst unerklärliche Sinnestäuschung, dass der Heilige bei der Entfernung aus der Kirche (§ 62) schwer erscheint; denn dass sich Reliquien gegen Ortswechsel sträuben, ist ein häufiges Mirakel (vgl. § 15).* [7] *Dass das einst abgeschlagene Haupt des Heiligen an den Rumpf angewachsen war (§ 29, 48), haben nur wenige gesehen, selbst wenn die Reliquien überhaupt echt waren.* [8] *Mit* credulo eloquio *(Prol.) meint er natürlich glaubwürdige Erzählung.*

jener Curiositäten gehalten und die noch dazu aus verschiedenen Zeiten und Orten durcheinander gewürfelt — eine Methode, wie sie auf anderen Gebieten der Geschichte doch überwunden ist. Zur Erkenntniss des Grades, in welchem die damaligen Menschen vom Wunderglauben beherrscht waren, wäre es wol ergiebiger, aus diesen nüchternen Erzählungen den gemeinsamen Kern herauszulösen.

Die folgenden Mirakel erstrecken sich nur auf solche Menschen, an denen die Gläubigen entweder eine Einwirkung des Heiligen schon erwarten, oder auf solche, die etwas gethan haben, dessen sich die Gläubigen als eines den Heiligen bewegenden Anlasses erst nach dem Glücks- oder Unglücksfall hinterher entsinnen. Nirgends ergreift der Heilige gleichsam die Initiative, sondern stets wird eine Beziehung zu ihm als seinem Wirken vorausgehend gedacht, z. B. der Fieberanfall bei einem Bauern erscheint nicht wunderbar, da Nichts bekannt ist, was den Heiligen veranlasst haben könnte, ihn zu senden; aber wol seine Heilung, die einer Vision und Beschenkung des Klosters folgt (§ 57).

Eine grosse Anzahl der hier berichteten Mirakel sind rein subjective Vorgänge in der Seele des Menschen und zwar nicht geistige Wandlungen im Wachen, sondern nur Träume im Schlafe oder Fieber, die als vom Himmel gesandte Visionen (§ 53, 57) aufgefasst werden. Das von dem Träumenden — und überall nur von ihm, nicht von den daneben Wachenden gesehene Bild, meint Vf., sei nicht der wirkliche[9] *Heilige, sondern scheine nur so. Wir werden heute alle Träume in unserem Werke als möglich gelten lassen (und nur leugnen, dass sie Visionen gewesen seien): denn nur das, was man im Wachen nicht gedacht haben kann, kann man auch nicht geträumt haben. In das Gebiet der Dichtung müssten wir nur das Schauen der Zukunft und der sonst nicht gewussten Vergangenheit, sowie der örtlich fernen Gegenwart verweisen. Freilich kann die Phantasie die einzelnen im Wachen erzeugten Vorstellungen selbständig verbinden und so ein Bild im*

[9] *Auch die Lahme, welche (§ 25) sich vom Heiligen selbst berührt und geheilt glaubt, träumt: denn der Kirchenhüter sieht nur den Schreinvorhang sich bewegen.*

Traume sehen, das, wenn es später ähnlich eintrifft, dem Wundergläubigen mystische Ahnung heisst, jedoch für uns nur ein unerklärter Zufall ist. Je genauer das Geträumte mit der später erfahrenen Wirklichkeit in den Einzelheiten zusammentrifft, um so unwahrscheinlicher wird der Fall; je mehr es sich beschränkt auf ein verschwommen der Wirklichkeit ähnliches — und vor Allem einfaches Bild, um so wahrscheinlicher; eine Grenze jedoch zwischen Unwahrscheinlichkeit und Unmöglichkeit giebt es hier offenbar nicht. Das einzige Beispiel dieser Art in unserer Sammlung knüpft sich an Swen's Tod: da sagt (§ 6) dem Aethelwin die Vision nur, er werde gratissima *über Swen hören; während dem Sterbenden (§ 7) des Tyrannen Tod durch S. Eadmund's Speerwurf offenbart wird. Also der erste Traum entbehrt aller Einzelheit, der andere ist eine Phantasie, die vielleicht die Grundlage der ausgeschmückten schon bei Florenz ad a. 1014 begegnenden Legende wurde. Die beim Untergange Swen's anwesenden Ritter erzählen nach Hermann nur, dass ein Speerwurf die Ursache war. Uebrigens kennt Vf. dieses Mirakel nur aus Ueberlieferung, ist also nicht selbst dafür verantwortlich. Sonst berichtet Vf. Visionen, die recht deutlich die Merkmale echter Träume tragen: nämlich das in einander Uebergehen der Gestalten (§ 57), das Fortspinnen der Vorstellungen des Wachens (§ 50, 54). Die gewöhnlichsten Vorkommnisse des menschlichen Lebens sind nur deshalb in unsere Sammlung aufgenommen, weil sie solchen Träumen folgten, z. B. Fieberheilungen (§ 53, 54, 57), Wiederfindung eines verlorenen Gegenstandes (§ 49), Beruhigung des Sturmes (§ 50).*

Dass im Allgemeinen in den damaligen wenig zum Denken und stark zum Glauben geschulten und von der Natur mehr abhängigen Menschen die Phantasie überwog, ist bekannt. Die nervöse Erregtheit kann aber im Einzelfall oft auch auf besondere Ursachen zurückgeführt werden: z. B. auf das Toben der umgebenden Elemente (§ 56), auf langes Fasten (§ 29) [10] *oder Nachtwachen (§ 54) in mit Weihrauchdampf und*

[10] *Wie es* 'Ströme der Gnade' *hervorruft: Leo, Univgesch. des Mittelalters 202.*

crassen Bildern erfüllten und von Kerzen (§ 55) geheimnissvoll erhellten Kirchen.

Von den Veränderungen in der Natur, die unser Vf. berichtet, konnte keine einzige an sich betrachtet auch nur seiner Zeit seltsam vorkommen: wenn sich das Wetter ändert (§ 50, 56, 64, 67), ein Haus brennt (§ 11), eine Kerze zerbricht (§ 36), ein Zweig im Walde dem Reiter in's Auge schlägt (§ 41), etwas am Hafen Gestohlenes in einem Hause der Stadt (vermuthlich einer bekannten Diebeshöhle) nachgewiesen wird (§ 51), so haben die Erzähler nicht einmal einen Beobachtungsfehler gemacht, sondern nur selbst das Wunderbare dadurch hineingetragen, dass sie die Beziehung zu einer strafenden oder hilfreichen überirdischen Gewalt hinzudachten: — Hermann sagt (Mart. 830 C) dicuntur sic evenientia vulgariter fore fatalia, sed ut credimus *ist es Strafe des Heiligen. Wie oben erwähnt, war man überzeugt von der Unfehlbarkeit des Sinnes und Verstandes, die nur die Gläubigen den Dogmen der Kirche gegenüber demüthig opferten; davon bringt § 49 ein Beispiel: ein lang gesuchtes Amulet findet man nach einem Traume am eigenen Halse wieder; statt aber anzunehmen, die Augen hätten vorhin getäuscht, und es habe nur verloren geschienen, schiebt man lieber eine übernatürliche Ursache für die Wiederbringung ein. Aber auch da, wo der Erfolg des sogenannten Wunders — wir würden sagen: das letzte Glied einer (nicht in Wirklichkeit, sondern nur in den Köpfen damaliger Beobachter causal verbundenen) Zeitfolge — an sich merkwürdig ist, dürfen wir nicht ohne Weiteres an Erfindung denken. Nichts erzählt unsere Schrift, was geeigneter war, die strafende Hand des Himmels aufzuweisen, als Swen's Tod (§ 6) nur ein halbes Jahr nachdem seine Eroberung England schwer gedrückt hatte. Und gerade hier ist Vorder- und Hinterglied historische Thatsache, und nur das mittlere, das sie zur Kette verbindet, nämlich des Heiligen Rache, hinzugedacht. — Diese Dreitheilung ist übrigens dem Vf. und vielen (vielleicht allen) Mirakelschreibern seiner Zeit fremd. —*

Gerade an unbelebten Dingen pflegen andere Mirakelsammlungen Veränderungen zu berichten, die erst neuerdings die

Wissenschaft z. Th. erklärt hat (z. B. blutrothe Farbe geweihter Gegenstände). Dem Mittelalter im Allgemeinen war der Gedanke der früheren Entwickelung der Wissenschaft unbekannt, und ebenso lag es ihm fern (wie die sehr mit Unrecht als hochmüthiger verschrieene moderne Forschung thun würde), mit dem Bekenntniss des eigenen Nichtwissens die Hoffnung auf glücklichere Nachfolger zu verbinden. Indem unsere Sammlung keinen einzigen Vorgang an todten Sachen bietet, der dem Ungebildetsten wunderbar an sich scheinen könnte, geschweige denn einen noch heute unerklärten oder gar naturwidrigen, zeigt sie, dass der Aberglaube aus dem blossen Mangel der Naturwissenschaft nicht hervorgeht.

Ebenso erspart uns unser Werk unter den hier wie in allen Mirakelsammlungen häufigen Krankengeschichten solche Wunder wie das Anwachsen fehlender Gliedmassen oder gar Todtenerweckungen gänzlich. — Zunächst sind die ohne sichtbare Ursache erfolgten und himmlischer Strafe zugeschriebenen Erkrankungen sämmtlich nervöse (§ 4, 30, 56), d. h. solche, bei denen möglich ist, dass zwar nicht der Heilige, aber die Furcht vor ihm sie veranlasst habe. Der Heilungen sind wenigstens in des Autors Zeit nicht viele — durchschnittlich alle drei Jahre eine — und wie viele Leidende mögen dagegen vergeblich Hilfe erfleht haben! Auch ist die Genesung nicht immer vollkommen (s. S. 215) und erfolgt nicht sofort (§ 25, 27). In einem Falle (§ 42) wendet der Abt, der ja Hofarzt war, Medicin an. Da dies ganz ausführlich erzählt wird, obwol doch die Mönche, wenn sie lügen wollten, gerade hier, bei dem ihre Exemption anerkennenden Diöcesan die Heilung als übernatürlichen Lohn dargestellt hätten (wie vorher die Erkrankung als Strafe), so ist schwerlich eine andere ärztliche Cur als Wunder betrügerisch ausgegeben worden. Keine Frage, dass auch der Arzt, obwol seine Kunst des Wunderglaubens Feindin ist, in dessen Banne stand. Wenn beim Besprengen mit Weihwasser Krämpfe aufhörten (§ 31), so wirkte vielleicht das Wasser natürlich, aber die Mönche glaubten an die Kraft der Weihe. Keine der berichteten Krankengeschichten scheint in der Medicin beispiellos zu sein, die Nebenumstände genügen kaum, für den einzelnen Fall die Wahrscheinlichkeit zu er-

örtern. Also auch diese Mirakel sind gewöhnliche Curen, denen bloss der Glaube jenes Jahrhunderts eine übernatürliche Ursache unterschob.

Wenn aber bei den Wundern an todten Gegenständen die Veränderungsursache zum Heiligen in gar keiner Beziehung stand, so mag dagegen hier das Gebet nicht bloss zufällig dem Erbetenen vorhergegangen, sondern wol dazu mitverholfen haben; da die meisten Leiden Geist und Nerven (§ 31, 36, 53/4, 57), die übrigen die Muskeln (§ 48, 65) betreffen, könnte wol das Wort 'Dein Glaube hat dir geholfen' die Erklärung liefern. Dass der Glaube weit intensiver war als heute, und dass sich das Gemüth kräftiger äusserte (z. B. in Thränenströmen), ist bekannt und daher besonders eine augenblickliche Selbsttäuschung wol denkbar. Die vorkommenden (§ 55, 58, 66) Blinden haben nur zeitweilig und theilweise das Gesicht verloren, die einzige (von Geburt doch nur 'ut ajunt'*) stumme Frau wird nur unvollkommen geheilt (§ 27), es ist übrigens eine Visionärin (§ 28). Bei den Fieberkranken (§ 57) ist die plötzliche Heilung wol die Krisis gewesen.*

In der That Hermann's Mirakel sind wahre Erzählungen von an sich z. Th. gewöhnlichen, z. Th. seltenen Ereignissen, die aber ausnahmslos nicht in unserem Sinne Wunder bilden, und von denen vielleicht einige wenige d i e einzige Beziehung zum h. Edmund haben, dass der Glaube an ihn sie hervorbrachte. Das sinnlich Wahrnehmbare daran ist richtig beobachtet; als die allen gemeinsame Ursache aber hat die wahnbefangene Mitwelt sich das Wirken des Heiligen gedacht. Unser Verfasser hat nichts Thatsächliches hinzuerfunden: wiewol er stilistischen Schwulst liebt, fehlt ihm doch die Kraft, poetisch frei zu gestalten: wie sich bei den grossartigen Scenen des Gewitters und Seesturmes (§ 50, 56) zeigt. Und so legt die Kritik seines Hauptgegenstandes für die Glaubwürdigkeit jener S. 212 erwähnten Nebenbemerkungen das denkbar günstigste Zeugniss ab.

Gleichgültig, wofür wir heute diese Mirakel ansehen, aufgezeichnet und gelesen ward unser Buch doch nur als Wundersammlung und gehört also zu jener Litteratur, von der sich schwer sagen liesse, dass sie den Fortschritt des menschli-

chen Geistes irgendwie gefördert hätte; während doch andere Afterlitteraturen des Mittelalters, Alchymie und Astrologie, die Mütter wirklicher Wissenschaften, der Chemie und Astronomie, wurden. Wie die Wundersucht den Menschen entwöhnt, nach der bewirkenden Ursache zu forschen, dem Zweifler nicht bloss seelische Qual, sondern materielle Strafe droht (§ 16, 29, 62), die Idee der Naturgesetze nicht aufkommen lässt, so arbeitet sie besonders der Medicin entgegen: denn Entstehen und Vergehen der Krankheit erscheint durch den Grad der Frömmigkeit und gewisse gottesdienstliche Handlungen bedingt, die Heilkunst wird zum Zweig der Theologie herabgesetzt.

In der Religion des Volkes (nicht vom Dogma ist hier die Rede) befriedigt die Wunderlitteratur das Bedürfniss — und nährt es wiederum — einer roh sinnlichen Zeit, die sich die Gottheit nur materiell vorstellen, ihr Wirken nur in aussernatürlichen Zeichen erkennen kann: 'wenn ihr nicht Zeichen und Wunder sehet, so glaubet ihr nicht' Joh. IV, 48. Grosse, der Herrschaft des Menschen entrückte Ereignisse, wenn sie auch den Drang der eigenen Thätigkeit, das Gefühl der persönlichen Verantwortung lähmen, pflegen doch den Menschen zur Einkehr in sich selbst (§ 64) zu mahnen; man könnte dasselbe von den Reliquienwundern [11] *erwarten. In der That vereinzelt ist die Stimme des geträumten Heiligen die des Gewissens (§ 54), doch häufiger zwingt nur die materielle Strafe (31, 36, 41, 54/6) zur moralischen Besserung. Indessen auch dieser heilsame Eindruck wird dadurch bedenklich gehemmt, dass das Wirken des Heiligen nicht dem blossen Glauben an ihn, der inneren Reue (wie in den Wundern der Inspiration und Erleuchtung) entfliesst, sondern schamanistisch* [12] *an die materielle Beziehung*

---

[11] *Allerdings ein Menschenalter, bevor Hermann schrieb, hatte die Ansicht gesiegt, dass bei dem Messopfer ein Wunder geschehe; das Wunder war also alltäglich geworden. Berengar vertheidigt die innere Gesetzlichkeit in Gott gegen die Ansicht von der absoluten Willkür, die das Wunder besiegelt. Reuter, Gesch. der Aufklärung I, 110.* [12] *Ein besonders complicirter Apparat: § 50. Der Heilige erinnert den Träumenden in einer Vision an seine (des Heiligen) Reliquien, die dieser am Halse trägt. Der Gefährdete betet nun, bauend auf den Reliquienbesitz, zum Heiligen. Und nun erst tritt die Rettung ein.*

zu ihm (Nähe der Reliquien, Bedrückung seiner Güter) gebunden erscheint. Die Wohlthat der Reliquien aber kann — die folgenden Abwege betritt freilich unsere Sammlung nicht — einem Frevler und sogar durch Frevel zu Theil werden; so dass ihm also das Dies- und Jenseits irdisch zu dienen, ja selbst zur Seligkeit zu verhelfen scheint; und manchmal fördert die Zauberkraft geradezu die frevelhafte That.

In unserem Werke hilft der Heilige doch einem, wenn auch sündhaften Menschen nie zum Bösen, stets bleibt er ein Geist des Lichts [13]*, sinkt nicht zum Hexenmeister. Aber die besonders idealen Seiten des Menschen verkörpert er doch auch nicht, wie das ein edlerer Anthropomorphismus gekonnt hätte. Während ein Anselm damals echt christlich betet, das Rachegefühl in ihm möchte besänftigt, er befähigt werden, seinen Feinden Gutes zu wünschen (Oratio 24), ist Hermann's Heiliger öfter ein Rächer denn ein Helfer und thut Wunder überhaupt wesentlich selbstsüchtig (s. S. 215). Um die Verletzung des eigenen Ruhmes, Hofstaates und Besitzes zu strafen, sendet er Tod (§ 6), Krankheit (§ 15, 29, 31, 36, 41), Verlust der Habe (§ 11, 46), ohne dass das Maass der Strafe im Verhältniss zur Sünde stände.*

Die Kirche sah früh die Gefahr, dass die Heiligenverehrung des Volkes leicht der Vielgötterei sich nähern könnte. Im Gegensatz zu letzterer betont Hermann, dass der Heilige nur Fürbitter, eine Art Zwischeninstanz bei Gott sei (§ 64) und durch und mit Gott in einheitlichem Willen (§ 1, 4, 7, 36, 49, 67) wirke; des Herrn Lob verkündet er in dem des Heiligen (§ 3, 31, 52, 65).

Indem wir einen ganzen Zeitgeist nur aus dem uns umgebenden und beschränkenden Rahmen unserer Generation beurtheilen könnten, müsste unser Spruch nothwendig parteilich, objectiv werthlos ausfallen. Wer die Wundersucht als mächtige Herrscherin vieler Jahrhunderte kennt und überzeugt ist, dass sie nicht in einer verdammungswürdigen Verschwörung heuchlerischer Betrüger wurzelt, sondern nur die allgemein menschliche Selbsttäuschung ausdrückt, wir könnten überirdische

---

[13] *Dämonische Wirkungen noch an der Leiche § 4.*

Wirkungen hervorrufen — der wird auch die einzelne Mirakelerzählung Hermann's nicht mehr belächeln. Wie der Kunsthistoriker nur aus dem Geschmacke der phantastisch verschlungenen Thier-Ornamentik heraus die Fratzen eines Kirchenportales jener Zeit verstehen wird, so ist auch Hermann für seine Auffassung der Wunder, soweit sie sich mit der seines Jahrhunderts deckt, nicht zu tadeln: er dient ihr, ohne ihre ärgsten Ausflüsse zu verbreiten, aber auch ohne sie zu veredeln. Ein starkes Interesse für das Wohl des Klosters hat ihn zwar zur Abfassung dieses Werkes, das ihm doch wesentlich ein Gottesdienst [14] *erscheint, veranlasst, jedoch nicht zum frommen Betruge verführt. — Er ist vom Vorzuge der Mönchsreform und der Geistlichen über die Laien durchdrungen, eher eine hart gerechte als mild verzeihende Natur, aber nicht ohne Mitgefühl für das niedere* [15] *Volk. Wie seine Zeitgenossen Folcard und Gotselin, von fremder Abkunft und Bildung und doch zum Lobe eines Englischen* [16] *Nationalheiligen schreibend, fördert er seiner Kirche schönste Aufgabe: aus dem wilden Hasse zweier Völker einen gemeinsamen Gegenstand der Verehrung herauszuheben.*

Was sich sonst über den Vf. sagen lässt, ist ebenfalls nur aus seinem Werke bekannt. Er hiess Hermann (§ 55) und war folglich festländischer [17] *Abstammung. Bereits kurz nach 1071, mehrere Jahre vor 1081, gehört er zum Rathe (§ 41) des Bischofs Herfast von Thetford; er schreibt und liest die geheime, und zwar der Abtei S. Edmunds feindliche, Correspondenz und besorgt sie auch nach der Normandie (§ 39). Er wird also nicht nach c. 1050 geboren sein; doch auch nicht vor c. 1040, da er nur die Periode seit Wilhelm I. 'unsere Zeit' nennt. Er rühmt Frankreich (§ 3, 32) und Paris (3); von einigen aus Vulgarsprachen übertragenen Sprüchwörtern*

---

[14] *Verdienstlichkeit des Schreibens Orderic Vitalis ed. Le Prévost II, 51.* [15] *Cnut's Erziehung Armer § 18.* [16] *Bekannt ist, wie Lanfranc anfangs die Heiligkeit Aelfeah's bezweifelte, wie sein Neffe (oder Sohn) Paul von S. Albans über Angelsächs. Heilige dachte. Vgl. § 55 und Chron. Abingdon II, 284.* [17] *Mart. 825 E nennt er England* patria; *hier und öfters* = terra.

scheint eines vielleicht auf Französische Nationalität zu deuten: Ludere porcellum, dum constat velle catellum *(§ 40). Saint Riquier (49) mag er selbst gesehen haben. Ein Normanne war er wol nicht, er hätte sonst Wilhelm I. Erbrecht auf England (§ 33) als sicher hingestellt. Er lobt Eadward* [18]*, der fremde Gelehrte über den Canal zog (§ 24). Erst nach der Eroberung kam er nach England, denn er beruft sich für die Vorgänge bis 1066 auf die Englische Chronik (§ 34) als einzige Quelle neben mündlicher Ueberlieferung; er stellt sich England unter Cnut mit* castella *besetzt (§ 18) vor, was schwerlich Jemand sagen konnte, der es schon vor 1068 gesehen hatte. Er fühlt jedoch für das Englische Volk ganz als Engländer (§ 21).*

Bis zu Herfast's Tode (s. o. p. 75) war er in dessen Dienst oder Freundschaft (§ 46); dessen ersten (1086—91) Nachfolger erwähnt er gar nicht, den zweiten aber, der den Kampf gegen die Exemption des Klosters fortsetzte, zu a. 1095 mit deutlicher Gehässigkeit (§ 62), wie sie ihm sein Uebertritt in den Dienst des Abtes Balduin eingab. Seitdem schämte er sich auch seiner einstigen Feindschaft gegen den h. Edmund (§ 39); er nennt ihn in seiner Schrift stets 'unseren Patron' (§ 13, 56), wie er denn auch Lanfranc's Auftreten gegen Balduin übergeht. Dieser Übertritt ist wohl um 1087 erfolgt: denn er nennt die Vorgänge in der Abtei zu Wilhelm's II. Zeit nostris temporibus *im Gegensatz zur Regierung Wilhelm I. Er gehörte zum Clerus (§ 50, 56), aber nicht zum Orden, sonst würde er irgendwo den Abt als 'seinen' Vater, die Mönche als 'seine' Brüder bezeichnen (cf. § 1), wol auch* 'frater' *in der späteren Anfangsnotiz (s. S. 231*[a]*) zu seinem Werke genannt sein und etwas von dem inneren Kleinleben des Convents bringen, worüber ein Jahrhundert später Jocelin so ergötzlich plaudert; es ist kein Gegenbeweis, wenn er die Klostergeistlichkeit für gottgefälliger hält als die weltliche (§ 20), für das Stift warm mit empfindet (§ 23), und mit der Wunderaufzeichnung beauftragt wird (§ 1). Mehrfach ist er* in capitulo fratrum *(§ 53), ohne dass sein Rang erhellte; dass er aber eine hohe Stelle im*

---

[18] *Dass er unter Eadward wenigstens nicht in S. Edmundsbury lebte, folgt aus § 29—31.*

Dienste des Abtes einnahm, folgt daraus, dass er neben dem letzteren zur Vesper des Edmundstages beim Magnificat-Gesang das Weihrauchfass trägt: ein Amt, das Ende des 13. Jh. laut Ms. Harley 1005 [19] *f. 104 v. Prior und Supprior zukommt. Nun nennt ihn eine freilich zwei bis drei Jahrhunderte spätere Titel-Bemerkung* archidiaconus. *Sie stützt sich vielleicht auf die ursprünglich in Kreide vorgeschriebenen Worte, welche bunt auf die offen gelassenen Anfangszeilen eingetragen werden sollten. Den Namen Hermann's freilich könnte sie aus § 55 geschöpft haben, wie sie die falsche Hinzufügung* circa a. 1070 *jedenfalls selbst combinirt hat. Sollte die einstige Stellung Hermann's zum Diöcesan von Ostanglien gemeint sein, so wäre auffallend, dass nicht der Name des Erzdiaconats und nicht ein 'vormals' hinzugefügt ist, und dass dann ein bischöflicher Archidiaconus zum titellosen Caplan des Abtes gesunken wäre, ohne Mönch zu werden. Vermuthlich war Hermann vielmehr* archidiaconus S. Eadmundi. *Freilich legt Ordericus Vitalis III, 310 diesen Titel dem Abte Balduin selbst bei; vielleicht aber nur, um dessen Exemption aus der Diöcese auszudrücken. Zweifelsohne hatte der viel auswärts beschäftigte Abt einen Vertreter für die richterlichen Geschäfte seiner Immunität; und dass ein solcher allgemein Mönch des Klosters war, ist erst für spätere Zeit nachweisbar. — Spuren von Rechtskenntnissen bietet Hermann allerdings (§ 43—5), die Ungenauigkeit der Laien im Eigenthumsprocesse verachtet er (§ 56). So mag er, der den Sheriffs vorwirft, sie freuten sich, wenn das Volk fehle, da es ihnen dann Gerichtssporteln zahlen müsse (§ 4), zu jenem Stande der Archidiaconi gehört haben, dem Johann von Salisbury (Ep. 164) zwei Menschenalter später genau denselben Tadel anhängt.*

Hermann beendete unsere Schrift nach Anfang 1097 (§ 1), hatte sie aber noch auf Balduin's Aufforderung begonnen. Das letzte Ereigniss, dessen Erwähnung geschieht, datirt vom November 1095 oder Mai 1096 (§ 67). Er schreibt (§ 55) ein wol 1091 geschehenes Wunder, das er 'voriges Jahr' erfragt hat. Dass das Werk vor 1101 fertig war, folgt aus der

[19] *Freundl. Mitth. von Herrn E. Bishop.*

Nichterwähnung von Bischof Herbert's Streben, in Rom die Exemption umzuwerfen (1101): das dazu nöthige Geld ward ihm bei Lyon abgeraubt[20], *was die Partei des Klosters doch wol als Wunder bemerkt hätte. Auch hätte § 49 Anfang anders gefasst werden müssen, wenn die Verpflichtung, die der Abt 1109 einging, während seiner Anwesenheit die Klostergäste zu unterhalten, schon gekannt war. Von Wilhelm II. († 1100) Regierung ist (§ 55) im Präsens die Rede.*

Die Miracula schliessen sich an die Passio S. Eadmundi an, die mehrfach (§ 3, 60) doch ohne Abbo's Namen citirt wird. Vf. benutzte bis 1066 (§ 34) und übersetzte z. Th. wörtlich eine Handschrift der Angelsächsischen Annalen (§ 2, 3, 8, 22), die mit keiner der erhaltenen gleichlautend war (s. unten Anmerk. 1, 7, 10, 12); er beschreibt sie § 8. Er kannte mehrere dem Kloster ertheilte Urkunden: von Eadmund I. (§ 3), Cnut (17), Eadward III. (23), Harald II. (33), Alexander II. (39, 62), Wilhelm I. (47, 62) und vielleicht die Leges Canuti (17). Ausserdem aber scheint ihm eine frühere Localgeschichte oder Mirakelsammlung „harten Stiles" (§ 1 vgl. 3 Ende) vorgelegen zu haben. Dennoch sieht er sich für fast alle Ortsgeschichte (§ 2, 14, 15) auf mündliche Ueberlieferung (§ 14, 15) angewiesen.

Hermann's Sprache steht im Ganzen nicht auf der Höhe seiner Zeit. Citate finden sich aus der Bibel viele, sonst äusserst wenige. Ovid's Verwandlungen (§ 57) erscheinen ihm lächerlich gegenüber denen, die er von den Visionen seines Heiligen kennt. Ambrosius ist § 58 citirt. Die folgenden Sprüchwörter geben vielleicht auch einen Aufschluss über des Verfassers Muttersprache: § 17 Nequaquam lupum sicut putatur tam magnum fore; § *38* Sapiens verbis innotescit paucis; § *40 s. S. 226; § 50* Dum minus speratur pro foribus Dei misericordia prestolatur; § *55* Pro uno bono aliquem multa bona consecuturum. *Bei pathetischen Stellen, vornehmlich den Anrufungen zu Ende der Abschnitte bringt er die Satzenden in Assonanzen oder Reime, wie die Lütticher Schule*[21], *aber auch*

[20] *Eadmer bei Migne CLIX, 433, den Malmesbury Pontif. 107 abschreibt.* [21] *Wattenbach, Deutsch. Geschq. II, 122; cf. Archiv d. Gs. f. ä. Dtsch. Gesch. XII, 146.*

viele andere Gelehrte damals pflegten. Er liebt gesuchte Wendungen, Einschachtelungen (28), pomphafte Häufungen (26 Anfang), lange, hochtrabende, gräcisirende Wörter, wie sie namentlich statt der vulgären Titel [22] *damals auch sonst begegnen; er bildet z. Th. wol selbst Zusammensetzungen (*ponticus *50 zur See gehörig); andere gewöhnliche Vocabeln gebraucht er in etwas abgewandelter Bedeutung. Declination und Genus sind nicht selten falsch. Zum obliquen Casus begegnet die Apposition im Nom., die Präp.* in *wird häufig mit Acc. statt Abl. verbunden. Im Abl. absol., der mehrfach den Acc. cum Infin. ersetzt, kommt manchmal das Subject im Nomin. und ein ganzer Nomin. absol. nicht selten vor. Den Infinitiv vertritt öfters Acc. Gerund.; sehr gewöhnlich geht die Endung* -nte *(Abl. Sing. Part. Praes. Act.) in* -ndo *(Abl. Ger.) über.*

Das Autograph unseres Werkes ist verloren. Ms. Cotton Tiber. B. II fol. 19—84, dem der nachstehende Text folgt, das Prachtexemplar des Klosters zeigt grosse kalligraphische Buchstaben der Zeit um 1100 von derselben Hand, die die unmittelbar vorhergehende Passio von Abbo geschrieben hat. Wie so oft in mittelalterlichen Codices steht die Correctheit weit unter der Schönheit: der Abschreiber hat seine Vorlage häufig nicht verstanden, wie besonders sinnlose Abbrechungen der Wörter zeigen, z. B. more *statt* in ore, in aniam *statt* maniam, aroma *statt* a Roma, in somnis *statt* insomnis, *was in den folgenden Anmerkungen hervorzuheben nicht immer nöthig schien; in § 50 ist für ein dem Abschreiber unleserliches Wort eine Lücke. In einigen Fällen sind der Name des Heiligen* Eadmund *und Initialen in dickem Golde, dem acht Jahrhunderte nichts von seinem Glanze genommen haben, ausgeführt, häufiger ist bloss die Kreidevorzeichnung und meist eine blosse Lücke dafür da. Der gedankenlose Copist hat auch die Namen anderer Eadmunde gleich behandelt. Diese Lücken und ferner die am Anfang des ganzen Stückes und jeden Absatzes für die Ueberschrift offen gelassenen Zeilen sind von späteren Händen in Kreide oder Tinte ausgefüllt, ebenso einige (ohne ersichtlichen Grund, wol weil dem Copisten unver-*

[22] major domus *(§ 30), für den* stallere *ebenfalls festländisch.*

ständlich) leer gebliebene Stellen (§ 10). Diese späteren Einschaltungen fügen sich zu gut dem Texte ein, als dass man sie für neue Erfindungen halten könnte, sie entstammen vielleicht dem damals noch in der Abtei erhaltenen Originale: wenigstens besass man noch um 1400 ein Buch, das sechs Wunder mehr enthielt als das nicht vollendete Tiberius-MS., wie die Bemerkung an dessen Schlusse besagt. Häufig sind auch Randnotizen (wovon § 3ⁱ original?) beigefügt; eine ändert bei der 'Assise in Bury' das 'in' in 'bei'. Die Ueberschriften sind nur in Kreide geschrieben, verwischt, oder beim Binden verschnitten.

Auszüge aus Hermann wurden im 15. Jahrhundert in das Urkunden-Registrum Rubrum B eingetragen. Diese sind gemäss den späteren Jurisdictionsansprüchen gegenüber der Diöcese und der Krone stark interpolirt. Daraus hat Battely, Antiquitates S. Edmundi Burgi 142, 162 gedruckt. Da sich gerade diese Stücke auf denselben Folien im MS. Ff. II, 29 der Cambridger Universität laut deren Catalog befinden, so ist dies zweifellos [23b] mit jenem identisch. Sie haben für die Kritik unserer Hds. keinen Werth.

Baker's Abschrift im Jesus College zu Oxford No. 75 ist laut Coxe's Catalog gleichfalls nur aus Tiberius entnommen. Mehrere spätere Biographien S. Edmund's und Wundersammlungen kennt Hardy, Descr. Cat. I. p. 528 ff., von denen einige Hermann folgen. Ebenfalls aus der Redaction des Tiberius-MS. floss das MS. der Pariser königl. Bibliothek s. XIII (laut Hardy ib. 535: No. 2621*), das mehrere lange Abschnitte ohne ersichtlichen Grundsatz auswählt und von Martene [23], Collectio Amplissima VI, 821 abgedruckt ist. Auf diese Stücke durfte unser Text unter Angabe der wenigen Varianten einfach verweisen; in dem obigen Inhaltsauszuge findet man sie mitberücksichtigt. Wo im Nachfolgenden ein Absatz gemacht ist, bietet MS. Tiber. mehrere Zeilen Zwischenraum. Paragraphenzahlen hat es nicht.*

Neuerdings haben Turner, History of the Anglo-Saxons

---

[23] *Der Vf. gilt dort als ein unbenannter Mönch.* [23b] *Cf. Monasticon Angl. III, 129.*

und namentlich Rokewode in seinen vorzüglichen Anmerkungen zum Jocelin de Brakelonde MS. Tiber. benutzt.

---

[a] (Incipiunt miracula scripta [ab Hermanno archidiacono] tempore Baldewini abbatis circa annum Christi 1070).

§ 1. Prolog [b] . . per sanctum enim *Martene c. 821 letzte Zeile — § 2 c. 824* fidelis Eadmundi.

§ 3. Qui regioni Aestengle, cui fuerat quasi eptarcha, patrocinator permanens cum Dei gratia suffragari non destitit, circumcirca apud Omnipotentem promerens, ut credimus, nullum [bb] post se preter Deum successorem in illis partibus. Partiebatur enim Anglia tunc temporis regum plurium regimine, sed acciderat in Westsaexe majoritas regiminis cuidam [1] Edered [c] nomine, jamjam manente Christianę fidei ritu, preter fines Orientales concussas, ut prelibatum est in [2] Passione Sancti, gentilium impetu. Quę vesana tempestas et Deo odiosa gentilitas crebro circumquaque qua potuit impulit in locis navalibus fines Anglię per quinquennium Ederedi tempore, semper cedendo adverse raro vero prospere. Etiam, ut memoratur, torva gens appetiit fines Francię gloriosę, perveniens Parisius [3], qui locus vernat ut Domini paradysus in omni re (nec mirum illud, quia permittit Deus fieri, quod non vult); sed repulsa duris insecutionibus Francorum cogitur ad mare, quod sibi erat solitum; fitque canis reversus ad vomitum [4]; sic iterum annis ferme duodetri-

---

a *Am unteren Rande der Seite um 1400 eingetragen; die Worte* [ab H. arch.] *nachträglich eingeschaltet.* b *Die ersten Zeilen sind für den Illuminator freigeblieben, stehen aber am oberen Rande s. XIV eingeschaltet. Die Beschneidung hat davon nur lesbar gelassen:* „Cum in seculum confiteamur Domino per sanctum enim Edmundum memoriam Dominus etc.“ *Darunter:* Incipiunt mir[a]cula. bb *Am Rande in Kreide s. XIII (?):* Nota quod nu[llus . . *verschnitten.* c vel Ethelred *Hand s. XIII über der Linie.*

1 *Aethelred I 866—71. Diese Form in Ags. E. Vf. lag also eines der älteren MSS. mit* Æđered *vor.* 2 *Abbonis V. S. Eadmundi in Migne, CXXXIX c. 515 A.* 3 *a. 886.* 4 *2 Petr. 2, 22.*

ginta, qua potest infestans Angliam, Elveredo [d], predicti Ederedi fratre, tenente monarchiam. Hujus tempore dexterę Excelsi mutatione [4a] dispertitur, minuitur et adnullatur pyratica improbaque gens Danica a sua infestatione. Jam enim ultio Dei per sanctum [Eadmundum] debebat propalari, sanctus quoque manifestari, cujus apud Deum foret meriti. Qui jam non admodum mundo manifestatus signis miraculorum in loco, ubi divinitus venerabillimum sibi delegit mausoleum, credimus ac credendo tenemus tum pro incuria scriptorum, tanti martyris signa parvipendentium, si qua fuerunt, more rudium, tum propter offensa presentialis populi, nondum veniente tempore ejus miserendi. Inter hęc siquidem abierit quorundam regum tempus, quos hic apponit calamus: Ederedi [e] predicti, suique fratris ac successoris Elveredi [f] veridici [5], cui papa Martinus [6] direxit partem ligni, quo Christus fuit affixus, et Romę scolam Anglicam dedit liberam [7] prece ipsius. Hac etiam etate fulciebatur Francia decora Caroli Calvi [8] regimine. Post Elveredum [g] quoque venit in regnum Eduardus [h], habens Senex cognomentum. Sequendo hunc Aedelstanus [9] regnat, Angliamque diu partitam solus sibi subjugat. Sequitur Eadmundus [i], et Ędered [10] debilis pedibus, necnon Ędwi rex, in brevi tempore Edgaro fratre partim cum eo sceptrigerante, eoque post eum [11] plenius regnante. Nunc demum tempore propinquante misericordię,

---

d vel Aluredo *s. XIII übergeschrieben.* e vel Ethelredi *s. XIII über der Linie.* f vel Aluredi vel Aelfredi *s. XIII über der Linie.* g vel Aluredum vel Aelfredum *s. XIII über der Linie.* h filius suus *ins. s. XIII über der Linie.* i *Ueber der Seite man. s. XII*: Iste Edmundus frater Athelstani, felix equivocacione, nostri protectoris locum, ubi condigne requiescit revisit, humilitate mentis regio dono munificavit, hilaritate cordis queque loco pertinencia cirographi sui caractere firmans ratissima, que nostris temporibus eadem adhuc servat ecclesia. Facta est autem hec prefata donacio anno verbi incarnati 945° et anno 5° regni ipsius; *vgl. Kemble, Cod. Diplom. 404. Diese Anmerkung ist ganz im Stile des Vfs.*

4a *Ps. 76, 11.* 5 *Dieser Beiname nur hier, benutzt von Turner, Anglo-Saxons V, 5.* 6 *Marinus I, 883. Die Nachricht fehlt Ags. Ann. A.* 7 *Uebersetzt aus Ags. 885.* 8 *† 877.* 9 *924—41.* 10 *Eadred 946—55. Nur Ags. E:* Aedred; *den Beinamen kennt Turner.* 11 *959—75.*

rex Eduardus martyr et sanctus succedit in culmine, nostro patrono par et ȩqualis gloria passionis et honore debitȩ venerationis. Hinc ad Anglorum provehitur regimen Ȩdelredus, anno sub eodem [12] honorifice diadematizatus in regis villa, Kingestune [13] nomine, a suis primoribus multis in imperium participatus prosperitatibus, nec minus, ut memoratur, lacessitus adversitatibus. [Prefato itaque Aedelstano regna] [k] moderante, Deique gratia condonante, Orientalis rex et martyr [Eadmundus] in Beodrici Villa [13b] pulsans sibi propria, jamjam declaratur sanctus, virtute signorum splendescens, usquȩquaque notificatus. Hoc desiderio desiderabili clericorum aggregantur personȩ paucorum servientium inibi, quorum nomina prelibamus pro veraci testimonio, quȩque sine testibus dantes exterminio. Fuerunt quippe diaconus Leofricus [13c] et alter presbiter ejus equivocus, Alfricus sacerdos, Bomfild [13c] quoque ipsius ordinis compos, Kenelmus levita [13d] ac Eilmund vivens sacerdotii vita. Dioceseus autem episcopus ex ipsis servientibus unus vocabatur Adulfus [14], regionis Grantebrigie ortus. Ad laudem ergo Redemptoris et in honorem sui martyris miracula disseramus nostri protectoris, fisi de munere Domini creatoris!

[1] [De vicec*omite* extrahente mulierem de ecclesia.]

§ 4. Quia ergo in tempore *Mart. 824 B bis c. 825 Z. 8* saeculi. Eia, tyro Dei [Eadmunde], tyrocinii jam signum exere et hostes sanctȩ Dei aecclesiȩ comprime! Captivatam releva, cujus apud Deum sis potentiȩ, revela! Interea *ib. — 825 C.* arboris.

§ 5. Plausu manuum lȩtitiȩ spiritualis Deo proferatur ju-

---

k *Spätere Hand auf einer Lücke. Offenbar soll es* Aedelredo *heissen s. § 5.* 1 *s. XIV über der Seite in Kreide. Hier und vor jedem Capitel 3 Zeilen für die Rubrik offen, die manchmal in Kreide s. XIII—XIV oben oder am Rande steht, doch selten ganz lesbar ist.*

[12] *Dies nur in Ags. C.* [13] *Kingston upon Thames, Surrey, 978.* [13b] *Der Name* Beodricsworth *(s. § 5) noch in Alexander II. Privileg von 1071 s. u. § 38. Doch schon in Eadward III. Urkunde* Seynt Eadmundesbiri *(bei Rokewode ad Jocelin de Brakelonde 148).* [13c] *Sie treten für S. Edmund's Asylrecht ein, s. § 4. Die Namen erinnern an die Gesch. von S. Bennet of Holm, Monast. III,* 135. [13d] *d. h.* Diacon. [14] *Adulf von Elmham urkundet a. 956—64.*

bilum vocis materialis, quoniam rex et martyr Eadmundus prepollens magnificus Edelredi regis temporibus refulsit miris virtutibus. Qua ętate *825 C.*[m] — *829 Z. 3* fidem verbis faciens morem morientis. Jam nunc *829 Z. 4—11* amen.

§ 8. [n] Ad roborandum superioris facti regis pervasoris sanctique nostri procuratoris miraculum, ne cujuslibet mens vacillet dubia, presens habeatur Anglorum Cronica, in qua per annos dominicales regum Anglorum repperiri possunt annales, inter quos et Sweyn. Vorax invasio decennalis fuit Anglis detestanda confusio, preter fines Orientales, sancti Eadmundi protectione vigentes. Ubi locis in quibusdam, ut nobis Aelfwen religiosa reclusa quędam apud Sanctum Benedictum in Holm solitarie vivens, memoratę ętatis reminiscens [o], nec tributum concessum nec collectum, in quibusdam, ut in regione, quę dicitur Flec [15], congregatum ac Teotfordi a patre predictę recluse, Thurcytel nomine, deportatum sed minime persolutum, potius regis [16] intellecto fine, redditum unicuique suum fuisse.

§ 9. Sicque grassante *Mart. 829, 12—20* finetenus.

§ 10. Rege regum exalto [17] virtute dominationis, prostrato simul rege confusionis, instabat utique inscriptio millenarii, millesimus 14 annus incarnationis Domini, redit Aedelredus a Normannia cum decentis navigii manu valida, pretermissi jam regni recipiens gubernacula, laude ac voluntate compatriotarum, [laboriose] [p] postea quamvis parum vigens in regnum, [q] [Eadmundo] Ferreo Latere suo successore, sed non amplius anni unius regimine, [p] [Cnutone tamen cum eo scep-

---

m *828 D Z. 10 lies* Aestsexsse. n *Am Rande in Kreide:* De . . . te re[gum?] ma[xima?] croni[ca?]. o *Ergänze:* retulit. p *Auf einer Lücke in Hand s. XIII.* q *Lücke, wol um den Namen, als wäre der Heilige gemeint, in Gold einzufüllen.*

[15] *Flegge, Norfolk gehört S. Bennet of Holme (Monast. Angl. III, 97), das ebenso wie S. Edmunds, welches von dort aus reformirt war, von Thurketel und Aelfwen beschenkt ward (Kemble, Cod. Diplom. No. 959—61). — Eine so entwickelte Steuerordnung wird sonst den Angelsachsen noch nicht zugeschrieben. — Ueber Thetford's Bedeutung s. Freeman, Norm. Conq. I, 380.* [16] *Swen † 2. Febr. 1014.* [17] *In der Bedeutung* exaltatus, *erhöht.*

trigerante, corona vero regni Aedmundo remanente. Nocte siquidem sequentis diei festivitatis sanctissimi Andree apostoli [18], quintadecima indictione perimitur insidiis Eodrici Streone [19] perfidissimi ducis, sed cum avo suo rege pacifico Aedgaro [20] sepultus. Cui] [p] si vitę cursus foret socius, multa [beato martyri] [p] bona impertisset attentius, quod quia non explevit, effectu operis tamen non frustrabitur, munere bonę voluntatis, dicente de quibusdam bene volentibus Scriptura: Sufficit voluntas bona.

§ 11. Verum quia *Mart. 829 B* [r] — *830 C* hospitalitas. Legerat hic scriptum [21], sed non intellexerat vere: hospitalem se fieri debere sine murmurationis angore. Istic reducitur memorię ratio Loth et Gomorrę [22], salvati unius, iraque Dei pereuntis alterius. Nec abest Segor intellectus, id est martyr Eadmundus, in quo et per quem Loth salvatur, typo cujus Egelwinus memoratur. *§ 12.* Itinere citato *Mart. 830 C — E* prefulgeat.

§ 13. Nunc viam intendendo verisimilium et, ut ita fateamur, argumentorum probabilium, qua solent argumentari videlicet magna magnis conveniri, letare jam Lundonia! Urbs Anglię opulentissima, magna quidem tuis magnatibus, sed fies major ac maxima, martyris [Eadmundi] magnitudinibus! Satis et admodum gemuisti cum non pariente sterili [23]; verum ecce sterilis letare, quę non paris, quę nullos parturis vel habes sanctos, clama et erumpe laudis exhibendo moelos, quia venit tibi suffragator ab Eastengle, felix sui nominis nuncupatione! Jam secure zacharizabis [24] cum Zacharia: 'Visitavit oriens ex alto nostra.' *§ 14.* Cujus visitationis *Mart. 830 Z. 5 v. u.* [s] -- *832 letzte Z.* diversarum.

§ 17. Quo tempore hereditarius Sweyn, Chnut dictus no-

---

r *829 Z. 8 v. u. lies:* Aestsexe. s *830 letzte Z. lies*: Ealsegate; *832 Z. 4 v. u.* qual. aerum.

[18] *30. Nov. 1016;* Ind. XV *nach Beda.* [19] *Die vielen anderen Autoren, welche Eadric zum Königsmörder machen, schreiben sämmtlich erst nach a. 1100. Das Gerücht findet sich hier wol am Frühesten.* [20] *zu Glastonbury.* [21] *1 Petr. 4, 9.* [22] *1 Mos. 19, 30 (*Segor *in Vulg.).* [23] *Jes. 54, 1.* [24] *Lucas I, 68.*

mine, intentans malum Anglię nisi ejus dominetur, ubique in malitia factus omnibus opinabilis, tamen ad hoc, Deo protegente, fit inexplebilis quia non patrizavit in rebus iniquis; efficiens verum illud proverbiale: nequaquam lupum sicut putatur tam magnum fore. In regnum sic promotus, quo voluit prosperatur totus, instinctu bonę mentis stabiliens sequi quęque optima legis, ad Windlesors [25] habito concilii termino, disponit confirmandum quicquid potissimum sanctarum legum invenerit, esse tenendum. Demum quippe protectorem suum post Deum invisens, Sanctum Eadmundum [26] actu regali xeniavit locum donis ac reditibus propriis munificavit liberumque omni consuetudine chyrographizavit. [27]

§ 18. Nec pretereundum silentio, hic rex bonus quid helemosinę fecerit: modo videlicet sicubi monasteria vel castella [28] nominata petiit, clericali et monastico ordini ex suo sumptu pueros docendos [29] tradidit, non quos invenerat de libertinis, verum ex elegantioribus de paupertinis. Quosdam etiam, sic incedens, regio more liberos dabat propria manusdatione, reminiscens paginę divinę: de pulvere egenum suscitare pauperemque de stercore erigere. [30] Pape! talis est mutatio Excelsi [31] dexterę, que Saulum mutavit in Paulum, in eodem lupum in agnum, nunc habet ferum hominem in Christianissimum regem. *§ 19.* Qui ad augmentum boni et ut foret expeditioris animi, implendo statum publicę rei, sequens illud Moysei, quod enarrat liber Exodi [32], partiendo videlicet Aaron et Ur sub Moyse laborem populi, isdem rex per omnia sollers, sollicitudinem regni quadrifarie partiens [33],

---

[25] *Von Cnut's Gesetzgebung zu Windsor ist sonst nichts bekannt. Die Beschreibung passt jedoch auf die zu Winchester erlassene Sammlung, die mit meist Äthelred'schen Kirchengesetzen beginnt.* [26] *Cf. Malm. Pont. p. 155 und Reg. p. 306. Die Reform geschah 1020, die Kirchweihe 1032, s. S. 127.* [27] *Monast. III, 137; Kemble, Cod. Dipl. 735.* [28] *Die Englischen Burgen sind fast ohne Ausnahme nach Cnut's Zeit entstanden.* [29] *Die Sorge für den Unterricht, ein neuer Characterzug Cnut's, hing nothwendig mit jeder grossartigen Staatsorganisation, als eng mit der Kirche verknüpft, zusammen. Man denke an Karl und Älfred.* [30] *1 Sam. 2, 8.* [31] *Ps. 76, 11.* [32] *17, 12.* [33] *Aus Ags. Ann. 1017.*

tetrarchas stabilierat, quos fidelis voti reppererat: Westsaxe sibi ipsi, partem majorem|; Aedrico cuidam Myrcen secundam portionem; Yrco [t] tertiam, Northymbre vocatam; Thurkyllo [34] comiti Aestengle quartam, quo redundabat copia aureo cornu plena. *§ 20.* Quo tetrarchizante sanctique martyris [Eadmundi] veneratione pullulante, clericalis ordo famulatus sancto in ordinem monachicum mutatur in eodem loco, indagine veritatis commutando felici commertio, ut rex et martyr venerandus frequentiori famulatu necnon digniori veneraretur. Nec hoc absque regis concessu et optimatum ejus fuit assensu, sed et monitu sani consilii Aelfwini presulis diocesiani, Eliensis [34a] quidem monachi, amatoris autem ordinis sancti tunc tempore concessis et datis martyri sancto multis donariis, anno millesimo 20[mo] Domini generationis, comitatu vero Thurcilli [34b] comitis, ad honorem sancti suppeditantis. *§ 21.* Ita Chnut boni regiminis rex, senium vitę cursu felici peragens, ad Scaftesbyri pridie idus Novembris [34c] mutat hominem se mortalem mortalis, inde delatus Wintonię ibidemque tumulatus cum regali decoramine, Anglia dolente ex magna suae prosperitatis amissione. Quę viduata rege unius anni progressione demum post annum suscipit duorum filiorum regis memorati sceptrigeratum, scilicet Haroldi duobus annis [34d] ac semis, post quem [34e] Hardechnut tribus [u] dimidiis quorum progressu temporis non viguit Anglia sed viluit; parum enim eis bonitas patris emolumentum fuit (martyr vero [Eadmundus], ostensione virtutum mundo pretiosus, locum suę pausationis diatim ditabat cumulo meliorationis, illuc abbatizante Uvio [34f] sub monachili constitutione primo), quoad tempus iterum propinquabat mi-

t Yrto *cod.* u *Vielleicht* ac dimidio *gemeint?*

[34] *S. § 11. Er wurde 1021 verbannt.* [34a] *Dass der h. Alfwin von Elmham aus Ely kam, scheint sonst nicht bekannt zu sein.* [34b] *cf. Freeman I, 486.* [34c] *Ags. Ann.* 1035. *Der Ort nur in D. Cnut war noch kein Greis:* 1014 juvenis erat. *Encom. Emmae ed. Pertz, SS. XIX, 514.* [34d] *Vf. rechnet freilich ungenau von* 1037 *an:* her man geceas Harald ofer eall to cinge *Ags. Ann. C, D.* [34e] *Harold † 17. März 1039; Harthacnut 8. Juni 1042. Letzterer bestätigt die Immunität des Klosters Yates p. 74; cf. Cod. Diplom. 761.* [34f] *1020 — c. 44.*

sericordiae gentis Angligenę miserentis miseriae. *§ 22.* Quo tempore, in orationem humilium jam Domino respiciente [35], non spernens suorum precem, Anglię providit utillimum regem, scilicet Eadwardum, nobilem Aethelredi regis inclitam sobolem, qui post patrem calamitatibus actus plurimis, die paschali inthronizatur hereditarius [36] rex, supervivens regibus predictis. Hujus sceptrigerium anno millesimo quadragesimo tertio [37] Dominicę carnis habuit initium, quod Anglię totiens afflictę maximum fuit refrigerium, felix quidem, eo vivente, bonarum legum observatione. *§ 23.* Is votivus omni bonitate mentis bonum dilexit; effector factus operationis, adiens Sanctum [Eadmundum] vix effari potest, cum qua veneratione descenderit ad illum. Eques rex imperialis fit modo pedes via miliarii, adventans cum optimatibus suis, venerando martyrem sanctum, tum impetrans regni gubernationis suffragium. Qua tunc suffragatorem reditibus imperialibus honorat, centurias [38], quas Anglice hundrez vocant, octo et semis sibi circumcirca se donat, regiamque mansionem nomine Mildenhale [39] his adauget, ut cętus fratrum illuc commanentium, Deo sanctoque famulantium, ex his usualiter victitet. Quę omnia caractere perpetuo caraxata, stabilit locum cum suis appenditiis, libertate regia data, qua locus adhuc fruitur; melius quoque frueretur, si non mala mente hominum perturbaretur.[39b] Sed non perdet [40] fructum mercedis exsecutor cujusque operis. *§ 24.* At rex Eadwardus cultor justitię factus, regnat famosus Dei ęcclesię nimium gloriosus, sic, ut ejus amoris liberalitate gaudeat Anglia multarum doctorum artium adventatione.

---

[35] *Ps. 101, 18.* [36] swa him wel gecynde waes *Ann. Ags. C. D.* [37] *Edward der Bekenner folgte Harthacnut sofort, ward aber* gehalgod to cinge on Easter daeig 1043 *Ann. Ags. C. Seine Besitzbestätigung für Abt Uvi (Kemble, Cod. Diplom. 868) gewährt freie Abtswahl und Exemption aus der Diöcese 895.* [38] *Die Latein. Uebersetzung der Angelsächs. Gesetze behält* hundred *stets bei. Die Uebersetzung mit* centuria *wird erst seit Will. Malm. Reg. II, 122 häufig.* [39] *Urkunde: Monasticon III, 138, cf. Cod. Dipl. 883, es ist das Wittum der Emma-Aelfgifu mit dem § 4 erwähnten Gerichte. Phillips in Wiener Akad. Stz. 48. 136.* [39b] *Mildenhall ward von Stigand, dann von der Krone occupirt und erst 1190 zurückgekauft.* [40] *Matth. 10, 42.*

§ 25. Hujus itaque temporis aetate viguit suffragator noster [Eadmundus] virtutum vigore, omnium affectu provocato in se, infirmis beneficus sanitatum impensione, juxta fidem se petentium, sine qua nullus salvatur hominum. [v] Ex partibus *Mart. 833 A.*[w] *bis zu Ende, 834 C.* sęculorum. Amen!

§ 26. Benedictus Dominus, die cotidie representans suis suum salutare[41], per prophetam promissum omnes fines terrę visurum[42], iter salutarium nostrorum prosperando, jamque fide multiplicata, mortis exitus propulsando! Cujus gratia [sanctus Eadmundus], ejus athleta, Orientalium Anglorum decus et parma, victrici virtutum fulget in gloria, Eadwardo rege regni modificante sceptrigeria. Hujus lenis simplicitas mireque pacis securitas suos sibi sic propagavit compatriotas, devinxit ac intime foederavit regiones finitimas, ut illius quondam Davitici pacificique Salomonis more regnaret in regnum pacificus, omnibus divitiarum inexplebilium ditatus honore. His premissis temporibus abbatizabat apud Sanctum [Eadmundum] pater Leofstanus[43], vir sagacis ingenii et, ut tunc moris erat, preditus in ordine monachili. Virtus autem sancti martyris, si non erat, ut consueverat, frequens ac presentialis, tamen pro raritate verantium[wb] operabatur etiam salutem se petentium. *§ 27.* Unde cuidam Aelfgeth nuncupate, a territorio Wintoniensi progressę, mutę, ut ajunt, a nativitate, dono Dei dignatur misereri, soluto vinculo totius impedimenti, impendens ei modolos loquęle mirabiliter, quos natura dempserat casualiter. Quam cum mutis gemitibus accubuisse ante pignora sancti personati fratres aecclesię viderant, sepissime verborum locutione carentem omnino, modo vero martyris miraculo verbositantem balbutiendo. O, mirum ac repetitum prodigium! Nunquam loquens loquitur, [*ir*]rationale ratione utitur, qua si caret ad horam, reparatur per Dei misericordiam. Huic adjacet diversum ac simile illud

---

v *Am Rande in Kreide:* De mu[liere] contracta. w *Lies 833 Z. 3* experiuntur, *14* Aelfveve, *18* Brunstanus, 27 viri habitus vener., *30* reserat; *834 Z.* 25 repperit fidelis matronę. wb *sic cod.*

[41] *Psalm 67.* [42] *Jesa. 52, 10.* [43] *† 1065.*

Balaamite [44] loquentis asine: quodammodo preter naturam rationalitas rationale animal facit asinam. Verum ibi pro suo populo Deus, hic cum Deo in muliere operatur martyr [Eadmundus]. *§ 28.* Haec firmiter usa viribus linguę vivensque post hęc circa sanctum religiose ad laudem martyris, miraculum in ea patrantis, strenue habebatur a multis, tum quia sancto adherebat sedula, tum pro ejus plus solito sanctiore vita. Dicebatur enim humana fiducia habere cum sancto sepe colloquia, sive pro quorundam interveniendo profectibus, seu quędam intelligens placita sancti voluntatibus. Etiam tempore misericordię mundo pleniter imminente, decursis quę fuerunt ante legem et sub lege, dum plena [45] esset terra Domini misericordia, justitia autem minus curę in humana diligentia, voluit sciri victoriosissimus martyr per mulierem, cui longam abripuerat taciturnitatem, qua neglegentia venerationis afficiebatur a veneratoribus suis. *§ 29.* Imperat deinde sanctus competentibus horis mulierculę et imperans semel, bis ac ter, sub interminatione indicit potenter, ut suapte revelet patri monasterii sine dilatione ullius interstitii, qua venerationis incuria jaceant ipsius sacra pignora: telę aranearum sunt sibi tegmina, ipse araneę ligniquc charies indecens nausia; jacet incultus omni decore, non respectus multorum dierum transcurso tenore; et, quod Deo constat displicentius, omni venerationis honore veneratur minus ab hominibus, oblita Dei misericordia per eum totiens magnifice suis exhibita. Haec prelato monasterii relata tercio, inculcata quoque sermone timido [46], tandem in medio fratrum, sanum devenit consilium, communiter pro hoc triduanum celebrari jejunium; in proxima quinta feria pretiosi martyris pignora fore digniter respicienda. Itaque secunda feria instante, tertia, quartaque, Ninivitarum [47] more, additis vigiliis, orationibus cum psalmodiis, jam adest quinta feria presentialis: ad opus dispositum quasdam personas [48] fratrum disponit abbas secum. Reseratur ergo locellus, in quo san-

---

[44] *4. Mos. 22, 28.* [45] *Ps. 32, 5.* [46] *Den Rest dieses § 29 druckt Rokewode zum Jocelin de Brakelonde p. 151. — Das Kloster feierte den Jahrestag dieser Translation, s. u. § 57.* [47] *Jon. 3.* [48] = fratres personati *Mönche mit geistlichem Amte.*

ctum quiescit corpus. Illuc adducitur Aegelwinus [49], sancti fidelis monachus, jam pre senectute caligans visibus: rogatur, ut manibus probet, si sic martyr, ut olim dimiserit, jacet. Palpat manibus Aegelwinus, et invenit ut dimiserat; deintus scilicet crucis dominicę philacterium, a collo dependens supra pectus sanctissimum, quod archipresul et martyr Domini [50], Aelfegus [y], olim Lundonię desiderans comparare multo auri pondere, sed nequit propter Aegelwinum custodem martyris, etiam si proferret secum aurea dona Tharsis. Hoc signo sancti corpore palpato, abbate cum fratribus asstante, cum laudis ymnodio, exponitur gleba martyris super scabellum cum honore decenti. Jacet integer, ut dormiens, jam jam decus resurgentis innuens. Quantus et quam dulcis tunc efferbuerit odor suavitatis, preter odoramenta incensi vel thymiamatis, non lingua valet proferre cujusvis, cum non solum in ipsa domo fraglaverit orationis per diem totum, verum in inclaustro, quo confluebat psalmodiando monachorum confessio, etiam in officinis redundabat odoratio suavis. Exuitur itaque sanctus sancti martyrii vestibus, partim rubeis rubore sanguinis, partim perforatis ictibus telorum crebris, sed tamen reponendis saluti credentium profecturis. Pulvillulus quoque, qui alio nomine dicitur auricularis, sub sancto capite repertus est; talis non ex plumis vel bombice alicuius generis, sed solummodo tenuissimis lignorum dolaturis. His visis, sanctoque revestito novis quibus competebat induviis, rememoratur abbas sancti sanctę decapitationis, ac remorans, suis innuit monachis, utrum, ut alias legitur, caput hujus martyris decollatum cum corpore jam sit solidatum, et memorans temptat, temptando probat. Caput acci-

y *Ueber fol. 44 r. schreibt eine Hand s. XIV:* Hic patet, quod translacio sancti Edmundi de Beodriceswortbe ad Londonias precessit occisionem Suani, licet hic superius in processu habeatur contrarium: quia sanctus Alfegus, qui voluit crucem ab Ailwino Londoniis comparasse, martirizatus fuit fere per tres annos ante occisionem Suani.

[49] *Hierauf soll sich S. 101[13] beziehen, was nach 127[20] zu corrigiren. Aethelwin erscheint auch noch § 31. Sonst heisst er* camerarius, secretarius, auriga *des Heiligen (§ 6, 11, 12).* [50] ✝ *1012. Das hier Erwähnte gehört also zu § 14—16, s. S. 205[12]. — Lanfranc's Zweifel an Aelfeah's Heiligkeit hatte Anselm beschwichtigt.*

pit inter ambas manus, trahit, totumque sequitur corpus. Quam mirabilis Deus! Operatur mirabilia solus; resolidavit ac redintegravit, quod solidum dudum integrumque creavit. Expavefactus abbas ad hoc miraculum, in locello reponit priori pignus sanctissimum; ejus manibus torpore perpetuo [51] captis in reliquum, fortasis quod fuerat actum Deo nec sancto beneplacitum. Exuvię vero martyris in servatorio reconduntur cum phylacteriis, unde de sacrario divinitatis presto sunt beneficia multis, ad laudem eius, qui cum Patre et Spiritu Sancto vivit et regnat Dominus.

[De Osgoth demoniaco]. [y]

§ 30. Etiam levi narratu stili quislibet concinne valet referre plenitudine*m* veri, quia plurium versatur in ore [z] Anglorum et Danorum relatione comitum principumque, litteratorum et inlitteratorum his adaucta multitudine. Michi quoque minimo omnium auditu fit credibillimum, gloriosum patronum nostrum [Eadmundum] apud Deum sic operari facillimum, cum in varia vice calamitatum crebro compertus sit ab invocantibus eum et hoc nostra etate quam plurimum. Superioris autem relatus, ut percepimus, talis habetur tractatus. *§ 31.* Aestate quadam imminente et in ipsa una dominica die fortuito casu devenit Eadwardum regem in Beodrici villa tenere mansionem, juxta precepti sui regiam voluntatem, quo cum libitu regis letitia fuit genialis Danis et Anglis, hac usquequaque potitis cum optimatibus illiusque

---

y *Am Rande in Kreide, über der Seite in Tinte, s. XIV geschrieben.* z more *cod.*

51 *Will. Malm. Pontif. (ed. Hamilton) p. 156 kennt ein zweites Stadium dieser Legende:* Leofstan betet, falls ihn der Heilige strafen wolle, es hienieden zu thun. Zur Heilung des Chiragra sendet ihm König Edward den Baldwin. Letzterer erblickt in der Erfolglosigkeit seiner Cur die Stärke des Heiligen, bleibt in S. Edmunds und wird Leofstan's Vertreter, dann Nachfolger. *S. dagegen Anm. 62.— Wibert von Nogent, De pignoribus sanctorum p. 337, kennt diese Bestrafung der Neugier des Abtes ebenfalls, jedoch aus mündlicher Erzählung* [ut ea quae in ejus Passione *(d. i. Abbo)* leguntur taceam] *und wünscht, solche Strafen möchten dem Reliquien-Streit und Schacher ein Ende machen.*

terrę satrapis. Inter quos quidam major domus [52], Osgod Clap [53] cognomine, vocitatus quodam mane pedetenus decoratus mastrugarum decore, armillas quoque bajulans in brachiis ambobus superbe, Danico more, deaurata securi in humero dependente, sed postmodum tali suo decore verso in infami dedecore. Is cum fastu superbię sic progressus ab hospitio majorum domus incompetens sancti basilicam intrat, stupefactus vocibus multorum, conclamatus, cur incesserit sic infatuatus, securi de foris a domo Domini non dimissa vel, quod levius erat, ad hospitium unde venerat derelicta. Intrans autem martyris domum inreverens et infrunitus, transit ęcclesię chorum, qui properans ad sancta sanctorum, non sincere conatur securim a collo deponere, vel se arroganter super eam appodiare. [54]. Sed resilit a manu viri virtute sancti, ac si decussa foret humo alicujus vi. Ipse etiam allisus ad ęcclesię maceriam amens prosilit ad terram, volutans humo velut maniam [a] passus debachando. Accurrit videre quid hoc sit populus: erat enim seculo vir famosissimus, sed rebus martyris infestissimus; inter hęc rege Eadwardo, gratia intentionis devotę, capitulo monachorum presente, pro assequenda et confirmanda societate. Dum ad id intendunt operis, profuturi presentibus ac futuris, auditur in ęcclesia strepitus clamoris auditusque cognoscitur ex mandato regis et nutu monasterii patris. Quo se strenuus vertens rex secumque cum suis Leofstanus coenobii pater, vident miseria captum hominem, videlicet passum mentis alienationem — sive pro gloria Dei, ut de cęco nato verba testantur evangelii [55], sive Deus voluit cum suo sancto punire,

---

a inaniam *cod.*

[52] Majores domus *(s. 6 Z. weiter) hier nur = Grosse vom Hofe.* [53] *Bei der Hochzeit von dessen Tochter stirbt 1042 Harthecnut; er ist königlicher Marschall* (stallere); *wird 1046 verbannt als zur Dänischen Partei gehörig, sucht 1049 vergeblich, die Rückkehr zu erzwingen, segelt nach Dänemark. Später muss er doch nach England zurückgekommen sein, wo er 1054 starb. Ags. Ann. s. a. Die Inventio S. Crucis Waltham. gibt Osgod den Character eines* viri venerabilis et ditissimi c. 13 — *parteilich für den Vater einer Beschenkerin.* [54] appoier *altfranz.* = appuyer, *stützen.* [55] *Ev. Joh. 9, 3.*

quod infelix homo meditatus erat inique. Et quoniam fuerat de regis primoribus, petit pro eo regalis majestas, ut reconcilietur divinitus asspersione aquę benedictę perfusus psalmis ac lętaniis, multis quoque fusis precibus. Sed et assecla sancti, frater Aegelwinus [56], hortatur, quod probaverat de similibus hujus, ut talis energuminus ad tumbam martyris deportetur bajulantium manibus, si forte fratrum orationibus sibi Deus propitietur et sanctus. Quo facto, dealbati fratres, circumcirca genu flectendo, septem psalmorum cantu lętanięque progressu intercedunt pro eo, donec de pietatis Dei sacrario et martyris [Eadmundi] merito prodiret illi salvatio, scilicet quinque sensuum recuperatio. Sic salvatus ergo se peccasse recognoscit homo; laus et ymnus persolvitur Deo et sancto. Stat post hęc recuperatus amplectens sancti lecticam brachiis ambobus, jurat spondendo, spondet jurando se deinceps obsecundari sancto fideli modo, nec ullatenus, quoad vixerit, suis adversari rebus. Verum cum Dominus noverit, qui vel cujusmodi ejus sint, et ex prosperitate peccantium plerumque tergiversetur animus eorum, in signum futurorum remanet hic debilis virtute manuum ambarum, forte luens punienda quinque sensuum commissa quinta linea. [57] Memoratur in libris prophetarum, quid exactionis habuerint extendentes stolide manus supra Dei sanctuarium, et ecce hic justissime luit, quod sensualiter commisit: ut in omnibus glorificetur Deus, reddens unicuique juxta suum opus. [58]

[b] [Qualiter Baldewinus p[re]fuit . . .]

§ 32. Et quia ruunt ad occasum cuncta, vergentibus annis confectus senio Leofstanus abbas, simul et manibus obsessis chyragra, ad patres apponitur, mutans hominem in hac vita, adhuc Eadwardo piissimo tenente regalia jura. Cujus in curia regali demorabatur per id temporis quidam Baldewinus ex Francię partibus gloriosis, monachus Sancti

---

b *Ueber der Seite, zum Theil verschnitten, s. XIV.*

[56] *s. § 6, 11, 12, 14, 16, 29* [57] *Damit ist die Hand gemeint, vielleicht weil das Pentagramm die Form einer Hand hatte (??).* [58] *Ps. 61, 13.*

Dionisii Parisiacensis [58a], prepositus vero Lebraha monasterii in Alemannia in territorio Elysacn [59], sed et medicina [60] peritus, ex hoc quoque a rege Anglorum cum multa diligentia habitus. Cognito autem obitu predicti abbatis in auribus regis, cogitat prefatus rex, quem ejus in locum subroget [62], cogitandoque memoratum Baldewinum in abbatem promovet. Sic enim vult Deus, quod et efficitur celerius. Mandando pervenit ad abbatiam regis mandatum, indicit priori fratribusque personatis cum loci diocesianis [63] curiam fore petendum, recipiendo sibi Dei dispositione regisque voluntate preutillimum patronum. Venitur Windelcsoriis ad locum regii decoris; aperit rex secretum suae voluntatis et aperto dicit et jurat, se locum diligere [Eadmundi] pretiosi martyris, tum pro linea sancti consanguineę [46] proximitatis, tum causa debitę societatis; et quoniam carebant provisore, ait ex suis curialibus sese eis optimum previdisse. Presentialiterque monstratus Baldewinus communi favore fit abbas electus, prosecuta ejus ordinatione die assumptionis sanctę Mariae [65], rege cum suis presente. Sic deinde preficitur abbatię, in illam ingressus cum quibusdam regis legatis, bono omine feliciter abbatizans, vivente suo domino rege Eadwardo quamvis tempore parvo. *§ 33.* Quo trahente decursum versus ęvi declinium infirmatur apud regium, quod extruxerat, Westmonasterium et infirmatus finit hominem vigilia Epiphaniorum [66] fere ad Anglię totius exterminium. Quo regali tumulato more ante diei missam, Theophaniorum

---

[58a] *Zeichnet 1059 als Vertreter von S. Denis und königl. Arzt Edward's Schenkung der Celle Teinton; Doublet, Hist. de S. Denys 831, erhält von Edward Deerhurst in Gloucesters. (später auch Celle von S. Denis) ib. 225, und 1065 S. Edmunds, giebt seinem Bruder Frodo Land (Domesday 368), zeichnet W. Fitz Osbern's Urkunde für S. Denis (Félibien, Hist. de S. Denys p. 132). — Cf. Ellis, Introduction to Domesday I, 304.* [59] *Leberau zwischen Schlettstadt und Markirch, eine Celle von S. Denis.* [60] *Baldwin als Arzt s. § 35, 41/2, Ep. Lanfranci 20/2.* [62] *Offenbar weiss Vf. nichts davon, dass Baldwin Leofstan's Arzt und länger schon sein Vertreter gewesen, s. o. Anm. 51.* [63] *Eingesessene der Diöcese cf. Du Cange.* [64] mine maege *Kemble. Dipl. 874, 883, 895.* [65] *15. Aug. 1065.* [66] *5. Jan. 1066.*

die, statim [67] cum introitu missę inthronizatur in solio regni Haroldus filius comitis Godwini callida vi veniens ad regnum, ideoque passus in eo detrimentum: rex manens non amplius decem mensium. Hic locum martyris [Eadmundi] venerans dilexit prefatoque Baldewino patri libertatem [68] loci, prout reges ante se dederant, concessit, votisque satisfecisset, si non fortunę possibilitas obstitisset. Sed interim Willelmus comes Normannicus, plur*im*a navium copia fretus, cum gentium multitudine qua potuit navigio regem predictum et Angliam appetiit et, quasi boni Eadwardi suique quodammodo consanguinei justior hereditarius, possedit. Rumor [69] enim habebatur plurium bonę memoriae regem Eadwardum jam dicto duci Normannico denominasse regnum tam consanguinitatis causa quam etiam, quia non erat ei successionis soboles ulla. Quibus de causis appetitu sic promoto Anglici regiminis, et Haestinges navibus appulsis Normannicis, fit bellum die statuta [70], quo perimitur rex Anglorum, vice eorum variata. Quod regni discidium vere quędam prognosticaverat cometes, in tra*n*sacta estate [71] ejusdem anni fere per octo dies apparens. *§ 34.* Hic demum reor huic operi supersedendum breviter epylogizando tot regimina regum, quot superius exaravimus post pretiosi martyris Eadmundi martyrium videlicet XV, ut Cronica [72] testatur Anglorum, usque ad tempus Willelmi prioris, sub quo Francorum mos per Angliam inolevit, res etiam Anglorum variabiliter alterari coepit.

§ 35. Igitur anno Dominici hominis millesimo LX^mo^ VI^to^, a martyrio autem pretiosi martyris Eadmundi centesimo

---

[67] *6. Jan. Diese Einzelheit findet sich in sonstigen Quellen nicht.* [68] *Dies scheint sonst nicht berichtet. — Bei Senlac kämpften viele Mönche für Harold, von S. Edmunds indessen keiner, sondern nur ein Lehnsmann der Abtei, Freeman III, 425. Ob Balduin auch Harald's Arzt gewesen? Heinrich III. hatte diesem früher Adelard von Lüttich als Arzt gesandt, Freeman II, 155/9, 443.* [69] *Die Normannischen Autoren geben dies als Thatsache; die gleichzeitigen Engländer wissen nichts davon. Cf. Freeman, Norm. Conq. II, 296; III, App. R.* [70] *14. Oct.* [71] *24. Apr. — 1. Mai 1066.* [72] *Des Vfs. Ags. Ann. scheinen bis 1066 gereicht zu haben und mit keiner der erhaltenen Handschriften identisch zu sein; s. S. 228.*

LXXXX[bb] mo VIto, Willelmo comite Normannico in regem Anglorum [73] coronato, comes et rex quoad vixit utrique patrię prefuit, tali modo promotus in regimine dextere Excelsi mutatione. Ejus quoque temporibus abbatizans erat apud Sanctum [Eadmundum] domnus Baldwinus loci pater [74] verus ac restaurator inclitus, placens regi premisso bonitatis ostensione et officio consuetę medicine. [75] Horum prefatorum vicibus viguit virtutibus Domini martyr [Eadmundus], suorum patronus piissimus, obstantibus autem sibi suisque refragator constantissimus, ut in quibusdam nostris patuit etatibus.

§ 36. [c] [De ulcione facta in militem invadentem et detinentem quoddam manerium sancti Eadmundi.]

Quidam Normannicus premissi regis aulicus, ceu moris est gentis illius, ut queque viderint, cupitis velint gestibus, quoddam manerium sancti adjacens sibi invasit, invadendo etiam suo vicino copulavit. Unde ab abbate verbis oratoriis pulsatus persepe, rectitudinem de die in diem procrastinat, inde usus voce corvina, nescius quid futuri pariat dies crastina. Conventus demum a loci seniore fratribusque in inclaustro eorum, a rectitudinis tergiversando tramite, negat, quod invaserat se dimitti debere, inquiens in fratres et in sanctum verba probrosa, non usus discretiva sed voce fellita. Dum enim abbas et fratres orarent, ut sancto [Eadmundo] suam terram, quam vi tulerat, redderet, effreni lingua profert se nescire, quid [Eadmundus] dormiens de terra faceret, sed sibi profectibus ac regiis insistenti negotiis hęc et alia utilior esset quam martyri vel suis monachis. Sicque datus in reprobum sensum predictus miles discedit. Super quem martyr [Eadmundus] revera vigilavit: quem ultio divina post paucos dies cefalargica passione percussit, quę

---

bb LX *cod.* c *Ueber der Seite in einer Hand, s. XIV*

[73] 25. *Dec. 1066.* [74] *Dass Balduin auch als Geistlicher Ansehen genoss, beweist Anselm's Ep. II, 4, der seine Mönche (aus Bec) von ihm berathen und geprüft, ev. bestraft sehen will.* [75] *S. Anm. 60, 68. Wilhelm I.* archiater *ist Gilbert von Lisieux, Ordric II, 312. Andere Aerzte der Zeit: Johann von Tours (*1088 *B. von Bath); etwas später Faritius, Abt von Abingdon, Chron. Abingd. II, 287.*

etiam usque ad diem mortis in oculo dextro signum sibi permansit. Macula enim fuit alba, supercooperiens oculi pupillam in modum pisi grossissimi habens figuram. Qui dum superiori torqueretur passione, recenti potius suorum, ut putamus, instinctu quam spontaneę voluntatis meditatu dirigit sancto per suos cereum pulchrę magnitudinis, ut medelam reciperet tanti doloris. Verum quia sancti sciunt quodammodo, quę cordium intima patent Deo, recusat Deus et sanctus cęreum, quem mittit mala mens vel malus animus et, ut relatu videntis, qui affuit, didicimus, decidit ad terram, fractus in novem partibus. Probatur hic scripturę [76] veritas inditiis talibus, inquiens: iniquorum dona non probat Altissimus, ideo multatur male permanens insipiens in suo corde. Ecce sancti miraculum ad quoddam nos ducit ridiculum, quia rebelli et tumido imprimitur macula malę passionis in oculo, veluti quondam cauteriabatur in fronte teta mortis alicui reo.

[d] [De Arfasto . . .]

§ 37. Etiam exercuit Deus vindictam et martyr sanctus in quadam majori persona nostris temporibus, videlicet quodam nomine Aerfasto [77], duarum Eastengle vicecomitatuum [e] episcopo, secundum seculum strenuę probitatis viro; sed, quia corrumpunt [78] mores bonos colloquia mala, irretitus consilio quorundam suorum et aliorum per devia. Consiliantur enim tales suos dominos more Achytofel non ad alicujus profectus honorem, verum ad adulationis humanę favorem, dicentes contra naturam album nigrum, vel quod nigrum est album, omniaque vertentes in contrarium. Idem presul pulsat sacrosanctam abbatiam [f], quibus non deberet questibus; vult redigere consilio suorum et aliorum quorundam in ser-

---

d *Ueber der Seite und am Rande s. XIV, beides verschnitten.* e voce comita tuum *cod., mit Kreide corrigirt.* f albatiam, *mit Kreide corrigirt.*

[76] *Eccli. 34, 23.* [77] *Caplan Wilhelm's, hatte er im Mai 1070 auf Ermenfrid's Synode das Bistum Elmham erhalten. Will. Malm. Pont. 150 schildert Herfast als weltlich, ruhm- und rachsüchtig, ohne die seit Lanfranc geforderte Bildung, äusserlich pomphaft.* [78] *1 Cor. 15, 33.*

vitute[m] [g], quod reges [79] ac sui precessores firmaverant in libertatem. Partem suae diocesis locum dicit esse pretiosi martyris; quęrit [80] injuste seculari modo potius preesse quam secundum Deum, ut deberet, prodesse. Insectatur lupi more caulis ovium, scilicet gregi monachorum adversans inique, introgestiens ponere pedem primum, sic ut ingerat deinde corpus totum. [81] Contra quod abbas Baldwinus, gregis martyris [Eadmundi] pastor fidissimus, animam dare paratus pro ovibus, fisus suo protectore, repellit instantiam calamitatis hujuscę. Pauca respondit ad hęc illata, securus regum cyrographizatione sui loci, suis a predecessoribus habita. Nec propter hoc quiescit episcopus; adauget calamitatem eo amplius, fit loco locique pertinentibus importunus, grassatur in malitiam modis omnibus, nullius habens episcopii sui scriptum antecessoris vel cyrographum testimonio suae calamitatis. Utitur solummodo quarundam vilium testimoniis personarum, etiam non legalium dictis bacularium. [82] Hoc idem aures regis [83] nausitans, donec ejus licentia baculum quendam a monasterio rapit usurpans, sed nec sine labore, dato pro eo, ut ajunt, multorum denariorum pondere. Putat siquidem injuriosus sic per baculum, cujusdam sui antecessoris quondam sustentaculum [84], vendicare sibi loci sanctissimi participium. Sed tantum fit longius, quantum [85] distat ab Ynacho Codrus [h], vel quantum ab occidente prolongatur Eous.

§ 38. Hęc inter pater Baldwinus regis licentia Romam profectus [86], illuc [87] etiam promotus [88] a papa Alexandro secundo ad ordinem presbiteratus (qua vice quoque Romam fuere Lan-

---

g e; *darüber Kreidestrich.* h *mit Kreide in* Cedrus *geändert.*

[79] *S. Anm. 27, 37, 39, 68.* [80] *Dies Stück zog im s. XV ein Mönch im Registr. Rubr. B fol. 38 aus, woher es Battely Antiq. S. Edmundi Burgi p. 142 druckt, s. S. 230.* [81] *Er beabsichtigte, den Bischofsitz dorthin zu verlegen, cf. § 38, 39.* [82] bacularius *der dem Bischof den Stab trägt.* [83] *Wilhelm I. beförderte jedoch Balduin's Exemptionsbestrebung durch die Romreise: § 38.* [84] *Das Symbol der von Aelfwin bewilligten Exemption, s. Anm. 34.* [85] *Horat. Od. 3. 19. 1.* [86] *Balduin's Aufenthalt in Lucca s. § 48.* [87] in vigilia Pasche *schiebt Battely unrichtig ein.* [88] *Erwähnt in Gregor VII Ep. an Lanfranc, Reg. I, 31.*

francus Cantuariensis ac Thomas Eboracensis pro infule pontificalis honore) redit domnus[i] et abbas Baldwinus, etiam apostolico privilegio[89] munitus, juxta libertatem suo loco concessam a regibus. Omnia quę propter exardescit presul supradictus, indesinenter iram multiplicans in tribulando, super memoratum abbatem insurgens synodaliter proclamitando ajens, eum petiisse Romam, dedignando sui pontificis querere licentiam. Adversum quod abbas, bonę responsionis usus verbo cujusdam dicentis: sapiens verbis innotescit paucis, synodali voce respondit: regis et archipresulis [90] sui quod *de* [k] licentia profectus sit, sicque ex hoc eorum audientiam appellavit. Ad quod frangitur annullatus episcopi sermo, cujus exultatio, sicut ejus qui devorat pauperem in abscondito [91], pertinaciter instat proposito, traditus in sensus improbitatem, zeli mali circa locum sancti gestiens amaritudine[m] [l]. *§ 39.*

---

i *Mit Kreide in* dompnus *geändert.* k *Loch im MS.* l *Kreidestrich über* e.

[89] *Auf Bitten Balduin's und Wilhelm I. nimmt die Römische Kirche die Abtei in ihren Schutz: dieselbe solle stets Mönchskloster, nie Bischofsitz und keinem Bischofe unterworfen sein, sondern nur dem Primas. 1071, Oct 27; Jaffe, Reg. Pont. 3462, erwähnt auch von Malm. Pont. p. 156 und p. 107:* multis laboribus, incertum an et muneribus adquisierat. — *Nach Battely's Auszug habe Alexander II. ausser Ring und Stab auch einen von ihm selbst geweihten, s. XV noch erhaltenen Altar geschenkt, als Zeichen, dass S. Edmunds Messe feiern dürfe, wenn einmal ganz England interdicirt wäre (Monast. III, 140). Das scheint eine spätere Fälschung zu sein. Cf. Bromton 967:* 1069 abbas S. Edmundi Romam perrexit, unde papa virgam pastoralem et annulum sibi dedit. [90] *Zehn bis fünfzehn Jahre früher hatte Lanfranc in Bec den pomphaften herzogl. Caplan Herfast wegen dessen geringer Bildung verhöhnt und dieser den Groll Wilhelm's gegen ihn geschürt Malm. Pont. 150; Freeman III, 104. Jetzt war Lanfranc wahrscheinlich der Auflösung des Diöcesan-Verbandes durch die Abtei-Exemptionen abgeneigt. Jedenfalls nahm er dem Abte das päpstliche Privileg fort und gab es ihm erst kurz vor dem Tode wieder, Eadmer, Nov. III. p. 62. Gregor VII. tadelt 20. Nov. 1073 Lanfranc, weil er S. Edmunds nicht gegen den Bischof vertheidige; auch der König solle sich nicht durch letzteren beschwatzen lassen. Vermuthlich erst hierauf schrieb Lanfranc an Erfast, Ep. 19, 26, der den ersten Brief verlacht hatte, nochmals, er solle die Abtei nicht belästigen und seinen Bann über die Cleriker des Abtes lösen, bis der Process entschieden sei; cf. S. 259 Anm. 41.* [91] *Habac. 3, 14.*

Nec preteribo silenti caractere, confusionis deterso rubore, quod, audiente me, presul idem tractaverit sepissime regi predicto propter eandem abbatiam ad sedem [92] suam constituendam, me dictante dictatasque scribente litteras, trans mare miserit, remissas quoque legerim, quales susceperit; quae remissę consilio quorundam aliquando fuerunt allectivę, aliquando etiam virtute sancti recusativę.

§ 40. Et quia omnia Romę [93] venalia, ad hoc est audax promota presulis lingua, promittens regi centum marcas auri [94], si sibi concederet placitationem enarrandi, inreverens confisus in nichilo, ac nescius, sancti vindictam pro [m] foribus fieri presto. Sed superius regis ad aures oblatum alta mente credo fuisse reservatum, non publice concessum, vel omnino refutatum, juxta vulgare proverbium: ludere porcellum, dum constat velle [n] catellum. [95] *§ 41.* Interea tamen diu [96] tolerans martyr [Eadmundus] pro suis infert vindictam ad tempus. Equitante per silvam episcopo, dum de predictis ab eo cum suis injuriose fieret sermo, ramus impegit ejus in oculo: sancti videlicet effectualis ultio, ponens hominem in inopinatę passionis angorem oculis versis ambobus in multiplicis sanguinis suffusionem. Visi sunt deintus oculi carnis putridę pleni, non a quoquam viro vel muliere sibi potest [o] auxiliari. Jacet pene et vere cecus, non ut pre-

m *Mit Kreide geändert in* pre. n *So am Rande.* Castellum *Text, Kreide — Punkt unter* s. o potem *cod.*, valebat *Exc. Battely.*

[92] *Gemäss der Vorliebe continentaler Prälaten für grosse Kathedralen in volkreichen Orten verlegten die Ostanglischen Bischöfe nach dem Beispiele ihrer Amtsbrüder ihren Sitz* 1075/8 *von Elmham nach Thetford;* 1095/1101 *nach Norwich. Dass Herfast aus Ruhmsucht handelte: Malm. Pont. 150.* [93] *Sprichwörtlich von der Englischen, nicht der Römischen Curie zu verstehen.* [94] *= 600 £ Sterling (und nach der gewöhnlichen Annahme, dass der Werth des Silbers damals 10—15 mal so hoch als heute gewesen) mindestens soviel als Mark 120,000.* [95] *Wol altfranzös. Ableitung aus* catulus; *über deren einstige Existenz s. Littré, Dictionn. unter* chatouiller. [96] *Also längere Zeit nach* c. 1072 *(Baldwin's Heimkehr aus Rom), nach der Verlegung der Kathedrale nach Thetford (s. Anm. 92) und einige Zeit vor* 1081 *(§ 43. 47), also* 1078—80.

sul, sed ceu quidam miser [97] effectus, tantillumque refrigerii potitur quod sanguis purulentus ab oculis cum spica ordei detrahitur. Hęc dum viderem quodam mane superveniens, et omnium membrorum oculos in homine debiliores sciens, tactus ejus miseratione et quadam quę post patuit salubri devotione, audacibus ajo verbis ad eum, exspes factus ex suorum sospitate visus oculorum: 'Domine presul, in vanum super te laboratur, nullum quippe collirium tibi prodesse videtur, non Ypocras vel Galienus, si viverent, ad hoc proficerent, nisi Dei misericordia subveniret.' Et etiam superaddens, premeditatus: 'verum gratiam Dei requirens devotus simulque sanctum [Eadmundum], qui in his patrocinatur comitatibus, dirige citissime versus abbatem Baldwinum cum pacis humilitate, ut tibi post Deum velit medicamentum sanitatis impendere.' Cujus desperans ammonitionis nec non ammonitę impetrationis propter preteritam exhibitionem malę voluntatis, tamen in medio suorum tale deponit consilium. Consiliamur omnes, parum profici terrenos honores, quo defuerint corporeę valitudines; ideoque consilium datum prosequi debere, omni inter episcopum Aerfastum et abbatem Baldwinum remota calamitate pro justitię tenore. Imponitur ergo super me [98] talis legatio [p], quam et eadem die, festo [99] apostolorum Symonis et Judę perficio, memorato abbate me sui gratia luculenter suscipiente, luculentius quoque coram testibus respondente, luculentissime et impetranda concedente. § *42.* Quibus benigne concessis, descendit ad abbatiam presul debilis, cum omni susceptus apparatu decoris; fruitur etiam abbatis alloquio salutari commonentis, si quid offensionis erga Deum vel sanctum sua parte [q] sit [r], se debere premeditari, quatinus peccatis primo leviatus [s], impensura medicina celerius foret leviandus. [t].

---

p Ligatio, *von späterer Hand corrigirt.* q *So Battely*, suapte *cod.* r *Durch Rasur später in* sic *geändert.* s leniatus *Batt.* t alleviandus *Batt.*

[97] *d. h. geblendeter Verbrecher.* Arfastus sedem sibi vult fore martyris aedem Cassatur nisus, privatur lumine visus, *ins. Battely p. 143* [98] Hermannum *ins. Batt.* [99] *28. Oct.*

Annuit episcopus verbis boni consilii. Dies adest, quo mancipatur istud effectui, eo deducto in [1] consessorio, quod tunc erat in sacri monasterii [2] vestiario, presentibus ejusdem loci majoris ętatis fratribus, sed et accitis illuc ab abbate quibusdam regis primoribus, qui dictante justitia in eadem villa [3] regia tenebant placita. Quorum nomina, quamvis auditoribus tedio, tamen sunt verę rationis testimonio, videlicet Hugo de Mundford [4], et Rotgerius cognomento Bigot, Richardus Gisleberti comitis [5] filius ac cum eis Lincoliensis Turoldus [6] simul et Hispaniensis [7] Alveredus cum aliis compluribus. Audientibus his, profert presul causam suae necessitatis, memoratur quoque calamitatis, quam adversus locum habuerit injuste; vicibus multis verbo se dicit et velle in Deum et sanctum [Eadmundum] peccasse; solius ablationis baculi superius [8] dicti reminiscitur, pro quo Theotfordi mittitur; ex omni facta calamitate se fatetur culpabilem; clamat in audientia sua vice locum quietum ac liberalem; dampnat sub anathemate, quos consiliarios habuerit inde; voto constringit sese, tale quid amodo repudiare. Sic publice confessus, ac ad majus altare cum fletuum gemitu progressus, ibi desuper pro dictis offensionibus episcopalem ponit baculum, scilicet duplicis causę vadium: tum pro reddendo memorato baculo pignoris certitudinem, tum Deum et martyrem impetrans offensi remissionem. Ad altaris crepidinem deinde prosternitur, psallendo septem psalmos, ab abbate vel fratribus absolvitur — vere felix, si, quoad vixisset, hujus perstitisset compunctionis! Tandem medicinam ingressus abbatis, fomentationibus medicinę fotus crebris et, ut

---

[1] *Capitel?* [2] *Kleider- und Schatzhaus.* [3] *Ein auf die Freiheit des Stifts eifersüchtiger Mönch durchstreicht* e. v.; *am Rande s. XIII [verschnitten ?* curia]les prope villam; *Battely fehlen diese Zeilen. Cf. Malm. Reg. § 213 = Pont. p. 154* Exactores citra fossatum S. Edmundi litigationes sistunt. [4] *Vgl. über ihn Ellis, Introduction to Domesday I, 454; Freeman III 155, 287, 499, IV 73, 366.* [5] *Clare, Urenkel Richard I., s. S. 160, 1, bezeugt Wilhelm I. Urk. für S. Edmunds Monast. Angl. III, 141. Cf. Ellis I 477, 494, II 378.* [6] *Ein* Turold tenens in capite *in Norfolk: Ellis 497.* [7] *Ellis I, 370.* [8] *S. o. Anm. 84.*

vidi, cauteriationibus ac colliriis usus peroptimis, etiam fratrum precibus apud Deum et martyrem [Eadmundum] adjutus, sospitati redditur in breve tempus, tamen remanente quiddam tenebrositatis in medio pupillę oculi unius, in posterorum signum posterius. [9] Ipse autem pretiosi martyris die festo [10] de recuperatione sua verbum facit populo, invitans eum ad sancti devotionem. [11] *§ 43.* Sed, quod sibi pejus, postea fregit omnem promissionem. Quia enim valuit [12], linguam non compescuit; dum voluit minime potuit, sed partim coactus, partim consilio malorum illectus, prevaricator factus, calamitatem pristinam renovavit, quod spoponderat in regis audientia denegavit, ejus indurato corde, velut legimus [13] induratum cor in Pharaone. Qua discutienda calamitate et, ut intelligeretur comitatus exinde [14], mittitur ad suburbium martyris Eadmundi regi[o] [u] jussu Lanfrancus, Cantuarię presul. Hac pro re terminato ibidem novem comitatuum cetu, Aelfwino [15] Ramesiensi abbate tunc pleno dierum ac sene, cujus testimonium ex tempore regis Cnuti prolatum, vocequo novem comitatuum [16] obfirmatum, abbatia viguit prenominata, tunc temporis libertate testificata. Ad quod invitatus presul [v] injuriosus venire rennuit, ne fieret dedecorosus, evomens secum flammas irę, retromordens venenose, acriter morsurus quandoque. *§ 44.* Et jam processu

---

u *Text* regi, *über der Seite in Kreide, s. XIII* regio. v prosul, *von späterer Hand corrigirt.*

[9] Et hoc est, quod canitur in festo Translationis S. Edmundi: Ad sedandum consilium discordiae conantis honorem alienum invadere, Edmundus digna sanctione pontificem percussit caecitate, sed paenitenti paenae partem donavit, partem pro audacia eidem servavit *ins. Battely.* [10] *20. Nov.* [11] *Hier wiederholt Batt.: Arfast habe gebeichtet und den Process aufgegeben.* [12] restitutus sanitati *Batt., wo hier gleich § 44 folgt.* [13] 2 *Mos. 8—11.* [14] *Um* 1080 *nach dem zu § 41 Gesagten. Auf diesen Process bezieht sich Lanfranc Ep.* 22. [15] *S. o. § 11. Aelfwin, der 38 Jahre Abt gewesen, starb bald darauf.* [16] *Königliche Inquisition durch Lanfranc als Assisenvorsitzer. Der Abt gibt den Wahrspruch ab an der Spitze einer Beweis-Jury von legalen Zeugen aus neun Grafschaften.*

temporis appendente Deo stateram ęquitatis, calumpnians [17] presul calumniose pulsat aures regis, iterum clamat abbatiam redigi debere sub sui dominio juris, confisus in injustitia, ignarus autem quorsum vera tendat justitia. Dabit centum marcas auri vere, quas pollicitus est stolide, nec novissimus quadrans perdonabitur inde, quin ultra decuplum [18] exigetur hoc justitium, revera fortunatus, si non exigeretur amplius. Igitur anno millesimo octogesimo primo Dominici hominis in diebus Pasche [19] festivis ventilatur hęc calamitas [20] ex precepto regis, presentibus Anglię optimatibus cunctis: archiepiscopis, episcopis, abbatibus, comitibus singularumque regionum Majoris Brittannię principibus. Presul nimium pertinax clamat, quod sepe frustra clamaverat; carens privilegiis viles personas pro privilegio revocat, habere se dicit in testimonium sui [w] antecessoris [21] custodem canum [22], quo dicto stupefit in medio verbo inscius, quid dixerit omnino: sic virtus sancti operatur in illo. Hujus itaque frustrato calamitatis eloquio [23], quia legali nequaquam fulciebatur testimonio [24], palam privilegia leguntur abbatis, profertur libertas data Sancto [Eadmundo] regibus ab antiquis. [25] Etiam canonicalem monstrat abbas auctoritatem: fore scilicet inviolabilem, quam locus idem quinquaginta et uno tenuisset anno libertatem [x], abbatibus ordinatis a quibus voluerunt episco-

---

w antecessores, *corrigirt.* x *Am Rand, z. Th. verschnitten, in Kreide, Hand s. XIV:* Quod abbates [? a quibus] voluerunt c[onsecrati] fuerunt.

[17] *Dies scheint formell ein neuer Process zu sein, nicht eine Fortsetzung des vorigen.* [18] *S. u. § 46.* [19] *4. April 1081 Ostern ist eines der drei jährlichen Hoffeste, die zugleich als Gerichtstage dienen;* apud Wintoniam *ins. Batt. 144, aus § 47 Ende.* [20] *Der König ist Richter (blosser Vorsitzender), die Grossen des Reichstages sind Urtheilfinder in der Curia Regis.* [21] *Aethelmar von Elmham seit* 1047, 1070 *abgesetzt.* [22] *Ein Hundewärter galt wol nicht als* testis legalis. *Vermuthlich ist dieser hier nur Klagzeuge, während die Beweispflicht dem Beklagten zufällt, der als Beweismittel Urkunden und Verjährung benutzt.* [23] *d. h. förmliche Klage. Indessen der Bearbeiter s. XV versteht* facunde. [24] *Der Auszug s. XV bei Batt. 145 schiebt hier ein: Baldwin's Berufung auf Cnut's Einführung von Mönchen und des Diöcesan Aylwin Verzicht auf alle bischöflichen Jurisdictions- und Weiherechte.* [25] *Nämlich Cnut und Eadward, Batt.*

pis: Uvio primo a presule Londoniensi benedicto, Leofstano secundo per Wintoniensem episcopum dedicato, semet ipso quoque Baldwino Windelesoriis a Cantuariensi [26] pontifice consecrato. [27] *§ 45.* Hoc ventilato in publicum, jubet rex teneri judicium, causis auditis amborum. Nunc inter fideles veritas orietur de terra, deque cę^lo justitia prospiciet vera. [28] Descendunt ad judicium ęcclesię [29] causarum ventilatores: cum episcopis archipresules, non desunt abbates vel docti causis forensibus comites. Omnibus est una voluntas, rethoricę Cyceronianas incedere vias, cujus artis duo genera, demonstrativum ac deliberativum transcurrentes, in tertio, dicto judiciale, ponunt pedes. In quo genere, fulti rethorica matre, locus sumitur controversię qui dicitur ab auctoritate, commemorando abbatiam martyris [Eadmundi] quante Deo fuerit curę et eis regibus, quorum auctoritas gravissima debuit esse, quo tantus martyr suusque locus tanta potiretur libertate. Nec infringi fore licitum devotorum regum necnon plurium annorum bonum stabilimentum, potius in pace sanctę Dei ęcclesię ratum constare debere, quicquid boni Deo digni antecessores deposuere. [y] Hoc judicio omnium assensu communi versato, defertur regi Willelmo, jam gratia Dei inspirato.

§ 46. Quo assurgit contrarie jam dictus presul, inpatiens mentis et exul, falsificat [31] judicium suum, videlicet infortunium, pro quo dicto vadium [32] cum baculo episcopalem anulum [z], fere non jam episcopus, sed pro vindicta quasi depo-

---

y *Mit Kreide s. XIV in* disposuere *corrigirt.* z *Ergänze* dat.

[26] *cf. § 32. Anselm beansprucht für Canterbury die Weihe der Äbte von Bury. Ep. IV, 14.* [27] *Der Auszug knüpft hier gleich Wilhelm I. Privileg § 47 an.* [29] *Psalm 84, 12.* [29] *Es handelt sich jedoch nicht um einen canonischen Process, sondern der König als Richter wählt, weil Kirchengut im Spiele, neben den weltlichen auch geistliche Urtheilfinder.* [30] *Diese Dreitheilung aus dem Römischen Recht begegnet auch in zwei Rechtsbüchern der folgenden Generation: Cooper, Ancient Records II, 412 und Leges Henrici I c. 4.* [31] *Erklärt für falsch, schilt.* [32] *Das Symbol des königlichen Lehns; (als Pfand für die wegen Scheltung des Königsgerichtes zu zahlende Busse). Aehnlich behandelt Wilhelm II. Arfast's zweiten Nachfolger Herbert, s. u. § 62.*

situs. Hinc dedecorosa sibi nascitur confusio: etiam ad diem ejus mortis hujus vadii duravit persolutio, dando libras nummorum undecies centum [33] neque sciens in dando ullum nisi modum indefinitum, ut michi suspirans retulit diebus octo, priusquam obierit. [34]

§ 47. Taliter secundum altitudinem cęli a terra [34b] super se timentes Dei corroborata misericordia, juxta modum justitiae prostrato calamitatis capite, regis quoque bona voluntate, suorum et optimatum concordi favore, fit cum cyrographo privilegium. [35] Cyrographizatur martyris [Eadmundi] locus in perpetuum, rege glorioso Willelmo primo volente et volendo viva voce concedente; cujus et inclite Mathildis reginę signum ceterorumque consignantium idem locus adhuc cum privilegio servat in testimonium, gaudens, regio more digna se frui libertate, liber de subjugo diocesiani presulis, ut est notum et notificandum omnibus seculis. Data fuit hujus confirmationis kalendis Junii anno milleno octogesimo primo Incarnationis Domini Christi, indictione quarta, quintodecimo anno regnante glorioso Willelmo primo apud Wintoniam in palatio regio, in Dei nomine feliciter. Amen!

§ 48. [a] [E]x sacri martyrii exuviis pii protectoris [Eadmundi] martyris in diversis mundi partibus vectis, (quia de sancto et intemerato corpore pars nulla potest partiri, jacet enim imputribilis, communem prestolans diem resurrectionis) domnus et abbas Baldwinus Romam [37] proficiscens [b] secum de supradictis sancti spoliis tulit, pluribus impertiens tam sanctę devotionis gratia, quam ut dilataretur [38] sanctus opi-

a *Die Rubrik über der Seite und am Rande in Kreide, s. XIV, durch Beschneidung unlesbar.* b proficiens *cod.*

[33] ultra decuplum *der 100 Mark oben Anm. 94. Hier können doch wol nur Mark Silber zu* $^{2}/_{3}$ £ *gemeint sein?* [34] *Um* 1086, *s. S. 75.* [34b] *Psalm 102, 11.* [35] *Battely 146 druckt Wilhelm I. Urkunde über die Entscheidung der Grossen im Processe über Kirche und Dorf z. G. des Abtes. Die (interpolirte) Charte mit den Zeugen, welche die alten Freiheiten wiederholt, steht Monast. Anglic. III, 141.* [36] *Wol zum Zeichen der Exemption spricht Ordericus Vitalis (ed. Le Prévost III, 310) von Balduinus als archidiaconus et abbas S. Edmundi, s. S. 227.* [37] *Vermuthlich die Romreise* 1071 *§ 38.* [38] *Ueber die Verehrung S. Edmund's ausserhalb Englands vgl. Piper, Kalendarien der Angelsachsen 115.*

nione vera. Quibus pignoribus sacris in Italia in civitate, quę Lucas dicitur, quibusdam fidelibus impertitis, et Dei nomine Christique testis [Eadmundi] veneratione in porticu quadam ęcclesię eximii confessoris Christi Martini [39] consecrato altare, provenit gratia Dei invocatione martyris [Eadmundi]. Erat enim in civitatis pręfate vicinio predives quidam, pollens splendore divitiarum eximio, unius tantum filii cum uxore fretus solatio, quem possidentes unicum unice super omnia diligebant, ut est mos talium. Sub quo patris ac matris affectu tenerę dilectionis infirmatur infans, manens infirmus diuturnitate longi temporis. Tristantur pater et mater ad hoc nimium quęrentes medicorum auxilia plurium, circumferentes etiam ad loca sanctorum plurima, pro pueri medela portando luminis ac reliquę [bb] oblationis xenia. Verum nec medicinę cura profuit debili, nec, quicquid circa eum gesserant, mancipari poterat effectui, quia Deus hoc [Eadmundo] suo martyri reservaverat, ut notificaretur [c] notificatus in nationes exteras. Hoc modo vita comite puero vix vivente, simul ac anxietate meroris utroque depresso parente, supervenit eis quidam athleta Domini venerabilis, interrogans utrum quicquam ex [Eadmundo] martyre pretioso noscant, pro quo quiescente in Anglia multa a Deo miracula fiant. Respondentibus autem, se nil inde novisse, prosequitur divinus vir imperanti voce: 'Accipientes filium vestrum citissime in hanc urbem vicinam deferte in beati ęcclesia Martini, ante martyris [Eadmundi] altare, illuc excubias noctis agentes cum eo devote. Pro certo, quę Deum in veneratione sancti petieritis humili voto, consequimini cum omni desiderio.' Quod opus dantes effectui, mixtis precibus cum lumine vigilant inibi, ante sacrosanctum altare sancti martyris puerum debilem ponentes, et ut ejus misericors martyr misereretur orantes, miserans etiam liberator ipsius fieret potens. Ecce fere decursa nocte, illuc vigilantes, sopori dant sese, tedio depressi vigilię et, evigilantes in aurora, infirmi jam pueri revisunt lectisternia, sed sanum repperiunt et alacrem

bb reliquię *cod.* c mortificaretur *cod.*

39 *Dom von Lucca; dortiger Localgsch. scheint dieser Altar unbekannt.*

solum in medio pavimenti residentem. Sic medicinatur puero virtus deifica, intercessione martyris [Eadmundi] subrogata: ut qui fuerat hactenus encleticus ac debilis, subito repperiatur sanus et incolumis. Ita pueri recuperabilis exstiterat elegantia, ut rectus sedens congaudendo caperet manibus ambabus a pavimento thimi folia: fuerant enim hęc tunc temporis illius ęcclesię stramina. Quod pater et mater videntes, magnifice Deum laudant omnipotentem, talia pro meritis [Eadmundi] sui martyris operantem. Relatores hujus nobis fuere miraculi domnus Eadricus prepositus ac cum eo presbiter Siwardus [40], quibus Romam [41] euntibus in memorata civitate retulit hospes eorum Petrus, affirmans se vidisse puerum debilem, sicque, prout referebat, postea verę virtute martyris incolumem; gratia cujus miraculi populus annaliter eandem frequentat ęcclesiam ad laudem Dei venerationemque nostri patrocinatoris.

§ 49. [d] Aliud item comperimus miraculum ex sancti martyris [Eadmundi] pignoribus vestimentorum [e], quod juxta verbum cujusdam veridici fratris illud referentis annotari non inmerito videtur nobis. Temporibus regis Willelmi prioris venit ad abbatiam pretiosi martyris [Eadmundi] Warnerius Francigena quidam abbas Resbacensis [42], homo quidem religiosorum morum, sed et pollens dignitate litterarum cum dulci modulatione neumarum. [43] Is denique susceptus illuc

d *Rubrik wieder fortgeschnitten.* e tuestimentorum *cod.*

[40] *Vielleicht identisch mit dem Dorfpfarrer in Bury § 57.* [41] *Wahrscheinlich handelt es sich um eine Bitte an Gregor VII., S. Edmunds vor dem Diöcesan und dem Könige zu schützen. In diesem Sinne schreibt Gregor an Lanfranc 20. Nov. 1073. Vielleicht erst hiernach warnte Lanfranc den Herfast vor fernerer Bedrückung der Abtei (Ep. 26) und Bannung ihrer Cleriker (Ep. 19), bis er (L.) den Process höre; o. Anm. 90. — Indessen könnte gerade in Lucca eine andere Beziehung die Engländer aufgehalten haben: die (jetzt in England unbeachtete) Correspondenz des Bischofs Anselm mit Wilhelm I., die in dem Briefe von c.* 1081 *gipfelt: Wilhelm solle Rom von den Antigregorianern befreien. Sudendorf, Berengar p. 237.* [42] *Rebais, Arr. Coulommiers, Gallia Christ. VIII, 1683; wol verschieden von dem* (c. 1130 † ?) *Heiligendichter des Namens Hist. Littér. XI, 97. Die Tochter Wilhelm I. und ein Engländer durch S. Agilus dort geheilt: Mabillon, A. SS. Ben. II, 331f.* [43] pneuma. *Langgezogener Jubelgesang am Schlusse der Antiphona.*

officiosissime (ut moris est fratrum inibi cohabitantium sepissime, viget enim virtus caritatis inter eos intime) composita quattuor antiphonarum cantilena suavi ad honorem sancti, sic de die in diem ad ipsius amorem cepit accendi, ut promereretur a Baldwino patre de pignoribus sancti, quibus martyr in exteras regiones posset venerari, veneratus etiam circumquaque virtutibus notificari. His ergo susceptis venerabiliter reliquiis, et, auspice sancto, cursu transito maris, Pontivum ingrediens pagum, versus Sanctum Richarium vertit itineris gressum. Sed antequam illuc perveniat, malorum hominum videlicet raptorum patitur impulsum: depredatur enim ab eis ab omni sua suppellectili, vix cum vię complicibus eques viam evadit periculi. Ita perturbatus abbatiam intrat Christi confessoris Richarii. Illic tunc preerat domnus abbas Gerwinus [44], vir vita sanctitatis orbi famosus, ideoque per cuncta timendus et amabilis hominibus. [45] Qui depredati fratris intelligens augustiam, predonum quoque signis quibusdam agnoscens essentiam, post ipsos impiger equitat, inventisque requirit minis cum precibus mixtis, quę rapuerant. Quae suscepta caritative, quia condignę venerationis erat in ea regione, redit domum, fratrem solatur desolatum, reddit quę perdita receperat; sed de pignoribus martyris [Eadmundi] nullus in amissione sermo fuerat. Solent enim perdentes plurima minus dolere singula. Sic itaque receptis rebus perditis, diligenter quęque respicit exhilaratione mentis, memoratur tunc primum sancti martyris reliquiarum, sed nil invenit earum. Dolet ac moeret, et vere perdidisse cętera maluisset, si pretiosa solum pignora repperisset. Verum apud homines dicitur perditum iri, quod nullatenus potest inveniri. Attamen, o munache fortunate [f], reperies

f fortunato *cod. Der Reim beweist, dass der Autor* fortunate *schreiben wollte.*

[44] *Hiermit kann nur S. Gervin I. gemeint sein, nicht sein gleichnamiger Neffe, der 1071 geweiht, 1096 abgesetzt wurde, laut der Schilderung Hariulf's Chron. Centulense bei D'Achery, Spicileg. fol. II, 341 resp. 354. — Gerwin I. erhielt von Wilhelm von der Normandie schon 1048 eine Bestätigungsurkunde ib. 342, dann in England 1067 ib. 346. Hier hatte ihn schon Edward III. beschenkt ib. 345.* [45] *Gerwin I. Einfluss beim Adel ib. 341.*

ac insperate, quo tanto mentis turbaris angore, solum sis memor vocis dulcis psalmistę: 'Timentibus Deum nil defore posse!'[50] Igitur tali modo ab eodem die demenso, noctem proximam parte majori ducit insomnem dolendo, dolens jacet in cripta[51] perpetuę Virginis orando, orans incusat sui neglegentiam, rem perditam deflendo[g], deflens inexplebiliter veniam precatur omnino. Etiam ante diei crepusculum lassus ab insomnio se vertit ad lectisternium, membra quantulocumque committens sopori, meretur in ipso sopore divinitus relevari. Ecce adest in somnis[h] ei vir venerandę speciei, tangens eum verbotenus interrogat, quę causa meroris sic eum afficiat. Cui cum more soporifero responderet, quod pro amissione reliquiarum martyris [Eadmundi] doleret, subsequitur venerabilis persona: 'Tange, dicens, pectoris tui superiora, percipiendo manus tuę dexterę interiora, repperies enim illic quę tibi doles esse remota.' Ecce Dei pietas, omnis cui subditur ętas, nullum fraudavit quem se rogitare rogavit! 'Querite, dixit enim, sic invenietis'[52]; et olim: 'Et justum petite, quod et accipietis'; abinde: 'Qui petit, accipiet'; quęrens similis quoque fiet. Hoc idem prefatus frater ambiens desiderantissime, in somnis[h] promissa fuit expertus verissime: ex promissis experrectus, exerit manum ponens supra pectus, sentitque dulcissimum munus, illuc, credo, depositum divinitus. Cum quanto denique surrexerit a stratu gaudio, vel quę gaudia gestierit in animo, si stilo committeremus scribentis, fortasis fastidirent verba legentis. Sed quod in hac re videtur verum et summum, talia fuerunt per Deum et sanctum [Eadmundum]. Quę reinventa[i] dum frater devote recepit, postmodum in altare gestatorio decentissime collocavit, laudando Deum in martyrem [Eadmundum] qui veneratur per Deum in secula seculorum. Amen!

§ 50. [d] Adhuc instamus tradere scripto quędam nobis relata sub testimonio, virtute[m] martyris [Eadmundi] contingentia, pro quo Deus operatur mira, sic in mari velut in

---

g ideflendo *cod.* h insomnis *cod.* i Quęre inv. *cod.*

[50] *Psalm. 34, 10.* [51] *Ein Bau Gervin I.*, satis insignis *Hariulf ib. 341.* [52] *Matth. 7, 7 f.*

terra. Pater sepedictus Baldwinus, curis creberrime regalibus intentus, tam pro medicina regi regisque primoribus [53] impensa, quam etiam circumcirca terrarum legationis regię fungens hofficia, cum ipso Willelmo rege [k] suaque conjuge Mathilde bonę memorię moras agebat in Normannia, obsecundans eis strenuissime. Quo tempore miserat quendam suum legatum nomine Normannum [54] ad gloriosi martyris [Eadmundi] coenobium, ut sibi deferret quod erat necessarium, mandans quoque propter quoddam, quod dare disposuerat filacterium. Quo secum assumpto miles prefatus festinat ad mare, quam potest citius, sed, reperta navium raritate, vix dato naulo unam [l] cum equo permittitur intrare. Erant enim in ea homines fermę LX[ta], animalium quoque numero sex et triginta, necnon sedecim equi cum mercatorum sarcina gravi. Navis etiam, quamvis rerum foret tantarum capax, maris surgentibus procellis minime poterat contra fieri tenax. Invalescunt penitus undę, pontificus fervor crescit, ubique demerguntur in ęquore suppellectilia, quęque etiam dicta superius quadrupedia extra navim proiciuntur ad maris ima. Navis quippe nunc ad cęlos ascendit, nunc ad abyssos descendit, omnis ibi navita naufragans tabescit, quia turbatus ac motus sicut ebrius dehiscit. Tale fere per triduum viris instat naufragium, cum in tertio diluculo miles Normanus juxta navium transtra residet somnolentus; adhuc equo retento proprio dormitat, oblivioni tradito philacterio. Eo vero dormitante conquiniscendo, adest sibi elegans in somnis persona somniando, tangitque eum manu plena p[*rope*] [m] humero dicendo: ‘Dormis? heus, Normanne, surgens expergiscere, palpa philacterium reminiscens, quod tibi pendeat ad collum et invocans Deum nullum patieris naufragium.’ Somniculo taliter excitus, propere surgit Normannus, stansque in pedes manibus amplexatur philacterium a

---

k regię *cod.* l *Vielleicht* una *zu lesen.* m *Raum für 4 Buchstaben frei cod.*

[53] *So befiehlt ihm Wilhelm I., den kranken Lanfranc zu behandeln. Auch sonst begegnet er häufig als Arzt. Lfrc. ep. 20, 21.* [54] *Dieser Name ist nicht selten, auch für Engländer, z. B. Anselm Ep. IV,* 8

collo dependens, rectore navis nominatim vocato, Deum orant et sanctum Eadmundum affectu devoto. Sic pacato mare exeunt illud ea die. Gaudet Normannus jam suis salvatis rebus, qui si nescit, ut laicus, quid collo gestaverit, tamen ejus virtutem percipit, cujus insignitum nomine fuerit. Adest in mare martyr Eadmundus, prodest in eo periclitantibus, ut olim nautıs tempestate quassatis beatus Nicholaus:[55] clamantibus illis sanctum Nicholaum, apparet quidam dicens: 'Ecce adsum.' Isti non memoranti patrocinatur patrocinium martyris Eadmundi, quia dum minus speratur, pro foribus Dei misericordia prestolatur, cui sit laus et gloria per infinita secula. Amen!

[De . . Ed[mund] [n] . .]

§ 51. Eodem vero Normanno portu, qui Barbefleot[56] dicitur, appulso et quasi jam in tuto cum suis rebus posito, dum falerat[57] equum, cupiens inde facere digressum, furtivę manus manticam rapiunt ejus, quam velut amissam, dum repperit nusquam, dolens, socio sibi presbitero quodam, descendit ad villam. Subtristis itaque incedit per viam, sed fretus spe vera, petit ęcclesiam oransque Deum ac martyrem [Eadmundum] pro re perdita, exiens aecclesiam de foris solamen invenit ita: Verbis affatus blandis vetulę cujusdam mulierculę: 'Cur, heus, sic tristaris, vel quasi lacrimans vadis?' Respondet: 'Heu, quid sic interrogas?' Ait: 'Quia fortassis per me solari poteras.' Prosequitur damnum perpessus: 'Mare egressus perdidi manticam, quam nescio, qualiter aut ubi requiram.' Indicat solatrix a Deo [o] domun-

n *Von der Rubrik in Kreide nur vier Buchstaben lesbar.* o adeo *cod.*

[55] *Vf. schreibt wenige Jahre, nachdem 1087 südital. Normannen den h. Nicolaus aus Myra nach Bari brachten (s. S. 46, 52, 75, 92, 130) und benutzt vielleicht Johann von Bari. Kaum eine continentale Nachricht jener Zeit ist in mehr Englische Geschichtsbücher übergegangen als diese Translation. Ueber den Cult vgl. Pauli, Hansa und Kirche in Preuss. Jahrbücher XLI, 271. Anselm schrieb noch als Abt eine Oratio ad s. Nicolaum Ep. II, 51. Noron, eine in England begüterte Celle S. Evroul's besass Reliquien von Nicolaus laut Ordric (der hierüber sehr ausführlich) III, 220.* [56] *Barfleur bei Cherbourg.* [57] *„Legt die* phalerae *an."*

culam de prope ore et digito; intrat tacite quęsitor intus, videt quod perdiderat in angulo domus et accipiens ambabus manticam manibus, domum exit absque repulsione ullius. Quę gaudia gestierit, quamque lętus fuerit non scripto notare sufficit, cum omnis noscat natura, quanta pro rebus reinventis [p] sepe constet lętitia.

[De tra[nsitu] aque liqu[ide]]. [q]

§ 52. Hinc quem nominavimus iter movens Normannus, retro se super equum consesso [qa] socio presbitero, manticam ante se tenens cum gaudio experitur virtutem martyris [Eadmundi] tertio. Vada regionis cum mantica socioque nitens transvadare, viam habet, qua nemo transierat ante. Mirantibus autem hominibus patrię, retro monetur redire, ne submergatur vadi insoliti profunditate. Tamen securus cum socio transit, sive tranans sive gradiens, ejus se fiducia muniens, cujus filacterium ferebat in collo dependens, glorificans Deum in secula seculorum.

§ 53. Alio quoque tempore defertur ad eundem piissimum protectorem nostrum [Eadmundum] in gestatorio lecti stramine quidam Francigena Willelmus, Ascitilli filius cognomine, ab Hereford comitatu, fama sancti cognita, requirens eum multiplicis annaliter et eo plus infirmitatis atṭritus molestia: quippe febrium omnium genera exhauserant membra corporis ejus debilia. Ad tumbam igitur Christi martyris suorum manibus deportatus et cum oblatione quantulacumque Deum et sanctum Eadmundum exoratus, ut ab eo post annos plures in capitulo fratrum audivimus, dum ad hospitium delatus ab ęcclesia, decubat in lecto, membris omnibus confectis febrium typo, patitur agoniam oculis fixis in extasi suorum in medio. Fuerat enim hora diei prope media, cum asstat sibi cum baculo quasi re vera nobilis persona, ętate subjuvenis staturaque mediocris quasi adverti posset aliquis regię dignitatis. Is tangens eum, interrogat, quid illic jaceat. Respondet encleticus, |visus a suis velut mentis alienus: 'infirmitate depressus medelam Dei ac sancti [Eadmundi] prestolor attentus.' Subsequitur asstans: 'surge jam sanus et

---

p re inv. *cod.* q *In Kreide*, *s. XIV.* qa confesso *cod.*

exhilarans, equos ascende properans, domumque descende repedans!' Quęrit jacens, quis ipse sit alloquens. [Eadmundus] se nominat, indicens iterum quod indixerat, scilicet sanum se fore totum, suamque descendere domum. Audiunt presentes verba jacentis, sed esse putant eum alterius mentis, non percipientes personam alloquentis. Surgit protinus a stratu sanus et incolumis, preparat se jussu visę visionis; credit se pretiosum martyrem [Eadmundum] veraciter vidisse, credens hoc percipit, omni recepta sospitate. Petit aecclesiam ad gratiarum actionem reddendam. Mirantur sui, mente putantes eum alienari, sed ipse sub veritatis assertione indicat, quid et quomodo viderit quaeque; eadem die sanus petens viam juxta monitionem sancti versus regionem suam, ad gloriam Domini laudem quoque martyris [Eadmundi].

§ 54. [d] [N]atione Normannicus cum rege Willelmo priore quidam fuerat aulicus, Rannulfus quidem nomine, ceu tunc moris erat, militari perversus in opere, complice sibi socio, Cicestre id operis intenderat aliquando. Equitans ergo effrenis, quęque de via meditando nimis, parum quę Dei sunt meditatur, quia palatinorum more mundialia sectatur. Sed jam [58] securis ponetur ad radicem arboris; jam robur ejus conteretur juxta quod [59] Daniheliticem [r] legitur; jam cognoscet omnis natio, Deum esse solum [59a] in omni loco. Dum sic devius deviat miles devians, capitur capitis alienatione, taliter itinerans, velit nolit, effectu caret operis illectus persuasione mentis, octonis diebus gravedine doloris lecto participatus, frustratur requie, cibo, potuque, vivit solum vigilans, nil eque degustans. Octava post hęc nocte operatur Deus cum [Eadmundo] martyre, sive meminerit eger martyris hujus, sive prescius misereri voluerit ejus. Pausat quidem somniculo pressus preparvissimo, somniat quod equitans fugam iniat, et sanctus martyr [Eadmundus] eques insequutor fiat ejus armatus. Lancea dorso deorsum affixa, donec, ab equo resupinans eum supra sepem, velut miles ei desuper intentaverit mortem. Sicque, veluti dabat visio sibi, re-

r *sic cod.*

58 *Matth. 3, 10.* 59 *Dan. 4, 11.* 59a *Jesa. 37, 20.*

supinus jacens in sepe plena florum amoenitate, sancto compugione [60] superasstante, precatur miser veniam, et ne moriatur sancti ipsius impetrat gratiam. Cui superimminens sanctus verticem capitis tangit amplitudine dextere manus, demumque desuper crucis signum imprimens, mitis ita fatur inquiens: 'Si tibi sic fieri faceres, posses liberari.' Sic infirmo sanctus et sancto sic ait infirmus, scire volens nomen ejusque rogando juvamen. At sanctus [Eadmundus] se nominat, liberationem vero nisi priorem abnegat, videlicet ut signum crucis faciat fieri suo infirmo capiti, cum his verbis disparens, infirmoque meliorationem ingerens. Qui pauxille soporatus, evigilans divinum sentit levamen, martyrem [Eadmundum] gratificans, fluente putrida sanie ab ipsius aure utraque, quod somnians attactu sacrosancte manus dextere revera credidit sibi profuisse. Hocque mane proximo clericis de curia regis notificato, Samsonis [61] videlicet et aliis quibus idem notus fuerat eger, effectualiter omnibus placet modus visę visionis, ut benedictione percepta tonsorationis alteretur habitu religionis. Id vero consumans opere fideli voto, fuerat enim litteratus antea scolarium modo, sed, retracto pede, causa laicali vitam duxerat jure militari, modo conversus monachus et sacerdos, a nobis est visus Deum laudans in martyrem [Eadmundum] et ipsum martyrem pretiosum venerans in omnipotentem Deum. [s]

[De puero . . . oculorum . . sanato]. [t]

§ 55. Jamjam seculo sancti meante providentia Dei, Anglorum rege Willelmo eodemque duce Normannico in Normannia defuncto, anno millesimo octogesimo septimo incarnati Domini, ut ajunt, dono patris, regnum suscepit Anglię Willelmus cognomento Longus Ensis, [62] cujus temporibus

s *Rest von fol. 68 r. und 68 v. leer.* t *In Kreide am Rande, s. XIV.*

[60] pugio *Kämpe im gerichtlichen Zweikampf, doch geht dieser Traum auf ein Turnier.* [61] *Bruder des § 38 erwähnten Thomas von York, Domherr von Bayeux. Nachdem er* 1082 *Le Mans ausgeschlagen — intimes Gespräch mit Wilhelm I. bei Ordric II,* 249 —, *seit* 1096 *Bischof von Worcester.* [62] *Der hier von einem genauen Zeitgenossen Wilhelm dem Rothen gegebene Beiname begegnet sonst nicht. Von den Nachkommen Rollo's führen ihn dessen Sohn und ein Bastard Heinrich II.*

etiam martyr [Eadmundus] plura prestat beneficia pluribus. Ad quem adducitur quidam puer oculorum visu debilis, ut circa sancti corpus excubaret in vigiliis suę sanctę sollempnitatis, [63] impedito patre versus Scotiam in expeditionem regis. [64] Qui dum foret profecturus, filii periculo tactus imperat familię proprię sub sancti fiducia, ut ad sanctum deportaretur infantis presentia, fortassis illuc celerius quam alias sanitati restituendus. Excubuerat enim pro sospitate recuperanda quindenis diebus et eo amplius in aecclesia ad Binneham [65], quo morabatur Hermannus monachus quidam, cujus fuerat infantulus scolaris ac clericellus [66]; sed dum nil prodest, fit quod fieri pater jubet. Contra quod indignatur monachus, egre ferens alias si feratur puerulus, nec credens corde, sed dubius fide, [Eadmundum] martyrem Anglicum [67] in talibus prodesse. Hoc quidem frater idem retulit michi, ęquivoco sibi [68], lacrimis suffusus, erga sanctum se peccasse confessus, dum anno transacto miraculum hoc essem scripturus, inde sciscitans ab eo, quicquid esset verius. Qui hujus pueri modum infirmitatis enarrans, in medio oculorum verrucas dixit concretas, rufas atque pilosas, sed postea se vidisse detersas [u], virtute sancti, Deo gratias. Addiditque, se sanctum persepe dehinc in suis necessitatibus effectualiter probavisse, juxta proverbium vulgi veridicum: pro uno bono aliquem multa bona consecuturum. Ad vigilias itaque sancti pernoctans, de quo sermocinamur, infans, primo noctis crepusculo juxta sanctum corpus suavi capitur somno, in quo dulci sopore celesti medicatur virtute, sancto sibi propitiante, oculorum omni detersa labe. Sic dulciter soporatus ante matutinorum pulsum evigilat expergefactus, clareque lucem aspiciens candelarum, taliter fatur ad eum, in cujus dormiens caput declinaverat sinum: 'Heus tu, satis lucide circa

---

u vidisse *wiederholt cod., wie der Reim zeigt, irrig.*

[63] *Vorabend des 20. Nov.* [64] *Vermuthlich Wilhelm II. Schottenfeldzug September 1091.* [65] *In Norfolk, Celle von St. Albans durch Abt Paul erworben; dies wohl die früheste Erwähnung.* [66] *Altfranz.* clergeau. [67] *Vgl. S.* 225 [16]. [68] *Die einzige Stelle, aus der der Name des Vfs. hervorgeht.*

nos hic lucent lucernę.' Quod audiens alter letatur exhilaranter, sicque de uno ad alterum tale patefit miraculum, donec lucescente die rumor hujusmodi propalatur ubique, ac post evangelium majoris misse, facto verbo ad populum inde, redditur Deo et sancto laus exultationis magnę, puero sanato presentialiter asstante, vocabatur is enim [v] nomine, populo tunc Deum per suum sanctum [Eadmundum] in omnibus glorificante.

[w][. . . [Sut]hwol[de] . . .]

§ 56. [A]postolus prohibens Thessalonicensibus[69] fratrum supergressionem ac in negotiis circumventionem, de illis, qui in his excesserint, affirmat omnimodis Deum esse vindicem. Quod et efficaciter hodie creditur fieri super appetentes res servorum Dei, quae maxima et illicita supergressio valet nuncupari, quam sepe vindicta prosequitur Altissimi. Hoc et in vicecomitatu [x] Northfolc contigit, primo anno regni Willelmi regis secundi, motis erga eum quibusdam suis primoribus intentione rebelli[70], confluentibus in castris militibus consuetudine militari appetendo non appetenda apud dominos cupiditate seculari. Quod nimis audacter inhians quidam Rodbertus de Curzun[71] cognominatus, quęrit apud suum dominum Rocgerium Bigotum[71b] supergressionem cujusdam manerii nomine Suthwalde[72], quod habet et habebat hic noster sanctus: dicendo rogans inreverenter id sibi concedi pro suorum equorum pabulo, quod servitores sancti tenebant in suo dominio. Hoc, ut diximus, quęsito et, ut assolet inter laicales fieri personas, non accurate concesso, quesitor cum suis die disposito versus manerium eques vadit, quod ei stolide concessum fuit, ante se nescius proximam fore vindictam

v *Lücke, vielleicht um* Eadmundus — *wie sonst den Namen des Heiligen — in Gold einzufüllen, wie oben § 10 für den Namen Edmund II. Raum offen.* w *Am Rande in Kreide, s. XIV.* x invoce comitatu *erst von späterer Hand corrigirt.*

[69] *1 Thess. 4, 6.* [70] *Erhebung des Normannischen Adels in England Ostern* 1088 *z. G. Herzog Robert's.* [71] *cf. Domesday, Norfolk 330.* [71b] Roger . . se hleop into tham castele aet Nordhwic and dyde git eallra waerst ofer eall that land, *Ann. Ags.* [72] *cf. Monasticon III. 102. Southwold an der Blythe-Mündung in Suffolk.*

Dei, virtutem quoque martyris [Eadmundi]. Sed in ipso male cepti primordio itineris assurgit horror magni turbinis, laxantur habenę ventorum, carceribus laxis imperat Eolus rex [72b] per aera spiraminibus duris. Ante equitantes intentat periculum grando; cadit et imbrium spissitudo, tonitrus ac fulgur [y] eos territat et ultra si procedant, mortem minitat. Perculsi terrore, verbositant inter se, dicentes ire se male, Deum et sanctum erga se commotos esse, hanc tempestatem hoc etiam designare. Intrant ad diverticula, si forte facies cęli sit ei[s] propitia, quod dum fit paululum, iterum iter intrant stolidum. Sequitur statim assurgens intemperies elementorum, eos hebetes reddens confusione mentium, donec retrocedens eorum dominus, videlicet predictus Rotbertus, stuporem mentis incidit, iter inceptum perficere non ausus. Cujus signum stuporis in ejus visu denotare postea potuit omnis, cujus est mens aliquomodo physicalis. Reliqui vero scilicet duo, Turolfus dapifer ejus ac Gyreneu [73] de Mouneyn miles alius in impacata mente persistentes et ad manerium una cum scutariis pervenientes, rapiendo quę potuerunt. Tamen numquam inde gavisi fuerunt, uno ex eis in amentiam verso, alio quoque, ut postea multis vidimus diebus, frenesi affecto. Redeuntes cum mentis stupore, non ulterius in predicto manerio ausi sunt simile quid attemptare. Sic itaque vindicta Dei necnon meritum martyris [Eadmundi] circumventores propulsavit, supergressores retrogradavit, omnęs, qui ad hoc inconveniens ierant, stupore mentis affecit, nec aliquis eorum sine signo notabilis remansit, quia vindex est Dominus de his omnibus, ut apostolus [74] predixit, ut gloria sit ei, qui in secula seculorum vivit. Amen!

[De m . . . mirab[il . . .] . . [ope]ratur]. [z]

§ 57. [M]agnus Dominus et laudabilis nimis, magnitudinis enim ejus non est finis, exultationem universę terrę fundan-

---

y furgur, *von späterer Hand corrigirt.* z *Am Rande in Kreide, s. XIV.*

[72b] *Aeneis I 52, 54, 64.* [73] *Wenn dieser Name mit dem des Gurnueu (Gir. Cambr. VI, 102) Eb. von S. Davids identisch ist (??), so wäre vielleicht an einen Walliser zu denken.* [74] *S. Anm. 69.*

do, montis Sion latus aquilonis perpetuante martyre [Eadmundo]. [75] Cujus in parrochia per sua florens insignia, fit remediabilis commanentibus in ea, Deum querentibus in eum ex intimi cordis querela. Quod expertum cognovimus oculisque vidimus in quodam Wulmaro villano ejus, vita comite reverso a via Romana [a] cum aliis pluribus, suoque patrocinatori [Eadmundo] martyri oblato super altare lapide marmoris necnon cristalli pro sua reversione salubri. Qui sic reversus vespertinali hora quadam die dominica, exiens atrium sancti cum sospitate sua, in ipso egressu circumvallatur quodam subitanei horroris impressu, deficiensque residet quo valet consessu, vicinis volentibus eum deducere domum, pro eo gestiendo exhilarationis progressum. Sed residens quasi passus extasim, positus in mentis excessu, angustiatur vicissim, sicque vix deducitur domum, collocatus in lectisternio in medio suorum. Quo decubans eger quatriduanus egrotat in proxima 6 feria sic, ut in eo pene remaneat alitus. Accersitur propere Godingus [76] presbiter parrochię, qui cum suis veniens scolaribus, jam morti proximo prebet visitationis opus, viaticum salutis impertiens, omnique consuetudine Christiana absque inunctione muniens. Sic decubat egrotus quatriduo, videlicet sexta feria cum Sabbato, dominica non minus ac secunda feria eo modo, clausis oculis velut in mortem, membrisque torpentibus in aeternum rigorem. Nequibat pedes vel manus ad se trahere, neque genua vel brachia quoquo motu ad se exercere. Quid plus? Truncus est per omnia; solus spiritus palpitat in interiora. Servantes vigilant circumcirca, servatur cum excubiis, ut mos est jacentium in agonia. Nunc vero in ipsa, ut diximus, secunda feria, presens erat sancti martyris, de quo loquimur, quędam memoria, quam ymnodiis sollemnibus sollemnizabat suus cetus monasticus, sed reliqua villę populositas minime captabat hujus exhilarationis delicias. Erat autem dies festiva [77],

---

a Romano *cod.*

[75] *Psalm 47, 3 und 144, 3.* [76] *S. 2 Seiten weiter.* [77] *S. o. § 29. Der Tag der Erhebung scheint nicht bekannt zu sein.*

qua domnus abbas Leofstanus ejusdem sancti sancta corporis respexit pignora, in quo respectu vera Dei cognovit magnalia, scilicet corpus sanctum ab omni putredine salvum, caputque cum corpore solidatum divina virtute. Hac decursa festivitate diurna, operari vult noster protector [Eadmundus] propinqua nocte futura, quasi bene operans super infirmum, vel volens augere cum lętitia diem suum. Jacet, ut diximus, languens jam per octonos dies somni participatione carens, sed nunc media noctis tertię ferię percipit auditu matutinorum synaxim [78] apud ęcclesiam sancti pulsare, audito pulsu delectatur, ad otia somni membra languida declinare, declinatus in hoc incipit sibi salubria multumque suavia somniare. Videt in somnis acsi visibilibus oculis hostio suae domus aperto intus advolare columbam nivei candoris, assidentem supra sedile domus, quo jacentis lectulus capite erat adnixus. Quę columbina simplicitas versa versus infirmum, prout sibi fuerat visum, subito mutatur in cujusdam venusti hominis vultum, sedensque respicit ad egrotum misericordissime. O nova et inaudita metamorphosis, satis altera quam pandat quivis liber Nasonis! Hec spiritualis et homini proficua, ille vero corporales ac risum moventia. Surgit a sedile talis ac cęlestis vir metamorphosicus, appropians egroto condolet infirmitati ejus, dicens humiliter: 'Heus puer, multum infirmaris duriter'. Quod sic esse jacens sub eodem somno partim respondens, partim hoc idem torpore membrorum innuens, spiritualem alter effert manum, duobusque digitis prioribus capit decubantis dextri oculi palpebras ciliorum, aperiens ei oculum dulcissima voce, fatur ad eum: 'Jam sanus effectus surge concitus, ęcclesiam festinus petens quoque Deo michique gratias redde!' Sic somnolenter exhilaratus alter affectuose querit, quis et cujus nominis sit. Indicat se respondens [Eadmundum] esse inquiens, sed inculcat iterum: 'Dei pete domum, Deo et sibi reddendo actiones gratiarum!' O novum genus medendi! o bona voluntas boni medici! o sanitas celerrima prestita sola Dei gratia!

---

[78] *Ebenso in § 25, was Du Cange VI, 469 aus Martene VI, 834 citirt.*

Conficiat quivis Ypocraticus [79] confectiones cum suis medicaminibus: vel dabit sanitatem longum post tempus, vel parum erit infirmo levius. Hic autem noster sanctus puro corde quęsitus, sola Dei clementia dabit festinus, si quid infirmantum rogaverit indiga virtus. Quod et huic egroto annuit pius, dum frequens invocaretur ab assidentium vocibus, dicendo: 'Domine et sancte [Eadmunde], tuo misero propitius succurre!' Jam effectuose patebit, quod egrotus potius visione vidit, quam somno somniaverit. Surgit diluculo imminente, refocilatus dulci sopore, induit se vestibus, calcians et pedes quasi nil mali passus. Videres obstupefactos quosdam assidentes, ex ejus tam subita motione mirantes, quosdam etiam eum reprimere volentes, velut froenesy captum putantes. Quos id susurrare percipiens, negat se freneticum, potius se sanum dicens; et sic stans in pedes cum his, qui in domo ejus erant, ad domum Dei vadit pergens. Offert sancto quatuor cristallinos lapides, quos a Roma [b] detulerat nuper, et orans perficit imperata celeriter, gestiens gratiarum actiones Deo et sancto gratulanter. Dehinc ad se vocato aecclesię matriculario [80], fratre Tolino, bonę religionis viro, seriatim sibi pandit malum et bonum, quod ei acciderit, cautus hoc nulli primitus nisi sacerdotibus dicere, ut de leprosis a Domino precipitur in Lege. [81] Tandem ab ipso secretario fit notum patri venerabili Baldwino, qui conveniens fratres virosque fideles in inclaustro, [c] unde loquimur coram posito, audit ab eo rem omnem ex integro. Assunt et testes ex hoc ipso Siwardus [82] ac Godingus [83] villę presbiteri duo, sed et de familia fratrum sartores quidam testantur id ipsum pro certo, dicentes eum per omnia, sicut diximus, infirmasse, eosque inibi per noctes ac dies excubias pro necessitate proximi impendisse. Ipse vero sanatus, jurans testem vocat Deum et sanctum veluti referebat se sospitati da-

---

b aroma *cod.* c *Ergänze:* eo.

[79] *Aehnlich § 41.* [80] *Kirchenhüter cf. Du Cange ed. Henschel IV, 323. Vermuthlich identisch mit dem Sacrista Tolinus, unter dem 1095 die Translation geschah, Monast. III, 162.* [81] *3 Mos. 13.* [82] *s. S. 259.* [83] *s. S. 270.*

tum, quod et domnus abbas suscipiens verum, populo convenienti in aecclesia pro hoc miraculo facit [84] fieri verbum, prosequendo cum pulsu signorum devote incipiens laudationis [85] ymnum, laudando Deum in secula seculorum. Amen!

[d] [[De] puella vi[sum reci]piente].

§ 58. [V]idimus etiam in Nativitate gloriosę Virginis Marię [86] puellulam quandam sospitatis visum recepisse, quam pater Willelmus nomine, clericus et Colecestris inhabitator, miserat ad sanctum martyrem cum nutrice. Fuerat quippe fere triennis, sed casu fortuito nil viderat ebdomadibus quinis. Igitur ad sanctum delata in perpetuę Virginis Nativitatis vigilia, in crastinum clare videt omnia; pro testimonio sistitur in medium ad sacra solennia missarum; decantat ordo monasticus jubilum 'Te Deum laudamus'; magnificatur a populo Deus, necnon genitrix ejus ac presens martyr [Eadmundus]. Sed quivis verbositat fidelis tactus intentione bonę mentis, cujus glorię potius debeat asscribi predictum miraculum hujus diei, vel pro ejusdem festivitate Dei genitrici vel [Eadmundo] pretioso martyri cum corpore presentiali. Ad quod respondemus illud Ambrosianum [87]: sanitati frequenter restitui membra languentium ad sacra monumenta sanctorum; potens est etiam Deus quo vult operari pro genitricę ipsius, quia in omni loco [88] dominationes ejus. [dd]

§ 59. [A]d pretiosi testis Christi martyris [Eadmundi] translationem seu sacri corporis ejus remotionem nostrę mentis vertamus intentionem, prout imbrificaverit Spiritus Sancti gratia nostri meditatus interiora. Invocetur ad hoc ipse, qui novit hominum cogitata, cujus oculis omnia nuda sunt et aperta [89], ad quem nobis sermo, quo potente viget omnis humana conditio! Exsequentes ergo diem translatum nostri pa-

---

d *Am Rande in Kreide, s. XIV.* dd *fol. 76 v. leer.*

[84] *Er predigt nicht selbst; vielleicht konnte der Franzose sich den Ostanglischen Bauern nicht verständlich machen.* [85] *Te Deum.* [86] *8. Sept.* [87] *S. Ambrosius vertheidigt die Reliquien-Wunder Ep. I 22 (ed. Bened.) II p. 879, wo sich jedoch der citirte Satz nicht wörtlich findet.* [88] *Psalm 102, 22.* [89] *Hebr. 4, 13.*

trocinatoris apud Deum, hujus facti continuemus primordium; coram ponentes causam effectus, quę planissime rebus patet in omnibus. *§ 60.* Ut in exarato continetur sanctę Passionis [Eadmundi][90] Deo dilecti martyris, magno tabulatus opere multitudo fidelis in Beodrici villa sibi basilicam condidit in primis. Quam tempore Cnuti piisimi [91] regis et Emmę ejus bonę memorię conjugis, posteritas monachilis delectatione majori lapideam reparavit, quae etiam ab Eadnodo [92] Cantuariensi archiepiscopo dedicata, adusque tempora nostra duravit; haec quoque simplici facta scemate, non sic artificalis, ut quędam construuntur hoc tempore. A gloriosissimi regis Anglorum Willelmi primi suasu, monitu, jussu jussa est alia construi, promittendo se regaliter in hoc profuturum, et ut amicum patris Baldwini fideliter adjuturum. Quod non incassum accipiens, memorandus pater Baldwinus, rerum fundator strenuus, secundum evangelicum [93] dictum sedens cogitat per dies necessarios sumptus, cogitansque fidit in Deum qui habet ac dabit quę sunt ad perficiendum. Sic jactis etiam fundamentis, inchoatur basilica, Deo domus ac suo martyri vel testudinali sculptu non impar templi Salomoniacis cultu, quam oculis qui vident vel viderunt speciosiorem [94] se nusquam vidisse dixerunt. Ecce prosecutione facta causę pii martyris [Eadmundi] translationis sanctę, prosequamur translationem eandem succincte, tempus ponentes ac personas sequentes idioma linguae.

[De trans[latione] sancti E[admundi]] [e]

§ 61. [A]nnis humanę salvationis millenis nonagenis atque quaternis, ex his etiam progressis ducentis bisque duodenis [95] a die passionis [Eadmundi] martyris, venerabilis abbas Baldwinus ad unguem perduxerat suę novę et inceptę ęcclesię presbiterii opus, multifariam compositum modis omnibus;

e *Am Rande in Kreide s. XIV. — Ueber der Seite in Tinte, s. XIV, z. Th. verstümmelt* [? Dedicatio basilice?] ejusdem petita sed non concessa et sic manet adhuc non dedicata.

90 *Abbo c. XIII.* 91 *s. S. 21, 127, 236.* 92 *Aethelnoth.* 93 *Marc. 2, 6.* 94 *Malm. Pont. p. 156 über Balduin's Bauten:* Edifitiorum decus, quale et quantum in Anglia nusquam. 95 *a. 870 + 224 = a. 1094.*

quale decuit esse regium decus. Cujus capitis ęcclesię dedicationem et sacrosancti martyris remotionem requirens idem dominus abbas apud regis Willelmi secundi regiam exactionem, gratanter promeruit licentiam. Sed quamvis data non potuit duci ad efficatiam; nam regia voluntas alterata prędicto patri Baldwino mandat in hęc verba: translationem sancti martyris se concedere, dedicationem vero minime fieri debere. Sic, sic contingit sepius, effici tardius quod humanus appetit animus; sed vere credat omnis aetas, fieri sine dubio quod vult pia Dei voluntas! Interea prefatus rex Anglorum mare transmeat [96], beneficus abbas sumptus ac diversos apparatus apparat, neutrum autem effectui datur eo anno, vel quę desiderabatur dedicatio, nec pretiosi martyris [Eadmundi] translatio. Reservat enim Deus fortassis in melius, quando et quomodo fiat et dignius. *§ 62.* Tamen humana salvatione per annos mille nonaginta quinque procedente, Willelmo secundo regimen Anglicum moderante, inter quosdam palatinos [97] oritur malus ac invidiosus murmur, male ruminans dicendo, in Beodryci villa non, ut dicebatur, incorruptibiliter manente martyre [Eadmundo]. Quod nefas quivis dixerit susurro, credimus luit ac luet perpetuo. Nobis verumtamen, qui talia subdidimus scripto, retulerunt, qui se rumori talium interfuisse dixerunt. Rumor quippe malus extitit, qui lingua venenifera sanctum inibi non esse presentialem dixit; opusque fabrile suo scrinio consertum consiliatus est ad militare rapi stipendium. Verum Deus judex justus mutabit consilium Achitofel in melius [98]! Dum rumor talis inter infideles serpit, assunt ad suburbium martyris sancti Walkelinus presul Wintoniensis ac cum eo Randulfus [99] capellanus

---

[96] *Im Frühjahr 1094 war Wilhelm II in England (Eadmer Nov. Migne CLIX, 377), versuchte dann vergebens die Normandie zu erobern, und war Anfang 1095 wieder in England (ib. 379).* [97] *Wilhelms II Skepsis gegen den Glauben der Zeit und seine Neigung, aus dem Kirchengute seine kostspielige Eroberungspolitik zu bezahlen sind bekannt. Dass er sich aber seiner Umgebung (nicht etwa bloss wenigen Werkzeugen) gegenüber nicht im Gegensatze befand, geht aus Gaimars Schilderung hervor.*
[98] *2. Sam. 17, 14.* [99] *Zweifellos der berüchtigte Flambard, der 1099 B. von Durham wurde. Er war mit Walchelin 1097 Reichsverweser als Wilhelm II in der Normandie war. Ann. Winton.*

regis, vicesima quinta die mensis Aprilis, datarum autem die Mai septimo kalendis [1]. Venientes siquidem in ebdomade quarta feria, disposuerant inibi tribus reliquis diebus se regis tractare negotia. Sed vere summi tractant negotia regis! Dum quidam inquit obvians venientibus eis, bonum fore, si[f] fieri posset translatio martyris in presbiterio suę nove constructionis. respondet veniens praesul, ad hoc se presto futurum; subinfert et capellanus, si voluerit domnus abbas, nil hoc moraturum. Quod dum audit abbas venerabilis, tale quid committit voluntati Dei sanctique martyris, satisfaciendo viris prenominatis, qui se palam confirmant munitos in hoc opere prępcepto regis. Convenientes quoque in quinta et sexta feria [2], tractant et intimant quibusdam, se facturos talia. Grave fert Herbertus [3] episcopus dioceseus, qui non ad hoc interpellatur, ut sit ex eis unus; vetitum vult inferre sed cassatur inde, velut nomen Sathanę de libro vitę. Viget enim eadem abbatia privilegio regali [4] fulcita, sed et corroboratur auctoritate privilegii domni et apostolicę sedis papę Alexandri secundi [5]: non debere eam subigi sub dicione alicujus diocesiani, nisi quo libuerit abbatem predicti loci vel sub metropolitano Cantuariensi. Id etiam amantissimus pater Baldwinus ingenio sagaci discussit, discutiendo nec non derationando firmiter conquisivit, conquisitum testimonio totius curię gloriosi regis Willelmi [6] omnibus modis conservavit. Tandem praesul Wintoniensis sextam feriam ac Sabbatum [7] ducens in abstinentiam, secularibus rebus minus his diebus inhibens curam, nocte dominica cum suis ante corpus sancti cęlebrata venerabiliter psalterii psalmodia, intimis precibus orat Deum, orando praeparat se ipsum, quo digne possit transferre martyrem sanctum. Ecce adest dies dominica [8], pululat in Beo-

f se *cod.*

[1] *Mittwoch, 25. April 1095.* [2] *26., 27. April.* [3] *Als Abt von Ramsey kaufte er 1091 das Bisthum Thetford, dessen Sitz er dann nach Norwich verlegte. Als er heimlich bei Urban II Absolution für diese Simonie suchte, so nahm ihm Wilhelm II den Bischofstab (Flor. Wig; laut Chron. de Bello 41:) Febr. 1095.* [4] *s. S. 257.* [5] *Von Lanfrancs Auftreten gegen und Gregor VII Briefe für die Exemption der Abtei sagt Vf. Nichts s. S. 250, 259.* [6] *s. S. 255.* [7] *28. Apr.* [8] *29. Apr.*

drici villa multiplex virilis ac sexus femineus, specialis [Eadmundi] gloria, sic totiens ad ejus merita confluere solita. Quid, si prescisset Anglia plurium dierum termino, quis et quantus conflueret populus subito, cum tot confluxerint in trium dierum curriculo? Adest praenominatus presul jam hora tercia [9] intrans ęcclesiam, more pontificali, presenteque Baldwino abbate felici, aquam consecrat benedictam, spargit circumcirca et per tot quot apparatus dederat altaria, congregatione tota cum populo devote circa sancti corpus excubando. Detegitur locellus ligneus, in quo intaminatum ac venerabile quiescit corpus, sicque domnus pontifex humili voce inchoans antiphonam 'Iste sanctus' sancti lecticam cum pio affectu thurificat, imperans patri monasterii, ut sanctum fratribus removeri jubeat, velut quibusdam fuit visum, indignum [10] ad hoc judicans semet ipsum. Appropiant jussi fratres contriti corde cum fletibus, pretiosam removent margaritam accipientes in manibus, ulnis appositis ac demum scapulis, bajulant cum omni exhilaratione mentis. Quam se felicem estimat [g] omnis, huc valens [h] vel audens semet extendere conatu bone voluntatis! Transfertur ergo sanctus rex et martyr [Eadmundus] in magna gloria, ut diximus, in die dominica, hora tercia, millesimo nonagesimo quinto anno Domini, ducentesimo vigesimo quinto a passione Christi martyris [Eadmundi], indictione vero tercia, epacta duodecima, concurrente quoque septimo, cyclo decennovenali tercio decimo, datarum tertio kalendas Mai, sole morante in tertiadecima parte Tauri. Transferuntur etiam cum pretioso martyre in sua decenti, quam ut diximus, basilica Christi confessorum pignora: Botulfi pontificis almi ac Jurmini [11] clitonis et confessoris Domini. O gloriosa et

---

g estimant *cod.* h valent *cod.*

[9] *8 Uhr Morgens.* [10] *Zu Kirchweihen und Reliquienübertragungen forderte man* munditiam manuum, *und berief daher gern einen Mann wie Gundulf von Rochester (V. Gundulfi III).* [11] *Dieser Translation Botulf's und Firmins (sic) erwähnt auch die Sacristangeschichte der Abtei Monast. III, 162. Will. Malmesbur. Pont. 156 weiss von ihrer Verehrung zu S. Edmunds, aber ihre* gesta nec ibi nec alibi haberi memini. *Ueber Botulf Abt von Icanhoe und Jurwine, der mit seinem Vater, König Anna von Essex gegen Penda fiel, s. Angelsächs. Ann. a. 654.*

precelsa regis translatio, quam regaliter antecedit presulis et athletę precessio, subsequitur ac precedit canentium canora jubilatio, populique sexus utriusque lacrimosa devotio! Dicite tam precelsę latores margaritę, quid oneris vestrę videntur gestare scapulę? Videmini quippe nunc levi progredi pede, quasi quiddam gestantes leve, nunc vero lento proceditis incessu, sanctum sentientes onus vestro dulci bajulatu. Fuerant siquidem sex fratres a loco sanctę remotionis eum bajulantes, quos audivimus assere[re] sub veritatis voce, nil levius eos aliquando gestasse, ponderosius etiam nullam se umquam sensisse sarcinam, ut in exitu meridiani hostii prędictę veteris ęcclesię, quo bajulantes sanctum vix quadraginta et eo amplius suffecere. Mos enim fuerat ipsius dilectissimi sancti in eodem ęcclesię statu se majoris ponderis fieri, quotiens efferebatur alicujus necessitate [12] rei, quod et personati fratres sepissime sunt attestati. *§ 63.* In quo nunc exitu multorumque pro desiderio magnatorum impressu [13] operatus est martyr sanctus virtutem, quam retulit nobis quidam miles testimonio legalium virorum in veritatis assertionem. Dum miles Hamtuniensis [14] quidam manum desideranter apposuisset in exeundo ad sancti lecticam, impressus vi plurium, ad allisionem lapidis hostii sub manu seminudum lesit brachium, sic ut pars quędam brachii ab ipsa manus junctura videretur usque ad os excoriata. Lesus itaque timens, ne fluxio sanguinis stillaret circa sanctum, vel ne novi presbiterii violaret pavimentum, videntibus quibusdam, suę lesioni reponit aptando cutem propriam, obvolvens circa dolorem pilosam atque suavem mastrugarum oram. Sedens itaque intendebat pars

— *Histor. Eliensis (Anglia Sacra I, 595) sagt*: Anna . . in Blydburgh sepelitur . . ibi veneratur. Illic etiam sepultus est Jurminus . . sed apud Betrycheswordе quod nunc S. Eadmundum appellant, postea translatus est. *Ueber Botulf's Reliquien in S. Edmunds cf. Acta Sanct. Bolland Juni VI, 343. Sein corpus hatte S. Aethelwold nach Thorney übertragen, und Folcard aus St. Bertin, der c. 1068—82 Thorney verwaltete, widmete eine Vita S. Botulfi dem in unserem Texte fungirenden Walchelin. Vgl. Hds. und Drucke bei Hardy, Descr. Cat. I p. 374 ff und II, 32.* [12] *vgl. § 16.* [13] *Gedränge.* [14] *Dies heisst wol: Grafschaft Northampton in der Nachbardiöcese Lincoln, und nicht Southampton oder eines der vielen Dörfer Hampton.*

quędam populi ante sacrosancta pignora sancti; in altaris crepidine fit sermo de sancta fide, presul de foris in atrio verbum facit populo. Lesus jam dictus brachium discooperit [k] timidus, timet esse reus offensionis, si solo defluxissent guttę sanguinis. Videt, videntibus sociis secum consedentibus, lesionem brachii sanam, de cicatrice quoque vix invenit viam, plenus fide Deum et martyrem [Eadmundum] glorificat inde.
§ 64. Demum intro redit episcopus, vult ac precipit, ut extra deferatur sanctus, populo fortassis et aridę terrę quid a Deo[i] misericordię prebiturus. Exaruerat jam ante facies terrae nimium affecta siccitatis anxietate, fuerat exspes omnis homo, terra fructus suos tardius proferendo. Quapropter finitima vicinitas regionum intimis orationibus requirit et orat sanctum [Eadmundum]. Qui martyr insignis iterum deportatus deforis cum dęcenti processione decoris, stabilitur in plebis medio in eminentiori loco, ejus toto discooperto locello, videtur sacri locelli longa qualitas, intelligi potest[l] introjacentis veneranda proceritas. Incipit voce pręsul precelsa, de martyre sancto plebi sermocinatur dulcia simul et utilia, redigens omnia ad animę corporisque necessariora, scilicet ut presens sanctus apud Deum veniam presentibus impetraret et absentibus, pluvięque jam diu deficientis affluentiam condonaret salutarem indigentibus. Sic previus pontifex ante sacro ter Kyrri Eleyson intonat ore, subsequitur et populus hoc idem humili voce, non abest in tanto populo cordis humiliati contritio; quin et exauditur dulcissimi sancti merito, pretioso martyre preces deferente intra sacrarium Divinitatis, proque populi penuria reportante gratiam exauditionis. Ecce, dum Deus oratur, sanctus etiam in Deo interpellatur, aeris facies mutata quod desideratur minitat: pluvię guttulas super hominum facies gratissime distillat, dat fidem, nil defore Deum timentibus, quod et imminens postea [15] probavit annus. Nam interventu sancti, velut credimus, secuta est aeris tanta temperies, quanta desiderari potuit ab hominibus in dies. Nunc nunc psalmista [16] profiteatur verus, dicens 'esse prope Dominum eum invocan-

---

i adeo *cod.* k disco op. *cod.* l potem *cod.*

[15] *Herbst 1095.* [16] *Psalm 145, 18.*

tibus: prope est enim in veritate se invocantibus; sed est propior, sanctis intervenientibus, quia quo boni presto sunt interventores, dulciores subsequuntur exauditores. Sic tanta producta lętitia, domnoque memorato presule populo dante benedictionis suę gaudia, gratia sancti presentis presentibus et eum requirentibus dat veniam de peccatis, levamen determinans indulget eorum pęnitentiis, ut quicumque sanctum, inde terminato temporis spatio, requisierit non ingratus tantę benedictionis vel remissionis abierit. Posthac defertur cum laude et gloria martyr Domini sanctus in sua nova predia, cęlebrantur ibi pontificaliter cum tripudio sacra missarum sollennia. Lęta temperies anni prosequitur; e regionibus Anglię a plurimis inibi indulgentia episcopalis predicta requiritur; per martyrem sanctum laus Dei procedit in augmentum, cujus tropheum manet in aevum in secula seculorum. Amen.

§ 65. [H]ujus gloriosi sancti meritis quedam sanatur paupercula festo sancti Baptistę Johannis[17]. Requisierat itaque sanctum cum cohabitatoribus suis, sustentata duobus baculis, ut expedit sepe debilibus membris. Haec sana sine baculo sistitur in medio pro testimonio; testes etiam assunt, qui debilem eam se vidisse dicunt; laudem adaugent [Eadmundi] martyris, virtutem videntes Omnipotentis.

§ 66. [E]odem vero anno in die predicti martyris[18] festo sanatur quędam puella nomine Lyeveva in eadem Dei et sancti[m] domo nova, recipiens visum sanitatis dum cęlebratur hora vespertinalis. Amiserat enim fortuitu visum magis quam per annum, sed fidens in Deum ac martyrem [Eadmundum] cum parentela et suę villę plebicula venerat ad sanctum. Quam vidimus laborantem in illuminatione solo presbiterii decubuisse, dum ad Magnificat procederemus cum thuribulo cum venerando abbate Baldwino, sancto sanctorum thurificando[19]. Haec pernoctans in oratorio nocte sequenti, pleniter recipit visum merito sancti, sistitur in medium ad missę majoris officium; post verbum inde populo factum redditur

---

m sancta *cod.*

17 *24. Juni.* 18 *20. Nov. 1095.* 19 *s. S. 227.*

Deo laudationis votum. Quod revera factum, ne quis dubitet, ut scribimus actum, sciat et sciendo credat, quod eundem caraxerimus annum a die passionis martyris [Eadmundi] fore cc^mum^ vicesimum quintum, in laudem Ejus, qui vivit in secula seculorum.

§ 67. [Deu]s, cujus in sancto via ejus, faciens mirabilia solus essentialiter Deus, in populis suam notificat virtutem, etiam in inrationabilibus invocatione fidelium dans exhibitionem. Quod dum asscribitur ad laudem Dei, non minus dicitur a laude sancti, quia quo Deus invocatur per sanctos, eo sua gratia mirificat eos, indigentibus prebendo beneficia, periclitantibus etiam prestando levamina. Hoc, ut auditu revera percepimus, a Roma [n] redeuntibus Angliamque petentibus in mari magno contigit aliquibus, qui septimodecimo Junii kalendarum, nocte sextę ferię proximę diei dominicę ante diem Rogationum [20], mari se credentes, in navi capiente multitudinem sexaginta quattuor et eo plus hominum, medię noctis in spatio periclitantur [o]

[p] [Deficiunt hic 6 miracula, que sunt in libro domini [21] Johannis de C. [q] prioris.

n aroma *cod.* o *das folgende Blatt fol.* 85 *zur gleichen Lage gehörig und gleich liniirt ist leer, die Abschrift scheint also unvollendet zu sein.* p *Am unteren Rande von fol.* 84 *v. s. XIV ex.* q *Kann auch* T *gelesen werden.*

20 *Die Nacht nach Freitag 16. Mai vor Sonntag Rogate. Dies passt 1096 (und 1091, das der chronologischen Reihenfolge wegen hier nicht anzunehmen ist).* 21 *Wol John of Cambridge, der im Aufruhr von 1381 umgebracht wurde (oder, wenn* T *gemeint ist, der gleichzeitige Supprior John of Tymworth, der als Abt* 1839 *†).*

XVI. Eadmeri Miracula sancti Anselmi.

II.

Inhalts-Uebersicht.

Prolog. Am Ende der Vita Anselmi wollte ich die Träume über S. Anselm fortlassen, weil Vollständigkeit unmöglich war; Auswahl aber hätte beleidigen können, als glaubte ich einigen nicht. Da bewiesen wirkliche Wunder, dass jene Träume himmlische Visionen gewesen. So wähle ich hier allgemein Bekanntes aus, dessen Nichtaufzeichnung man mir vorwirft, lasse aber Volksgerüchte fort. Der erste Theil enthält die Wunder, die ich bald nach Anselm's Tode erfuhr, und ist der Vita angehängt, der folgende aber die, welche mir erst lange nachher bekannt wurden. Da die Exemplare der Vita längst weit zerstreut sind, und ich sie nicht mehr alle ändern kann, sei hiermit ein neuer Anfang gemacht.

§ 1. Elias ein frommer Mönch von Christchurch träumt drei Monate vor Anselm's Tode, er sehe diesen an Dunstan's Grabe beten, und letzterer reiche zum Zeichen der Erhörung einen Goldring hin, den Anselm am Mittwoch vor Ostern empfangen solle. Ich wollte damals diese Prophezeiung nicht verstehen. — § 1b. In Anselm's Todesstunde träumt ein Mönch von S. Austin's, am Sterbezimmer rufe ein hehrer Bischof einer geschmückten Schaar Seliger zu, Anselmen zu empfangen. Der Bischof muss Dunstan gewesen sein.

§ 2. Ein Mönch betet um Aufschluss, wohin Anselm gegangen sei. Dieser kündet: zur Seligkeit. — Soweit Visionen, nun Wunder, doch nur Unbezweifeltes.

§ 3. Einem todtkranken Bürger in Canterbury wird prophezeit, er werde, da Anselm zum ewigen Leben eile, nicht sterben.

§ 4. Ein kranker Priester will als Mönch in Christchurch sterben, betet, da sein Leiden sich hinschleppt, zu Anselm um Tod oder Heilung, genest und lebt jetzt froh.

§ 5. Ein weit bekannter Ritter Humfred siecht an der Wassersucht, gedenkt Anselm's und lässt einen alten Freund Haimo, Mönch von Christchurch, rufen, der als mein Schwestersohn den Gürtel Anselm's für mich hütete. Der Gürtel macht die Geschwulst gänzlich und ohne Ausfluss sinken. Humfred erzählt mir das später in Christchurch, wo ich den Gürtel zurückfordere; ich muss jenen aber besuchen und schenke ihm einen Riemen davon, der, wie ich erfuhr, als ich nach langer Zeit auf die Nachricht eines Rückfalls zu ihm kam, ebenfalls geheilt hatte.

§ 6. Eb. Ralf von Canterbury verweilt auf der Romreise einige Tage zu Lyon, einst Anselm's Zuflucht. Die Klausnerin Athalis bei S. Irenäi erzählt mir, die Himmelskönigin habe sie in einer Vision versichert, beide Erzbischöfe Hugo von Lyon und noch mehr Anselm seien im Paradies.

§ 7. Anselm antwortet seinem einstigen Begleiter auf dessen Frage im Traume: 'Ich lebe wo Schauen, Freude, Genuss'. Jener vergisst das vorletzte, das ihm eine Vision wieder offenbart.

§ 8. Auf Bitten König Alexanders von Schottland übernahm ich S. Andrew's. Eistrilde, von edler Englischer Abkunft, wird in meiner Gegenwart durch Anselm's Gürtel geheilt.

§ 9. Mein Gewissen zwang mich zur Rückkehr nach Christchurch, meiner Mutter seit der Kindheit; den dort gesuchten Rath fand ich nicht, da Eb. Ralf schon an seiner letzten Krankheit siechte. Ein fiebernder Mönch genest sofort durch den um den Hals gehängten Gürtel Anselm's.

§ 10. Einzelbeschreibung der Wunder des Gürtels wäre lästig. Ueberall bitten Kranke darum, namentlich in Geburtswehen; keinen, dem ich ihn anvertraute, täuschte die Hoffnung.

§ 11. Einem Mönch in Christchurch heilt der Gürtel eine Geschwulst unter dem Nabel.

§ 12. Elias, Abt von Mont S. Trinité zu Rouen, auf Besuch in Canterbury, erinnert mich, als ich obiges Wunder erzählte, dass ich ihn zu Anselm führte, als dieser einst in Rouen ordinirte, und dass seine Kniegeschwulst sofort nachliess. Ich schäme mich, den Vorfall in der Vita übergangen zu haben.

§ 13. Ein nach Anselm's Tode in Christchurch eingetretener Mönch zweifelt, ob er für oder zu Anselm zu beten habe, liest schlummernd die Worte 'Sanctus Anselmus' was ihm Duft aus Anselm's Grabe bestätigt.

§ 14. Vor wenigen Tagen erzählte mir ein lange befreundeter Bruder, wie beim Brande von Bury S. Edmund's das Haus eines einstigen Dieners Anselm's (der nach des letzteren Tode verarmt aus Kent zu dem gleichnamigen Neffen Abt Anselm von S. Edmunds gezogen war) gefährdet schien, aber nach einem Gebete zu S. Anselm, sich der Wind drehte.

§ 15. Epilog an S. Anselm. Vieles überging ich aus Rücksicht auf Deine ungläubigen Neider, die sagen, ich hätte dich zu sehr gelobt. Mein Alter verbietet das fernere Schreiben. Was nach meinem Tode hier noch zugefügt werden mag — ich ende hier.

Ueber Eadmer.

Mehr als eine Wissenschaft sollte den Namen Eadmer's kennen. Denn einige theologische Werke [1] von ihm sind in der Appendix zur Mauriner-Ausgabe Anselm's [2] längst gedruckt. Ferner besitzen wir Lateinische Gedichte zum Lobe (Anselm's? [3]), Odo's, Dunstan's, Eadward des Märtyrers. [5] — Sodann hat er eine Anzahl Biographien Angelsächsischer Heiligen überarbeitet und neue Mirakel hinzugefügt. — Für die Geschichte des Verhältnisses von Kirche und Staat hat Eadmer als langjähriger Freund und Berather Anselm's, als Kämpfer für Canterbury's Patriarchat gegen York und Schottland Bedeutung. — Endlich und hauptsächlich interessirt er uns als Vf. der Historia Novorum [6] und der Vita Anselmi. [7]

Eadmer's Name und Gesinnung beweisen seine Angelsächsische Abstammung. (Schon sein Schwestersohn trug einen continentalen Namen: Haimo; der war ebenfalls Mönch in Christchurch und bewahrte für ihn Anselm's wunderthätigen Gürtel § 5). Eadmer ist um 1060 geboren: denn um 1071 ist er puerulus in scholis [7a], 1078 adolescens (Ans. 74 B). Er war puer, als Greise von ihren primordia adolescentiae unter Cnut erzählten (416 B), und besass von der Eroberung keine eigene Erinnerung (351 D). Jam senui et incanui sagt er 1120 (Dunst. 421), und drei Jahre später erwartet er bald seinen Tod (§ 15).

Ab infantia (§ 9, 501 D, 511 D) im Kathedralkloster zum Mönche erzogen, genoss er die beste Bildung der Zeit und nicht (512 C) bloss theologische (516 D). Er hatte dort unter Lanfranc [8] zum Mitschüler Nicolaus (der später [9] als Prior

---

[1] Aufzählung seiner Schr. Hardy, Descr. Cat. II 110; vgl. Stubbs in Memorials of S. Dunstan, XLIX, im Folgenden als (Dunst.) citirt. [2] ed. Gerberon 1675, 1721. [3] Migne CLVIII, 119 und Hardy ib. No. 167, 171. [4] Am Ende der V. Odonis und Dunst. 424. Die gleichzeitige V. Gundulfs sagt, es sei beliebt, einer prosaischen Vita eine Zusammenfassung in Versen anzuhängen. [5] MS. Corp. Chr. Coll. Cambr. 371. [6] ed. Selden 1623, daraus Gerberon und Migne CLIX, der im Folg. gemeint ist, wo blosse (Zahl) citirt wird. [7] Vor Opp. Anselmi. Im Folg. ist Migne CLVIII gemeint, wo (Ans.) citirt ist. [7a] Dunst. 413 [8] Malmesbury, Wulfstan III, 17. [9] Er schreibt ihm c. 1120 de matre Eadwardi martyris (Dunst. 422) und s. S. 291; † 1124 (Cont. Wigorn.).

von Worcester sein Rathgeber war). Dorthin sehnt er sich stets zurück, dort möchte er sterben (502 A).

Laut dem Obituar [10] *seines Stiftes und einer gleichzeitigen Rubrik seiner Werke (MS. CCCC 371) war er Priester und Cantor (Precentor)* [11]*; letztere Würde bekleidete noch nach 1089 (der jedenfalls vor 1050 geborene [Dunst. XXXI]) Osbern; doch arbeitete Eadmer schon neben* [12] *diesem. Unter ihre Pflichten fällt die des Armarius* [13]*, d. h. die Besorgung der Arbeit im Scriptorium. Die Biographien der Heiligen, von denen Canterbury Reliquien besass, sind also amtliche Schriften. Beide haben wenigstens in der Vita Dunstani denselben Stoff behandelt und Eadmer hat neben Osbern auch dessen Vorlagen benutzt; daher ist manchmal Osbern zugeschrieben worden, was Eadmer gehört.* [14]

Eadmer sah in Lanfranc den strengen Herrn, dessen Verachtung der Angelsachsen ihm wehe that; er schien den Zeitgenossen auf Lanfranc zu wenig Ehre gehäuft zu haben (486 A). Anselm dagegen liebte er, seit er ihn, schon bei dessen erster Reise nach England c. 1079 (Ans. 74 B), kennen lernte. Er wird (Ep. III, 25) von Anselm 1094 monachus Becci *genannt, war doch also wol zwischen 1079 und 94 in Bec gewesen. Aber 1087 (361 A) und kurz nach* [15] *1089 war er sicher in Canterbury. Er selbst (§ 15 501 D) nennt sich auch nur während dessen Pontificat Anselm's Schüler und auch sonst einen Nicht-Beccenser (Ans. 98 C). Vielleicht ist Ailmer, welchen Anselm (Ep. I, 60) als Prior einmal grüsst, mit Eadmer identisch.*

Sobald Anselm Erzbischof geworden, ist unser Vf. sein Caplan (Orderich IV, 14) und steter Begleiter zu den Reichs-

---

[10] *Dart, Canterbury App. XII; Wharton, Angl. Sacr. II, XII. So auch Gervas. Dorob.; vgl. Joh. Sarisb. V. Ans. Prolog.* [11] *Er heisst irrig* P r i o r *schon im Ms. Lamb.* 159, *vielleicht durch eine Verwechselung mit einem jüngeren Zeitgenossen, Prior Ailmer von Christchurch, dessen Briefe ed. Anstruther* 1846. [12] *Eadmer, Reliq. S. Audoeni bei Hardy I,* 290. [13] *Hardy III, XIII.* [14] *Die bei Wharton II,* 75 *dem Osbern zugeschriebene Vita Bregwini ist des John of Tinmouth Auszug aus Eadmer. — Surius druckt Eadmer's V. Dunstani unter Osbert's Namen.* [15] Rel. Audoeni l. c.

tagen und Romreisen: z. B. Febr. 1094 (379 B), März (382 A) und Mai (390 C) 1095, Pfingsten (397 D) und October (398 A) 1097 und Zeuge der wichtigsten politischen Verhandlungen. Auch zu Rouen 1106 ist er bei ihm (§ 12). Meist erwähnt er seine Anwesenheit nicht ausdrücklich, sie erhellt nur aus der ersten Person Pluralis. — Er spielte dabei keine blosse Bedientenrolle: 1104 stand er im Verdacht, in Anselm's Interesse England verleumdet zu haben, gegen welchen Vorwurf jener ihn eindringlich in Schutz nimmt (Ep. III, 90), wie er denn von Anselm 'Stütze meines Alters, liebster Sohn' (Ep. III, 25) genannt wird, unter dessen Brief (IV, 117) einen Gruss unterschreibt, in Lyon (498 A) einflussreiche Bekanntschaft macht, in Glastonbury ehrenvolle Aufnahme (Dunstan. 412) findet. Für seine Wichtigkeit sprechen auch der Reichthum der ihm zu Gebote stehenden Acten, die genaue Kenntniss und Einsicht in die politischen Vorgänge, vor Allem Anselm's eigene Hülfe bei der historischen Arbeit (120 A); er selbst verschwieg in rührender Bescheidenheit, dass er Anselm's Gewissensbisse wegen Verspeisung eines rohen Härings hob (quod sal cruditatem excoxisset), *und dass Urban II. ihn Anselmen zum Lebensführer bestellte*[16]*: wie denn der (§ 7 erwähnte) Geleiter des letzteren wol nur Eadmer selbst ist.*

Er stand am Sterbelager seines Herrn (Ans. 115 C), erlebte das Wunder an der Leiche (116 B), sehnt sich (§ 15) mit ihm vereinigt zu sein und rühmt sich oft, sein Exil getheilt zu haben (501 D, 511 C, Ep. Ans. IV, 117 u. s. w.)

Schon zu Anselm's Lebzeiten hat er mehrfach literarisch gearbeitet; die Vacanz des Erzstuhls war nun für ihn eine Zeit der Musse: er schloss damals Buch IV der Historia ab.

1114 geht er unter den Abgeordneten der Kathedrale an den Hof zur Wahl des Primas Ralf, der dem Beccenser Kreise angehörte und dem er wie Anselmen in allen Beziehungen zum Könige und Papste zur Seite stand (501 D, 511 C, 512 C). Im Herbst 1116 reiste er mit ihm nach Rom (497 D), wieder handelte es sich darum, Canterbury's Hoheit über

---

[16] *Malm. Pont. § 65. Malmesbury ist nicht Ende des XI. Jh., sondern kurz nach der Eroberung geboren.*

York zu verfechten (und noch stand die Krone zum Primas), im December erneuerte er alte Bekanntschaften zu Lyon (§ 6, 498 A). Nachdem 1117 Papst und Kaiser (499 A, C) besucht waren, kehrte man nach der Normandie zum königlichen Hofe zurück (499 D, 501 D). Dort erkrankte Eadmer 1118 und wurde Anfang 1119 (502 C) mit einer warmen Empfehlung Ralf's in seinen Convent zurückentlassen. In weltlichen Geschäften erfahren (512 C), galt er in Canterbury zu diesen Romreisen unentbehrlich (502 C, D). Diese letzte Fahrt war erfolglos gewesen, eine neue verhinderte der Tod Gelasius II. (501 B).

Ebenso scheiterte ein anderer gegen York gerichteter Versuch, in Schottland Canterbury's Patriarchat zur Geltung zu bringen, bei dem Eadmer die erste Rolle spielte.[17]

Im Jahre 1072 erkannte ein Englisches National-Concil der Provinz York das Gebiet nördlich vom Humber zu (so berichtet Lanfranc's Autobiographie in Malmesbury, Pont. § 27). Indessen 1073 (1077? Hdd.[18] *162) und 1080 konnte der Erzbischof von York zur Weihe seiner Suffragane für die Orkneys resp. Durham die Assistenz Schottischer Bischöfe nicht erlangen (laut der Lateinischen Canterbury-Appendix zu Ann. Anglosax.). Dass Fothadh II. von S. Andrews († 1093, es war der letzte Keltische 'Ardepscob Albain', Ann. Ulton.) damals York Profession geleistet habe, berichtet zwar nur der Yorkist T. Stubbs, aber Paschal II. befahl 1101 den Schottischen Bischöfen, York zu gehorchen (Jaffe, Reg. Pont. 4404). Der folgende Primas von Schottland, Turgod, stammte allerdings aus der Provinz York und erhielt die Weihe 1109 von jenem Erzbischofe, aber er leistete (wenn dem unparteiischen Historiker von Durham gegen Th. Stubbs zu glauben ist) keine Profession, indem beide Theile ihr Recht reservirten (Hdd. 170). — Nun hatte zwar Lanfranc für Canterbury die Oberhoheit über York von Rom und dem Englischen Staate ge-*

---

[17] *Ausführlichkeit schien geboten gegenüber der neulichen Aeusserung eines grossen Historikers:* Alexander insisted on [*Eadmer's*] receiving [*consecration*] from York. [18] *Haddan, Councils and eccl. doc. rel. to G. Britain II pars* 1. — *Historische Scheingründe für York's Recht über Schottland p.* 160.

währleistet erhalten, auch Anselm setzte 1101 durch, dass der andere Metropolit ihm Profession leiste, und ward von York 1108 gebeten, bei der Weihe für S. Andrews für eine Unregelmässigkeit Dispens zu ertheilen (474 B). Indem er dies letztere ablehnte, anerkannte er ausdrücklich, dass zunächst jenem die Weihe für S. Andrews zustehe und erst bei dessen Fortfalle auf ihn selbst devolvire (Ep. III, 183=474 C). Auf diesen letzten Anspruch ist eine Antwort Yorks nicht erhalten. Jedenfalls dachte Canterbury an eine Verdrängung desselben aus seiner Beziehung zur Schottischen Kirche damals noch nicht. König Alexander I., der wie seine vor und nach ihm regierenden Brüder das Streben der Mutter (der h. Margarethe aus Angelsächsischem Königsstamme), die bisher Keltische Kirche durch Anglonormannische Geistliche in Römischem Sinne zu reformiren fortsetzte, meldete nun 1115 Turgod's Tod nach Canterbury, erbat von dort einen neuen Candidaten und wiederholte seine frühere (495 D) Aufforderung, dem Erzbisthume York die Weihe der Schottischen Bischöfe zu entreissen, die ja — dies ist völlig aus der Luft gegriffen (Hdd. 191) — bis zu Lanfranc von Rom oder Canterbury vollzogen worden sei (495 C). Es ist klar, dass die Schottische Kirche lieber in unmittelbarer Beziehung allein zum Brittischen Patriarchen stehen, als dem von diesem abhängigen Metropoliten gehorchen wollte, dessen örtliche Nähe jedenfalls auch drückender erschien. Und Canterbury liess sich auf geheime Intriguen mit der Schottischen Regierung ein, wenigstens geschah das fünf Jahre später (512 D), trotzdem ihm der Papst die von Lanfranc und Anselm festgehaltene Obedienz York's 1119 entzogen und deutlich den Schottischen Bischöfen [19] befohlen hatte, sich York zu unterwerfen. Absichtlich verschweigt Eadmer diese Bullen Roms, ebenso die Suspension seines Erzbischofs Ralf (Jaffe 4955). Aus dieser Zeit (Ende 1119) stammt Ralf's Brief an den Papst, in dem er mit Berufung auf Gregor den Gr. den Primat über Schottland beansprucht (Hdd. 193).

Schwerlich unverhofft — wie er betheuert — wurde Eadmer im Frühjahr 1120 (510 C) von Alexander (Brief 510 D),

---

[19] *Jaffe* 4962; *Hdd.* 192, *was Jaffe fehlt.*

der allerdings auch schon mit Anselm (Ep. III, 132) befreundet gewesen, zur Uebernahme des Bistums von S. Andrews eingeladen und auf Canterbury's Antrag (511 C, es heisst darin, Clerus und Volk haben ihn gewählt, d. i. von einer damals noch von Keledei besetzten Kirche eine bedeutungslose Phrase) von der Englischen Regierung (512 A) in das Schottische Recht entlassen. Ein Begleitschreiben des Erzbischofs an Alexander (512 D) machte ihn omnino liberum, ut a vobis certius discat, si ad honorem Dei et Cantuariensis ecclesiae spectet petitio vestra *und bat, ihn insgeheim eiligst zur Weihe nach Canterbury zu senden. Am 2. Juli ward Eadmer formell gewählt, ohne Ring und Stab oder Homagium mit dem Bistume bekleidet (513 A), aber schon folgenden Tages dissaisirt (522 A), da er sich, mit nicht besseren Gründen als sein Erzbischof, auf die Weihe durch Canterbury — wahrscheinlich mit Profession — steifte, die Schotten aber jetzt jenen Römischen Verboten zum Trotz ihre Kirche gänzlich unabhängig zu machen und ihren Primas von Schottischen Bischöfen consecrirt zu sehen wünschten (513 A, D). Im August wurde er freilich eingesetzt, indem er den Stab vom Altare nahm (513 D), dem Könige aber Fidelitas leistete (515 C) und den Ring von ihm empfing (514 D, 515 A) — die beiden letzten Momente verschweigt Eadmer an den Hauptstellen (513 B, 521 D) wiederum tendenziös; den Ring wollte er nicht als Symbol irgend welcher Macht (515 A) betrachten, die ja kein Laie einem Geistlichen verleihen könne — eine Reservatio mentalis, die den Investiturstreit umging. Doch nach wenigen Monaten, in denen Seelsorge ihm Freunde (§ 8) erwarb, machte der Erzbischof von York bei der Englischen Regierung, mit der er sich eben versöhnt hatte, seinen Anspruch geltend, dessen Untergang ja auch ihre Grossbritannische*[20] *Politik schädigte. Diese Intriguen — so sagt Eadmer (513 D) — veranlassten sein Misslingen. Er berief sich auf die letzte Clausel Ralfs, nichts gegen Canterbury thun zu sollen,*

---

[20] *Ein Schottischer Historiker leugnet das grundlos. Nicolaus schreibt Eadmern:* Dissolve litigium Cantiae et Eboracae principumque Angliae Scotiaeque, *Migne CLIX* 812 *A.*

Schottland auf die vorletzte (514 C), dass er frei von Canterbury sei. Alexander erbot sich umsonst, mit seinem Schwager und Schwiegervater Heinrich I. direct zu verhandeln (515 C). Eadmern sagte auch wie seinem Vorgänger die 'Barbarei' des Volkes nicht zu (514 D) — es steckt wol die Abneigung gegen die Keledei dahinter — und er verlangte in Canterbury Rath zu holen (516 A). Jedoch nur nachdem er den Ring dem Könige, den Stab dem Altare zurückgegeben hatte, ward er der Fidelitas entbunden und entlassen. Alexander — und ebenso die Historiker von Durham und Melrose — betrachtete das Bisthum wiederum vacant; Eadmer dagegen will sich seines Anspruches nur begeben haben, falls nicht England und Canterbury ihm anders riethen (515 A). Alexander schrieb dem Erzbischofe — der übrigens auf die Rückberufung des 'Erwählten' nicht zu dringen wagte (516 D) — Eadmer habe Schottlands Staatsrecht (514 D, 515 C) nicht anerkennen wollen: dieselbe Sache erschien von anderem Standpunkte Eadmern als gewaltsame Spoliation (522 A). Anfang 1121 (Sim. Dun.) ward Letzterer in Canterbury wieder freudig empfangen (515 B). Aber Eadmer verschweigt auch hier wieder, dass der Papst Canterbury's wirksamster Gegner war: überall den Nationalkirchen feindlich, vernichtete er durch Hebung York's den Grossbritannischen Patriarchat Lanfranc's. 1122 befahl er der Schottischen Regierung und Kirche wiederum, York zu gehorchen und verbot den Bischöfen, einander selbst zu weihen (Jaffe 5074/6; ferner im Mai und August über Glasgow's Obedienz). Eadmer ist zwar nicht genannt, musste sich aber mit gemeint fühlen. Weitblickend rieth ihm daher (Migne CLIX, 809) sein alter Freund Nicolaus (s. S. 284) zur Romreise ohne Yorks und Englands Wissen — schon Turgod hatte das geplant (Sim. Dun.) —: er, Schreiber, wolle Schottlands Unabhängigkeit und S. Andrew's erzbischöfliche Stellung[21] verfechten. Eadmer sagt, andere Freunde hätten ihm vorgestellt, ein Erwählter dürfe nicht zurücktreten (521 A) und nach anderthalbjährigem 'Exil' — er schwelgt darin, von sich ähnlich zu erzählen wie von Anselm — bewarb er

[21] *Dessen Streben nach dem Pallium Hdd. a.* 1125.

sich (521 B) im Sommer 1122 um die Rückkehr nach Schottland, dessen Unabhängigkeit von England und Canterbury er, nun anders belehrt (522 B), anerkennen, wie er denn auch betreffs der Weihe nachgeben (d. h. sich York fügen) wolle. Es ist eine Redensart, wenn er sagt (522 D), er wolle nicht episcopari. *Noch auf dem Sterbelager schrieb (522 D) Erzbischof Ralf für Eadmer an Schottland, kein anderer dürfe bei des Letzteren Lebzeiten S. Andrews erhalten. Es ist fraglich, ob (wie Stubbs, Dunst. XXXIII und Hdd. 209 jedoch annehmen) auch nur dies beobachtet worden ist. Denn noch Alexander*[22]*, der schon Anfang April 1124 starb, drängte den Prior von Scone aus der Diöcese York (Cont. Wig. 1128) dort ein und Eadmer ist laut dem Obituar von Canterbury erst am 13. Januar gestorben, frühestens 1124. Den Neugewählten weihte 1128 der Erzbischof von York — nach mehrjährigem Streite gegen die Schotten — mit Reservation der Rechte (Hdd. 215). So hatte Eadmer's Bemühung Canterbury nichts genützt, nur vielleicht York's Metropolitan-Ansprüchen auf Schottland geschadet: 1188 wird die Schottische Kirche unmittelbar unter Rom gestellt (Hoveden II, 360).*

Als das Bisthum Worcester am 20. October 1123 vacant geworden war, ermahnte Eadmer den Prior N[icolaus] (†1124) und den Convent zur Frömmigkeit und zur Neuwahl eines Mönches — (doch folgte 1125 ein Weltgeistlicher). Cogitate, *schreibt der Benedictiner,* in quantam invidiam quorundam malignorum hominum ordo monachicus hoc tempore venit et quantum nitantur eum saltem ab episcopatibus exstirpare *(807 C). Im Februar hatte nämlich die Partei der weltgeistlichen Beamten unter Roger von Salisbury, ausdrücklich um einen Anselm'schen Streit zwischen Kirche und Staat künftig zu vermeiden, dem heftig sich sträubenden Convente von Christchurch einen Regular-Canoniker zum Erzbischofe aufgedrängt; jene Zeilen Eadmer's — es sind die spätesten, die wir von ihm besitzen — zeigen, wie ihm am Lebensende auch die liebste Verbindung, die mit seinem Erzbischofe, abgerissen war.*

---

[22] *Simeo sagt* 1124, 4 ante suam mortem mensibus. *Selbst wenn 4 ungenau ist, müsste sich der König ungewöhnlich beeilt haben.*

Zwischen 1095 und 1109 [23] *schrieb Eadmer* Vita et Miracula s. Dunstani *(Dunst. 162). Dies Werk ist inhaltlich fast ganz aus Osbern geschöpft (ib. XXXIII, LXVII) und früher unter* Osbert's *Namen gedruckt. Doch sind daneben Osbern's Vorlagen und die Biographen S. Aethelwold's benutzt; einige Nachrichten lieferten ihm Aegelred (einst Präcentor von Canterbury, dann Prior von Worcester), dessen einstiger Freund Aegelric von Chichester (ib. 163), endlich Nicolaus von Worcester (ib. 213, s. S. 290 f.). Um 1120 schrieb er eine scharfe Epistel (ib. 412) gegen Glastonbury, das Dunstan's Leiche zu besitzen vorgab, wozu er das Leben Aelfeah's benutzte (ib. 419). Die Miracula s. Dunstani hatte schon Malmesbury vor sich, der vielleicht die Vita nicht kannte und auch sonst begegnen sie oft separat (ib. 223, XXXV). Im Epilog giebt sich Eadmer als jungen Mann — im Gegensatz zum Schlusswort im § 15. Nur dieses unbedeutende, vielleicht sein frühestes Werk erfreut sich einer kritischen Ausgabe (durch W. Stubbs). —*

Kurz nach 1089, cum in claustro ex more sederem, occupatus libro scribendo, venit *Osbern und forderte zur Aufdeckung der* Reliquiae s. Audoeni *(Ouen) auf. Von Eadmers Abhandlung darüber sind nur Auszüge veröffentlicht (Hardy I, 290). Ein interessantes Fragment Eadmers über die Kathedrale vor Lanfranc und ihre Reliquien ist von Gervasius c. 1291 aufgenommen. — In der ungedruckten* Vita s. Petri, *des ersten Abtes von S. Austin's (ib. 207) ist Beda benutzt. — Für die zuletzt bei Migne CXXXIII, 931 gedruckte* Vita s. Odonis [24] *lag ihm vielleicht eine Arbeit Osbern's in dem jetzt verbrannten Ms. Cotton Otho A XII vor (ib. 566/8) — sie ist letzterem bei Wharton und Mabillon irrig zugeschrieben — sicher aber die um 1000 entstandene, noch handschriftliche Vita s. Oswaldi in Ms. Nero E I, oder eine gemeinschaftliche Quelle, welche von Malmesbury's Gewährsmann abwich. — Aus dem genannten Nero Ms. hatte er schon früher die zuletzt bei Migne CLIX, 762 A herausgegebene* Vita s. Oswaldi [24b] *(ib. 612),*

---

[23] *Nach Wulfstans und vor Anselm's Tode.* [24] *Abfassungszeit erhellt nicht.* [24b] *Interesse für Canterbury zeigt die Erwähnung der Translation des älteren Wilfrid Mabillon A. SS. Bened. s. V, 732 (aus Capgrave).*

des Neffen Odo's, geschöpft. Vielleicht von Eadmer sind die ungedruckten Miracula ejusdem *(ib. 613). — Die 1121*[25] *verfasste* Vita s. Wilfridi *(ib. 400) beruft sich (Migne CLIX, 714 B, 752 A C) auf Beda und das Werk, in dessen Vorrede Erzbischof Odo von seiner Translation S. Wilfrid's sprach. Dies Citat stimmt zu Odo's Briefe vor Fridegod's Gedicht über Wilfrid (zuletzt bei Migne CXXXIII, 945). Eadmer pries zwar (in der V. Oswaldi) Fridegod's Gelehrsamkeit, kannte aber dieses Werk nicht als Fridegod's sondern als Odo's Arbeit. Er soll daneben Aeddi benutzt haben; das ist jedoch wenigstens nicht nachgewiesen. — Die für die Geschichte Canterbury's seit Lanfranc wichtige* Vita s. Bregwini *(ib. 484) erwähnt noch des Reichstages von Woodstock Anfang 1123. Wharton II, 184 = Migne CLIX, 753, publicirte sie mit vielen Lücken, deren Stoff die Acta SS. Boll. Aug. V, 830 aus einem Excerpte ergänzen, das Johann von Tinmouth dem Eadmer entnahm und das irrig als 'Osbern', also als Eadmers Quelle, gedruckt worden war.*

In allen diesen Heiligenleben besteht des gehorsamen[26] *Präcentor geistige Arbeit, wie beim gewöhnlichen Legendenschreiber fast bloss im Satzbau. Nur durch die* Vita s. Anselmi *schliesst er sich würdig den historisch so verdienstlichen Schülern und Biographen Angelsächsischer Kirchenhelden an.*

Vielleicht erst 1115 auf Erzbischof Ralf's Befehl vollendet (Ans. 119 D), will diese die Historia Novorum ergänzen durch Angaben über Anselms Jugend und Mannesjahre, sein Leben im Kloster und im Freundeskreise, seine Frömmigkeit und Wunderkraft, seine Predigten und litterarischen Werke, deren Chronologie sie nicht zu erwähnen vergisst (Ans. 100 B 107 A etc.). War doch Eadmer auch in den theologischen Arbeiten Anselm's Famulus: so copirte er 1094 Cur Deus Homo *für Bec (Ep. III, 25), von desselben Predigt* De Beatitudine *zu Cluny Weihnachten 1097 fertigte er für den Mönch Wilhelm bald darauf eine Nachschrift (Migne CLIX, 587), die Anselm durchsah (604 D); er sammelte einen* Liber de s. An-

---

[25] *MS. Cott. Cal. A VIII s. XII.* [26] *S. Pro- und Epilog zu Bregwin und Oswald.*

selmi Similitudinibus *(ib. 606). — Die Vita will auch der Mitwelt Neues, Internes bringen (49 A) und so neben der Historia, die für die Nachwelt das den Zeitgenossen Bekannte bewahrt, ein unabhängiges Ganzes bilden, aber nur ihr erstes Buch bis zu Anselm's Episcopat ist selbständig, während das andere für die öffentlichen Verhältnisse nur die Historia excerpirt — z. B. 109 B in 16 Zeilen was dort eben so viel Columnen füllt — und im Uebrigen auf sie verweist. — Durch Kenntniss und Fähigkeit war Eadmer seinem Stoffe gewachsen wie selten ein mittelalterlicher Biograph. Aber er spricht wie der Hofkanzlist amtlich vom König: von der Unfehlbarkeit des Helden durchdrungen, giebt er sich keine Mühe, den Standpunkt der Gegner zu verstehen. Die kleinen menschlichen Schwächen sind vertuscht, das Idealbild zeigt unvollkommen wie Anselm war, aber getreu wie er sein wollte. — Schon kurz nach Anselm's Tode sammelte Eadmer einige Mirakel, die er der Vita (117) anhängte; eine zweite Reihe — die im Folgenden gedruckte — erwähnt noch eines Ereignisses von 1123. Er wurde einst vom Meister selbst beim Uebertragen der Notizen vom Wachs auf's Pergament ertappt und — wiewol jener anfangs daran gebessert, gekürzt und erweitert hatte — später verpflichtet, die Schrift zu zerstören. Er gehorchte buchstäblich — nachdem er Copie genommen (Ans. 120 A).*

Die erste Edition der Historia Novorum mit Buch IV, 1109 endend, wie sie Malmesbury im Prolog zu 'Reges'[27] *citirt, ward nach Gundulf's Tode 1108 (355 C) ausgearbeitet, und wol kurz nach 1109 beendet; jedoch der Schluss (483 B) ist nach 1114 geschrieben; wol nur das Ende ist gleichzeitig aufgezeichnet, denn z. B. das Jahr 1093 (372 A) erscheint im Lichte des Streites von 1100. Die letzten zwei Bücher entstanden nicht in Einem Zuge: es heisst z. B. a. 1119* ad praesens separatus sum *von Erzbischof Ralf (502 D), dessen Rückkehr Januar 1120 dann (505 D) gemeldet wird, und dessen Tod, 20. Oct. 1122 die Historia im letzten Satze erwähnt. Auf ein späteres Ereigniss ist auch sonst nicht angespielt. Wahrscheinlich versiegte mit dem Antritte eines ihm fremden*

[27] *In Pontif. ist das vollständige Werk benutzt.*

Erzbischofs die Quelle von Eadmers Kentnissen und das Interesse an Canterburys äusserer Geschichte.

[Wäre Florenz der alleinige Verf. der Worcester'schen Fortsetzung zum Marian — wie man aus den Worten zu 1118 folgert: Non. Julii obiit Florentius; hujus industria praeeminet cunctis haec Chronicarum Chronica — *so müsste Eadmer mitten in B. V (ähnlich wie Huntingdon in B. VIII) eine Edition in und mit dem Jahre 1118 abgeschlossen, nach Worcester gesandt und Florenz sie sterbend eiligst copirt haben: denn noch zu 1118 ist jener reichlich in Worcester abgeschrieben. Solche Geschwindigkeit ist unmöglich. Nun bricht freilich Thorpe ohne handschriftliche Grundlage das Werk des sog. Florenz vor 1118 ab und schreibt das spätere einem Fortsetzer zu; aber 1116 stimmt Eadmer ebenfalls mit dem sog. Florenz und auch da deutet nichts auf einen Absatz in seiner Historia. Wahrscheinlich sind also die Eadmer-Stücke, wenigstens der späteren Edition nach 1114, in die Worcester-Chronik erst nach Florenz' Tode eingetragen und vermuthlich aus der vollständigen Ausgabe von 1123; denn auch nach 1118 hat Worcester lange Stellen aus Eadmer abgeschrieben, die heute gewöhnlich als unabhängig von ihm citirt werden].*

Der Titel[28] Historia Novorum in Anglia *(485 D) erweckt eine falsche Vorstellung vom Inhalte: sie bringt keine Neuere Englische Geschichte, sondern die Darlegung der kirchlichen Bestrebungen Anselm's gegenüber dem Englischen Staat. Die ersten vier Bücher bleiben dem im Prolog gesetzten Thema getreu und bilden daher eine für jene Zeit einzig einheitliche Monographie. Uebergangen sind daher innere und äussere Kriege, die Verhältnisse bei den Kelten und auf dem Festlande, auch wenn sie so nahe liegen wie z. B. der Deutsche Investiturstreit (von dem man sicher in Canterbury ebensoviel wusste als in Worcester oder Malmesbury), innere Staatsreformen wie die Leges Willelmi I (352 C), kosmische, politische, kirchliche Einzeldaten, locale oder internationale Vorgänge in Canterbury oder Palästina, Anekdoten und Wunder. Anselm selbst erscheint nahezu nur im kirchenpolitischen Ver-*

[28] *Ms. Cott. Tit. A IX und wol die anderen auch.*

hältnisse — selbst seine Küstenwache (Ep. III, 35) bleibt unerwähnt —; von sich selbst redet der Vf. fast nie.

Die zwei letzten weniger künstlerisch angelegten Bücher verfolgen, statt einer durchgehenden Idee grossartigen Interesses, in chronologischer Ordnung die äussere Geschichte Canterbury's von 1110—22. Vollends L. 6, offenbar unvollendet, ist fast eine blosse Autobiographie. Da sich aber das Leben der Erzbischöfe zum grossen Theile auf dem Festlande und in Beziehungen mit Rom abspielt, so ist Eadmer auch für continentale Dinge (z. B. das Concil von Bari, Briefe der Päpste) eine wichtige Quelle. Ab infantia *beobachtete er (416 A) die Zeitereignisse, namentlich die kirchlichen aufmerksam. Da ihn seine äussere Stellung vor Allen befähigte, Anselms Leben zu kennen, so hielt ihn die Mitwelt moralisch verpflichtet, (folg. Prol.) es darzustellen; die Liebe zu Anselm ist die Hauptveranlassung seiner Arbeit (485 B).*

Seine Gewährsmänner sind neben seinen Erzbischöfen (Ans. 120 A. 367 B, 501 D) die Bischöfe Gundulf von Rochester (370 B, 422 B), Richard von London (484 A), Walo von Paris[29]*, die Ritter Ilgyrus (461 B) und Humfred (§ 5) Abt Elias von Rouen (§ 12), die Prioren von Worcester Aethelnoth und Nicolaus (s. S. 292), die Klausnerin Adelheid von Lyon (498 A = § 6), neben vielen ungenannten Brüdern Alexander (Ans. 111 A) und sein eigener Vorgänger Osbern (s. S. 285), die Beccenser Mönche Boso, Riculf (119 B), Balduin (97 A) auch für Ereignisse auf den von ihm selbst mitgemachten Reisen. Ueber einst besuchte Orte Schiavi (101 A) Florenz (110 B) hat er später Nachricht erhalten. —*

An historischen Büchern benutzte er Beda, Heiligenleben (s. S. 292 f.) und Chronica: das heisst die Angelsächsischen Annalen (348 C) und zwar nicht oder nicht allein die Codices A, B, G (laut 349 A) sondern vielleicht die Vorlage des später in Christchurch geschriebenen F. Er kannte ausserdem (345 B) Lanfranc's kurze Kirchengeschichte seiner Zeit — wol dasselbe Werk, das Sigebert[29b] *citirt und Wilhelm von Malmesbury (Pont. 24) benutzte.*

---

[29] *Ans.* 111 *B. cf.* 477 *B = Ep. Ans. III,* 152. [29b] *Illustr. SS.* 156.

Bei Weitem das meiste Material aber entnimmt er Urkunden Heinrichs I., der Päpste, seiner Kathedrale (506 C, s. jedoch 356 C) und der Erzbischöfe. Die Sammlung[30] *der Briefe Anselms, um deren Aufbewahrung sich dieser selbst kümmerte, ist in mehreren Hdss. der Mitte des Jahrhunderts erhalten, also schon von einem Zeitgenossen, vielleicht von Eadmer selbst angelegt; indessen kennt dieser mehr Urkunden als in die Sammlung Aufnahme fanden, obwol er nur eine Auswahl des ihm Vorliegenden giebt. Wo er von seinem Erzbischof getrennt ist, ihm daher die Acten fehlen, bekennt er sein Nichtwissen (1119, 501 D). Daher schloss er auch seine erste Ausgabe, als er bei Anselm's Tode in's Privatleben trat (485 D).*

Eadmer will nicht bloss der historischen Wissenschaft sondern auch Gotte bono zelo *dienen, auch praktisch zur Nacheiferung spornen (und wirklich beschäftigte sich Becket eifrig mit Anselm, den er dann verdunkelte). Er giebt sich offen als Anselm's Vertheidiger (486 D) ohne darum die Feinde zu begeifern; er spricht fast ausnahmslos mit Achtung oder doch Höflichkeit von der Regierung — diese überall, nicht der König persönlich erscheint als Gegner Anselm's. Wie er die allgemeine Tragweite des Investiturstreits (424 D) vollkommen versteht, ist er fähig die Einzelwindungen einer Verhandlung zu erzählen (426). Er liebt die dialogische Einkleidung; diese ist selbstverständlich nicht wörtlich wahr — aber der Sinn, die characteristischen Wendungen harmoniren zu wohl mit einander und mit den Urkunden als dass der Gesammteindruck falsch sein sollte. Einzeln mag er sogar eine wörtliche Uebersetzung der französischen Rede überliefern z. B. wenn (401 B) Graf Meulan gegen Anselm's salbungsvolle unsachgemässe Antwort im Reichstage:* haec est praedicatio non ratio *ruft.*

Zwar verkehrt Eadmer die Wahrheit nicht geradezu (falsa in sacris historiis . . nefas Ans. 119 c): *dass unter Anselm Canterbury ökonomisch sank, die Sittlichkeit der höheren Ge-*

---

[30] *Ueber die Gewohnheit, Briefe zu sammeln spricht damals Herbert Losinge ed. Anstruther Ep.* 1.

sellschaft durch seine Vorschriften nicht stieg, auf die Errungenschaft des Cölibats nur ärgere Laster der Priester folgten, leugnet Eadmer nicht — nur sei eben Anselm nicht Schuld daran gewesen (Anf. B. V.). Aber wie er die autokratische Kirchenpolitik Wilhelm I. (352 B), die diplomatischen Kniffe Wilhelm II (389 A) durchschaut, so weiss er ähnliche Künste des Verhüllens und Verschweigens für s e i n e Sache anzuwenden; z. B. in den Stellen über Lanfrancs Zerwürfniss mit dem Papste (379 C) oder Anselm's höchst uncanonische Erhebung zum Erzbischof[31] (more Lanfranci 372 A) *oder die Profession Yorks vor Canterbury, wo die Reservation von Seiten Thomas I verschwiegen ist. Gänzlich fehlt die Sendung des Jarento von Dijon nach England, die uns dessen Begleiter Hugo von Flavigny mittheilt und die ein abweichendes Licht auf Anselm wirft. Dass Eadmer seine eigene Wahl für S. Andrew's beträchtlich schön färbt, ist schon erwähnt.*

Auf die hohe Gesellschaft seiner Zeit hatte Eadmer mannichfache Rücksicht zu nehmen: er lobt z. B. 504 A den Bruder seines Erzbischofs Ralf, Seffrid, dessen Unsittlichkeit (z. B. aus Huntingdon) bekannt ist. Er will den Adel nicht gratis offendere *428 C. Was er über die eidliche Aussage der Braut des Königs denkt, sagt er nicht, er will nur keine Verantwortung für ihre Wahrheit übernehmen (500 D); die Unsittlichkeit bei Hofe liess sich nicht ganz verschweigen (518 A), obwol man sich wol hütete Heinrich I. selbst anzugreifen. Selbst der arge Feind Wilhelm II. wird freilich fast als Usurpator dargestellt, aber das Schlimmste über ihn giebt sich doch nur als Gerücht und reicht an die späteren Uebertreibungen nicht heran; auch betont Eadmer, dass Wilhelm Anselm's Person achtete, seinen Kampf gegen dessen Ideen nicht auf Canterbury übertrug (376). Er hegt eine hohe Meinung vom Königtum*[32]*, das an periodischen Hoftagen (sie sind hier mehr als irgendwo regelmässige Fortsetzungen der Witena-Gemote) seine wichtigen Staatsgeschäfte erledigt. Ganz deutlich erscheint An-*

---

[31] *Anselm's Reise nach England* 1092/3 *enthält innere Widersprüche.*
[32] Si rex nominandus est, qui nec se nec alios regere novit *von Edwi V. Odonis* 14.

selm im Kampfe gegen den Staat, auf dessen Seite Anfangs auch die Bischöfe stehen, nicht gegen eine Partei, alleinstehend; nur an seiner Persönlichkeit nimmt das Volk (385 B auch ein miles) *Antheil — die wurde ja aber auch von den höchsten regierenden Kreisen geehrt und geliebt. Ueberhaupt nicht (wie andere kirchliche Zeloten) revolutionär gegen das Gewohnheitsrecht (375), billigt Vf. die grausame Strafjustiz (470 C, Dunst. 202). Trotz aller Rücksicht macht sich mancher Seufzer des Altengländers über den Druck der Normannenherrschaft (352 C, 412 C, 490 D) Luft; erst mit ihr habe auch die Kirche die Freiheit verloren, mit Schmerz sieht er zu den Aemtern nur Ausländer befördert (469 C, 490 C D), die er aber allerdings damit als* novi cives *d. h. naturalisirt (356 B, 357 B, Ans. 74 B) betrachtet. Umsomehr freut er sich Angelsächsischer Tapferkeit (351 D), der Anerkennung der alten Heiligen (Ans. 75 cf. Dunst. 415), der Verbindung seiner fremden Erzbischöfe mit Dunstan (357 B, § 1).*

Eadmer glaubt an Reliquienwunder, aber er bringt nicht eben viele, nicht besonders merkwürdige. Ueber Cölibat und Transsubstantiation[33] *denkt er orthodox; von der Unbefleckten Empfängniss Mariae*[34] *weiss er so wenig wie sein Meister. Kirchenpolitisch ist es bezeichnend, dass er es für nöthig hält, Anselmen bei den Zeloten, nicht bei den Laien in Schutz zu nehmen (z. B. 425 C.). Er stimmt nicht für die Absolutie des Papstthums: eines Königs Wort vermöge auch der Papst nicht zu lösen (505); dass aller Verkehr mit dem letzteren durch den König gehe (was Hugo von Flavigny erzürnt, Mon. Germ. SS. VIII, 475), dass Römische Legaten — die ja Canterbury's Macht schwächen — möglichst fernzuhalten seien (497 C), wenn er auch ihre Berechtigung grundsätzlich zugiebt (519 C), dass der Reichstag auch kirchliche Angelegenheiten entscheidet, (358 A) erscheint ihm in der Ordnung. Der Primas dürfe allerdings vom Papst allein gerichtet werden (385 A) bei dem er nur zu wenig Hülfe fände, wie denn die Bestechlichkeit der Curie häufig beklagt wird (390 A, 418 D, Dunst. 201). Wo es sich um Rechte der Suffragane oder Yorks oder*

---

[33] *V. Odonis* § 10. [34] *De Excell. Mar. III Migne CLIX,* 561 *C.*

der Weltgeistlichen handelt, hört man den anspruchsvollen Mönch von Christchurch.

Eadmer ist für seine Zeit ein geschickter Schriftsteller. Er entwickelt logisch und stellt deutlich, oft dramatisch dar. Er baut die Perioden nicht classisch aber leicht und einfach und schöpft aus vollem und reinem Wortschatze ohne Schwulst. Citate entnimmt er aus der Bibel nicht übermässig viele, von anderen äusserst wenige; zu erhabenem Schwunge steigt er fast nie. Seine Sprache beansprucht keine antike Schönheit, aber sie ist wie sein Werk gleichmässig, beinahe bis zur Eintönigkeit, sachlich angemessen, in ihrer Art vollendeter als die barbarische Buntheit eines Malmesbury und Huntingdon. — Von seinen Zeitgenossen haben ihn Wilhelm von Malmesbury [35]*, Orderich* [36]*, der Vf. der Vita Gondulfi* [37] *benutzt und warm gelobt, ebenso die Chronisten von Worcester (s. S. 295); später und noch heutzutage wird er im Verhältniss zu seinem Werthe wenig gelesen, wol zunächst weil jedes handliche Jahrbuch leichter verwendbar ist als eine ausführliche Monographie. — Verglichen mit den Historikern seines Landes und Jahrhunderts, erreichen ihn an Fülle der Urkunden nur Benedict und Hoveden, an intimer Beziehung zum Stoffe bloss Johann von Salisbury, der aber classischer schreibt, an Urtheil über Englische Verhältnisse allein Diceto; an grossen historischem Blicke übertrifft ihn Newbury, wie denn alle jene sich ein weiteres Thema stellen; an einheitlicher Entwickelung des Inhaltes thut es ihm keiner gleich.*

Der II. Theil der Miracula [38] *s. Anselmi*

schliesst sich eng an die Vita an, welcher ihn Eadmer ebenso wie den I. zugefügt hätte, wenn nicht inzwischen die Exemplare zu weit zerstreut gewesen wären; er schloss ihn nämlich erst 1123 (§ 9) — also etwa ein Jahrzehnt nach dem I. — ab. Der Prolog wiederholt die Ausdrücke der Vita und Pars I Mir., deren Wahrheit er betheuert (auch § 15). Fast in jedem Paragraphen erwähnt der Vf. seiner selbst; in § 7 verbirgt er vielleicht seinen Namen aus Bescheidenheit. Den

---

[35] *Reg.* 315, 413 *Pont.* 45, 59. [36] *ed. Prévost IV,* 14, 55, 298. [37] *Migne CLIX,* 826 *D.* [38] *Ueber Wunder im Allgemeinen s. vor. Einl.*

Meister stellt er als wunderthätig schon bei Lebzeiten (§ 12), jetzt als Dunstans Gefährten im Paradiese[38a] *(§ 1, 1ᵇ) vor. Niemals erscheint Anselm als strafender Rächer, stets hilfreich und besonders für die, auf welche er auch im Leben am Tiefsten gewirkt: Mönche und Frauen; er wird auch hier vertheidigt, theils ausdrücklich (§ 15), theils gilt es Zweifel an seiner Heiligkeit (§ 1—3, 6, 7, 13) zu heben. Ausserdem begegnen folgende Personen: Erzbischof Ralf (§ 6, 9), die Mönche Elias und Eadmers Neffe Haimo (1, 5), ein Mönch von S. Austins, ein Bürger von Canterbury (1ᵇ, 3) — also die meisten Wunder geschehen in Canterbury (auch 4, 11) —, ferner die Aebte Anselm von S. Edmunds und Elias von Rouen (14, 12), Ritter Humfred (5), Klausnerin Athalis und Erzbischof Hugo von Lyon (6), die Adliche Eistrilde und König Alexander von Schottland (8, 9). Obgleich Eadmer sagt, die Erzählungen von Visionen über S. Anselm habe er lange abgelehnt aufzuzeichnen, erst wirkliche Wunder hätten ihn verpflichtet zur Feder zu greifen (Prol.), und wiewol hinter § 2 die letzteren beginnen sollen, sind doch auch § 6, 7, 13, also die Hälfte der Erzählungen blosse Träume. In § 1 wird Anselm's Todesdatum richtig prophezeit; diese einzige Unwahrscheinlichkeit mildert auch der Umstand nicht ganz, dass Eadmer erst nachträglich die Prophezeiung verstanden zu haben zugiebt. Dass nach einem Gebete zu Anselm der Wind bei einem Brande sich dreht, dass eine Krankenheilung auf eine Vision folgt, das sind an sich je zwei mögliche Momente und die Verknüpfung, das allein Wunderbare, hat erst der Beobachter hineingetragen; die in § 12 erzählte plötzliche Heilung ist vielleicht durch starken Gemüthseindruck zu Wege gebracht. Die übrigen Wundercuren (ausgenommen die ohne Nebenumstände erzählte in § 4) geschehen durch Anselms Gürtel, den Eadmer besitzt. In dem Fieberfalle (9) verführte wieder nur die zufällige Zeitfolge der Genesung nach der Berührung der Reliquie dazu, letzterer Wunderkraft beizumessen. In den übrigen Fällen dagegen handelt es sich stets um Leibesanschwellungen (11) auch der Gebärenden (§ 10, vielleicht 8?); möglich, dass da die medi-*

[38a] *Dante nennt Anselm im Paradies XII*, 136.

cinische Wirkung der Umbindung einen Erklärungsgrund liefert. Der Erfolg ist nicht immer andauernd (5). Aengstlich wählt Eadmer aus, ob wer den Gürtel erbittet, auch fromm gläubig sei; und sämmtliche Visionen und Wunder geschehen (mit nur zwei Ausnahmen 3, 5) an Mönchen und Frauen, die ja phantastischen Einbildungen an sich zugänglicher sind. Wir haben es auch hier wie in XV nicht mit naturwidrigen Vorgängen zu thun, sondern mit Erzählungen deren Thatsächliches wahr sein kann, die aber allerdings in der Absicht überliefert wurden, als Wunder zu erscheinen, wofür Eadmer sie selbst hielt. Zu legendenhafter Uebertreibung in der Darstellung (§ 3) war er geschickter als Hermann.

Johann von Salisbury excerpirte mit der Vita auch beide Theile der Miracula, indem er Eadmers Tendenz, eine Heiligsprechung Anselm's zu erlangen, fortsetzte — es ist das bekanntlich damals nicht gelungen, dann vor dem Ruhme des Märtyrers Becket über drei Jahrhunderte vergessen worden.

Wharton Anglia Sacra II, 181 führt unser Werk an, ebenso Hardy II, 112, wo jedoch nur einige Hdss. erwähnt sind. Dies gab den Anlass von drei Codices zunächst zu benutzen:

T: Cotton Tiber. D III f. 40, s. XIII in. Die hier durch Verbrennung entstandenen Lücken sind ergänzt, und alle Abweichungen notirt aus:

L: Lambeth 163 f. 100, s. XIII in. Dann wurde aus äusseren Ursachen das Ganze leider nur flüchtig, T's Lücken aber gründlich verglichen mit:

C: Corpus Chr. Coll. Cambridge[39] *371 f. 379 s. XII in/med., welches W. Stubbs für vielleicht autograph erklärt. C's Lesarten ist der Vorzug gegeben. Möchte es bald einer Gesammt-Ausgabe Eadmer's zu Grunde gelegt und so auch diese oder jene gewiss nur kleinere Abweichung vom nachfolgenden Texte nachgetragen werden!*

---

[39] *Dessen Bibliothekar Rev. S.S. Lewis hier bester Dank gesagt sei!*

Incipit prologus in descriptionem quorundam miraculorum gloriosi patris Anselmi archiepiscopi [a].

Cum Vitam venerandi patris Anselmi scribendi officio jam terminarem [1], et me ea, que circa obitum ejus quibusdam visa sunt, inibi scriptitare [b] negarem — eo quod omnia, que admiratione digna de eo revelata fuerunt, scribere, infiniti negotii judicarim [c]; nec hec scribere et illa non scribere [d] (quasi huic quam illi magis crederem tanquam digniore revelacione glorificato) adquiescere voluerim — ęquus arbiter hanc in me, ut verum eloquar [e], stulticiam mentis examinans, quedam, non per somnium visa, sed re ipsa pro eodem patre in obitu et post obitum ejus operari dignatus est, que et evidentem scribendi materiam subministrarent et, que dormientibus quasi per somnium visa sunt, non phantasiis somniorum sed indiciis certę rei potius esse ascribenda premonstrarent. Unde, quę tunc pretermisi [f] pauca ex multis scribere coactus sum, que non solum mihi, sed et pluribus in tantum innotuerunt, ut ea in populis predicent, et me, quod ea non scripserim, nimiae simplicitatis accusent. Quedam igitur que visa fuerunt, quedam vero que facta probantur, sub uno statui scribere, omissis pluribus, quę popularis rumor jactitat vera quidem esse, sed mihi non omni ex parte comperta. Et quidem, quod de comite Aernulfo [g] ejusque comitibus in mari factum miraculum [2] retuli, quodque de fratre, bonę videlicet vite, Roberto monacho [3] in fine ipsius

---

a Inc. — arch. *aus C. Den Paragraphen entsprechen in den codd. Absätze, jedoch ohne Ziffern.* b scripturum *L.* c judicaverim *L.* d et i. n. s. *fehlt L.* e ut v. el. *verbrannt T.* f pretermissi *L.* g Ernulfo *T*, Arnulfo *L.*

[1] *Die Ausdrücke vom Ende der Vita sind in diesem Prolog wiederholt.* [2] *Wharton Anglia sacra II*, 181: *Ein Sturm bei der Ueberfahrt nach England legt sich nach dem Gebete zu Anselm, was Arnulf Sohn Rogers von Montgomery vor Heinrich's I Hoftage erzählt: wol* 1110. [3] *Ihm fällt sein Pferd von der Londoner Brücke, mit dem Gepäck, worin sich ein Werk Anselms befindet, das aber auf Roger's Gebet zu diesem trocken bleibt. So erzählt Roger in Eadmers Gegenwart seinem Herrn B. Ralf von Rochester (seit Frühjahr* 1114 *Eb. von Canterbury).*

operis scripsi, ea re contigit, quia mox post transitum[4] ipsius facta fuerunt et mihi e vestigio enotuerunt. Nunc autem que, juvante gratia Dei scripturum me[h] fore confido, licet aut prius aut ferme per idem tempus gesta extiterint, ideo tamen illis non continuavi, quia nonnisi post evolutum longi temporis spatium in noticiam nostram perlata sunt. Quoniam ergo liber Vite illius jam a multis transscriptus et per diversas ęcclesias est dispertitus[i], nec facile est omnia volumina me habere et eis demere quid vel augere, iis[k] que scribemus aliud exordium constituemus. Magno siquidem opere desideramus ut, qui, qualem vitam vir Deo amabilis Anselmus duxerit, ex scriptis, vera fateor relatione compositis, agnoverunt, quam pretiosa[l] quoque in conspectu Domini fuit[m] mors ipsius, non minus vera rerum descriptione cognoscant!

[n] Explicit prologus.

Incipit quedam[o] parva descriptio miraculorum gloriosi patris Anselmi Cantuariensis.

§ 1. Helias[5] quidam nomine monachus fuit ecclesię Cantuariensis bonis quidem moribus et simplicitate decoratus vite innocentis[p]. Huic pene tribus mensibus ante obitum patris Anselmi quadam nocte visum fuit se in oratorio solum stare et, prout Deus dabat, orationi intendere. Inter que aspexit, et ecce pater Anselmus ante sepulcrum beati Dunstani precibus incumbebat. Vidit igitur, eo orante, qua claudebatur sepulcrum superiorem partem moveri et quasi loco paulatim cedere. Ad quem motum cum Anselmus ab oratione concitus[q] surgeret, vidit beatum Dunstanum in sepulchro sese

---

h gr. D. s. me *verbrannt T.* i et per — disp. *fehlt L.* k his *T L.* l prec. *T.* m sit *L.* n *statt der folg.* 3 *Z. Lücke L.* o quidam *T.* p vi. i. de. *T L.* q conscius *T* consitus *L.*

[4] 1109 *Apr.* 21. *Ebenso Prolog zu dem hier citirten I. Theile der Miracula Anselmi.* [5] *Vielleicht derselbe, der von einer Bank in der Kirche fiel weil er dem Grabe Bregwin's den Rücken zugekehrt. Wharton, Anglia S. II,* 75 *(d. i. nicht Osbern's sondern des Joh. von Tinmouth aus Eadmer geschöpfte) V. Bregwini. §* 1 *und* 1b *zieht Johann von Salisbury, V. Anselmi c.* 16 *aus.*

quasi ad sedendum sensim erigere sed prepediebatur operimento sepulchri, quod necdum suo recessu locum ei sedendi effecerat. Anselmus autem toto conamine nitebatur molem evellere, sed nequicquam [r]. Innuit igitur nominato fratri [s] eminus stanti propius accedere et quod ipse [t] nequibat solus, communicato secum labore [ta] perficere. Accessit, et quod unus non poterat, potenter ambo pariter perfecerunt [u]. Amoto [v] itaque obstaculo, erexit se sanctissimus pater et sedens verso vultu ad Anselmum dixit illi: 'Amice karissime, scias me preces tuas exaudivisse'. Et extensa dextera sua obtulit ei anulum aureum, dicens: Hoc habeas signum, memet tibi vera locutum'. Cumque Anselmus ut anulum susciperet, manum extenderet, retraxit manum beatus Dunstanus et dixit ei: 'Hac quidem vice istum anulum non habebis, sed, me servante, quarta feria ante Pascha de manu Domini illum recipies'. — Hanc visionem idem frater mihi familiari affatu sequenti die enarravit. Sed ego, vitam quam mortem patris et domini mei plus desiderans, eam non eo quo evenit modo tunc quidem interpretari conatus sum. Verum cum ad diem illum ventum fuisset, re ipsa patuit, quid visionis ipsius figura pretenderit. Aurora siquidem diei illius illucescente, huic vitę pater ipse sublatus et, sicut quam subscribimus [x] alia visio declarabit, superne remunerationis gloria donatus est.

§ 1ᵇ Eadem quippe hora, qua de hac erat vita [y] exiturus, quidam monachus in vicina Beatorum Apostolorum Petri et Pauli et Sancti Augustini abbatia de transitu patris sollicitus, subito ut fit pre eadem sollicitudine sopore gravatus, obdormivit. Visum ergo illi est, se camere, in qua ipse Anselmus jacebat jam moriturus, comminus astare, et quendam pulcherrimum albatarum personarum cuneum eandem cameram hinc inde miro decore circumvallare et quasi alicujus ad se cito transituri adventum prestolari. Quidam vero pregrandis excellentie pontifex, pontificalibus ornamentis insignitus, hujus cunei magisterio ac dispositione fungebatur, et nutum ejus

---

r nequaquam *L* nequaquam potuit *T*. s fr. no. *T*. t acc. et q. i. *verbr.* *T*. ta lab. se. *T*. u effecerunt *L*. v Moto *T*. w extenta *T*. x subscripsimus *T*. y vi. er. *T*.

omnes pariter expectabant. Hic videbatur ingredi et egredi, et eos[z], qui foris jam[a] erant, ne tedio suę expectationis afficerentur[b] exhortari. Et jam Anselmo obeunte festinus[c] exivit et ait: 'Ecce adest, quem expectatis; suscipite illum, et quo Dominus jussit, efferte in voce laudis et exultationis!' Quod dum fieret, frater, qui hec videbat, expergefactus a somno est et patrem Anselmum intellexit presentem vitam vita mutasse perhenni. Quis[6] autem pontifex ipse, qui presidebat aliis fuerit, ex figura et habitu ejus beatum Dunstanum fuisse apertissime patuit, qui promissum anulum, sicut prediximus, ei cum honore et gloria reddidit.

§ 2. [7]Alius quidam frater[d], patrem Anselmum affectu valde sincero[e] diligens, et ideo magnopere nosse desiderans, in quam partem Dei vocationis translatus[f] de hac vita sumptus fuisset, oravit Deum, quatinus rei hujus certitudinem sibi revelare dignaretur. Ecce autem fratri eidem, corpore dormienti non spiritu, ipse vir Domini astitit, pronuncians se velle illum omnibus modis certum esse, quia statim, ut corporis onere fuit exutus, gloriose susceptus et stola fuerit jocunditatis indutus. — Hec interim de visis dicta sint. Ad ea, que manifeste facta sunt, hinc veniemus, nichil, unde animum nostrum vel levis dubitatio mordeat, ulla ratione scripturi.

§ 3. [8]Erat igitur vir quidam divitiis mundi non adeo locuples, sed spiritu serviendi Christo non mediocriter pro suo captu habundans, qui, obeunte patre Anselmo, gravi corporis infirmitate pressus, Cantuarie moriebatur. Et ecce, dum jam putaretur a corpore solvi, in hora qua gloriosus Domini servus huic vite decedebat, juvenis quidam ei speciosus apparuit, quid haberet inquisivit. At ille: 'En morior' inquit 'ut perspicis, et queris quid habeam!' Respondit: 'Pater civitatis istius et totius patrię hujus jam nunc ad Deum, relicto seculo, in ęternum victurus properat, et tu morere-

---

z omnes *L.* a *fehlt L.* b afficerent *L.* c omnes par exp. — festinus *verbr. T.* d fr. *fehlt L.* e sereno *C.* f necessaria *ins. L.*

[6] *Diesen letzten Satz unterdrückt Joh. Saresb.* [7] *Bei Joh. Sar.* 17. [8] *ib.* 16.

ris [g]? Nequaquam! Immo surge sanus [h] et glorifica Deum patrem hec in te operantem et jam prędictum patrem vestrum pro meritis suis perenniter [i] glorificantem.' Stupentibus itaque cunctis, qui funus ejus convenerant, homo convaluit et quonam modo sit tam subito sanitati restitutus, percunctantur. At ille, quid viderit, quid audierit, quid de patris Anselmi glorificatione didicerit clara voce cunctos edocuit. Igitur eo relicto concite currunt ad ecclesiam Domini Salvatoris et inveniunt, sicut audierant, jam de hac vita translatum fuisse predictum Domini vas electionis. [9]

§ 4. [10]Quidam est ex monachis Cantuariensibus, in Dei servitio strenuus. Hic in seculari adhuc habitu [k] positus et gradu presbiterii functus, gravi corporis infirmitate correptus est, ut mortis metum quam vite spem magis haberet. Unicum igitur anime sue presidium, si monachus fieret, esse confidens, rogavit, se in ecclesia [kk] Christi Cantuarie monachum fieri, utpote cita inter fratres morte vitam finiturus. Adquieverunt illi precibus ejus et religiosa veste indutum in domum infirmorum susceperunt. Non ergo, juxta quod putabatur, cita morte presenti vite subtractus est, sed qua gravabatur corporali molestia divina vexatione detentus est. Per vices tamen nonnumquam melius habebat [l], quod [m] in eo non diu [n] consistebat. Igitur inter vitam et mortem medius, ignorabat quid certius sperare deberet. Oneri ergo non solum aliis, sed et sibimet ipsi erat. Concepit tandem apud se, sibi forte non inutile consilium [o] fore, auxilium super hac sua magna necessitate a reverendo patre Anselmo requirere. Ductus itaque a suo quodam familiari amico est [p] ad tumbam illius, ubi stratus humi infortunii sui querimoniam lacrimabili voce deprompsit, ac, ut suam ecclesiam ad quam moriturus magis quam victurus venerat, de se liberaret, (hoc est vitam sibi vel conferendo vel funditus auferen-

---

g moreris *L.* h queris quid — sanus *verbrannt T.* i perhen. *T.* k hab. adh. *L.* kk ecclesiam *T.* l habebatur *T.* m sed *L.* n diu non *T.* o concilium *T.* p fam. am. e. *verbrannt T.*

[9] *Act.* 9, 15. [10] *Die sämmtlichen Wunder, welche folgen, excerpirt Joh. Sar. im letzten c.* 18 *der V. Ans.*

do) supplici prece poposcit. Mira Dei bonitas, mira potestas [q]! Non longis et inportunis precibus egrum fatigari passus est, quod sincera fide petivit, celeri effectu secus quam putabat, illi largitus est. In brevi namque convaluit, et ex eo usque huc in conventu fratrum sanus et alacer vivit.

§ 5. Vir quidam nobilis, miles fortis, multis Anglię partibus notus, Humfredus [r] nomine, gravissimo morbo percussus, eo scilicet, quem quidam ydropim nominant, a medicis desperatus, morti, ut estimabatur, propinquus jacebat. Hic olim Anselmo notus, sanctitatis ejus insignia multa cognoverat. Prędicta igitur molestia pressus, semper ipsum in ore habebat, ipsius meritis et precibus Deum sibi propicium fore plena fide postulabat. Erat huic quidam [s] ex antiqua amicicia notus [t], Haimo dictus ecclesie Christi Cantuariensis monachus. Hunc ergo, missis nuntiis ad priorem ecclesie, rogans fecit venire ad se, quoddam corporis et anime sue remedium autumans esse, si eo et [u] fratre, qui secum venturus erat, assistente, in extremis suis solatiaretur. Veniens ergo illuc frater idem, cingulum domini et patris Anselmi secum detulit. Nepos etenim meus ex sorore natus erat, et ipsum cingulum a me sibi commendatum custodiebat. Qui videns hominem nimio languore toto corpore intumuisse et in tantum, ut jam rumpi ab omnibus, qui eum videbant, putaretur, tradidit illi cingulum, indicans cujus fuerit et a quo illud sibi commendatum acceperit. [v] Ingemuit ille et sanctitate beati patris ad mentem reducta, ac ut sui [w] pius Deus ob merita ejus misereretur devota prece premissa, acceptum cingulum [x] deosculatus sibi [y] circumposuit. Summitatibus autem ejus ob inmoderatam viri distensionem sese vix contingentibus, paululum ita sustinuit. Et ecce mirum in modum corpus sensim cepit [z] detumescere, et parvissimo intervallo plene longitudine virilis pedis quod appositum erat cingulum sibi connexum [b] est. Quod ipse sentiens [c] illico cingulum illud per turgentia membra hinc inde deduxit, et

q potentia *T.* r Hunf. *T, L.* s q. h. *T.* t no. ex a. am. *T.* u et *fehlt T.* v accepit *T.*, acceperat *L.* w sibi *T.* x ci. *verbr. T.* y sui *L.* z ce. se. *T.* b annexum *T.* c sumens *T.*

omnis tumor inordinatus, qui ea invaserat, ad tactum illius statim evanuit. Nec abundantia pravi liquoris, unde tumebat, aliquo meatu effluxit [d] sed, quod magis forte stupeas, in nichilum redacta deperiit. Convaluit ergo [e] homo, et post dies Cantuariam veniens et patris tumbe gratiosus sese presentans, in conventu fratrum hec omnia retulit, ac ut pro se Deo et beato servo ejus gratias agerent, rogavit et obtinuit. Ego autem, his auditis, fateor gaudio gavisus sum vehementi, et conversus ad hominem: 'Cingulum' dixi 'nostrum est; volo, [ut] [f] restituas, ut vos decet.' At ille: 'Scio, scio, ita sicut asseris esse. Verum sine dubio noveris, quod [g] illud non tam cito recuperabis, si domum meam pro eo ipse non iveris [h]'. Adquievi dicto; post dies paucos, aliis nichilominus quibusdam necessariis actus, illo veni et cingulum a viro recepi. Ad preces vero ejus dedi illi ex eo corrigiam unam admodum strictam sed ad mensuram ipsius [i] cinguli longam et divisi ab invicem sumus. Cum igitur de sanitate [k] illius nos [l] securitas quedam certa teneret, emenso non modico [m] temporis intervallo, relatum nobis Cantuarie est, eundem virum pristina invalitudine correptum, acri dolore vexari. Propere [n] itaque perrexi ad eum, sed qua ferebatur molestia non inveni obpressum. Miratus igitur [est] [o] cur venerim et ego [p], utrumnam infirmatus fuerit, juxta quod audieramus [q], sciscitatus sum. At ipse vere quidem se infirmatum testatus est, et percunctanti mihi, quali modo convaluerit confessus est: [r] dicebat ergo, quod, languore nimio pressus, quid dudum perpessus qualiterve fuerit curatus ad mentem reducto, in spem sibi venerit, quoniam, tametsi integrum cingulum, per quod convaluit, non haberet, parte tamen illius, quam habebat, illum cujus erat sicut toto si vellet sibi posse mederi. 'Qua spe', inquit 'fretus, quam dedisti michi corrigiam circumposui, et ilico prout vides, ecce [s] sanitati sum restitutus.' Hec ita de his.

---

d affluxit *T.* e igitur *L.* f *fehlt C.* g quoniam *codd.* h veneris *T.* i illius *T.* k civitate *L.* l nos de s. i. sec. *T.* m modici *L.* n pro re *L.* o et *L*, *fehlt T.* p *fehlt L.* q audieram *T.* r sciscitatus — conf. est *verbr. T.* s ecce vides *L.*

§ 6. Cum is [t], qui patri Anselmo in pontificatum successerat, Radulfus scilicet archiepiscopus, Romam pergens, Lugdunum [11] venisset, ubi ipse pater Anselmus olim ab Anglia pro justicia pulsus, non sicut exul, aut peregrinus, sed sicut incola et ipsius loci presul et dominus fuerat habitus, mansit ibi per aliquot dies, ratione [12] qua ita fieri erat, necesse detentus. Una igitur horum dierum pro nota mihi locorum et hominum familiaritate ad Sanctum Hireneum [13] ascendens, diverti ad oratorium Beate Marie Magdalene, duabus ancillis Dei, juxta idem templum pro Deo reclusis, locuturus. Quarum una, Athaleidis [u] nomine, familiari affatu michi innotuit, se post obitum prefati patris Anselmi quadam vice, orationibus ac lacrimis intentam, subito velut in mentis excessu supra se raptam et tribunali gloriosissime regine celorum a quibusdam reverendis personis adductam. Quam cum debita veneratione salutasset et jussa ante pedes ejus consedisset, post plurima que audivit et vidit admiranda patrie celestis preconia, quasi quadam fiducia constantior effecta, [v] inter alia, que a domina rerum inquisivit (nec michi que illa fuerint patefacere, ut fatebatur, potuit), de Hugone [14] Lugdunensi pontifice sciscitata est, quomodo scilicet aut in qua sorte judicii Dei esset constitutus. At illa: 'bene' inquit 'filia, bene illi per Dei gratiam erit.' 'Et de Domino meo' ait 'Anselmo Cantuariorum archiepiscopo [w], pia domina, quid sentiemus?' Respondit: 'De illo certissima esto, quod sine dubio in magna gloria Dei est.' [15] Hec illa michi tanta lacrimarum in-

---

t Cum his *L*, Dum his *T*. u Adelaidis *T*. v const. esset et inter *T*. w pontifice — archiepiscopo *verbrannt T*.

[11] *Decemb.* 1116 *cf. Hist. Novorum V (Migne CLIX c.* 498*), mit der dieser § grösstentheils wörtlich stimmt. Der dortige vollere Bericht, der eine andere Erscheinung Anselm's zur Schlichtung des Zanks der beiden Klausnerinnen voranschickt, ist das Original.* [12] *Wegen der Witterung, der nahen Weihnachten und der freundlichen Aufnahme H. Nov.* [13] *Bald nach* 1100 *hatte Eb. Hugo dort statt der Mönche Regular-Canoniker eingesetzt. Gallia Christ. IV,* 213. [14] *Dieser eifrige Gregorianer († 1106), Anselm's Rathgeber und Zuflucht, hat auf den Englischen Investiturstreit bedeutenden Einfluss geübt.* [15] *Dieser Schluss des § fehlt H. Nov.*

undacione perfusa narravit, ut fidem verbis ejus non [x] adhibere, perfidie videatur posse ascribi. Quid hic dicemus? Quis de eterna beatitudine illius, queso, amplius dubitabit? quem suo [y] testimonio illa ipsius beatitudinis mater sub tanta certitudine denuntiavit!

§ 7. Illud quoque, quod cuidam [16], qui ei viventi familiariter adherere consueverat [z], ut siquidem visum fuit, idem pater per id ferme temporis dormienti dixit, his subjungere placuit. — Videbatur itaque [a] illi se patrem ipsum, alba candidissima indutum, et pontificali infula decoratum, per dexteram, sicut viventem solebat, quasi missam celebraturum ad ecclesiam ducere et in eundo ipsum de presenti vita assumptum, ut sepe contingit, advertere. Nichil igitur hesitans, allocutus eum 'care' inquit 'pater, scio te mundo exemptum vitam presentem vita mutasse perhenni. Quapropter oro, indica michi, ubinam degas, quomodo vivas, quidve agas?' Ait: 'Ibi vivo, ubi video, letor, perfungor.' Ad quod ipse, mox expergefactus, que audierat ne memoria elaberentur [b] secum volvere cepit. Et ecce, dum in hoc totus esset, unum e quattuor, que sibi dicta recordabatur, animo suo elapsum egre ferebat. Sollicitius ergo meditans, nec quid fuerit certe apprehendere valens, repente sompno pressus parumper oculos clausit et ilico vocem sibi dicentem audivit 'Letor.' Hoc enim de quattuor que patrem sibi dixisse tenebat, videlicet 'vivo, video, letor, perfungor' unum erat quodque memoriam suam [c] fugisse dolebat. Verum ubi id, modo quo dixi recuperavit, eo magis gavisus est, quo se per hoc certiora vidisse cognovit.

§ 8. Post hec dum, petente [d] Alexandro rege Scottorum, ad pontificatum Sancti Andree in Scociam [17] essem translatus et ibi aliquantum temporis degens, incolis regionis illius notus fuissem et acceptus, contigit, quandam matronam de nobili Anglorum prosapia ortam et in Christiana religione circumquaque probatam, Eastrildem [e] nomine, gravi corporis

---

x nolle *L.* y sub *L.* z consuevit *T.* a igitur *T.* b laberentur *T.* c ejus *T.* d repente *T*, *L.* e Aestrildem *L.*, Estryldis *Joh. Sar.*

[16] *Hier meint sich Eadmer vielleicht selbst.* [17] *Eadmer war vom* 27. *Juni bis Ende* 1120 *in Schottland*, *H. Nov.* 513 *A.*

languore vexari, et in tantum, ut nichil ei preter mortem superesse, quicumque accederet, testaretur. Hec olim fama sanctitatis Anselmi patris audita, sed tunc per me (nam bonis aliorum magnifice delectabatur) plenius inde edocta, cingulum [f] ipsius patris, de quo supra nonnulla retulimus, sibi (quamvis dissolvi et esse cum Christo magis optaret) circumponi permisit. Quo facto, mox meliorari incipiens, post paucos dies integerrime sanitati, stupentibus cunctis, restituta est. His affui, hec [g] vidi; pro his tali ratione administratis non solus ego, sed et multi mecum plurimum exhilarati laudes Deo et gratias egimus.

§ 9. Dehinc cum me zelus timoris Dei et amor salutis anime mee cogerent, Scotiam [h] ad horam relinquere et ad totius Anglie matrem, ecclesiam dico Cantuariensem, que ab infantia me nutriverat, querendi de his, que me valde gravabant, consilii [18] causa revolare, illo veni, sed eorum, que me [i] illuc egerant, nichil inveni. Radulfus siquidem archiepiscopus infirmabatur, nec ulla eum sanitas secuta est, donec [19] presenti vite superfuit. His diebus quidam de fratribus, acuta febre correptus, plurimorum corda magni doloris mucrone suo incommodo consternebat. Juvenis enim erat et bonorum in se morum indicia [k] preferens, fructuosum se ecclesie Dei futurum bone spei fiducia presignabat. [l] Is [m] ergo, crescente languore, a semetipso pene et ab aliis desperatus ad Deum modis omnibus conversus est [n] ac ut anime sue de corpore migranti nil adversi obsisteret quanta potuit sollicitudine operam dabat. Aderamus sui [o], vota ipsius pio studio prosequentes. Interea occurrunt animo, que vel quanta beatus Anselmus alumnis beneficia prerogare consueverit. Inde ad verba prodimus, et que etiam per cingulum suum, mundo exemptus, mira sit operatus, retractamus. Nec mora rogatus ab infirmo et assistentibus, cingulum attuli et collo

---

f singulum *T.* g et *L.* h Scociam *T.* i *fehlt L.* k in se m. ind. *verbrannt T.* l presignabatur *T.* m *fehlt T.* n conv. e. omn. *L.* o illi *L.*

18 *cf. H. Nov.* 521 *A.* 19 † 1122, *Oct.* 20. *Ueber seine letzte Krankheit vgl. Ende der Hist. Nov. und V. Bregwini, Migne CLIX*, 759 *A.*

est appensum languentis. [p] Eadem hora febris conquievit nec ulterius eum invasit. Convaluit ergo frater ille et salvatori omnium Deo grates per fidelem famulum suum persolvimus inde.

§ 10. Quid faciam? Si ea solum, que per memoratum mira facta sunt cingulum, singulatim [q] scribere voluero, procul dubio cunctis his intendere volentibus oneri ero. Solemne etenim jam hominibus quaqua versum egrotantibus extat (et maxime mulieribus in partu periclitantibus) ipsum cingulum devota mentis intentione expetere et firma spe sibi pollicentibus, indubiam sospitatem se consecuturos, si [r] illius solummodo usu ad tempus potiri mereantur. Nec aliquis sua spe in hoc fraudatus hucusque nobis nunciatus est, ab his scilicet quorum diligentie ipsum cingulum pro remedio illud plena fide expetentium credere non dubitavimus.

§ 11. Illud tamen pretermittere nulla ratione possum persuadere animo meo, quod nuperrime quidam ex fratribus ecclesie Cantuariensis, magno quodam tumore in modum ample ac teretis spere [s] sub umbilico [t] ejus crescente, graviter [u] afflictus mox ad tactum cinguli ipsius, et dolore sedato, qui [v] jam ad cor usque pertinxerat et post modicum, tumore penitus detumescente, pristinae sanitati redditus omnino convaluit. — *§ 12.* Nec alicui incredibile videri debere pronuntio, tantum virum vultui Dei assistentem talia facere posse: cum opus huic simile, eo adhuc inter undas vite labentis gemente, Divina majestas pro designanda gratia ejus facere dignata sit, sicut ego per id temporis, quo hec longe post obitum illius scripsi, indubia penitus relatione accepi, immo jam cognitum, sed a memoria oblivione deditum, in mentem letus recipere merui. Venerabilis siquidem abbas [20] Montis Sancte Trinitatis Rothomagi, Helias nomine, his diebus Cantuariam veniens, cum, me referente, miraculum, quod

---

p lang. app. e. *L.* q singillatim *L.* r *fehlt L.* s *d. i.* sphaerae, *wie Joh. Sar. liest;* specie *T;* pere *L*, *womit wol Birne gemeint.* t umbiculo *L.* u pariter *L.* v et *ins. C.* *In T ist das Ende des § verbrannt.*

[20] *Wurde gegen Ende* 1120 ex priore abbas, *Gallia Christ. XI*, 127.

nuperrime retuli, audisset, sciscitatus est, utrumnam memorie mee inesset mirabile factum in se[w], tempore quo pater Anselmus Rothomagi morabatur, ob merita ipsius patris perpetratum. Cui cum respondissem, me nec quid animo volveret, aut quid dicere vellet, quovis pacto animadvertere, 'mirabilis homo' ait 'recordarisne saltem, ipsum patrem beatum, cujus obsequio sedulus insistere solebas, sacros ordines Rothomagi aliquando administrasse?' 'Magis', inquam, 'hoc scio firmissime[x], quam recordor.' 'Qualiter', inquit, tunc elapsum a memoria tua est, quod mihi ad sacrum ordinem suscipiendum inter alios, pre aliis, gratia tua obsecutus fuisti, utpote quem gravissimo dolore et ultra quam credi possit, genu[y] turgente afflictum vidisti, non nisi a duobus fratribus sustentatum posse in ordinis susceptione subsistere? Et utique tunc tibi innotuit, quemadmodum mox, ubi me manibus presentis antistitis sacrandus humiliavi, ac dominum Christum, ut ordini suscipiendo aptus existere corporisque sanitatem propter merita et intercessionem ipsius patris mererer adipisci, pro posse devotus oravi, ilico sedato tumore ac fugato dolore, totus convalui.' Que ubi audivi, confestim agnovi et[z] intelligens cuncta verissima esse, fateor erubui meque ipsum valde reprehendi eo quod tam evidens et grande miraculum in ordine Vite beati viri locum suum, desidia mea prevalente, perdiderit. Hic itaque licet sero dictum et creditum sit!

§ 13. Inter hec tanti viri insignia facta diebus ac noctibus frequens ad tumulum[a] ejus fratrum[b] accessus erat, singulis dulce habentibus, nocte pietati sui karissimi patris suas, si que emergebant necessitates animarum vel corporum quasi vivo depromere, et inde pro modo causarum ab eo consilium et auxilium implorare. Que unus[c] ex his, qui post obitum suum ad conversionem venerant, fieri cernens et vitam viri non omni ex parte notissimam habens, cogitare cepit intra se, quidnam certi de sanctitate defuncti fratres acceperint, quorum devotionem circa tumulum ejus cernebat ita

---

w se in *L.* x firm. sc. *L.* y genus *L.* z tumore ac — et *verbr. T.* a sepulchrum *L.* b jam *T.* c cujus *L.*

assiduam esse. Cupiens itaque eorum, ad quos relicto seculo venerat, actus imitari, tumbe patris more aliorum se prosternere gestiebat, sed utrum pro eo an, ut ipse pro se Deo preces offerret, precaretur, hesitabat. Nullum igitur habens, qui eum ab hac sua hesitatione ad plenum evolveret, ad sinum gratie Dei se convertit, obsecrans, ut ipse, cui omnes hominum vie patent[21], et qui secum gradientes sanctificat, sicut ipse sanctus est, aliquo certo inditio sibi revelare dignetur, quid de Anselmo verius amodo sentiat: sanctusne videlicet sit, qui pro aliis ad Deum intercedere digne possit, an adhuc talis, pro quo potius intercedendum sit ab aliis. Orat semel, orat secundo, — o mira bonitas Dei, mira benignitas, et vere clemencia Domini mira! Non passa est hominem diutius in hesitatione sua languere; sed quam pie petebat rei veritatem, ne longiore ut fit mora fatigatus cepto desisteret, dignata est certa revelatione mox iterata prece docere. Nam ubi precibus secundo [d] incubuit, subito, ut sepe contingere solet lenis oculos ei somnus oppressit. Et ecce ante illum volumen apertum, in quo deducto lumine vidit decentissime scriptum 'Sanctus Anselmus.' Ilico expergefactus oculos a somno levavit et vere nomen patris Anselmi in libro vite[22] scriptum, apposito quod nosse querebat sanctitatis prenomine, intellexit. Alia post hec die, dum idem frater illic missam celebraturus ante sepulchrum [e] ipsius sancti patris pertransiret, tantam miri odoris et inestimabilis suavitatis fraglantiam [f] sensit ex ipso manare, ut nullus eam mundanarum specierum odoribus aut suavitatibus comparari posse putaret. [ff] Qua in re plane advertit prime visioni sine omni dubitatione fidem habere, quam subsequens divinus odor testatus est verissimam esse.

§ 14. [23] A quodam fratre mihi in fraterna dilectione dudum familiariter juncto non multis evolutis diebus accepi quod narro: Villa Sancti Eadmundi [g] nuper ex insperato igne

---

d sec. pr. *T*, *wo die zwei vorigen Zeilen verstümmelt.* e sepulcrhum *T.* f fragilantiam *T.* ff putares *T.* g Aedm. *T.* Edm. *L.*

[21] *Prov.* 16, 2. [22] *Apoc.* 17, 8. [23] *Das Folgende bezieht Battely (aus Joh. Sar. Wiederholung) irrig auf* 1140, *cf. S.* 133.

succensa, seviente incendio quaqua versum in destructionem vertebatur. Turbatum vulgus in ea consistens turbatis discursibus suis rebus consulere laborabat, sed non multum proficiebat. Ventus etenim vehemens erat et hinc inde longius ignem propellens, priusquam percipi posset, edificia ab ardentibus domibus plurimum distantia flamma volans occupabat. Juvit hoc infortunium claritas solis, qui discurrentem flammam, ne videretur, suis radiis obtenebrabat. Erat autem inter alios ibi juvenis quidam, quem sua paupertas, quam ex obitu patris Anselmi pontificis Cantuariorum se incurrisse gemebat, illuc a Cantia egerat. Solebat namque in familia ipsius venerandi antistitis pro suo officio ministrare, et sibi queque necessaria propagare. Quo defuncto, abbatem Sancti Edmundi [h] adiit, sperans suo commodo conversationem illius magis profuturam quam quorumlibet aliorum. Erat enim abbas idem nepos [24] beati Anselmi ex sorore natus et ipse Anselmus nominatus. Juvenis igitur ille tunc, cum incendium eruperat, noviter sibi domum satis accommodam fabricaverat, eamque tunc primo consummaverat. Ecce autem vis incendii vento impulsa domui incubuit [i] et in tantum, ut postem porte consumptura flamma teneret. Aderat frater ille, a quo ista accepimus, qui hominis dolori compaciens, monuit illum et diligenter hortatus est, quatinus in mentem revocaret dominum suum Anselmum, qui eum nutriverat et dominicam orationem in memoriam nominis ejus decantaret, eique domum suam commendaret a presenti periculo defen-

---

h Aedmundi *L.* i incumbit *L.*

[24] *Sohn des Burgund und der Richeza, denen S. Anselm III,* 43 *über ihn schreibt, studirt c.* 1102—1105 *in Canterbury (ib.* 77, 82, *IV* 31/2, 52*), zu welcher Zeit er der Königin Mathilde empfohlen wird (III* 96/7*). [Ueber Richeza IV* 114*]. Eadmer grüsst ihn IV* 52. *Als Abt von S. Saba sorgt er beim Papst* 1115 *für Eb. Ralf's Pallium, das er nach Canterbury bringt. Dann Geschäftsträger zwischen Rom und England, kommt er* 1116 *als päpstlicher Legat für England nach der Normandie, wird jedoch nicht hinübergelassen (Eadmer reist deshalb mit Ralf zum Papst) und kehrt (c. Ende* 1119*) heim (H. Nov.* 492 *C* — 505 *D), wird* 1121 *Abt von S. Edmunds, begleitet* 1123 *den Erzb. Wilhelm nach Rom zur Erlangung des Palliums (Flor. Wig., Ann. Agsax.).*

dendam.[k] Adquievit ille et flexis genibus fecit quod monuit. O clementia Dei, o insigne meritum famuli Dei! Necdum precem ad plenum absolvit, et ecce, totum incendium a domus lesione ventus ab alia parte surgens evolvit. Mirabile itaque factum ostendit ibi omnipotens Deus, cum ad invocationem fidelis famuli sui Anselmi domus sibi commendata in medio ignis stabat illesa et, ceteris omnibus eam circumcirca vallantibus in favillam cineremque redactis, manebat intacta.

§ 15. Hec pro designanda qualitate vite tue, reverende pater Anselme, qualicumque stilo digessi ex industria multa preteriens, que magnitudine gratie Dei, que tecum operabatur, sullimi preconio possent ascribi.[l] Peperci enim incredulitati quorundam, qui usque hodie tibi non sincero animo detrahunt et quę scripsi nimia esse contendunt. Jam cani[ll] capitis, digitique trementes me a scribendo [m]compescunt et, ut meritorum tuorum aliquam partem in vita perenni[n] merear adipisci, continua prece insistam, suadent atque compellunt. Quod utinam miseratio Dei michi concedat efficaciter consequi![o] Amen! Vale igitur, mi pater et advocate dulcissime, et esto pro me, Edmero[p] videlicet alumno tuo, et, donec pontificatui Cantuariensi presedisti, assiduo et indefesso ministro tuo! Si ad hec quivis, me defuncto, aliqua que[q] fortasse per te facturus est Deus, scribendo adjecerit[25], illi, non mihi ascribatur, qui[r] hoc fecerit! Ego hic finem inposui.

[s] [Explicit Vita Sancti Anselmi archiepiscopi].

---

k a pr. p. def. comm. *L.* l asscribi *L.* ll *Ergänze* sum. m hodie—scribendo *verbrannt T.* n perhenni *T.* o exequi *T.* p Aedm. *L.* q fort. q. *T.* r *sic C, T, L.* s *fehlt C, L.*

25 *Joh. Sar. fügt hinzu:* Elphegus . . a nativitate caecus, surdus, mutus . . claudus . . ad sepulcrum b. Anselmi . . recepit sanitatem.

XVII Matthaei Parisiensis
Vita sancti Stephani archiepiscopi Cantuariensis.

Fragment.

Sir F. Madden hat unter den inhaltreichen Anmerkungen zu seiner Ausgabe der Historia (Minor) Anglorum des Matthaeus Paris III, LII auf ein am Ende des Ms. Cotton Vespasian B XIII eingeklebtes Blatt als ein Bruchstück einer Matthäus'schen Biographie Stephan Langton's hingewiesen. Darin wird der Liber Additamentorum *citirt. Als ich deshalb in dem Ms. Cotton Nero D I herumsuchte, fielen mir zufällig das dem Maddenschen Fragment unmittelbar vorausgehende und folgende Blatt auf. Alle drei sind nicht aus dem Hefte herausgerissen, sondern Zettel, die einzeln in einen Band hineingeklebt waren oder werden sollten: dafür spricht das ungewöhnliche Format (quer 8⁰ bei zweien und klein 12⁰ beim dritten), das Fehlen der Paginirung, hauptsächlich aber die Rückseite: beim ersten Stück, Nero fol. 196 enthält sie die Quittung des Abtes von St. Albans, Sept. 1252, über eine von den Florentinern in London erhaltene Summe, beim zweiten, Vespas. die Copie des Briefes der Aebte von Bury S. Edmunds und Waltham, 12. Nov. 1253, welche dem Erzbischof von Canterbury den päpstlichen Befehl vom 26. Aug. 1253*[1] *einsenden, die Belästigung von S. Austin's zu unterlassen. (Die Rückseite des dritten kleinen Zettels ist leer). Daraus folgt, dass die Blätter in den letzten Jahren des Matthäus († 1259) geschrieben sind, auch ist bereits die Historia Minor darin benutzt. Stil und Schrift sind flüchtig, häufig fehlerhaft. Madden hielt das Vespasian-Stück für autograph; mir scheinen alle drei Blätter Originale in der Schreiberhand von S. Albans mit des Autors Correcturen zu sein. Im folgenden sind sie in der vom Vf. beabsichtigten Ordnung gedruckt und nur Paragraphennummern vorgesetzt.*

---

[1] *Fehlt Potthast Reg. Pont., cf. dort* 15120, 15136.

In § 1 erscheint Langton als Teufelaustreiber und zwar auf der Romreise vom October 1215 jenseits der Alpen, als er ermattet von Strapazen — er muss schon ein Greis gewesen sein, denn er stirbt 1228 „hochbetagt“ — in 'Thusicano' darniederlag. Dies sollte man für Toscanella bei Viterbo halten, doch ist die Ortssprache Französisch, was eher auf Piemont deutet. Freilich auch dorthin könnten die nordfranzösischen Formen unseres Textes nicht passen. — Matthäus lässt hier Innocenz III. dem Erzbischofe grollen wegen dessen Opposition gegen den im Mai 1213 England auferlegten Tribut; während er in H. Angl. II, 146, 147 nur allgemein Stephans Widerspruch gegen die Unterwerfung des Reiches unter Rom erwähnt und in Wendovers Zeilen Chr. Maj. II, 546 den Satz einschaltet, Stephan habe reclamirt, als der Legat den Tribut mit Füssen trat. Erst da, wo von Englands Sträuben gegen die Römische Erpressung 1245 die Rede ist, sagt Matthaeus in Chr. Maj. IV, 419, das Land habe nie die von Johann übernommene Tributpflicht anerkannt; und nur in Hist. Angl. II, 507 fügt er der entsprechenden Stelle hinzu, Stephan sei darin seines Volkes Vertreter gewesen. Dass in Wahrheit der Zwist zwischen Erzbischof und Papst mit den Eingriffen der Legaten in Canterbury's Vorrechte begann, verschweigt er in dieser Vita gänzlich. [Bei dieser Gelegenheit sei die unbeachtet gebliebene, aber doch wol durch irgend einen — nur unausgeführten — Plan veranlasste Aeusserung des Bernhard Iterii von Limoges erwähnt: Johannes . . . absolvitur, sed Stephanus de Lengatona in Alemannnia fit archiepiscopus; in sede Cantuariensi quidam consanguineus domini papae elevatur. *Dann später:* Stephanus . . . cum Johanne pacificatur, *Bouquet XVIII, 231]. — In dieser Biographie behauptet Matthaeus § 1, Stephan sei unter Drohungen nach Rom vorgeladen worden, während er in beiden Chroniken (Maj. II, 615 = Min. II, 168) aus Wendover übernimmt, dass gerade auch die Romfahrt als ein Zeichen des Ungehorsams gegen die Curie galt. Langton war nämlich bei der Abreise zum Concil suspendirt worden, weil er sich weigerte, die Barone der Magna Charta zu bannen; dies meinte Paris im Heiligenleben ganz unterdrücken zu sollen.*

§ 2 spricht von dem 'alten' Hass des Papstes, was im grellen Widerspruch mit der schnellen Beförderung Langtons und mit allen sonstigen Nachrichten steht. Innocenz des III. Absicht, den Erzbischof abzusetzen kommt in der älteren Chronik noch nicht, aber schon in einer Randbemerkung zur kleineren Historie II, 174 vor, die auch des Widerspruchs der Cardinäle gedenkt. Dass unter letzteren einige die Excommunication der aufständigen Englischen Barone missbilligten, erwähnt auch Wilhelm der Bretone; doch wird das lediglich die Französische Partei im Collegium gewesen sein, und die Reden im Einzelnen sind sicher eine Erfindung der Schreibstube von S. Albans. Falsch ist, dass Langton in Frieden entlassen sei, vielmehr wurde am 4. November 1215 seine Suspension bestätigt (Potthast Reg. 5005/6) und Anfang 1216 zwar aufgehoben aber die Rückkehr nach England vor dem Frieden zwischen Krone und Adel verboten, was Matthäus früher in den Chroniken (Maj. II, 634, 648 = Min. 169, 174) aus Wendover richtig abgeschrieben hatte.

Langton kehrte 1218 zurück (s. S. 188; Stubbs, Episc. succession 38; cum gratia apostolica *Robert von Auxerre app. Bouq. XVIII, 286) und zwar im Mai (Chr. Melros. 196). [Die Angabe der späten Annalen von Bermondsey, Langton habe 1216 Heinrich III. Weihe vollzogen, beruht auf einer Verwechselung mit einer späteren Krönung; er habe sie anbefohlen, behauptet der Annalist von Burton, vielleicht nur um Canterbury's Recht zu salviren]. — Nach § 3 hat Langton mit Erfolg in Ober-Italien gegen die dualistischen Ketzer, (Gieseler Kirchengsch. 1828, II 2 p. 504, Hahn, Gsch. d. Ketzer I 49 ff)* vulgariter Bugaros *— in dieser Abwandlung ist der Name der Bulgarem in England noch heute ein schlimmes Schimpfwort —, dann in Frankreich und Flandern namentlich bei Arras und S. Omer gegen die Wucherer gepredigt. Diese Thätigkeit muss also 1216 und 1217 angesetzt werden; für damals ist aber seine hier behauptete Verbindung mit zwei anderen berühmten Ketzerpredigern Robert von Courçon und Jacob von Vitry nicht wol mit der Chronologie vereinbar. —*

Schon von den Pariser Studien her müssen die drei Gelehrten einander gekannt haben. Robert war wie Langton ein

Mitschüler des späteren Innocenz III. und ein Engländer (M. Paris nur H. Angl. II, 229; Albric Mon. Germ. XXIII, 898; Peter von Vaux de Cernay: vielleicht ist der Gleichnamige, o. S. 268, sein Ahn); er selbst nennt sich Johann's Unterthan, Rymer I, 68. Er predigte seit etwa 1213 (Brief von Innocenz 19. April; Reiner M. G. XVI, 667) als Kardinallegat in Frankreich das Kreuz gegen Albigenser und Saracenen. 1214 vermittelte er — wie Matthäus in H. Angl. II, 152 nachträgt, cf. Will. Brito — einen Waffenstillstand zwischen England und Frankreich. Dann reformirte er die Pariser Universität (Boulay III, 81, 82). Uebereifer zog ihm von der Geistlichkeit und der Krone Frankreichs Klagen und vom Papste auf dem Lateran-Concil Tadel zu (Brito, Coggeshale). Im Februar, März, April 1216 steht sein Name auf Innocenz' Bullen (Potthast I, 465); dann scheint er wieder in Südfrankreich gewirkt zu haben, denn Innocenz verzeiht Cahors eine ihm, wol damals, angethane Beleidigung am 5. Juli (ib. 5123). Am 12. August und dann [1] erst wieder am 4. Nov. zeichnet er päpstliche Briefe. Von da begegnet seine Unterschrift bis zum Herbst 1217 alle paar Tage ausser [2] zwischen 17. Jan. und 4. März, [3] 24. Juli und 25. Sept. Nachher unterzeichnet er erst wieder [4] am 5. Dec. 1217 und [5] 3. Febr. 1218. Bedeutete nun auch ein jedes dieser 5 Intervalle seine Abwesenheit von Rom — was gar nicht ausgemacht ist — so reicht doch höchstens das erste zur Hin- und Herreise und einiger Thätigkeit in Flandern aus, aud auch diese müsste weit kürzer gewesen sein, als man aus § 3 schliessen würde. [Robert landete im September 1218 in Damiette, wie auch Wendover-Paris (Chr. Maj. III, 40 = Min. II, 229) aus Oliver weiss und starb 1219. Einiges über ihn Hist. Littér. XVII, 395]. — Jacob von Vitry hatte mannichfache Beziehungen zu Flandern. Er war zu Oignies Regular-Canoniker; später beschrieb er das Leben der dortigen Localheiligen Maria von Nivelles († 1213). Etwa von 1210—7 predigte er gegen die Albigenser, [doch erst später 1227 auch gegen die Belgischen, als er damals vielfach am Niederrheine auftrat (Ann. Colon. Maximi; Albrich; Reiner; Philipp de Mouskes). Obwol er als Cardinal zu Rom 1244 starb, wollte er in Oignies begraben sein: Albrich]. Im Juni 1216 langte er zu Innocenz III Begräbniss in Perugia an. 1217 verliess er Südfrankreich (Guil. de Podio) zum Bistum Accon abberufen, von wo er im Mai 1218, wie auch Wendover — Paris (Maj. III, 35 = Min. II, 227) anders woher abschreibt, nach Damiette segelte. [Die Geschichte über Damiette hat Wendover nicht aus Jacob von Vitry geschöpft, sondern aus dessen Quelle, auf die Paris Hist. Angl. II, 232 als Liber Templariorum *verweist. Dass Jacob 1220 Legat für Irland war (Albrich 910) bemerken Wendover und Paris nicht. Ausführlich über ihn: Hist. Littér. XVIII, 210]. Sicher ist also richtig, dass Jacob in Flandern gepredigt hat, in demselben Lande und Jahrzehnt (nur schwerlich an genau demselben Orte 1216/8) mit Courçon und Langton; dass er auch gegen den Wucher gepredigt hat, ist aus dem Wirken seiner Berufsgenossen an sich wahrscheinlich: wie er denn im zweiten Buche seiner Geschichte von Jerusalem heftig dagegen eifert. Dort erwähnt er auch unter den erfolgreichen Predigern seiner Zeit Courçon neben Langton; aber er spricht da nicht von einem Jahre, sondern von einer Periode; und so wird auch unser § 3 zu fassen sein. — Für die Predigten und Wunder der drei genannten Männer verweist Paris auf den* Liber Additamentorum. *Es findet sich jedoch, wie das so oft der Fall ist, nichts davon weder in Wats' Ausgabe noch in Ms. Nero D I. Von Langtons zahlreichen Schriften ist bei vielen Zeitgenossen die Rede (weniger beachtet: Emo, Mon. Germ. XXIII, 474) — doch nirgends von den hier genannten über Sirach und Magdalenens Busse — und existirt noch eine Reihe von Handschriften, so in Oxford, aber kein Druck. — Als Gewährsmann für § 2 und 3 wird Gervasius von Melckeley, (Lateinisch De Saltu Lacteo, Madden Hist. Angl. III, XLIII) citirt, der also auch schon für den entsprechenden Theil in Hist. Angl. benutzt war. Er heisst Hist. Angl. II, 232* optimus astrologus. *Dort und Chr. Maj. III, 43; IV, 493 sind zwei Verse von ihm auf Wilhelm Marschall abgeschrieben, andere stehen auf den letzten Blättern des hier benutzten Vespasian Ms.; zwei Handschriften von Gervasius' Gedicht Ars dictandi (versificatoria) liegen im Balliol College 263, 271 zu Oxford.*

In § 4 erzählt Paris, wie Langton 1220 den h. Thomas übertrug, zum Theil mit wörtlicher — doch stillschweigender — Benutzung bald seiner Grossen, bald seiner Kleinen Chronik. Doch ist die Pracht des Festes und der Neubauten selbständig geschildert, auch der Ablass für die Pilger und Langtons (bei Giles, Opp. s. Thomae, II, 169 gedruckte) Lectionen darüber erwähnt, denen auch das Jahrbuch von Waverley folgt. Dort und in dem von Dunstaple findet man einige ergänzende Einzelheiten. —

Schwerlich kann Matthaeus beabsichtigt haben, mit dieser Vita in Rom eine förmliche Canonisation durchzusetzen, dazu macht sich viel zu sehr der aus seinen übrigen Werken bekannte Grimm gegen die Habsucht der Curie Luft. Vielmehr zum volksthümlichen Heiligen wollte er den 'treuen Vertreter des Reiches England' — wie Stephan hier und auch sonst in S. Albans genannt wird — stempeln. Er arbeitet 1258 oder kurz vorher; aus den Kämpfen der Gegenwart heraus versteht er die Zeit der Magna Charta. Natürlich dass er die Neigung zur persönlichen Anekdote (s. S. 319) und Uebertreibung, (wie sie Madden III, XXVI in der Kleinen Chronik im Gegensatz zur ursprünglichen Grossen schon nachgewiesen hat) hier noch weiter fortsetzt: schreibt er doch eine Legende und vergisst nicht den Titel Sanctus. Soweit unser Fragment zu urtheilen erlaubt, im Einzelnen ungenau, fasst er dennoch Langtons Bedeutung im Ganzen richtig; er theilt ja mit ihm das lebendige Nationalgefühl, das Streben gegen jene 'fremden Einflüsse, die zu beseitigen das grosse Ziel Langton's gewesen war'. (Stubbs Const. Hist. II, 31).

---

[a] [*§ 1*] De quodam demoniacho mundato et liberato per signum crucis. [b]

Contigit quod, cum archiepiscopus Cantuariensis Stephanus, postquam papalem offensam propter tributum Anglie, cui constanter contradixerat, incurrisset, Romam peteret, citatus ab ipso papa sub terribili comminacione, unde quasi

---

a *Die ersten Seiten aus Cott. Nero D* 1 *f.* 196. b *Rubrik.*

inter duas [c] contritus molas [1], hinc nocivas magni adversarii Innocencii pape, inde tirannicas regis Johannis sustinens persecuciones, usque ad amaritudinem spiritus torquebatur. Sed vir sanctus, fidelis regni Anglie advocatus de causa confidens auxilium consolacionis a Deo incessanter orans et lacrimans flagitabat. Et cum transalpinasset, cogente quadam infirmitate, ut a labore itineris respiraret, moram per aliquot dies in quodam prioratu, qui in quadam civitate est, cui nomen Thusicano, moram continuavit. Quadam autem [d] [*die*], dum ibidem perendinaret, ductus est ante eum quidam demoniacus, miserrime et miserabiliter a demone vexatus et prodigialiter exagitatus. Erat quippe propter immanem furorem vinctus et compeditus. Et pecierunt qui ipsum adduxerant, archiepiscopum, ut orans pro eo liberaret precibus pacientem. Habebatur enim in omnibus partibus illis pro sancto et nominis erat celeberrimi ipse archiepiscopus et predicando multos informarat. [e] Inquirenti autem sancto, quonam genere dementie et qualiter vexaretur, responderunt custodes: 'graviter et incessanter, nec cibum benedictum [f] vult quomodolibet, licet per multos dies jejunet, comedere, sed ad nares ponens, quasi fetidum abicit.' Certificatus igitur, quod ab iniquo demone vexaretur, imperavit in virtute Sancte Trinitatis, ut exiret. Cui ille cachinnans et frendens dentibus et torve respiciens respondit lingua patria et ait: 'Nun pas pur toi, Cristianelle.' Quod archiepiscopus, erumpentibus singultibus et lacrimis graviter accipiens, respondit dicens: 'O demon, non credidi, te tam bene velle dicere aut sic verum loqui, cum sis mendax et pater mendacii. Vere enim Christianellus sum, hoc est Christianus parvus, diminutus et mutilatus et vereor imperfectus.' Et ilico intravit in oratorium; ubi prostratus in oratione devotissime ac pro-

---

c *Die Buchstaben* si inter duas *auf einem aufgeklebten Streifen.* d *Das Zeichen für eine vom Rande zu entnehmende Ergänzung steht im Texte, über den Rand ist aber ein Streifen geklebt.* e informaret, *aber corrigirt.* f *Das Folgende am Rande bis* abicit *von anderer Hand.*

[1] barones inter duas molas contriti pape et regis *in dem Stephan's Verurtheilung unmittelbar vorhergehenden Satze Abbrev. Chron. III* 234.

pensius lacrimans et suspirans, Deum oravit, ut Dominus in ipsum respiciens, suam suppleret in fide et moribus misericorditer imperfeccionem, simulque curaret demone laborantem. Nec potuit nec voluit tota nocte sequenti nec in crastino ab oratione vel vigiliis impediri. Et doluerunt super hoc capellani, clerici et ministri ejus, ne pro labore lederetur in capite, vehementer formidantes. Tercia vero die quidam vicinus de civibus attulit senescallo archiepiscopi [g] pro civili xenio pruna pulcherrima, quod acceptans senescallus, optulit domino suo, dicens: 'Domine, de hoc fructu novello, qui placidissimus est, potest bene quis jejunus comedere, decet enim ut a jejuno pruna comedantur. Timemus enim ne hoc continuum ac diuturnum jejunium cum labore caput vestrum non mediocriter debilitaverit.' Erectus igitur archiepiscopus ab oratione et fletu quibus incubuerat, inquisivit, si adhuc esset in curia sua demoniacus memoratus. Responsum est ei: 'Utique adhuc retinuerunt eum custodes ejus; aliquod sperantes remedium illi celitus destinandum.' Et quia archiepiscopus antea audierat et expertus fuerat, dictum demoniacum quicquam cibariorum oblatorum, cui benediccio infusa esset, licet per plures dies prejejunasset, nolle quomodolibet gustare, immo omnia gustanda olfactu narium more simie pretemptare et benedicta, quod mirum est dictu, quasi fetida respuere, jussit archiepiscopus afferri sibi quoddam vasculum arctum et profundum. Et attulerunt quoddam quippe vas predicti scematis, videlicet unam situlam parvam quam Broc [2] vulgariter appellant, vel Brochet. Et unum illorum prunorum benedixit devotissime et posuit illud in fundo vasis superposuitque alia non benedicta. Et jussit advocari demoniacum et offerri eadem pruna eidem ad edendum. Ipse igitur unum prunorum arripiens et suis apponens, prout consuevit, naribus et olfactui et sentiens, illud non benedictum, injecit ori suo avide nimis et vix dentibus con-

---

g *am Rande.*

[2] *Kanne, Krug, wie oben Französisch (während Italienisch* brocca*).* Brochet *bedeutet schon s. XIII Hecht. Verkleinerung von* broc *ist* brochette. *Diez, Littré s. v.*

tritum ilico deglutivit. Inde aliud consequenter raptim accipiens, apposuit naribus ut prius et nec inveniens illud benedictum, patulis [h] rictibus injectum devoravit. Et sic tercium et quartum. (Nota piam decepcionem!) [i] Et sic credens omnia ipsa pruna non benedicta perproprie [k] et inordinate omnia sine apposicione ad nares facta, reliqua comedit universa, ita scilicet, quod ipsum benedictum comedit ante expectatum cum non benedictis. Omnibus igitur prunis comestis, stetit quasi attonitus et deceptus et velut ad se reversus, emisso rugitu horribili in hunc clamorem erupit: 'Heu mi, heu mi misero! Iste sacerdos fraudulenter et prodiciose me decepit et prodidit intoxicando', et quasi piscis ab aqua extractus se huc illucque distorquens, in terram tandem corruit et ilico in dulcem sompnum resolutus, qui insompnis antea per plures noctes et dies [l] clamosus exti[ti]t et jejunus per aliquot horas placide requievit. Et cum a sompno surrexisset, omnino sanus effectus, flexis genibus et junctis manibus et abortis lacrimis gratias suo reddidit liberatori. Quod videntes Ytalici, licet duri ac semichristiani, sancti archiepiscopi piam laudabant decepcionem, humilitatemque ejus attollentes, caritatis commendarunt sinceritatem. Porro ipse liberatus a demone nunquam postea quicquam edulii sumere voluit nisi benedictum et, si posset, ab aliquo sacerdote.

[*§ 2*] Inde vero profectus Romam, accusatus est graviter ab Innocencio papa archiepiscopus, quod nitebatur ecclesiam Romanam irrestaurabiliter dampnificare, contradicendo tributo quod [m] persolvendum rex Johannes sponte se obligaverat. Unde, ut asserebat papa, qui eum ab antiquo oderat et eidem inviderat, dignus erat omni privari hon[ore] [n] et dignitate et anathemate innodari. (Secundum magistrum Ger-

---

h patilis *cod.* i *Rubrik am Rande.* k *Wol* propere *gemeint.* l *Die folgenden* 16 *Zeilen sind auf dem unteren Rande der Rückseite hineingeklemmt, deren oberen Theil eine Quittung des Johann von St. Albans füllt (über eine von Londoner Kaufleuten aus Florenz empfangene Summe Sept.* 1252*).* m qd *dazwischen oben* i *(?); später dahinter ein unten durchstrichenes* q *über der Linie eingeschaltet, vielleicht* quidque. n *Die von hier an folg.* $2^1/_4$ *Seiten bis* exultatione *aus Cott. Vesp. B XIII letztes f.*

vasium de Melkeleie). [o] Cui sic hostiliter et invective pape accusanti respondit inclinato capite cum summa humilitate coram confratribus suis cardinalibus archiepiscopus: 'Domine, manus vestre fecerunt, et sic repente precipitas me?' [2b] Miserentes igitur cardinales super hoc, secretum et diffusum habentes colloquium, dixerunt ad invicem: 'Et quis admirari super hoc debeat, si doleat, quod Anglia, sua natalis patria, princeps provinciarum, facta est sub tributo? Pocius laudabilis est in ipso facto quam reprehensibilis. Sed rex Anglie nullo nullior est, qui, eo renitente, se nititur inclinare servituti.' — Accusante tamen adhuc proterve nimis domino papa, excusabant cardinales archiepiscopum satis civiliter, eo quod confrater [*erat*] [p], socius et concardinalis. Nec voluerunt aliquatenus sustinere, ut vir tante auctorita[*ti*]s in tantam precipitaretur confusionem, quam proposuerat papa tam impetuosus. Videns igitur papa tale in suo proposito contradiccionis repagulum, dissimulavit. Archiepiscopus tam papali quam regali destitutus presidio, conniventibus oculis et sub silencio dolens, ultra de tributo Anglie non obloquebatur. Et in pace dimissus de tanta tribulacione respiravit et, qui misericordiam infirmo, ut predictum [3] est, fecerat, misericordiam a Domino consequi promerebatur.

[*§ 3*] Qualiter archiepiscopus Stephanus mundavit in magna parte ab usuris Ytaliam et Franciam; secundum magistrum Gervasium de Melkeleie. [q]

Rediens autem Stephanus archiepiscopus Cantuarie [r] per partes Ytalie versus partes Anglicanas, tot errores infidelium, quos Bugaros vulgariter appellamus, predicando, disputando, exhortando et pro e[is] [s] Deum exorando a cordibus periclitantium expulit, ut [t] tot animas perituras a faucibus Diaboli liberaret, ut sic a Deo sibi commissa talenta propensius multiplicasse [3b] videretur. In partibus autem Cisalpinis et

---

o *Rubrik über der Seite.* p *Ein eingeschobenes Zeichen für* et *ist in* s *geändert und beginnt das folg. Wort.* q *Rubrik, davon die letzten* 5 *Worte am Rande.* r arch. Cant. Steph., *aber corrigirt.* s eo, o *halb ausradirt.* t ubi *cod.*

2b *Job* 10. 8. 3 *Bezieht sich wol auf die Heilung des Besessenen* § 1. 3b *Matth.* 25. 27.

in regno Francorum maxime apud Atrabatum et Sanctum Aodemarum et in partibus Flandrie, juvante eum quodam profundi pectoris magistro videlicet Roberto de Curcun, viro scientissimo, ecclesie Romane cardinali, adeo usuras eliminando usurarios persequebatur, ut illius turpissimi questus, in utroque Testamento prohibiti, usum radicitus extirparet et regnum Francorum ab illa eluvie mirabiliter emundare[t]. Cujus sermones, parabolas et virtutes, quas Dominus pro eodem archiepiscopo et magistro Roberto memorato, necnon et magistro Jacobo de Vitriolo [u], que speciales exigunt tractatus, [*qui*] legere desiderat, librum Additamentorum annalium, que apud Sanctum Albanum sunt, adeat inspecturus. — Ad ejus etiam meritum et memoriam spectat immortalem, quod quosdam tractatus laudabiles Super Ecclesiasticum et De Penitentia Magdalene et alias scripturas cum sermonibus specialibus theologicis magistrales tam magistraliter composuit, ut Augustino, Gregorio et Ambrosio equiperari videretur, et eisdem precellentium theologorum corda instaurentur erudita, et infinitorum turbe [v] fidelium ad melioris frugem vite revocarentur.

[*§ 4*] [w] De translatione beati Thome martiris.

[x] In ejusdem autem beneficiis preclaris judico recolendum, quod anno Domini 1220 in [4] crastino octabarum Petri et Pauli, die Martis, quinto anno regis H[enrici] tercii, presente eodem rege H[enrico] [5], archiepiscopis transmarinis et cismarinis et episcopis, abbatibus, prioribus et populo infinito, anno videlicet a passione ejus quinquagesimo, transtulit memoratus archiepiscopus Stephanus corpus beati Thome archiepiscopi et martiris, predecessoris sui, de subopaco cripte loco in eminenciorem ecclesie locum et [y] in feretro, auro primo et purissimo et gemmis preciosissimis artificio incomparabili composito, collocavit. Nec vidisse se quivis me-

---

u *Ergänze* fecit. v *Am Rande von derselben Hand, die den folgenden Paragraphen schreibt.* w *Rubrik.* x *Das Folgende von anderer, im MS. Corp. Chr. Cambr. XVI und XXVI ebenfalls oft begegnender Hand.* y trans[tu]lit *am Rande wiederholt, z. Th. verstümmelt.*

[4] *7. Juli.* [5] *Die folg.* 8 *Zeilen meist aus Hist. Minor Angl. II*, 242

minit tot prelatos, tot magnates, tot populos alicui unquam [z] interfuisse translationi. [6] Nam dignissimum videbatur universis, ut sanctum Christi martirem generaliter honorarent, qui pro universali ecclesia sanguinem suum fundere et ad finem usque fideliter non timuit decertare. Die quoque, quo regem Henricum secundum, sub quo scilicet passus est, sinus terre [7] suscepit, quod sine alicujus hominis providentia evenit, translatum est corpus beati martiris Thome et in feretro, cui non credimus aliud posse comparari, collocatum. Die quoque ea in palacio inestimabili, quod consumavit archiepiscopus [a], coepulantur prelati et magnates cum solempni exultatione [b] tante sollempnitatis celebrantes. Adquisivitque dictus archipresul omnibus ecclesiam Cantuariensem adeuntibus infra quindenam translationis illius indulgentiam unius anni et 40 dierum de injunctis penitenciis perpetuis temporibus annuatim, auctoritate Honorii tercii valituram. Composuit insuper stilo eleganti et succincto dictus archipresul de hac translatione proprias lectiones. [c] Quibus omnibus feliciter consumatis, cum vidisset feretrum perfectum et palacium et utrum[*que*] [d] incomparabile [e], junctis manibus et oculis in celum elevatis [f]: [8] 'Nunc dimittis, Domine, servum tuum in pace, quia viderunt oculi, quod cor meum, longo desiderii sitiens proposito, thesaurizaverat.' [g]

---

z alicui *wiederholt.* a q. c. a. *nachträglich von derselben Hand unter die letzte Zeile geschrieben.* b *Das Folgende steht wieder in MS. Nero D* 1 *f.* 196 *b auf einem kleinen Zettel.* c pprias (*über dem ersten* p *ein* i) lces (*über* c *ein Strich*). d ? ncm *oder* utm *oder* ncin, *über* c *oder* t *ein* a *oder* u. e incomparabilem *cod.* f *Ergänze* dixit. g *Rest der Zeile und Rückseite leer.*

[6] *Der folg. Satz aus Wendover Chr. Maj. III,* 60. [7] *Hist. Minor. im Texte*: anniversario, *am Rande:* qua obiit. *Unser Stück ist genauer: Heinrich II. † 6. Juli, begraben am* 7. [8] *Luc.* 2. 29 *f.*

Aus Lambeth 118 *hinter den Leges Edwardi Confessoris, man. s. XIII:*

Complevi totum scripsi librumque peregi
Et solus totum. Sit summo gratia Regi!

Verzeichniss

erwähnter Handschriften.

Literarisches Register

zu den Einleitungen und Anmerkungen.

Index.

A. Abt. **B.** Bischof. **bgb.** begraben. **Br.** Bruder. **Eb.** Erzbischof. **er.** erobert. **erw.** erwählt. **F.** Fürst. **G.** Graf. **gb.** geboren. **gf.** gefangen. **Gm.** Gemahlin. **gr.** gründen. **h.** heirathet. **H.** Herzog. **K.** König. **Kai.** Kaiser. **M.** Mönch. **P.** Papst. **Pr.** Prior **Pt.** Priester. **S.** Sohn. **Schl.** Schlacht. **T.** Tochter. **v.** von. **verh.** verhandelt. **†** stirbt. **×** umgebracht.

Berichtigungen.

S. 15 Z. 12 v. u. Hwiccia (*statt:* Wight).
„ 18 N. 3 Hist. S. Petri Gloucestr. ed. Rolls I. p. 3.
„ 23 Z. 17 congregatio; Z. 3 v. u. p. (*statt* §).
„ 25 *Der letzte Satz zu streichen.*
„ 27 N. 7 *Streiche* Ostern *bis* April.
„ 29 N. 21 Ascalon (*statt* Spanien).
„ 37 Z. 12 Constantinus.
„ 42 „ 20 Walter nomine.
„ 44 „ 7 v. u. Ricardus.
„ 46 „ 9 v. u. Cadomi.
„ 50 N. 3 Chron.
„ 59 Z. 5 hier nur; Z. 17 Bemerkungen.
„ 62 N. k letzte.
„ 93 Z. 1 Ordinatio; Z. 6 v. u. abbatis.
„ 97 N. 1 1005 f. 164 (*statt* 1105).
„ 98 N. 6 *Mss. Brüssel* 7815, 7821.
„ 101 N. 13 Z. 3 *lies*: hatte und unter Leofstan als Greis zu ihrer *etc.*
S. 106 Z. 11 unter.
„ 107 „ 13 v. u. Vorzug.
„ 111 „ 5 „ „ Volusianus.
„ 116 „ 14 Paulus; Z. 15 Quinta.
„ 117 „ 10 v. u. Heraclius.
„ 120 „ 9 „ „ 728; Z. 8 v. u. claruit.
„ 124 „ 6 fugavit.
„ 130 „ 10 v. u. translatio.
„ 134 „ 22 archiepiscopo.
„ 176 „ 14 abbatibus. *Der folg. Satz zu streichen, da nur Luard's Druck, nicht sein MS. der Waverley-Annalen Vesp. A. XVI.* priore *liest.*
„ 189 „ 9 v. u. pleno *(sic cod.)*; N. 49 (?) ist Luard's Erklärung.
„ 197 „ 9 ecclesie.
„ 205 N. 13 *streiche* dankte *bis* ab.
„ 245 Z. 14 N. 64 (*statt* 46).
„ 257 „ 15 presulis[36].
„ 281 N. 21 1389 (*statt* 1839).
„ 312 Z. 6 *aus* Philipp. I. 23

Nachträge.

Seite 9 Mit diesen Annalen von Reading sind vielleicht die von Margan, wie Hardy Descr. Cat. II, 472 sagt, sicher aber die Tewkesbury'schen verwandt.

„ 30 N. 1 Das Jahrbuch von Bèze Mon. Germaniae II, 248 [Garnier's Ausg. von 1876 war mir nicht zugänglich] bietet zu den Jahren 753, 876, 9, 81, 92, 904, 9, 11, 20, 51, 7, 961 denselben Stoff, der auch in die Normannischen Annalen floss; daher die schon von Pertz bemerkte theilweise Uebereinstimmung der genannten Notizen mit den Annales Divionenses et Colonienses; über letztere s. Pauli, Göttinger Nachrichten, 1878, 1.

„ 43 Z. 1 ist auf p. 124 als Normannisch nachgewiesen.

„ 61 N. 5 Ueber die Grabstätte der Eb. von Canterbury cf. Eadmer, V. Bregwini, Migne CLIX c. 755 B.

„ 63 u. ad 806, 64 o. ad a. 809 Diese Sonnenphänomene mit derselben Abbildung wörtlich gleich in den Annalen von Sens, Mon. Germ. I, 103. Freundl. Mitth. von Herrn E. Bishop.

Seite 75 N. 47 Lanfranc's Tod V. kal. Jun. auch V. Gundulfi, Migne CLIX, c. 825 D.
„ 86 N. 1 Wilfrid's Geburtsjahr auch Eadmer V. Wilfridi ib. c. 713 D.
„ 97 N. 2. Die citirten Worte sind aus Malmesbury G. Reg. p. 186.
„ 100 N. 13. Marian-Florenz aus Bury S. Edmunds jetzt in Oxford: Bodley 297 s. XII., auf p. 73 kurze Abteigeschichte, darunter die S. 257 N. 35 erwähnte Charte.
„ 230 Z. 12 v. u. vgl. Hardy III, Nr. 41.
„ 257 N. 35 Die echten Urkunden Alexander II. und Wilhelm I. für S. Edmund's vielleicht in Mss. Harley 76 und Cotton August II. 25.
„ 322 Z. 27 Mss. dieser Schr.: Corpus C. C. Cambr. 58, Balliol Oxf. 152.

Druck der Univ.-Buchdruckerei von E. A. Huth in Göttingen.